LED QUDONG DIANYUAN
SHEJI RUMEN

LED驱动电源设计入门

（第二版）

沙占友　沙江　王彦朋　王晓君 等　著

中国电力出版社
CHINA ELECTRIC POWER PRESS

内 容 提 要

本书全面、深入、系统地阐述了LED驱动电源设计的入门知识，并给出许多典型设计与应用实例。较之于第一版，本书在内容上做了全面的修改与补充。全书共八章，内容主要包括LED及其驱动电源基础知识，LED驱动电源的基本原理，LED驱动电源的设计与应用指南，LED灯具保护电路的设计，从中、小功率到大功率及特大功率LED驱动IC的原理与应用。本书遵循先易后难、化整为零、突出重点和难点的原则，从LED驱动电源的基本原理，到LED驱动电源各单元电路的设计，再到整机电路设计，可帮助读者快速、全面、系统地掌握LED驱动电源的设计方法、设计要点及典型应用。

本书融实用性、科学性于一体，内容由浅入深，循序渐进，通俗易懂，图文并茂，是一本LED驱动电源设计的入门指南，适合从事LED驱动电源行业的工程技术人员和初学者阅读。

图书在版编目（CIP）数据

LED驱动电源设计入门/沙占友等著. —2版. —北京：中国电力出版社，2017.4（2020.8重印）
ISBN 978-7-5198-0364-3

Ⅰ. ①L… Ⅱ. ①沙… Ⅲ. ①发光二极管–电源电路–电路设计 Ⅳ. ①TN383.02

中国版本图书馆CIP数据核字（2017）第027163号

出版发行：中国电力出版社
地　　址：北京市东城区北京站西街19号（邮政编码100005）
网　　址：http://www.cepp.sgcc.com.cn
责任编辑：杨　扬（y-y@sgcc.com.cn）
责任校对：常燕昆
装帧设计：郝晓燕　赵姗姗
责任印制：蔺义舟

印　　刷：三河市航远印刷有限公司
版　　次：2012年1月第一版　2017年4月第二版
印　　次：2020年8月北京第八次印刷
开　　本：710毫米×980毫米　16开本
印　　张：21
字　　数：445千字
印　　数：14001—15500册
定　　价：65.00元

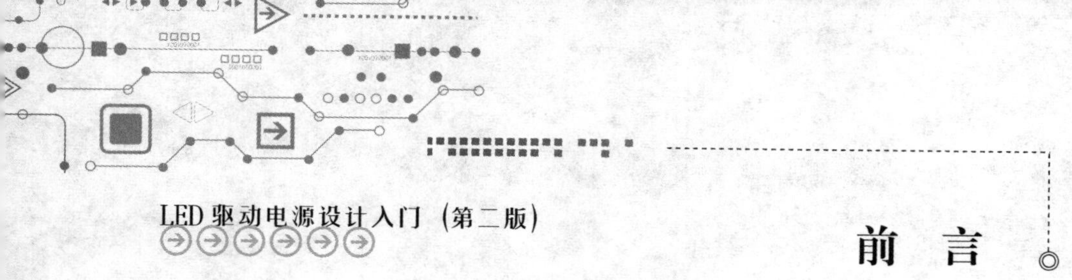

前　言

LED照明亦称固态照明，目前它已成为现代科技与社会经济发展的一大亮点。LED驱动电源是LED灯具、LED背光源中必不可少的重要组成部分。对LED驱动电源的基本要求是高可靠性、高效率、高功率因数、长寿命、低成本、使用安全、符合电磁兼容和安全规范要求。户外使用的LED驱动电源还应具备防水、防潮、抗晒等防护功能。

为满足读者对掌握LED驱动电源的入门知识、设计方法、设计要点、设计实例及使用注意事项的迫切需求，作者曾撰写《LED驱动电源设计入门》。该书于2012年1月出版后经过5次重印，总发行量已达上万册，深受广大读者欢迎。鉴于近几年来LED电源领域的新技术和新工艺不断涌现，新产品层出不穷，我们在系统总结从事LED驱动电源研究工作所积累的经验以及最近获国家发明专利等科研成果的基础上，对原书做了全面修改与补充后撰成此书，以飨广大新、老读者。

本书融科学性、先进性、系统性、实用性于一体，主要有以下特点：

第一，本书遵循先易后难、化整为零、突出重点和难点的原则，首先介绍LED驱动电源的基本原理，然后按照LED驱动电源基本单元电路的结构顺序，详细阐述整机电路设计。

第二，全面、深入、系统地阐述了LED驱动电源的设计入门知识，内容主要包括LED及其驱动电源基础知识、基本原理、设计与应用指南、功率因数校正、大功率LED的温度补偿、LED驱动电源及灯具的保护电路设计，涉及从中、小功率到大功率LED驱动IC的工作原理和典型应用。此外还基于电子测量领域定义的波形因数和开关电源特有的脉动系数等概念，对AP法计算公式做了严密推导及验证，为正确选择高频变压器的磁心提供了一种科学、实用、简便的方法。

第三，深入浅出，通俗易懂，实用性强。例如，第一~三章为基础篇；第四~八章则从器件和电路类型的选择、功能特点及对保护电路的要求、布局与布线等多个角度，深入阐述了LED驱动电源的关键技术和设计难点。这对读者学习设计和制作LED驱动电源具有重要参考价值。

第四，信息量大，知识面宽，便于读者触类旁通，举一反三，灵活运用。

沙占友教授撰写了第一、四、五章，并完成了全书的审阅和统稿工作。沙江撰写了第二、六章。王彦朋教授、王晓君教授合撰写了第三、七、八章。

李学芝、韩振廷、沙莎、曹文沛、尹良旭、刘宁、靳晓栋、刘欣欣、郭月、闫献莲、孟子钰、路明洋、贾兴刚、王星、李玉莹和曹光耀同志也参加了本书撰写工作。

由于作者水平有限，书中难免存在缺点和不足之处，欢迎广大读者指正。

作　者

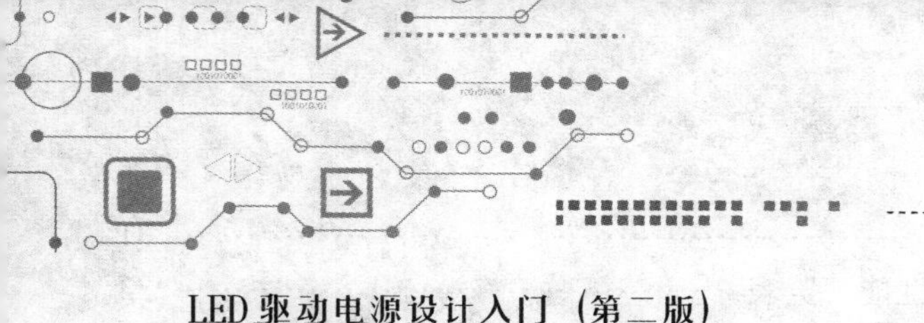

目 录

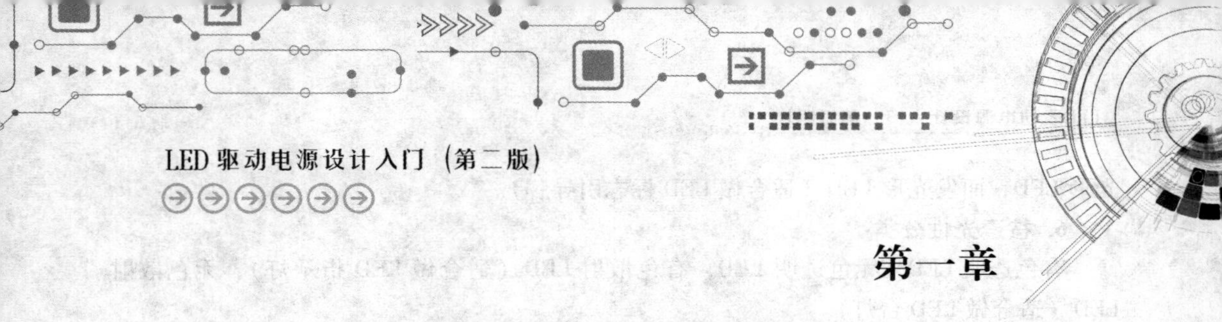

第一章

LED 及其驱动电源的基础知识

LED 照明与显示是现代科技的一大亮点，也是发展低碳经济的必由之路。本章首先介绍 LED 的工作原理，然后简述 LED 照明、LED 背光及 LED 显示屏的主要特点及关键技术，LED 及 LED 点阵的驱动方式。最后给出了国内外 LED 驱动芯片典型产品性能一览表。

第一节　LED 的产品分类和主要技术参数

一、LED 产品的分类

LED 产品的型号繁多，功能各异。大致可按用途、工作电压类型、LED 的亮度、发光颜色、发光面、透光性、发光角、封装形式、功率、是否为可见光、变色方式、控制类型、电阻温度系数等进行分类。

1. 按用途分类

LED 指示灯（适用于各种电子设备），LED 照明灯（做光源使用），LED 背光灯（做 LCD 的背光源），LED 点阵（亦称 LED 矩阵，适用于大屏幕 LED 显示屏），LED 显示器（适用于数字仪表及智能仪器）。

2. 按工作电压类型分类

直流 LED（DC LED），交流 LED（AC LED）。

3. 按亮度分类

普通亮度 LED（法向发光强度 I_V = 100mcd）；高亮度 LED，简称 HB-LED（I_V = 100~1000mcd）；超高亮度 LED，简称 UHB-LED（I_V>1000mcd）。

4. 按发光颜色分类

红光 LED（峰值波长 λ_P 的典型值为 655nm），橙光 LED（630nm），黄光 LED（585nm），绿光 LED（565nm），蓝光 LED（440nm）。

此外还有双变色 LED（适合做极性指示器），伪彩色（三变色）LED（适合构成伪彩色 LED 显示屏），彩色 LED（简称 RGB-LED：适用于彩色装饰灯或全彩色 LED 显示屏）。

5. 按发光面形状分类

圆形 LED（管径为 ϕ 2、ϕ 5、ϕ 8、ϕ 10、ϕ 20mm 等），方形 LED，菱形 LED，侧向

光形LED，面发光形LED（适合做LED标志引导牌）。

6. 按透光性分类

有色透明LED，无色透明LED，有色散射LED（适合做LED指示灯），无色散射LED（适合做LED台灯）。

7. 按视角分类

高指向性LED（视角为10°~40°，具有很高的指向性），标准型LED（视角为40°~90°），散射型LED（宽视角为90°~180°）。

8. 按封装形式分类

全环氧树脂封装，金属底座全环氧树脂封装，陶瓷底座环氧树脂封装，玻璃封装，表贴式封装。

9. 按功率分类

中、小功率LED（功率为几十至几百毫瓦，工作电流小于100mA），大功率LED（单只LED的功率为1、3、5W等；工作电流均大于100mA，典型值为350、700mA和1A）。

10. 按是否为可见光分类

可见光LED（波长$\lambda = 380 \sim 760$nm），红外线LED（$\lambda > 760$nm），紫外线LED（$\lambda < 380$nm）。

11. 按变色方式分类

双基色LED（适合构成伪彩色LED显示屏），彩色LED（简称RGB-LED，适用于彩色照明或构成全彩色LED显示屏）。

12. 按控制类型分类

电流控制型LED（普通LED，均属于电流控制型），电压控制型LED（BTV器件，内含采用集成工艺制作的限流电阻），闪烁LED（BTS器件，内含振荡器、分频器、驱动器和LED）。

13. 按电阻温度系数分类

正阻型LED（普通LED均属于正阻型），负阻型LED（简称NRLED器件，其伏安特性曲线与晶闸管相似，适用于过压保护电路）。

二、LED器件的主要技术参数

1. 光通量Φ

人眼所能感觉到的辐射功率，它等于单位时间内某一波段的辐射能量与该波段的相对视见率的乘积，用Φ表示，单位是lm。其中，视见率表示不同波长的光对人眼的视觉灵敏度；相对视见率则表示某波长光的视见率与波长为555nm的绿光视见率的比值。

2. 发光效率η_V

光源发射的光通量Φ与其消耗的电功率P_D之比，即$\eta_V = \Phi / P_D$，单位是lm/W。

3. 发光强度 I

光源在一定的立体角内发射的光通量与该立体角的比值，单位是 cd。法向（即轴向）发光强度则用 I_V 表示，此时发光强度达到最大值。

4. 亮度 L_V

给定点的光束元沿给定方向的发光强度与光束元垂直于指定方向上的面积之比，单位是 cd/m^2。

5. 照度 E_V

在包含该点的面积上所接收的光通量与该面积之比，单位是 lx。

6. 峰值发射波长 λ_P

当辐射功率为最大值时所对应的波长，单位是 nm。

7. 色温 T_C

当光源所发出的颜色与“黑体”在某一温度下辐射的颜色相同时，“黑体”的温度就称为该光源的色温，单位是 K（开尔文）。若“黑体”的温度越高，则光谱中蓝色成分越多，而红色成分越少。白炽灯的光色为暖色，其色温表示为 2700K；荧光灯的光色偏蓝，色温为 6000K。

常见色温值速查表见表 1-1-1。

表 1-1-1　常见色温值速查表

环境条件	色温值（K）	环境条件	色温值（K）
北方蔚蓝的天空	8000~8500	冷色荧光灯光	4000~5000
阴天	6500~7500	暖色荧光灯光	2500~3000
夏日正午阳光	5500	白炽灯光	2700
下午日光	4000	蜡烛光	2000

8. 显色指数（CRI）

表示被测光源的显色性能。通常将白炽灯的显色指数定义为 100，视为理想的基准光源。首先以 8 种色度中等的标准色样来检验，然后将在测试光源下和在同一色温的基准下这 8 种色度的偏离程度进行比较，以测量该光源的显色指数，最后取平均值 *R*a 代表显色指数，以 100 为最高。平均色差越大，*R*a 值越低。*R*a 低于 20 的光源一般不用。

显色指数的分类见表 1-1-2。

表 1-1-2　显色指数的分类

显色指数（*R*a）	等级	显色性	适用领域
90~100	1A	优	需要色彩精确对比的场所
80~89	1B	良	需要色彩正确判断的场所
60~79	2	普通	需要中等显色性的场所

续表

显色指数（Ra）	等级	显色性	适用领域
40~59	3	较差	对显色性的要求较低、色差较小的场所
20~39	4	差	对显色性无具体要求的场所

9. 色差 *E*

定量表示的色知觉差别。

10. 光衰

光衰是光致衰退效应的简称。当光通量衰减到初始值的70%时（折合0.7，准确值为$\sqrt{2}/2$），即认为LED的使用寿命已经终止。

11. 寿命

LED在规定工作条件下，当光通量衰减到初始值70%时的工作时间，单位是h。

12. 正向电流 I_F

当LED器件正常发光时流过它的电流。

13. 最大正向电流 I_{FM}

允许通过LED器件的最大正向电流。

14. 反向电流 I_R

当加在LED器件两端的反向电压为规定值时，流过LED器件的电流。

15. 正向电压 U_F

通过LED器件的正向电流为规定值时，在两极间产生的压降。

16. 反向电压 U_R

当LED器件通过的反向电流I_R为规定值时，在两极间所产生的压降。

17. 额定功耗 P_D

允许加到LED两端的最大电功率值。

18. 结温 T_j

专指LED器件中主要发热部分——半导体结（即芯片）的温度。

19. 管壳温度 T_C

在LED器件工作时管壳规定点的温度。

20. 热阻 R_θ

LED器件的有效温度与外部规定参考点的温差与器件的稳态功耗之比。

21. 像素

像素是屏幕上可被独立控制的最小单元。彩色像素由红、绿、蓝3种颜色组成，只需分别调节红、绿、蓝色的亮度，即可显示出任何颜色。像素直径是指每个像素的直径，单位是mm。室内大屏幕LED显示屏的常见像素直径有ϕ3.0、ϕ3.75、ϕ5.0mm等。

22. 灰度

灰度亦称色阶（或灰阶），是用黑色调表示物体的明暗程度，它对应于从0%（最亮）到 100%（最暗）的某一亮度值。

23. 灰度等级

单一基色的 LED 显示屏从最暗到最亮之间所能识别的亮度级数。灰度等级主要取决于系统中 A/D 转换器的位数。一般分为 16 级（4bit）、32 级（5bit）、64 级（6bit）、128 级（7bit）、256 级（8bit）、512 级（9bit）、1024 级（10bit）等多个等级。灰度等级越高，色彩的层次越多，色彩越艳丽；反之，显示颜色单一，变化简单，缺乏层次感。目前国内 LED 显示屏大多采用 8 位处理系统，灰度等级为 $2^8=256$ 级，从最暗到最亮总共有 256 种亮度变化。采用 RGB 三原色即可构成 $256\times256\times256=16\ 777\ 216$ 种颜色，即通常所说的 16M（或 24bit）种颜色（$1M=1024k$，$1k=1024$，$16M=16\times1024\times1024=16\ 777\ 216=2^{24}$，等于 24bit 数据）。

24. 对比度

在一定的环境照度下，LED 显示屏最大亮度与背景亮度的比值。

25. 视角 θ

当发光强度等于轴向强度值一半时，光线方向与法线的夹角，称作半值角 $\theta_{1/2}$；半值角的 2 倍为视角 θ。视角可分为水平视角、垂直视角两种。LED 显示屏的视角应根据具体用途来选定，户外大屏幕 LED 显示屏可选水平视角为 110°、垂直视角为 45°~50° 的椭圆形 LED 发光器件；室内显示屏则选用水平、垂直视角均超过 110° 的表贴式 LED。视角与亮度是互相矛盾的，视角越大，亮度越低。

26. 失效率

失效率是指单位时间内失效的元件数与元件总数的比值。LED 显示屏的失效率取决于 LED 器件的质量（排除显示屏生产工艺中的虚焊、漏焊、接触不良等影响）。用于显示屏的 LED 器件，其 1000h 的失效率应不超过万分之一。

27. 平均故障间隔时间（MTBF）

LED 显示屏平均正常运行多长时间才发生一次故障。这是衡量 LED 显示屏可靠性的重要指标。

28. LED 灯具常见图示（见表 1-1-3）

表 1-1-3　　LED 灯具常见图示

图示	说　明	图示	说　明
	室内使用	Ⅲ	采用三类绝缘保护
130°	外壳任何部位最高温升不超过 130℃		具有防爆功能
	带安全隔离的短路保护	F	可置于一般可燃物表面安装使用

续表

图示	说　明	图示	说　明
	采用双层绝缘的二类触电保护	F	可置于一般可燃物表面安装使用，但灯具背后不能密封和覆盖
	不能暴晒	M	可置于一般可燃物表面安装使用，仅适用于带电子变压器的灯具

第二节　LED 的工作原理

一、单色 LED 的基本原理

发光二极管（LED）是将电信号转换成光信号的结型电致发光半导体器件，LED 的工作原理如图 1-2-1 所示。LED 不仅具有一般 PN 结的正向导通、反向截止及击穿特性，还具有发光特性。在正向电压下，电子从 N 区注入 P 区，空穴由 P 区注入 N 区。进入对方区域的少数载流子中有一部分与多数载流子复合而辐射发光。其峰值发光波长 λ_P 与发光区域的半导体材料禁带宽度 E_g 有关，有关系式

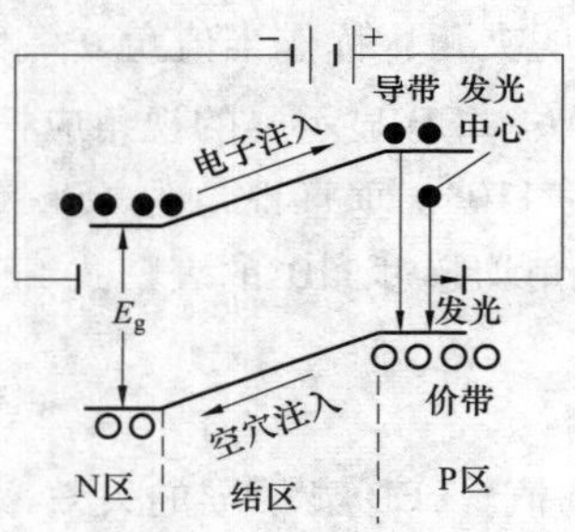

图 1-2-1　LED 的工作原理

$$\lambda_P \approx 1240/E_g \tag{1-2-1}$$

式中：λ_P 的单位是 nm；E_g 的单位是电子伏特（eV）。在 380nm（紫光）~780nm（红光）的可见光波长范围内，半导体材料的 E_g 应在 3.26~1.63eV 之间。

LED 的正向伏安特性曲线比较陡，在正向导通之前几乎没有电流；当电压超过开启电压时，电流就急剧上升。LED 属于电流控制型半导体器件，其亮度 L（亮度等于发光强度除以受光面积，其基本单位是 cd/m^2，读作［坎德拉］每平方米）与正向工作电流 I_F 近似成正比，有公式

$$L = KI_F^m \tag{1-2-2}$$

其中，K 为比例系数，在小电流范围内（$I_F = 1 \sim 10$mA），$m = 1.3 \sim 1.5$。当 $I_F > 10$mA 时，$m = 1$，式（1-2-2）可简化成

$$L = KI_F \tag{1-2-3}$$

即亮度与正向电流成正比。其相对发光强度（即发光强度与最大发光强度之比）与正向电流有关。此外，LED 的使用寿命还与电流密度 J（单位是 A/mm^2）有关，随着电流密度的增大，管子寿命将缩短。

LED 典型产品的发光角度特性曲线如图 1-2-2 所示。图中法线 AO 的坐标为相对光强度。若令法线方向上的相对光强度为 1，则偏离法线方向的角度越大，相对光强度越

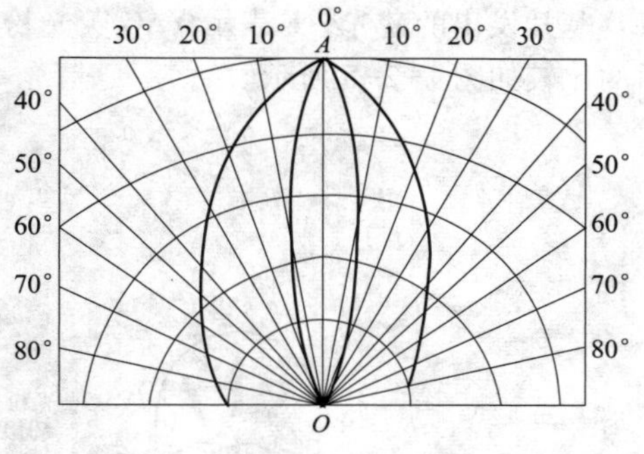

图 1-2-2 发光角度特性曲线

小。当光强度值等于轴向强度值一半时，光线方向与法线的夹角，称作半值角 $\theta_{1/2}$。半值角的 2 倍为视角 θ。

小功率 LED 一般用作指示灯，工作电流小于 100mA，其结构示意图如图 1-2-3（a）所示，主要包括 LED 芯片、反射杯、阳极引线和阴极引线，它不用散热器，可直接焊到印制板（PCB）上。小功率 LED 类似于点接触型二极管。大功率 LED 类似于面接触型二极管，按照出光方向的不同，分正装芯片、倒装芯片（Flip-chip）和侧装芯片三种结构。正装芯片的背面朝下，接触电极在正面，芯片射出的光有一部分被接触电极吸收。倒装芯片的背面朝上，接触电极在其下方，经过硅衬底和塑料透镜从上面直接出光，可避免电极焊点和引线对出光效率的影响，但其散热性能不如正装芯片。采用倒装芯片技术的大功率 LED 示意图如图 1-2-3（b）所示，主要包括硅衬底（基板）、氮化铟钾（InGaN）半导体倒装芯片、金属电极焊接层、反射杯、塑料透镜、金导线、散热器、阴极引出片和阳极引出片（阳极引出片未画出）。

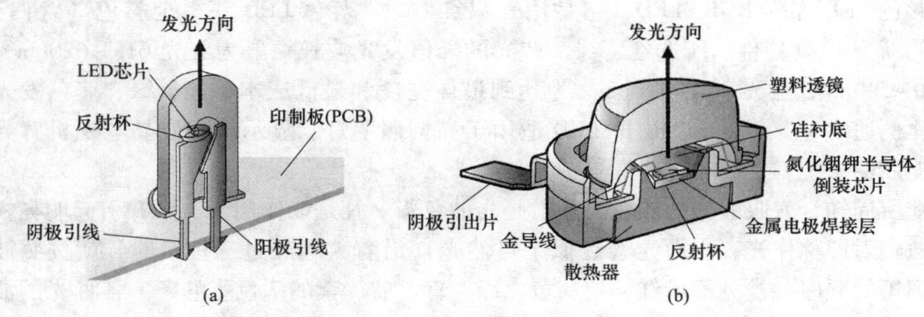

图 1-2-3 LED 的结构示意图

（a）小功率 LED 的结构示意图；（b）采用倒装芯片技术的大功率 LED 的结构示意图

二、白光 LED 的基本原理

目前生产的白光 LED，一般是将 InGaN 基片和钇铝石榴石（YAG）封装在一起，InGaN 基片发蓝光（$\lambda_P = 465\text{nm}$），YAG 荧光粉被蓝光激发后就发出峰值波长为 550nm 的黄光。蓝光 LED 基片安装在碗形反射腔中，覆盖以混有 YAG 的树脂薄层。由 LED 基片发出的蓝光有一部分被荧光粉所吸收，另一部分蓝光则与荧光粉发出的黄光混合成白光。其光谱可覆盖整个可见光区域，即包括从蓝光到红光的全部可见光。所得到的白光均匀稳定，接近于自然光。白光 LED 的结构示意图如图 1-2-4 所示，图中的 E 代表

LED 基片发出的蓝光，F 表示 YAG 荧光粉发出的黄光。白光 LED 与普通白炽灯发光光谱的比较如图 1-2-5 所示。

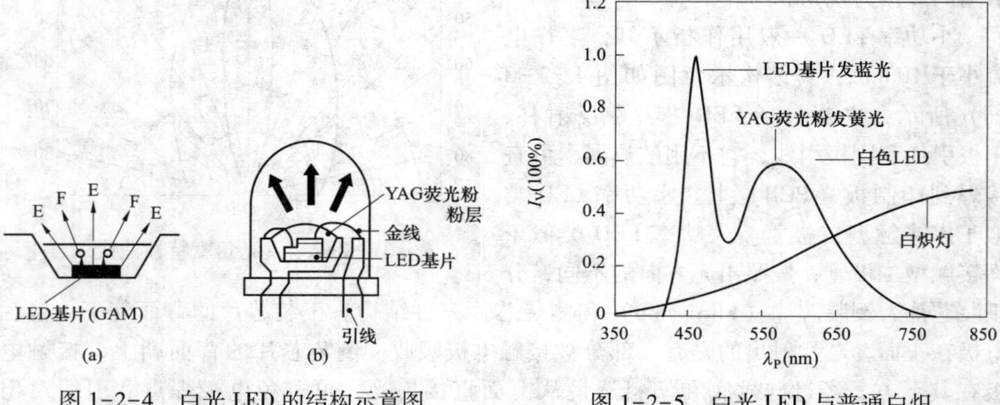

图 1-2-4　白光 LED 的结构示意图

（a）发光示意图；（b）内部结构

图 1-2-5　白光 LED 与普通白炽灯发光光谱的比较

三、彩色 LED 的工作原理

彩色 LED 亦称 RGB-LED，它是用三只红、绿、蓝色 LED 获得全彩色（含白光）效果的新型 LED 器件。所选红、绿、蓝光的峰值发光波长一般为红光 615~620nm，绿光 530~540nm，蓝光 460~470nm。为达到最佳亮度和最低成本，红、绿、蓝色发光强度的比例通常选 3∶6∶1。RGB-LED 适用于高档照明灯、显示屏、液晶电视机背光灯及智能照明系统。

众所周知，人眼看到的颜色实际上是光的色彩。凡是能作用于人眼并引起明亮视觉的电磁辐射即称作光，当白光（近似于自然光）沿着狭缝经过三棱镜时，就按照波长由长到短的顺序，被分解成红、橙、黄、绿、青、蓝、紫的 7 色彩虹条。各种光的波长分布如图 1-2-6 所示，其中可见光的波长范围是 380~780nm。用 R、G、B 三基色即可配比出可见光中的各种不同光色，如图 1-2-7 所示，其中心区域为白光。

由国际照明委员会（CIE）制定的 CIE 色度图，是以红、绿、蓝作为三种基色，自然界中所有颜色均可从这 3 种颜色中导出，并包含在一个舌形面积内。CIE 色度图如图 1-2-8 所示。色度图中的 x 轴表示红光分量所占的比例；y 轴表示绿光分量所占的比例。中央的 E 代表标准白光，它在 x 轴、y 轴上的坐标分别为 0.33、0.33。边界上的数字表示单色光波长值。

小功率、大功率（未装散热器）RGB-LED 典型产品的外形分别如图 1-2-9（a）、（b）所示。小功率 RGB-LED 分为共阳极、共阴极两种结构，电路符号分别如图 1-2-10（a）、（b）所示。共阳极结构的 4 个引脚分别为 R、G、B 和公共阳极 A。共阴极结构的 4 个引脚分别为 R、G、B 和公共阴极 K。

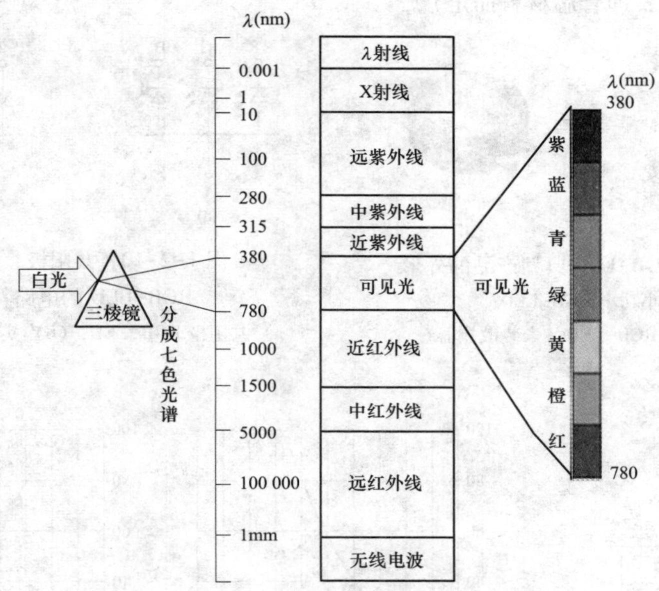

图 1-2-6　各种光的波长分布图

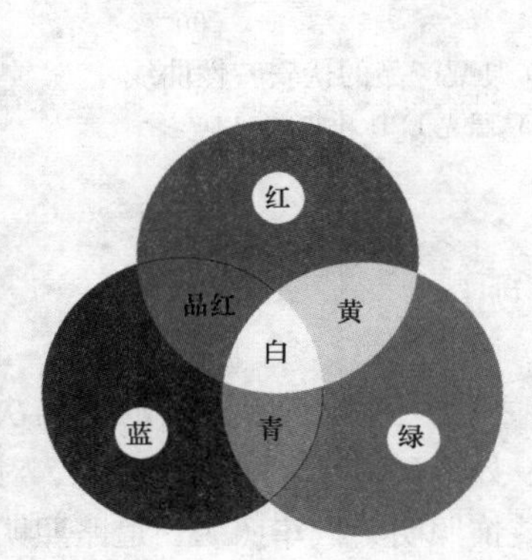

图 1-2-7　用 R、G、B 三基色配比出可见光中的各种不同光色

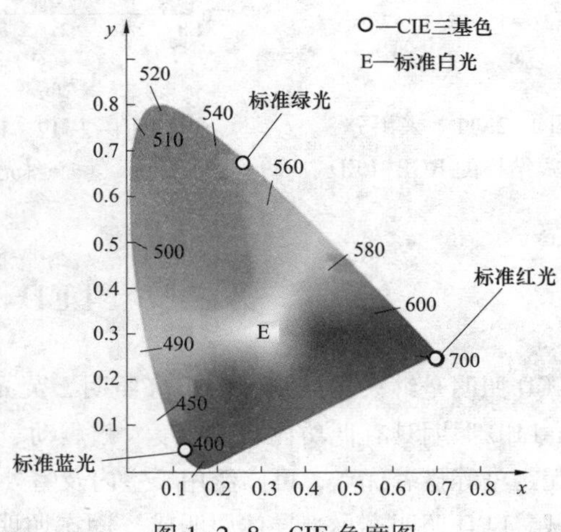

图 1-2-8　CIE 色度图

此外还有一种采用分立式结构的 RGB-LED，如图 1-2-11 所示。其内部 3 只红、绿、蓝色 LED 是互相独立的，芯片总共有 6 个引脚：A1～A3 为阳极，C1～C3 为阴极。

RGB-LED 典型产品的伏安特性曲线分别如图 1-2-12（a）、（b）所示，图中 I_F 为正向工作电流（I_F 一般为几毫安至几十毫安）；U_F 为正向压降（U_F 约为 1.9～3.5V，视管子的发光颜色，即管芯材料而定）。

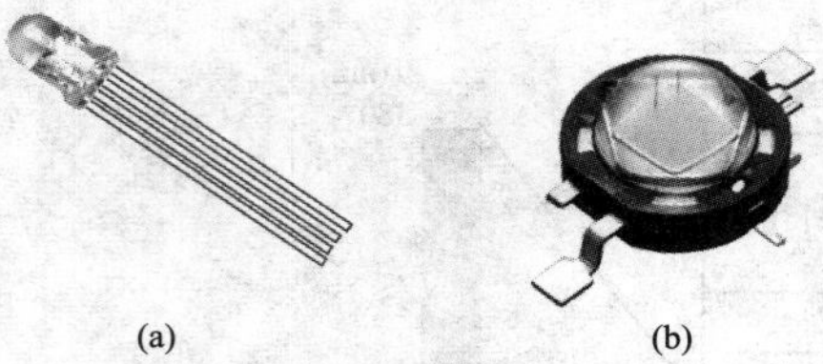

图 1-2-9　RGB-LED 典型产品的外形
（a）小功率 RGB-LED；
（b）大功率 RGB-LED（未装散热器）

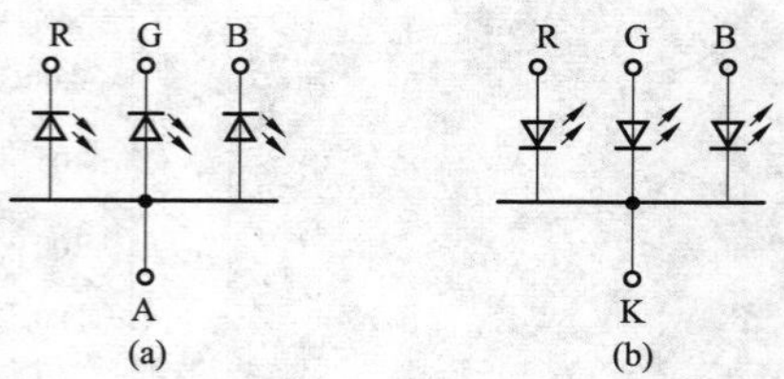

图 1-2-10　共阳极、共阴极 RGB-LED 的电路符号
（a）共阳极 RGB-LED；（b）共阴极 RGB-LED

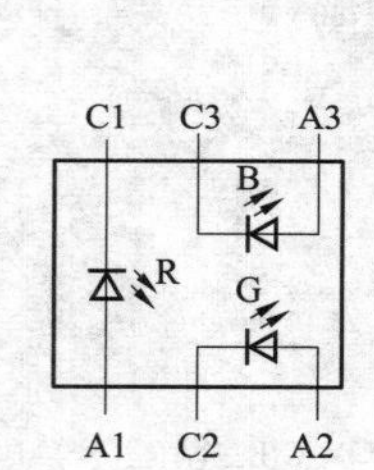

图 1-2-11　采用分立式结构的 RGB-LED

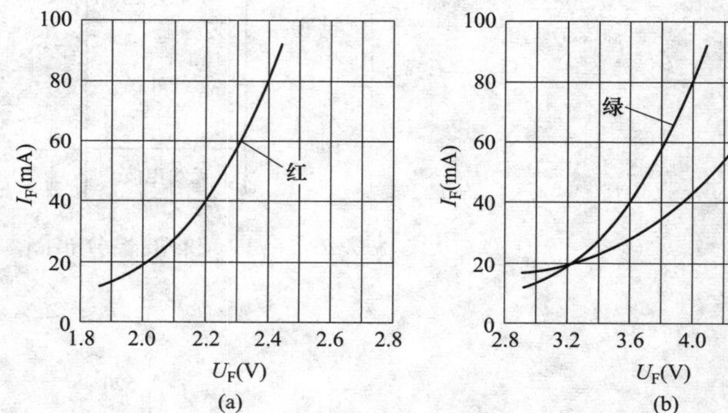

图 1-2-12　RGB-LED 典型产品的伏安特性曲线
（a）红光 LED；（b）绿光 LED 和蓝光 LED

第三节　LED　照　明

LED 照明是继火光照明、白炽灯照明、荧光灯照明之后，人类照明史上的第四次革命。LED 照明具有低功耗、高亮度、耐震动、寿命长、外形尺寸小、响应速度快、对环境无污染等显著优点，可广泛用于室内及室外照明、装饰照明、汽车照明、道路照明等领域。LED 照明亦称半导体照明或“固态照明”（SSL），被誉为 21 世纪的节能环保型“绿色照明”。

一、LED 照明的主要特点及应用领域

1. LED 照明的主要特点

（1）使用寿命长。国际上将 L70（即光通量从最初的 100% 衰减到 70%）规定为 LED 照明灯的寿命期。7 种照明灯的寿命曲线比较如图 1-3-1 所示。由图可见，大功率

LED 照明灯的正常寿命约为 50 000h，尽管受 LED 早期失效、装配工艺缺陷、散热不良、LED 驱动电源质量不佳等因素的影响，实际寿命一般会低于 50 000h，但它与 100W 白炽灯、25W T8 荧光灯、50W 钨卤化物灯、42W 紧凑型荧光灯（Compact Fluorescent Light Bulbs，简称 CFL）、400W 金属卤化物灯、ϕ 5mm 小功率 LED 照明灯的寿命相比，仍具有很大优势。主要受 LED 驱动器寿命的限制，LED 灯具的使用寿命一般为 10 000~50 000h。

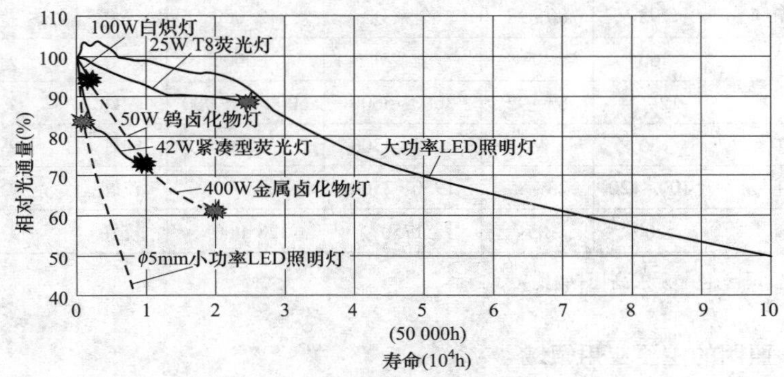

图 1-3-1　7 种照明灯的寿命曲线比较

（2）发光效率高。白炽灯、卤钨灯的发光效率仅为 12~24lm/W，荧光灯为 50~70lm/W，高压钠灯为 100~120lm/W。而新型 LED 照明灯可达 50~200lm/W。LED 属于冷光源，在发光效率相同的情况下，LED 照明灯所消耗的电能可比白炽灯节省 80%。

（3）采用 RGB-LED 时，可实时变换每只 LED 的发光颜色，成为建筑照明、装饰照明和情景照明的理想选择。

（4）LED 驱动器可采用模拟调光、脉宽调制（PWM）或双向晶闸管（TRIAC）调光方式。带总线接口的 LED 驱动器，适配微控制器（含单片机或微处理器）进行数字调光。

（5）绿色环保。不含汞、氙、铅等有害元素，不污染环境，也没有节能灯中电子镇流器产生的电磁干扰。

（6）使用灵活。LED 的体积小，可根据应用对象将多只 LED 组合成灯具。

（7）LED 照明灯还可配太阳能电池板，白天在太阳光照射下产生电能，通过控制器储存在蓄电池内。夜晚，蓄电池通过控制器放电，再经过驱动器给 LED 照明灯供电。太阳能电池的容量应足够大，以保证在连续阴雨天时仍能做夜间照明。

（8）尺寸小，防震动及抗冲击性能好。

LED 照明灯与其他照明灯的性能比较见表 1-3-1。

表 1-3-1　　LED 照明灯与其他照明灯的性能比较

光源类型	发光效率（lm/W）	显色指数 R_a	色温（K）	平均使用寿命（h）	节能	环　保
白光 LED 照明灯	50~200	75	5000~10 000	10 000~50 000	好	好
白炽灯	12~24	100	2800	2000	差	较差
普通荧光灯	50~70	70	全系列	10 000	较好	差（含汞，有频闪效应）
三基色荧光灯	93	80~98	全系列	12 000	较好	差（含汞）
小型荧光灯	60	85	全系列	8000	较好	差（含汞）
卤钨灯	12~24	65~92	3000~5600	6000~20 000	较好	差（含汞）
高压汞灯	50	45	3300~4300	6000	较好	差（含汞）
高压钠灯	100~120	23~85	1950~2500	24 000	较好	差（含汞①）
低压钠灯	200	85	1750	28 000	较好	差（含汞）

① 飞利浦公司已生产无汞高压钠灯。

2. LED 照明的主要应用领域

（1）建筑装饰照明：例如 LED 泛光灯、投影灯和轮廓灯。

（2）景观照明：例如 LED 景观灯、埋地灯、水景灯及 LED 灯条。

（3）交通灯：例如交通信号灯、路灯、高速公路标志灯、护栏灯、太阳能路灯等。

（4）汽车灯：例如转向灯、近光灯、雾灯、尾灯和仪表盘灯。

（5）家庭照明：例如壁灯、吸顶灯、吊灯、台灯、廊灯、手电筒等。

（6）工业照明：例如矿灯、防爆灯和应急灯。

（7）农业：例如农作物专用照明灯和诱光灯。

（8）特种照明：例如无影且无热辐射的医用 LED 手术灯、治疗灯、数码相机的闪光灯等。

二、LED 的接线方式

1. 串联 LED 驱动方式

串联 LED 驱动方式如图 1-3-2（a）所示。其主要优点是能保证亮度均匀，效率最高，布线简单（在驱动器与 LED 之间只需两条引线连接）。缺点是只要有一只 LED 损坏，其他所有 LED 就会熄灭；电源输出电压必须足够高，输出电容器的容量较大。

2. 并联 LED 驱动方式

并联 LED 驱动方式如图 1-3-2（b）所示。其主要优点是适配低压、小电流的 LED，并能驱动共阳极或共阴极 LED 模块。缺点是各支路电流必须稳定，才能保证亮度均匀。

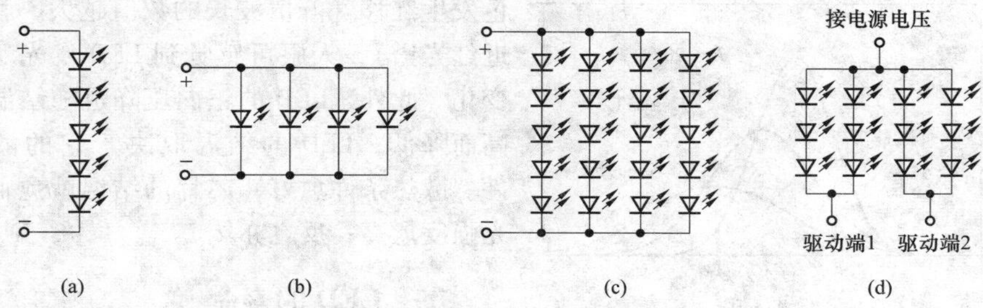

图 1-3-2 LED 的 4 种驱动方式

（a）串联驱动方式；（b）并联驱动方式；（c）混联驱动方式；（d）多路混联驱动方式

3. 混联 LED 驱动方式

混联亦称串、并联。混联 LED 驱动方式如图 1-3-2（c）所示。其优点是设计灵活，并能驱动共阳极或共阴极 LED 模块。

4. 多路混联 LED 驱动方式

多路混联 LED 驱动方式如图 1-3-2（d）所示。这种电路比较复杂，适配多通道 LED 驱动器芯片，驱动器芯片需要设置更多的引脚。其优点是适配微控制器，通过总线接口可分别控制各路 LED 灯串的亮灭并进行调光。

第四节 LED 照明的关键技术

一、LED 的光衰

光衰（Light Attenuation）是光致衰退效应的简称。伴随着 LED 照明技术的迅速发展，始终面临的一个重要问题就是光衰。当光通量衰减到初始值的 70% 时（折合 0.7，准确值为$\sqrt{2}/2$），即认为 LED 的使用寿命已经终止。

造成 LED 光衰的原因很多，一是 LED 芯片的老化，二是荧光粉的老化，三是因散热不良而使 LED 芯片和荧光粉提前衰老，出现严重的光衰。另外还可能是 LED 的材料及生产工艺存在问题。但起最关键作用的是 LED 芯片的结温。结温是指 LED 器件中主要发热部分的半导体结（即芯片）的温度，一般用 T_j 表示。造成结温的原因是当工作电流通过 LED 芯片时，仅有一部分电能转化为光子，其余电能被转换成热能散发掉了，由此导致 LED 功耗增大，芯片发热。

由美国 NSC 公司提供的 LED 相对发光强度、波长与芯片结温的关系曲线如图 1-4-1 所示，现将+25℃时 LED 的相对发光强度定为 1。图中的 3 条曲线分别对应于 $T_j=-20℃$（峰值波长为 λ_{P1}）、$T_j=+25℃$（峰值波长为 λ_{P2}）和 $T_j=+85℃$（峰值波长为 λ_{P3}）。由图可见，随着结温的不断升高，整个曲线的形状逐渐变宽并向右延伸，而 LED 的发光强度显著减弱，波长范围变得更宽。峰值波长的增大（$\lambda_{P3}>\lambda_{P2}>\lambda_{P1}$），意味着颜

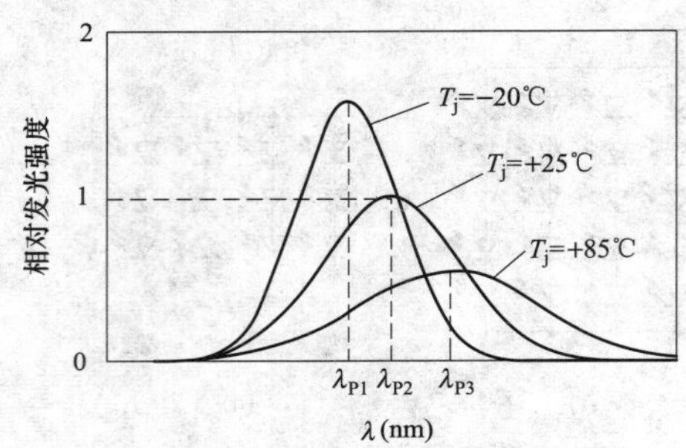

图 1-4-1　LED 的相对发光强度、波长与芯片结温的关系曲线

色发生红移（峰值波长的数值越大，就越靠近红光谱），人眼可感觉到 LED 发光颜色的变化。此外，LED 的正向压降也随结温的升高而降低。LED 的结温取决于它的散热条件。散热条件愈好，芯片的结温就愈低，发光强度愈高；反之亦然。

二、LED 的寿命

LED 以其长寿命而著称。据德国欧司朗（Osram）公司发表的 LED 灯评估报告，若以 25 000h 的使用寿命作为对照基准，最新一代 LED 灯的使用寿命相当于 25 盏使用寿命为 1000h 的白炽灯，或 2.5 盏使用寿命为 10 000h 的荧光灯。但目前国内在关于 LED 寿命的宣传上仍存在下述三大误区：

误区之一：将大功率 LED 的理论寿命值当做实际寿命值，认为 LED 照明灯的寿命为 100 000h。理论上 LED 的寿命可长达 10^5~10^6h，即可连续发光 10~100 年之久。实际上只有小功率 LED 的寿命才可达到 100 000h 以上，因其工作电流小，功耗低，一般用作指示灯。大功率 LED 照明灯的寿命远低于 100 000h，目前国内能达到 20 000h 时就很不容易。代表国际先进水平的荷兰飞利浦（Philips）公司生产的 LED 照明灯可达 50 000~60 000h。

误区之二：未考虑到环境温度、芯片结温、散热条件、LED 驱动电源寿命、荧光粉性能衰退等因素，均可导致 LED 照明灯的寿命大为降低，甚至降到 2000h 也不足为奇。仅举一例，假如 LED 驱动电源寿命只有 2500h，这就限制了包含 LED 灯、驱动电源和其他附件的整个 LED 照明灯具的寿命不可能超过 2500h。实际上，灯具的寿命在很大程度上取决于驱动电源。对此，后文将做进一步分析。另外还应考虑到，环境温度每升高 10℃，LED 驱动电源及 LED 灯的使用寿命就会减少到原来的 1/2。

误区之三：考核 LED 照明灯寿命期的重要依据究竟该如何界定。

根据我国信息产业部颁布的标准《半导体照明术语》（SJT 11395—2009），LED 的寿命是指在规定工作条件下，光通量（或光输出功率）衰减到初始值的 50%（或 70%）时的工作时间（单位是 h）。

“能源之星（ENERGY STAR）”是由美国政府主导、主要针对消费性电子产品的能源节约计划。该计划将 L70 列为考核 LED 灯寿命的一项标准。L70 是把光通量从最初的 1.0（相当于 100%）衰减到不低于 0.7（相当于 70%），定为 LED 灯具的寿命期。其衰减量不超过 0.3（相当于 30%）。按照 2010 年 8 月生效的能源之星整体式 LED 灯认证要求，符合 L70 标准的整体式 LED 灯的最短使用寿命如下：

（1）标准 LED 灯、非标准 LED 灯及 LED 全方向灯：25 000h。

（2）其他 LED 灯（含 LED 装饰灯以及用于取代现有白炽灯和荧光灯的 LED 替换

灯）：15 000h。

美国科瑞（Cree）公司给出大功率白光 LED 的光衰曲线如图 1-4-2 所示。由图可见，相对光通量的衰减（即光衰）与 LED 的结温（T_j）关系密切，T_j 越高，出现光衰的时间越早，LED 寿命越短。当 T_j = 55℃时，相对光通量降至 70%（下同）的寿命可超过 100 000h（当然这是难以实现的，实际结温远高于 55℃）。T_j = 75℃时寿命减少到 50 000h。T_j = 95℃时寿命不到 20 000h；T_j = 105℃时寿命略高于 10 000h。因此，降低 LED 的结温是延长 LED 寿命的关键。通常近似认为，T_j 每降低 10℃，LED 的寿命即可延长一倍。

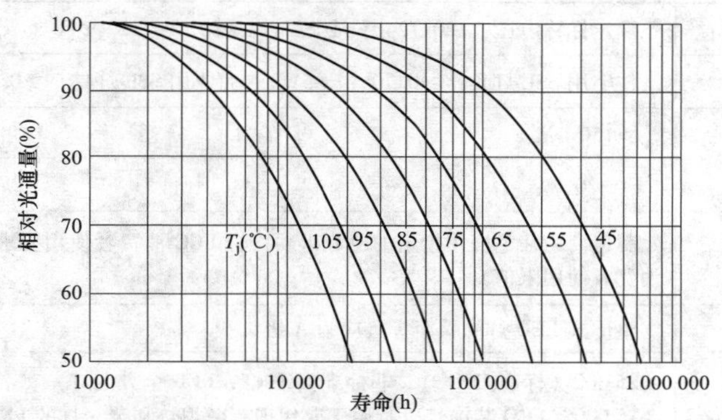

图 1-4-2　大功率白光 LED 的光衰曲线

欧美国家将光通量从初始值（即 100%）衰减到 70% 的使用期，作为 LED 的寿命；而国内 LED 业界，有的把光通量衰减到初始值的 50%（俗称半衰期）作为 LED 的寿命。部标 SJT 11395—2009 中提到的"光通量衰减到初始值的 50%（或 70%）"，也反映出国内意见尚未统一。从表面看，将 LED 照明灯的寿命考核指标从 70% 放宽到 50%，仅仅改变了 20%；但 LED 的光衰曲线是按指数规律衰减的，因此二者相差的远超过一倍，与国际上的"高指标"（70%）相比，国内提出的"低指标"（50%）却能大大"延长"LED 的寿命。很显然，"能源之星"规定的 15 000~25 000h 寿命是"实指标"；而国内某些产品宣称其寿命可达 50 000h，甚至 100 000h，这是在充分散热、芯片结温和热阻足够低的理想情况下不切实际的"虚指标"。尽管这样的 LED 照明灯"看上去很美"，但实际寿命远远达不到要求。

需要指出，LED 的光衰曲线与被测产品的材料、制造工艺、性能等因素有关。不同厂家给出的光衰曲线存在较大差异，这属于正常现象。

三、驱动电源对 LED 灯具寿命的重要影响

驱动电源对 LED 灯的寿命起到关键作用。往往会出现这种情况：检修 LED 灯具时发现 LED 灯并未损坏，而是驱动电源出现故障。通常 LED 灯的正常使用寿命远高于驱

动电源的寿命。例如，Cree 公司的 XLamp 系列产品寿命可达 50 000h，而驱动电源的正常寿命约 20 000h，因此 LED 灯具的长寿命主要取决于驱动电源，在 LED 照明系统中最薄弱的一环往往是驱动电源。

“能源之星”对 LED 驱动电源的认证标准（ENERGY STAR Program Requirements for Integral LED Lamps ENERGY STAR Eligibility Criteria，3，2009）见表 1-4-1，这是进入美国市场必须达到的硬指标。之所以对 LED 工作频率也作出规定，主要是针对双向晶闸管调光的，可避免因灯光闪烁而影响视觉健康。

表 1-4-1　“能源之星”对 LED 驱动电源的认证标准

工作电压	额定标称电压：120、240V 或 277V（AC），或 12、24V（AC 或 DC）
功率因数	住宅用 SSL 灯具：≥0.70（P>5W）；商业用 SSL 灯具：≥0.90
LED 工作频率（Hz）	≥150
最低工作温度（℃）	≤-20
电磁干扰和射频干扰	制造商为住宅应用指定的电源必须符合 FCC 消费者使用要求（FCC47CFRPart15 消费者使用限值）
噪声	整体式 LED 灯的噪声等级应为 A 级
寿命（h）	25 000（标准 LED 灯，非标准 LED 灯，LED 全方向灯） 15 000（LED 装饰灯以及用于取代现有白炽灯和荧光灯的 LED 灯）

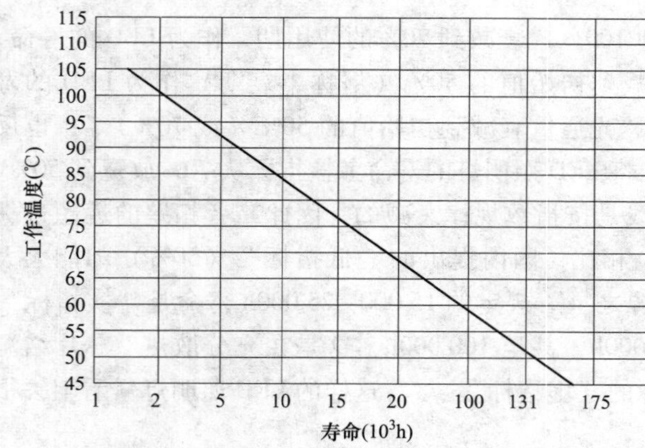

图 1-4-3　普通铝电解电容器在连续工作条件下的寿命估算曲线

下面举例说明驱动电源对 LED 照明灯具寿命的影响。LED 驱动电源中的输出滤波电容器，一般应选择低等效串联电阻（R_{ESR}）的铝电解电容器。尽管 R_{ESR} 值很小，但是当较大的纹波电流通过时仍会产生功耗，导致其壳内温度不断升高。铝电解电容器的寿命随工作温度（即壳内温度）升高而急剧下降。普通铝电解电容器在连续工作条件下的寿命估算曲线如图 1-4-3 所示。由图可见，当工作温度为 75℃时寿命约为 16 000h，85℃时降至 8000h，95℃时只有 4000h，100℃时约为 2000h。而安装在 LED 路灯中的驱动电源，由于散热条件差，夏季炎热天气的地面温度可能高达 60～70℃，致使驱动电源内铝电解电容器的温度很可能接近 100℃，使其实际寿命大为缩短，严重影响整个灯具的寿命。铝电解电容器的最高工作温度一般为 105℃，必要时可选高温铝电解电容器，后者能承受140℃的高温。

由于很难直接测量铝电解电容器内部的中心温度，可根据表1-4-2提供的铝电解电容器表面温度与内部中心温度的换算关系进行推算。举例说明，某铝电解电容器的外径为ϕ22mm，实测表面温度为73℃，从表中查到其中心温度与表面温度的比例系数k=1.3，则中心温度应为73℃×1.3=94.9℃。余者类推。

表1-4-2　　铝电解电容器表面温度与内部中心温度的换算关系

铝电解电容器外径ϕ（mm）	8~12	12.5~16	18	22	25	30	35
中心温度与表面温度的比例系数k	1.1	1.2	1.25	1.3	1.4	1.6	1.65

若选择固态电容器（全称为固态铝质电解电容器），则上述问题可迎刃而解。固态电容器的性能远优于电解电容器，最高可承受260℃的高温，具有寿命长（75℃时寿命为60 000h）、等效串联电阻极低、使用安全（不会漏液或爆炸）、节能、环保等优良特性，特别适用于LED路灯的驱动电源。

第五节　LED　背　光

背光（Backlight）是屏幕背景光的简称。众所周知，液晶显示器（LCD）本身并不发光，它只能在光线的照射或透射下显示图形或字符。因此，必须借助于背光源才能达到理想的显示效果。

一、液晶显示器背光源的分类

1. 按光照的方向来划分

按光照的方向来划分，光源有三种：前光、侧光和背光。顾名思义，前光是光线从前方照射，侧光是光线从侧面照射，背光则是光线从背后照射。

2. 按背光源使用的器件来划分

目前，LCD背光源主要有EL、CCFL和LED三种类型。

（1）EL背光。EL是电致发光（Electro Luminescent）的英文缩写。EL灯是利用有机磷材料在电场的作用下发光的冷光源。其厚度可做到0.2~0.6mm。但它工作在高压、高频和低电流下，亮度低，寿命短（一般仅为3000~5000h），在操作时应注意防止触电。

（2）CCFL背光。CCFL（Cold Cathode Fluorescent Lamp）是冷阴极荧光灯的简称。其工作原理是当高压加在灯管两端时，灯管内少数电子高速撞击电极后产生二次电子发射，进行放电而发光。它因阴极温度较低而称之为冷阴极。其优点是亮度高，可根据三基色的配色原理显示各种颜色；缺点是工作电压高（电压有效值为500~1000V）、工作频率高（40~80kHz）、功耗较大、工作温度范围较窄（0~60℃）。CCFL内部存在汞蒸汽，一旦破裂后会对环境造成污染。为提高灯管的寿命和发光效率，一般采用交流正弦电压驱动。

（3）LED 背光。其优点是亮度高、光色好、无污染、功耗低、寿命长、体积小、工作温度范围较宽（-20~70℃），有望取代传统的 EL、CCFL 背光。LED 背光的缺点是使用 LED 数量较多，发热现象明显，必须解决好散热问题。目前 LED 背光源的制造成本较高，在屏幕尺寸相同的情况下，采用 LED 背光的屏幕要比 CCFL 背光的屏幕贵几倍，因此目前 LED 背光主要用于高端产品。

二、LED 背光的主要特点

自 2004 年日本索尼（Sony）公司推出以 LED 为背光的液晶电视以来，LED 背光技术获得迅速发展并实现了产业化。从最初用于笔记本电脑，到目前广泛应用于液晶显示器和液晶电视，LED 背光的新产品正不断涌现，市场占有率也迅速增加。LED 背光主要有以下特点：

（1）LED 的色域很宽，色彩比较柔和，色饱和度可达 105%；而 CCFL 的色域较窄，一般只能达到 70% 左右。它可根据环境光强的变化，动态调整 LED 背光，使背光亮度适合人眼的需要，观看液晶电视更加舒适。

（2）LED 按照二维阵列的方式排放在 LCD 的背面，整个 LCD 屏幕划分成若干个矩形区域，同一区域内布置一个或几个 LED 灯串，流过该区域内每只 LED 的电流是相同的。

（3）采用 LED 背光可提高 LCD 的对比度，使画面的层次感更强烈。由于整个背光源是由许多尺寸很小的 LED 发光单元组成的，因此可根据原始画面的特点对某一显示区域内的灰度进行调节。例如在一幅明暗对比非常强烈的画面中，将暗区域的 LED 背光完全关闭，而将亮区域的 LED 背光进一步提高，即可使液晶电视的对比度得到大幅度提升（最高可达到 100 000：1 的超高对比度），这种二维调光（亦称面调光）方式是 CCFL 背光所无法实现的。

（4）LED 的响应速度极快，可避免 LCD 在播放高速动画或视频节目时出现拖尾现象。

（5）LED 的工作电流可以调整，当环境亮度发生变化时通过自适应调光，可使 LED 背光源的亮度达到最佳值，实现节电目标。

（6）LED 是工作在低电压的绿色环保型照明灯，其能耗比 CCFL 低 30%~50%，并且使用安全，没有汞污染。

（7）因 LED 背光源的工作电流较小（一般仅为几十毫安），故使用寿命可达 100 000h，即使 24h 不间断工作，也能连续使用 11.4 年之久。相比之下，CCFL 背光源的使用寿命仅为 30 000~40 000h。

（8）外观超薄。液晶电视最薄部分的厚度，与背光模块有很大关系。最薄的 LED 背光模块厚度仅为 1.99cm，符合时尚化要求。侧光式 LED 背光模块的厚度要比直下式及侧光式 CCFL 还要薄。

三、LED背光的驱动电路

与LED照明一样，LED背光源也需要配驱动电路。通常，小屏幕LCD可选用线性恒流调节器或通用小功率LED驱动器；大屏幕LCD需配专用大功率LED背光驱动器，典型产品有美国德州仪器公司（TI）生产的TPS61195型8通道白光LED驱动器。TPS61195属于带SMBus接口的8通道升压式白光LED（WLED）驱动器，特别适用于大屏幕LCD的背光源。其输入电压范围是+4.5～21V，内部集成了2.5A/50V的MOSFET，可驱动8路、总共包含96只白光LED的灯串。每个灯串最多可包含12只白光LED，总输出电流为8×30mA，每路LED驱动电流的匹配精度可达1%。它能在600kHz～1MHz范围内对开关频率进行编程。芯片具有白光LED开路保护、短路保护、可编程的输出过电压保护、过热保护、软启动等功能。

TPS61195支持多种调光方式：第一种方式是从DPWM引脚输入外部可控制占空比的PWM信号，调光信号的频率可通过调光电阻器进行编程；第二种方式是通过SMBus接口进行调光；第三种方式是选择模拟调光，将输入PWM占空比信号转换为模拟信号，再去控制白光LED的电流，亮度变化范围是1%～100%。TPS61195采用QFN-28封装，外型尺寸仅为4mm×4mm。

由TPS61195构成的大屏幕LCD背光源电路如图1-5-1所示。该电路属于升压式变换器。C_1、C_4为输入电容器，C_3为输出电容器。L为储能电感，VD为1A/50V的肖特基整流管。OVP为过电压保护引脚，由R_5、R_6构成的精密电阻分压器用于设定

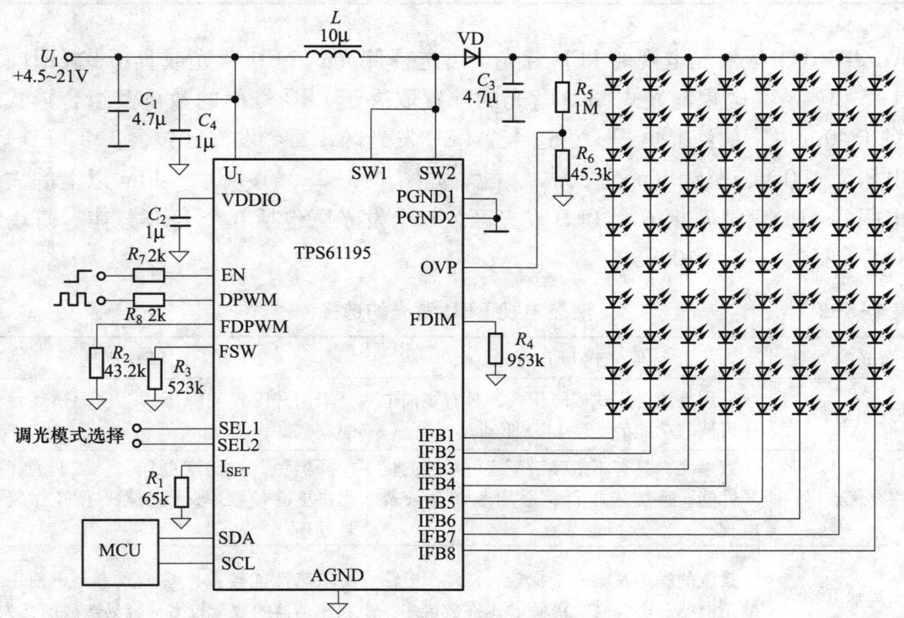

图1-5-1　由TPS61195构成的大屏幕LCD背光源电路

过电压保护阈值。R_4 为设定调光频率的外部电阻，当 R_4 = 953kΩ 时，调光频率设定为 210Hz（典型值）；当 R_4 分别为 200、100kΩ 时，所对应的开关频率依次为 1、2kHz。R_1 用来设定每只 LED 的满量程电流，I_{LED} = 1060×（1.229V/R_1），当 R_1 = 65kΩ 时，I_{LED} = 20.0mA。R_3 为开关频率设定电阻，开关频率设定范围是 600kHz～1.0MHz，当 R_3 = 523kΩ 时，开关频率为 1.0MHz。R_2 为设定 PWM 内部时钟工作周期的电阻，一般取 43.2kΩ。EN 为 TPS61195 的使能端，该端经 R_7 接高电平时允许使用 SMBus 接口，接低电平时禁用 SMBus 接口。PWM 信号经过 R_8 接 DPWM 端，PWM 信号频率的允许范围是 200Hz～20kHz。TPS61195 的 SDA、SCL 引脚接 MCU 的端口。设计印制板时模拟地（AGND）与功率地（PGND1、PGND2）应分开布线。

SEL1、SEL2 为调光模式选择端，选择不同接法时的功能详见表 1-5-1。选择无延迟的 PWM 调光模式，可实现 8 路 LED 的同步调光。

表 1-5-1　SEL1、SEL2 引脚选择不同接法时的功能

SEL1	SEL2	调光模式选择	接口选择
接 VDDIO 引脚	接 GND	无延迟的 PWM 调光	SMBus
开路	接 GND	无延迟的 PWM 调光	PWM
接 GND	接 VDDIO 引脚	模拟调光	SMBus
接 GND	开路	模拟调光	PWM
接 GND	接 GND	直接用 PWM 信号调光	PWM

AC/DC 式平板液晶电视的 LED 背光，可选择侧光式 LED 背光或直下式 LED 背光，见表 1-5-2。液晶电视侧光式 LED 背光的配置取决于 LED 灯串的数量及组合形式。例如，对于 40in 以下的液晶电视，可选 4 个 LED 发光区，每个发光区包含 3 个 LED 灯串，灯串电压为 100 V，驱动电流为 50mA，配置如图 1-5-2（a）所示。40in 以上的大屏幕液晶电视的 LED 背光需要 6 个 LED 发光区，每个发光区包括 6 个 LED 灯串，灯串电压为 200 V，驱动电流为 100mA。

表 1-5-2　液晶电视 LED 背光的选择

LED 背光的类型	侧光式 LED 背光	直下式 LED 背光
LED 驱动器	采用高压升压式或降压式、具有正向电压可调节功能的线性 LED 驱动器	采用升压式或降压式、多通道线性 LED 驱动器
主要优点	效率高，具有不依赖于系统可靠性的优异性能，系统成本低，适用于超薄液晶电视	深黑色，对比度更佳，局域调光，扫描提供更高帧频率，低功耗，便于做复杂信号处理
主要缺点	系统的噪声及电磁干扰较大，外围电流使用电感、电容及二极管的元件数量多	散热性能较差，系统成本高，使用 LED 和驱动器的数量较多，容易造成图像失真

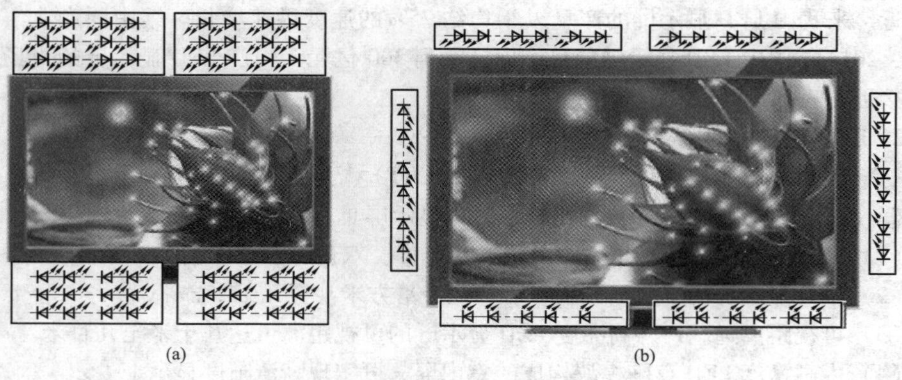

图 1-5-2　侧光式 LED 背光的配置

（a）中等屏幕液晶电视的 LED 背光配置；（b）大屏幕液晶电视的 LED 背光配置

第六节　LED 显示屏

大屏幕 LED 显示屏是以 LED 为像素，由计算机控制的将光、电、声融为一体，具有信息制作、处理和显示功能，能显示文字、图像、动画、视频等各种信息的大型显示装置。大屏幕 LED 显示屏具有光-电转换效率高、工作电压低、响应速度快、组态灵活、色彩绚丽、视角宽、功耗低、寿命长、耐冲击、性能稳定、配套软件齐全等优点，可广泛用于新闻发布、商业广告、交通运输、体育比赛、文化娱乐、模拟军事演习等领域，成为现代信息社会的一大标志。

一、LED 显示屏的发展简况及主要特点

1. LED 显示屏的发展简况

LED 显示屏大致经历了以下 3 个发展阶段：

（1）20 世纪 80 年代是 LED 显示屏产业的最初形成期。受当时 LED 器件的限制，LED 显示屏的应用尚不普遍。国内早期的 LED 显示屏采用 TP801 单板机（亦称 Z80 单板机）控制，产品以单色和红、绿双基色的 LED 条型显示屏（简称条屏）为主，屏幕尺寸小，价格高。

（2）1990~2000 年，这一阶段是 LED 显示屏产业的成长期。进入 20 世纪 90 年代，随着计算机、微电子技术的蓬勃发展和信息产业的高速增长，LED 显示屏成为新兴的高科技产业，我国的 LED 显示屏产业也初具规模，全彩色 LED 显示屏开始进入市场。

（3）2001 年以来，LED 显示屏进入高速发展期。通过不断竞争，形成了 LED 显示屏新的产业格局，产品质量大幅度提高，产品价格大幅回落，应用领域更为广阔，在标准化等方面也取得显著成绩，逐渐形成了较完整的产业链，分工和配套逐渐完善。

近年来我国LED显示屏的产量以年均约25%的速度迅速增长。据中国产业信息网统计，2014年国内LED显示屏的总产值已达到300亿元，国产LED显示屏的市场占有率已接近100%，部分产品还打入国际市场。

2. LED显示屏的主要特点

与彩色LCD显示屏、像元管（亦称扁平CRT）显示屏、磁翻板显示屏、等离子体显示器（PDP）及CRT投影仪相比较，LED显示屏具有以下特点：

（1）LED显示屏分室内屏、户外屏、单色屏、双色屏、全彩色屏等多种规格。

（2）LED显示屏的屏幕面积大，可达几十平方米甚至几千平方米。

（3）可视距离远。户外高亮度LED显示屏的可视距离可达几十米至几百米。

（4）由高密度LED点阵模块构成的室内屏，可实现高清晰度显示。

（5）色彩丰富鲜艳，图像亮度高。户外LED显示屏还可根据晴天、阴天、夜间或上午、下午对亮度的不同需要自动调节亮度。

（6）使用寿命长，低功耗。室内屏和户外屏的像素失控率可分别低于0.03%、0.2%。像素失控率是指显示屏的最小成像单元（像素）工作不正常（失控）所占的比例。像素失控分两种情况：一种是出现盲点（即瞎点），在需要亮的时候它不亮；第二种是常亮点，在不需要亮时它一直发光。

（7）响应速度快，LED器件的响应速度可达纳秒级。

（8）可视角度大。室内屏可达160°，户外屏可达110°~120°，即使在阳光直射的条件下，户外屏上的图像仍清晰可见。

（9）采用计算机控制，操作简便灵活，画面清晰稳定。既可显示文字，又可显示视频图像，字库丰富，显示的信息量不受限制。

（10）视频功能先进，除显示图文信息之外，还可接摄录像机、DVD等外部设备，进行实况转播或播放视频画面。

（11）便于组网。利用一台微机可同时控制多个LED显示屏分别显示不同的内容。LED显示屏亦可脱机工作。

（12）LED显示屏的配套软件齐全，性能优良，操作简便，工作稳定可靠。

二、大屏幕LED显示屏的基本结构

以全彩色LED同步视频显示屏为例，它主要有以下9部分构成：

（1）显示屏箱体及框架。室内屏一般用铝合金型材等材料搭建内部骨架，在它上面安装显示板、控制电路板及开关电源，外边框采用铝合金型材、不锈钢板或型材制成。户外屏需根据屏体大小和重量以及安装方式，用型钢搭建承载结构，外框多采用铝塑板等装饰材料。

（2）显示单元。显示单元是LED显示屏的主体部分，它是由LED显示器件及驱动电路构成的具有独立显示功能的最小单元。户内屏为单元显示板，户外屏为单元箱体。一块显示屏由几十到几百块显示单元拼接而成。

（3）主控制系统。用于完成R、G、B数字视频信号缓存、灰度转换，以及长线传输等功能，并产生相应的控制信号。

（4）显示控制板。进行数据缓冲、灰度变换、显示控制等。

（5）专用显卡及多媒体卡。专用显卡除具有计算机显卡的功能外，还能输出R、G、B的数字信号、行同步、场同步、消隐等信号。多媒体卡可完成视频采集及视频转换。

（6）计算机一般采用通用微型计算机，户外屏可采用工业控制机。

（7）其他外设。如数字电视接收机、DVD播放器、录像机（VCR）、摄录像机（CVCR）、功放及音响设备。

（8）电缆传输或光纤传输设备。短距离传输可采用非屏蔽双绞线，一般不超过100m。长距离传输多采用多模或单模光纤。光纤传输具有损耗低，传输距离远（多模光纤可达500m，单模光纤的中继距离可超过15 000m），抗电磁干扰能力强，线径细（约为0.1mm，仅为单芯同轴电缆的1%），重量轻，柔软性好，传输系统所占空间小，施工布线方便，耐腐蚀性强，抗核辐射等优点。

（9）配电及电源设备。进行交流市电的控制和分配，并由开关电源为LED显示屏的各种部件提供低压直流电。

据中国产业信息网“2015年中国LED显示屏市场现状分析报告”对普通LED显示屏所做的成本构成分析表明，显示单元约占总成本的35%，集成电路约占14%，控制系统约占6%，电源约占11%，印制板约占12%，箱体、框架及五金件约占22%。

大屏幕全彩色LED显示屏典型产品的简化框图如图1-6-1所示。主要包括8部分：①输入设备（电视机、录像机、摄像机等）；②彩色解码器；③A/D转换器；④帧存储器；⑤计算机系统（包括数据选择器与控制器）；⑥电/光、光/电转换器；⑦彩色显示屏；⑧电源。此外，还有同步分离器、信号分离器、电视伴音及立体声广播系统、文字编辑、画面编辑输入装置等。

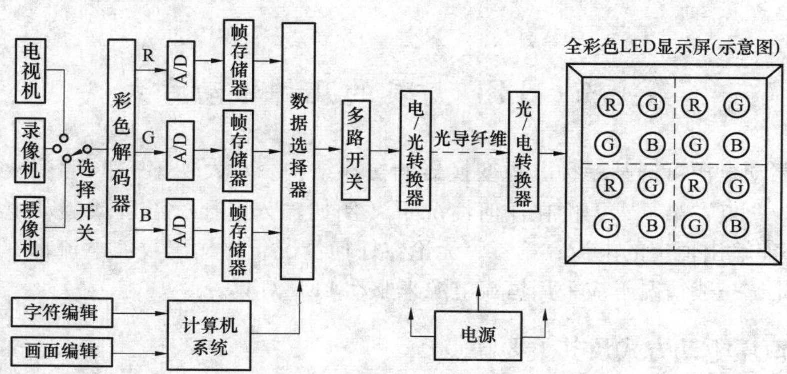

图1-6-1 大屏幕全彩色LED显示屏典型产品的简化框图

三、大屏幕LED显示屏的驱动方式

大屏幕 LED 显示屏有以下 5 种驱动方式：

（1）恒流驱动方式。恒流驱动电路的输出电流是恒定的，能使 LED 的正向工作电流保持不变，而输出电压随负载电阻的不同允许在一定范围内变化。采用恒流驱动可使 LED 的发光强度基本不受工作电压、环境温度和参数差异的影响，确保显示屏亮度和色度的均匀性。因此，单色、双基色显示屏和全彩色显示屏普遍采用恒流驱动方式。恒流驱动电路应具有负载短路、开路保护功能，其电路比较复杂、成本较高。

（2）恒压驱动方式。恒压驱动电路的输出电压是恒定的，能使 LED 两端的电压保持不变，而输出电流随负载而变化。恒压驱动的电路简单，缺点是由于 LED 的 PN 结具有非线性，其工作电流对驱动电压的变化非常敏感，况且 LED 的参数受生产工艺等因素的影响会存在差异，另外显示屏工作时各点的温度也不相同，上述因素会导致各点 LED 的发光强度不尽相同，这不仅影响显示屏的亮度均匀度，还容易使部分 LED 超出安全工作区而提前老化甚至损坏。恒压驱动电路允许负载开路，但必须增加负载短路保护功能。适用于低成本、对亮度均匀性要求不高的单色、双基色图文显示屏。

（3）限流驱动方式。就是在 LED 上串联限流电阻，通过调节电阻值即可改变 LED 的驱动电流。

（4）恒压/恒流驱动方式。用一个恒压源给多个恒流源供电，再由每个恒流源单独给一路 LED 供电，从而构成分布式电源系统。其优点是当某一路 LED 出现故障时并不影响其他路 LED 的正常工作。

（5）自适应恒流驱动方式。当 LED 显示屏工作在不同环境时（如昼、夜、朝、夕、阴、雨、阳光等），采用自适应恒流驱动方式，能根据环境亮度的变化自动控制恒流输出，来调节显示屏的发光强度，从而获得最佳亮度和对比度，达到理想的视觉效果。自适应恒流驱动一般是采用可见光亮度传感器，配以恒流驱动及脉冲宽度控制电路来实现的。

第七节　LED 灯具的几种驱动方式

LED 驱动电源可选某一种电源变换器的拓扑结构。对大功率 LED 照明驱动器的要求可概括为两点：第一，无论在任何情况下（例如输入电压、温度或驱动电压有任何变动），都能输出恒定的电流；第二，无论在任何情况下，输出纹波电流都在允许范围之内。因此，一般情况下应采用恒流电源来驱动 LED 灯具。

一、恒压驱动方式及其主要缺点

早期的 LED 驱动电源大多采用恒压模式，存在诸多弊端。下面以美国 Cree 公司生产的 XLamp 7090XR-E 封装式白光 LED 为例，详细分析若采用稳压驱动可能对 LED 灯

具寿命带来的危害。7090XR-E 的最高结温 $T_{jM}=150℃$。当正向电流 $I_F=700mA$ 时，正向压降 $U_F=3.5V$（典型值），电压温度系数 $\alpha_T=-4.0mV/℃$。Cree 公司预测 XLamp 7090XR-E 的寿命为 50 000h（平均光通量维持率达到 70%），其使用条件是 LED 的 $T_j\leqslant+80℃$。

7090XR-E 的外形图及 $T_j=+25℃$ 时的伏安特性曲线分别如图 1-7-1（a）、（b）所示。白光 LED 是采用氮化铟镓（InGaN）制成的，而普通硅二极管用硅材料制成。它与硅二极管的重要区别有两点：一是工作电流大，1W 的 LED 为 350mA，3~5W 的 LED 为 700mA，20W 的 LED 为 1.05A，30W 的 LED 为 1.75A，50~100W 的 LED 为 3.5A；二是电压温度系数 $\alpha_T=-4.0mV/℃$，比硅二极管大一倍，后者约为 $-2.1mV/℃$。这表明白光 LED 的正向压降受结温变化的影响更为显著，结温每升高 1℃，正向压降就降低 4.0mV，依此类推。

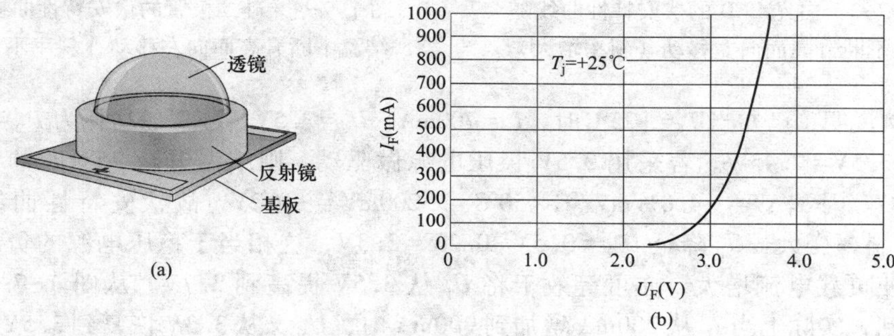

图 1-7-1　XLamp7090XR-E 的外形图及伏安特性曲线

（a）外形图；（b）伏安特性曲线（$T_j=+25℃$）

若因 LED 散热不良而致使结温迅速升高，则其光通量显著降低。7090XR-E 的相对光通量与结温的关系如图 1-7-2 所示。由图可见，当结温从 25℃ 升至 100℃ 时，相对光通量下降 20%（即从 100% 降至 80%）。倘若升到最高结温 $T_{jM}=150℃$，相对光通量就降到 70% 以下，这意味着白光 LED 照明灯还没来得及使用，寿命已经终结了。

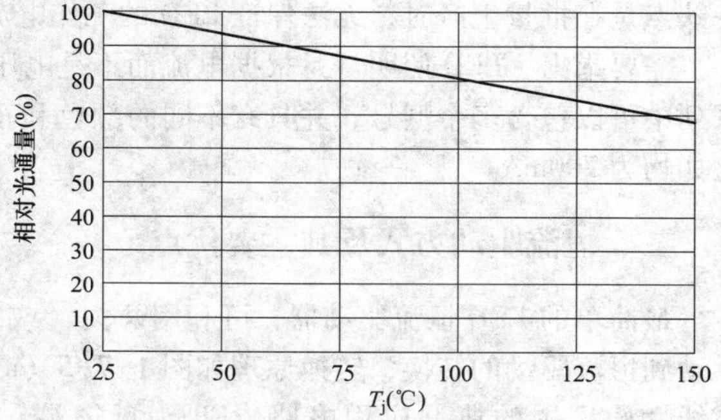

图 1-7-2　XLamp7090XR-E 的相对光通量与结温的关系

白光 LED 与硅二极管还有一点重要区别：就是当结温不断升高（$T_{j3}>T_{j2}>T_{j1}$），引起伏安特性曲线向左移动时（参见图 1-7-3），特性曲线会变得更陡，斜率也同时增大，从而造成“$T_j\uparrow\rightarrow U_F\downarrow\rightarrow I_F\uparrow\rightarrow$热

量 $Q\uparrow\rightarrow T_j\uparrow$” 的恶性循环，最终酿成光衰进一步增大、LED 寿命大大缩短的后果。相比之下，当硅二极管的结温不断升高时，其伏安特性曲线是向左平移，斜率不发生变化，见图 1-7-4。

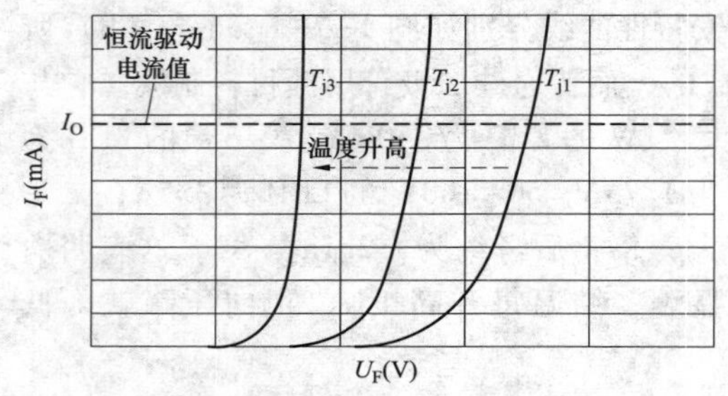

图 1-7-3　白光 LED 的伏安特性曲线随结温不断升高而向左移动（斜率增大）

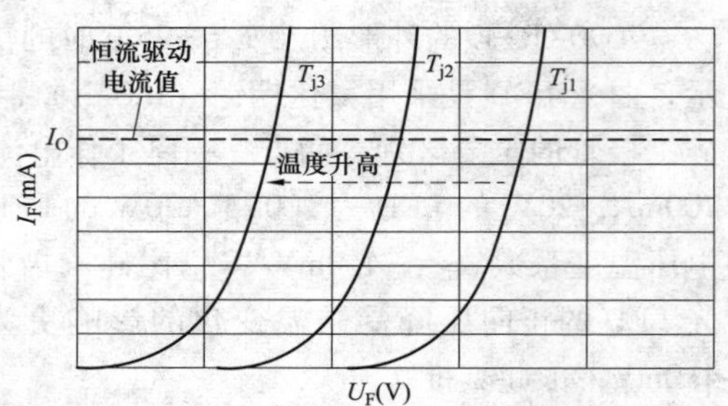

图 1-7-4　硅二极管的伏安特性曲线随结温不断升高而向左移动（斜率不变）

举例说明，已知当 $T_j=+25℃$ 时，$I_F=700mA$，$U_F=3.5V$，LED 的功耗为 $P_D=I_FU_F=700mA\times3.5V=2.45W$。若采用 3.5V 稳压电源做驱动，则结温升至 75℃ 时的温升为 $\Delta T=50℃$。因 $\alpha_T\Delta T=-4.0\%\ mV/℃\times50℃=-200mV=-0.2V$，故伏安特性曲线左移 0.2V 且斜率变大。$U_F$ 降至 $U'_F=3.5V-0.2V=3.3V$，这相当于稳压电源的负载突然变重而使负载电流增大，亦可等效于将 U_F 从 3.5V 提高到 3.7V。从图 1-7-1（b）上可查到，实际上当 I_F 从 700mA 增加到 900mA 时，U_F 又从 3.3V 恢复到 3.5V，因此功耗增至 $P'_D=900mA\times3.5V=3.15W>2.45W$，其寿命必然缩短。

此外，采用恒压驱动方式无法为 LED 提供恒定的电流，尽管利用限流电阻可分别设定每个 LED 灯串的工作电流值，但限流电阻 R 会造成功耗。举例说明，假定驱动电压为 24V，LED 的额定工作电流为 700mA，经过 R 后的电压降至 18V，则 R 上的功耗可达（24V-18V）×0.7A=0.42W，因此串联电阻并不是一个好办法。恒压驱动 LED 的另一缺点是在批量生产时，无法保证 LED 的工作电流相同，致使每只 LED 的亮度不均匀。

需要指出，LED 照明灯是根据电流而不是电压来划分等级的。例如，同一 HB-LED 系列中可以包含多个型号，并具有不同的颜色和正向压降，但其额定电流却完全相同，比如均为 700mA。

二、恒流驱动方式及其主要优点

最简单的 LED 恒流驱动器，可利用开关（或线性）稳压器的反馈端来实现从恒压驱动到恒流驱动的转换，转换原理如图 1-7-5（a）、（b）所示。图 1-7-5（a）为开关或线性稳压器的典型应用电路，FB 为反馈端，R_1、R_2 为取样电阻。令反馈电压为 U_{FB}，在数值上它应等于芯片内部的基准电压 U_{REF}，在设计稳压器时 U_{REF} 一般取 1.25、2.50V 等数值。其特点是输出电压 U_O 保持稳定，而输出电流 I_O 是可变的。输

出电压由下式确定

$$U_O = U_{FB}\left(1+\frac{R_1}{R_2}\right) = U_{REF}\left(1+\frac{R_1}{R_2}\right) \tag{1-7-1}$$

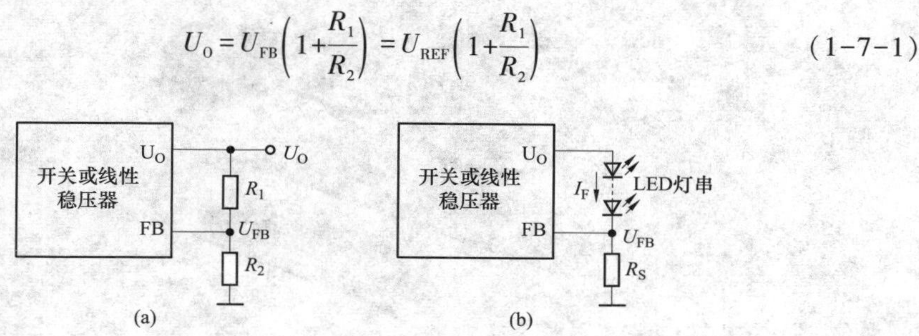

图 1-7-5 从恒压驱动到恒流驱动的转换原理

（a）恒压驱动的基本原理；（b）恒流驱动的基本原理

图 1-7-5（b）是用 LED 灯串来代替取样电阻 R_1，将 R_2 改作电流设定电阻 R_S。其特点是输出电流 I_F 保持恒定，而输出电压 U_O 是可变的。输出电流由下式确定

$$I_F = \frac{U_{FB}}{R_S} = \frac{U_{REF}}{R_S} \tag{1-7-2}$$

若要求 LED 驱动电流的相对变化率不超过标称值的 5%～10%，则 R_S 用精度为 2% 的电阻就足够了。

仍以图 1-7-3 为例，如果采用恒流电源来驱动 LED 灯，那么当结温升高时尽管伏安特性曲线会向左移动，但恒流电源的输出电流始终保持不变（即 I_F 仍为 700mA），LED 的功耗不仅不会增大，还降低到 700mA×3. 3V＝2. 3W。这就是推荐采用恒流驱动的根本原因。

三、AC LED 的驱动方式及其优缺点

众所周知，普通 LED 属于 DC LED，需采用直流驱动方式，对交流电进行整流后再通过恒流驱动器使 LED 发光。AC LED 则是直接用交流电驱动，可省去整流器和恒流驱动器，降低驱动电源的成本。2005 年，韩国首尔半导体公司率先开发出采用交流驱动的 AC LED 专利产品 Acriche，分 2、3. 2、4W 等多种规格，可配 110V/220V 交流电。典型产品有 AX3200、AX3201 和 AX3211（AC 110V）；AX3220、AX3221 和 AX3231（AC 220V）。首尔半导体公司于 2011 年 3 月又新推出一款适用于筒灯的 AC LED 芯片——Acriche A8，其发光效率可达 100lm/W。仅用一片 Acriche A8 即可取代一盏 60W 的白炽灯，适用于家庭照明、建筑照明、LED 路灯和 LED 装饰灯。Acriche A8 不仅省去了 SMD（表面贴装）过程，而且无须增加交-直流变换器，它既可接 110V/220V 交流电，亦可接低压或高压直流电源。近年来，美国和中国台湾地区也相继推出了 AC LED 产品。

AC LED 典型产品的外形如图 1-7-6所示，内部可包含上百只 LED。LED 灯具则由

多个 AC LED 组合而成。AC LED 典型产品的主要技术指标见表 1-7-1。

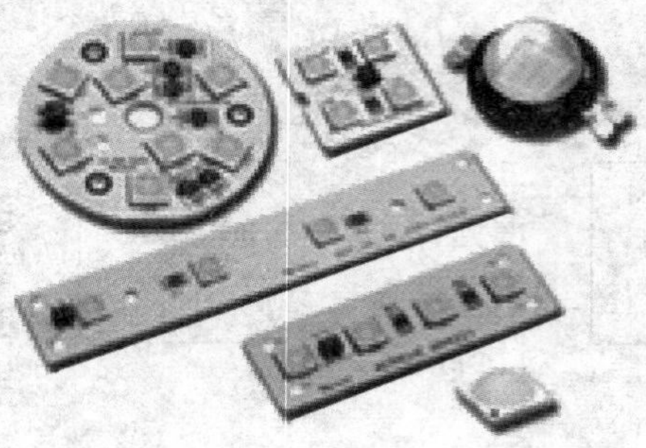

图 1-7-6　AC LED 典型产品的外形

表 1-7-1　　AC LED 典型产品的主要技术指标

型号	交流输入电压 u（V）	光通量 Φ（lm）	正向电流 I_O（mA）	视角 θ（°）	工作寿命（h）
AX3200	100，110，120	180	40	130	>35 000
AX3201	100	180	40	130	
AX3211	110	180	40	130	
AX3220	220，230	180	80	130	
AX3221	220	180	20	130	
AX3231	230	180	20	130	

AC LED 是将微型 LED 按照特殊的矩阵排列组合后封装而成的。利用 LED 的 PN 结所具有的单向导电性兼作整流管，构成特殊的整流桥。只需通过两条导线接上交流电，即可使 AC LED 正常发光。AC LED 的驱动原理如图 1-7-7 所示。正半周时通过整流桥

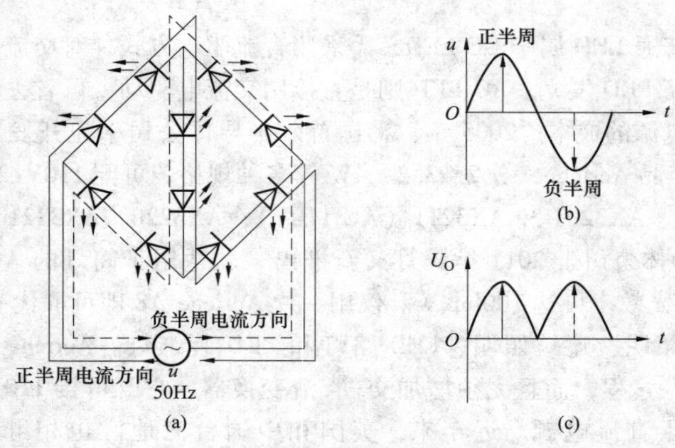

图 1-7-7　AC LED 的驱动原理

（a）AC LED 的电路结构；（b）交流输入电压波形；（c）脉动输出电压波形

的脉动直流电流沿实线流过LED灯串，负半周时则沿虚线流过LED灯串。尽管4个桥臂上的LED是以50Hz的频率交替发光的，但由于人眼的视觉暂留现象，感觉LED是连续发光的。AC LED的光衰曲线如图1-7-8所示。由图可见，按照考核LED灯寿命的L70标准，当芯片结温 T_j 依次为80、90、100℃时，AC LED的工作寿命可分别达到40 000、30 000h和22 000h。

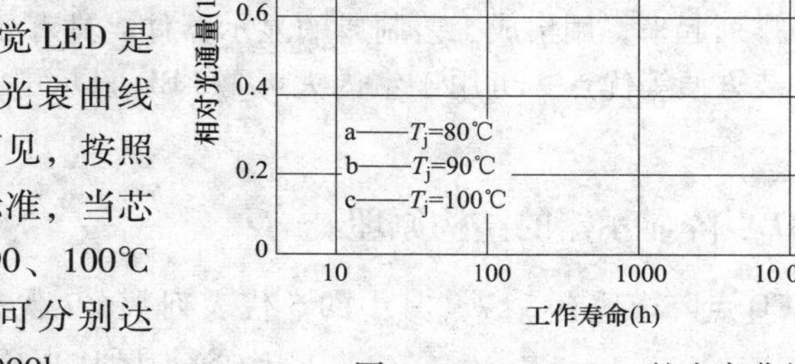

图1-7-8 AC LED的光衰曲线

需要注意，驱动AC LED时需要加限流电阻，图1-7-6中每块印制板上的黑色小方框就是表贴式限流电阻。可根据表1-7-2来选择合适的限流电阻值。

表1-7-2 AX3200和AX3220限流电阻的选择

分档等级	AX3200 驱动电流为40mA（有效值）			AX3220 驱动电流为20mA（有效值）		
	AC 100V	AC 110V	AC 120V	AC 220V	AC 230V	AC 240V
A	300Ω	500Ω	750Ω	2. 2kΩ	2. 6kΩ	3kΩ
B	250Ω	450Ω	700Ω	1. 9kΩ	2. 35kΩ	2. 75kΩ
C	200Ω	400Ω	650Ω	1. 63kΩ	2. 1kΩ	2. 55kΩ
D	—	350Ω	600Ω	1. 36kΩ	1. 85kΩ	2. 3kΩ

在现阶段，AC LED也存在以下缺点：

（1）限流电阻上会消耗电能，使AC LED灯的效率降低。

（2）发光效率比DC LED低。尽管从总体上看LED是连续发光的，但因为4个桥臂上的LED仅在50Hz的半个周期内工作，所以会存在50Hz的频闪现象。

（3）AC LED上接有交流高压，有触电的危险。

（4）LED的利用率低。例如，使用交流220V（有效值）的AC LED，正半周时就要承受311V的峰值电压。假定每只LED的正向电压 U_F=3. 3V，总共需要94只LED串联。负半周也需要94只LED串联，AC LED灯串共需188只LED。由于在每个时刻只有一半的LED工作，为达到同样的亮度，所用LED的数量要增加一倍。

（5）AC LED对交流电压的稳定性要求很严格，这在实际上很难做到。当市电波动范围较大时（例如+15%），会导致LED的电流显著增大，很容易引起光衰而使其寿命大为缩短。

第八节　LED 点阵及其驱动方式

LED 点阵显示器亦称 LED 点阵模块。它是以发光二极管为像素（亦称像元），按照行与列的顺序排列起来，用集成工艺制成的显示器件。具有亮度高且均匀、高可靠性、接线简单、拼装方便等优点，可用于室内大屏幕 LED 显示屏、智能仪器和机电一体化设备中。

一、LED 点阵显示器的结构原理

常用的 LED 点阵模块有 5×7（其中的 5 代表列数，7 代表行数）、8×8 两种规格。其中，8×8 LED 点阵模块的外形如图 1-8-1 所示。LED 点阵模块分共阳极、共阴极两种，共阳极的特点是点阵的所有行接 LED 的阳极，共阴极则是点阵的所有行接 LED 的阴极。

图 1-8-1　8×8 LED 点阵模块的外形图

表 1-8-1 列出几种单色、彩色 LED 点阵显示器的主要参数。表中所列 P_M、I_{FM} 等参数值均对一个像素而言。单色点阵中的每个像素对应于一只发光二极管。

表 1-8-1　　几种单色、彩色 LED 点阵显示器的主要参数

型号	规格	像素（个）	发光颜色		P_M (mW)	I_F (mA)	I_{FM} (mA)	U_F (V)	I_V (mcd)	λ_P (nm)
			单色光	复合光						
BFJ-OR	5×7	35	红	—	60	10	30	≤2.5	≥0.2	630
	8×8	64								
BFJ-G	5×7	35	绿	—	60	10	30	≤2.5	≥0.3	565
	8×8	64								
BFJ-OR/G	8×8	64	红	橙	60×2	10	30	≤2.5	≥0.2	630
			绿						≥0.3	565
KSM-855-I	8×8	64	红	全彩色	140	25	500	1.9	160	628
			蓝		120	30	500	3.8	180	468
			绿		220	50	500	1.9	110	550

P2157A 型共阳极单色 5×7 点阵显示器的外形和内部结构分别如图 1-8-2（a）、（b）所示，图 1-8-2（b）上的数字代表引脚序号。因 P2157A 的行线分别接发光二极管的阳极，故称之为共阳极 LED 点阵。这类器件也有共阳极、共阴极之分，共阳极的特点是将 LED 正极接行驱动线，共阴极则是把 LED 负极接行驱动线。共阴极单色 5×7

点阵显示器的内部结构如图 1-8-3 所示。它们均采用扫描方式，用峰值电流大而占空比很小的窄脉冲信号驱动，要求 $I_F<I_{FM}$。

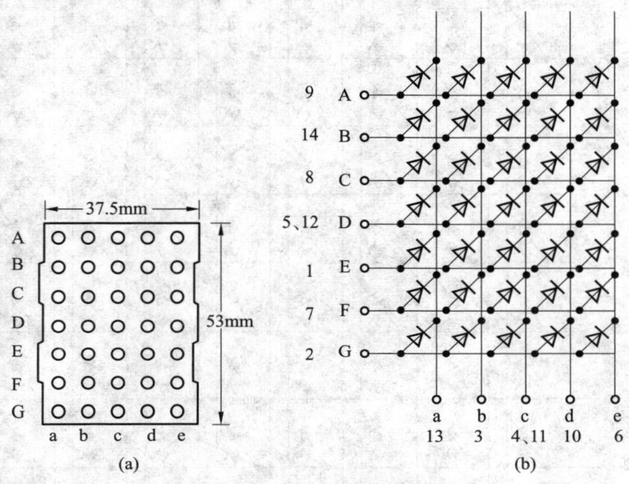

图 1-8-2　P2157A 型共阳极单色 5×7 点阵显示器

（a）外形；（b）内部结构

伪彩色 LED 点阵显示器以三变色发光二极管作为彩色像素，可发出红、绿、橙（复合光）三种颜色，像素密度相当于单色点阵的 3 倍，能获得近似的彩色效果，适合构成伪彩色显示屏。典型产品有 BFJ-OR/G 型，其内部结构如图 1-8-4 所示。OR、G 分别代表红（严格讲应是橙红）、绿。在每条行线（A~H）与各条列线（OR、G）之间，分别接一只红色、绿色发光二极管。KSM-855-I 型全彩色 LED 点阵显示器的内部结构如图 1-8-5 所示，每个彩色像素由三只绿色 LED、一只红色 LED 和一只蓝色 LED 组成，三者的亮度比大约为 60% ：30% ：10%。

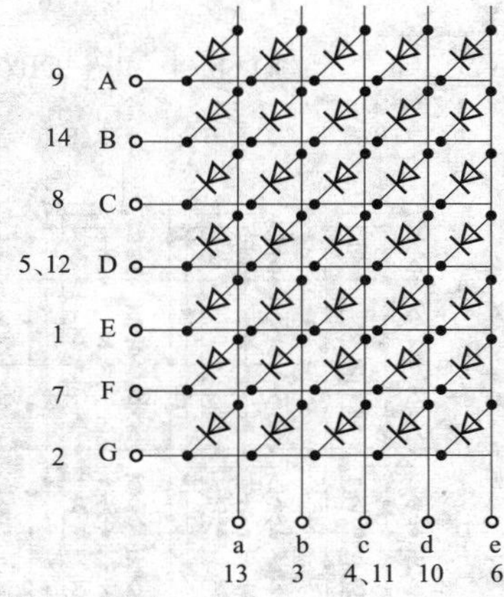

图 1-8-3　共阴极单色 5×7 点阵显示器的内部结构

二、LED 显示屏的动态扫描驱动方式

对于 LED 显示屏，应采用动态扫描方式驱动 LED 点阵显示器。动态扫描驱动电路的特点是从驱动 IC 的输出脚到像素点之间实行“点对列”（或“点对行”）的控制，

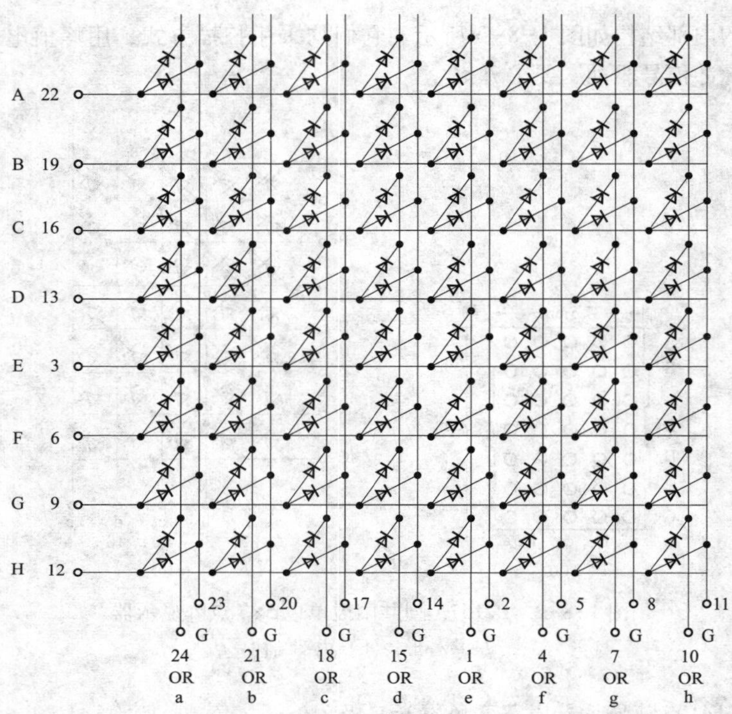

图 1-8-4　BFJ-OR/G 型彩色 8×8 点阵显示器的内部结构

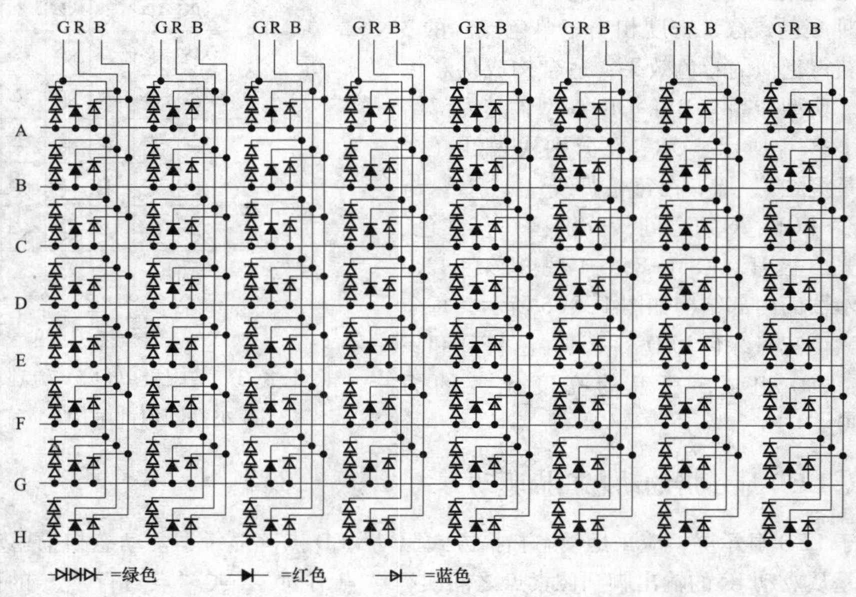

图 1-8-5　KSM-855-I 型全彩色 LED 点阵显示器的内部结构

即多只 LED 共享一路驱动电路。动态扫描显示的原理是利用人眼的视觉暂留现象在一个周期内，先点亮一行 LED（其他行不显示），再点亮下一行 LED，……，直到点亮最后一行后，再重新从第一行开始循环点亮，只要扫描周期小于人眼的视觉暂留时间，所看到的将是所有的 LED 都被点亮。与静态显示的区别是仅需增加少量的译码电路和行驱动电路，即可大大减少所用驱动 IC 的数量，不仅降低了产品的成本，也降低了显示屏的功耗，特别适合于高密度、低亮度的室内屏。

采用逐行扫描、逐列驱动方式的电路如图 1-8-6 所示。当 CPU_2 对内部总线进行控制时，就从共享 RAM 中取出显示数据，经串行口送至 74LS164 转换成并行数据（即显示内容），再通过 MC1413 输出列驱动信号。行扫描数据则从 P_1 口输出，经 CD4514 译码后产生 16 路行输出信号，再经过 PNP 型达林顿功率管 BD682 驱动 LED 点阵显示器的行选通端。BD682 属于高 β 值、低压降、塑料封装式达林顿管，主要参数为 $U_{CEO}=100V$，$I_{CM}=4A$，$P_{CM}=40W$，使用时不需要接散热器。

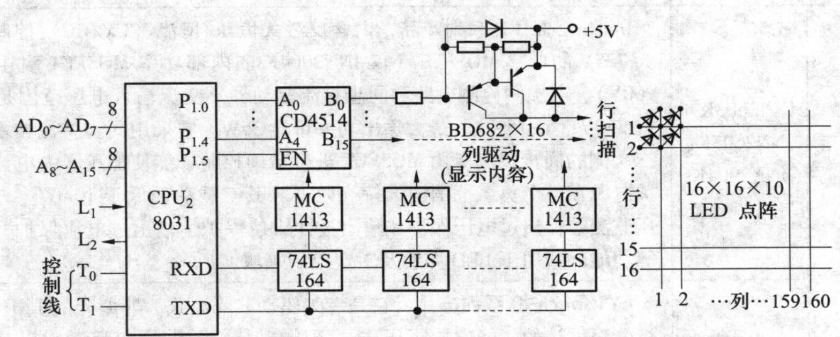

图 1-8-6 显示控制电路

以单色 LED 显示屏为例，控制 m 行×n 列 LED，仅使用 $n/8$ 片 8 个通道的列驱动芯片，而静态显示则需要 $mn/8$ 片列驱动芯片。由此可见，动态扫描可大大节省使用列驱动芯片的数量。由于动态扫描是以牺牲 LED 亮度和刷新率为代价的，故此种电路多应用在室内等对亮度要求不高的场合。

第九节 LED 驱动芯片典型产品性能一览表

一、LED 驱动芯片典型产品性能一览表

目前，国内外生产的 LED 驱动芯片典型产品性能一览表见表 1-9-1。

表 1-9-1　　LED 驱动芯片典型产品性能一览表

<table>
<tr><th>产品分类</th><th>型号</th><th colspan="2">主 要 特 点</th></tr>
<tr><td rowspan="8">线性恒流调节器（CCR）</td><td>NSI45020</td><td>20mA（1±15%）</td><td rowspan="5">两端器件，阳极-阴极电压最高为 45V，能在宽电压范围内保持 LED 亮度恒定，当输入电压过高时能保护 LED 不受损害，输入电压较低时 LED 仍具有较高亮度</td></tr>
<tr><td>NSI45025</td><td>25mA（1±15%）</td></tr>
<tr><td>NSI45030</td><td>30mA（1±15%）</td></tr>
<tr><td>NSI45060</td><td>60mA（1±15%）</td></tr>
<tr><td>NSI45090</td><td>90mA（1±15%）</td></tr>
<tr><td>NUD4001</td><td colspan="2">恒流值为 350mA（典型值）、500mA（极限值），最高输入电压为 30V，输出电流可通过外部电阻进行编程，能驱动 3W 的 LED 照明灯，电路简单，成本低廉，利用外部 PNP 型功率管可大幅度扩展输出电流</td></tr>
<tr><td>CAT4101</td><td colspan="2">1A 高亮度线性 LED 恒流驱动器，不需要电感，能消除开关噪声，并使元件数量减至最少</td></tr>
<tr><td>CAT4026</td><td colspan="2">6 通道线性 LED 恒流控制器，支持模拟调光和 PWM 调光，适用于大屏幕液晶电视的侧光式 LED 背光</td></tr>
<tr><td rowspan="3">交流高压输入式 LED 驱动控制器</td><td>INN2603K~INN2605K、INN2904K</td><td colspan="2">InnoSwitch-EP 系列产品，内含反激式恒压/恒流（CV/CC）控制器、耐压为 725V 的功率 MOSFET（仅 INN2904K 的内部功率 MOSFET 耐压值提高到 900V）、二次侧检测电路和同步整流驱动器。交流输入电压范围是 85~265V 或 230V（1±15%），最大输出功率可达 35W。它采用同步整流技术，通过对二次侧的同步整流专用 MOSFET 进行精确控制，能使低压、大电流输出的开关电源在整个负载范围内维持高效率。其空载功耗低于 10mW。具有输入电压监测、输出过电压保护、输出过冲钳位保护、输出过电流保护、过热保护等功能。适用于 LED 照明及工业控制领域</td></tr>
<tr><td>LYT0002、LYT0004~LYT0006</td><td colspan="2">LYTSwitch-0 系列产品，它是专为驱动非隔离式、非调光的 LED 灯泡和 T8 灯管而设计的，能支持降压式、降压/升压式、非隔离反激式以及升压式拓扑结构。芯片内部包含耐压 700V 的功率 MOSFET、66kHz 振荡器、开/关控制器、高压电流源、逐周期检测的限流及热关断电路。交流输入电压范围是 85~308V 或 230V（1±15%），最大恒流输出电流可达 280mA。具有短路保护、开路保护、开环故障保护及过热保护功能，适用于外围元件数量少、低成本的 LED 照明灯具</td></tr>
<tr><td>LYT2001~LYT2005</td><td colspan="2">LYTSwitch-2 系列产品，内部集成了耐压 725V 的功率开关管（MOSFET）和精密一次侧调节的恒压/恒流（CC/CV）开关，能实现无钳位的反激式设计，省去光耦合器和二次侧控制电路，可大大简化隔离式小功率恒流 LED 驱动器的设计。交流输入电压范围是 90~308V，最大输出功率可达 12W，恒流控制精度可达±3%。适合驱动 LED 灯泡、LED 筒灯及 LED 镇流器</td></tr>
<tr><td rowspan="2">交/直流高压输入式 LED 驱动控制器</td><td>FT6610</td><td colspan="2">隔离、降压式（或降压/升压式）可调光 LED 驱动控制器，输入为 85~264V 交流电源或+8~450V 直流电源，通过外部功率开关管（MOSFET）可驱动几百个 LED 灯串或由串/并联组合的 LED 阵列，输出电流为几毫安至 1A（可编程），电源效率可达 90%以上</td></tr>
<tr><td>BP2808</td><td colspan="2">交流输入电压范围是 85~265V，直流输入电压范围是+12~450V，输出电流为几毫安至 1A 以上（可编程），电源效率可达 93%，能进行模拟调光和 PWM 调光，具有 LED 开路/短路保护功能</td></tr>
</table>

续表

<table>
<tr><th>产品分类</th><th>型号</th><th>主 要 特 点</th></tr>
<tr><td rowspan="2">带 PFC 的交流高压输入式 LED 驱动控制器</td><td>LYT1402~LYT1404、LYT1602~LYT1604</td><td>LYTSwitch-1 系列产品，内部包含单级 PFC 电路和精密恒流控制电路。其中，LYT1402~LYT1404 是为简化电路、使用最少外围元件而设计的；LYT1602~LYT1604 则是为达到最低总谐波失真（THD）而设计的。其交流输入电压范围非常宽（90~308V），输出功率范围是 4~22W，功率因数大于 0.9，电源效率高于 93%，恒流精度可达±3%，适用于降压式 LED 驱动器。具有自动重启动保护、输入和输出过电压保护、输出短路保护、LED 开路保护、过热保护等功能</td></tr>
<tr><td>LYT5216D、LYT5218D、LYT5225D、LYT5226D、LYT5228D</td><td>LYTSwitch-5 系列产品，属于隔离/非隔离式、带 PFC 的宽电压输入范围的 LED 恒流驱动器，能支持降压式、降压/升压式、隔离/非隔离反激式拓扑结构。其中，LYT5225D、LYT5226D 和 LYT5228D 内部的 MOSFET 漏极击穿电压均为 650V，LYT5216D 和 LYT5218D 则提高到 725V。交流输入电压范围是 90~308V，最大输出功率可达 25W，功率因数大于 0.90。恒流精度优于±3%，电源总谐波失真（THD）可低至 5%，电源效率可达 90% 以上。由于它工作在非连续导通模式（DCM），并且开关频率可提高到 124kHz，因此允许高频变压器采用较小尺寸的磁心。其外围电路中不需要使用大容量的铝电解电容器，可延长 LED 驱动电源的使用寿命</td></tr>
<tr><td rowspan="7">模拟调光/PWM 调光式 LED 驱动器</td><td>MT7201</td><td>输入电压范围是+7~40V，最大输出电流为 1A，输出电流的控制精度为±2%，静态电流小于 50μA，能驱动 32W 大功率白光 LED 灯串。电源效率最高可达 97%，具有过电流保护（OCP）、欠电压（UVLO）保护、LED 通/断（ON/OFF）控制、LED 开路保护等功能；采用模拟调光、PWM 调光均可</td></tr>
<tr><td>SD42524</td><td>输入电压范围是+6~36V，工作电流为 1.5mA（典型值），最大输出电流为 1A，负载电流变化率小于±1%，电源效率可达 96%。具有温度补偿功能；当 LED 温度过高时，能根据负温度系数热敏电阻器检测到的温度自动降低输出电流值；模拟调光、PWM 调光均可</td></tr>
<tr><td>LM3404HV</td><td>专用来驱动大功率、高亮度 LED（HB-LED），输入电压范围是+6~75V，最大输出电流为 1A，极限电流为 1.5A，采用模拟调光、PWM 调光均可，具有 LED 开路保护、低功耗关断及过热保护功能</td></tr>
<tr><td>BP1360</td><td>输入电压范围是+5~30V，输出电流可编程，最大输出电流可达 600mA±3%，模拟调光、PWM 调光均可</td></tr>
<tr><td>BP1361</td><td>输入电压范围是+5~30V，输出电流可编程，最大输出电流可达 800mA±3%，模拟调光、PWM 调光均可</td></tr>
<tr><td>SD42511</td><td>输入电压范围是+6~25V，最大输出电流为 1A±1%，效率可达 90% 以上，仅使用 PWM 调光</td></tr>
<tr><td>MAX16834</td><td>需配外部功率开关管（MOSFET），输入电压范围是+4.75~28V，最大输出电流可达 10A，PWM 调光比高达 3000∶1，开关频率可在 100kHz~1MHz 范围内调节</td></tr>
</table>

续表

产品分类	型号	主要特点
TRIAC（双向晶闸管）调光式 LED 驱动器	LM3445	交流输入电压范围是 80~277V，能对 1A 以上的输出电流进行调节，电源效率为 80%~90%。内置泄放电路、导通角检测器及译码器，可在 0~100%的调光范围内实现无闪烁调光，调光比为 100∶1，TRIAC 的导通角范围是 45°~135°
	NCL30000	交流输入电压范围是 90~305V，带 PFC，适配 TRIAC 调光器，功率因数大于 0.96，电源效率大于 87%
	LNK403EG~LNK409EG	单片隔离式带 PFC 及 TRIAC 调光的 LED 恒流驱动集成电路，能满足 85~305V 宽范围交流输入电压的条件，具有 PFC、精确恒流（CC）控制、TRIAC 调光、远程通/断控制等功能，最大输出功率为 50W。具有软启动、延迟自动重启动、开路故障保护、过电流保护（OCP）、短路保护、输入过电压、过电流保护和安全工作区（SOA）保护及过热保护功能，通过有源阻尼电路和无源泄放电路可实现无闪烁调光
	LNK454D~LNK457D、LNK457V~LNK460V	LinkSwitch-PL 系列产品，它是专为紧凑型 LED 照明灯而设计的，能实现超小尺寸、低成本、TRIAC 调光、单级 PFC 及恒流驱动功能。适配 85~305V 交流输入电压，最大输出功率为 16W，功率因数大于 0.9
	IRS2548D	带单级式 PFC 的半桥式驱动器，可驱动 40V/1.3A 的高亮度 LED（HB-LED）灯串，电源效率可达 88%。内含变频振荡器和反向耐压为 600V 的功率 MOSFET，具有可编程 PFC 保护、半桥过流保护和 ESD 保护功能
	LYT3314~LYT3318、LYT3324~LYT3328	LYTSwitch-3 系列单片隔离式带单级 PFC 及 TRIAC 调光的 LED 恒流驱动集成电路，它支持降压式、降压/升压式、抽头降压式、升压式以及隔离/非隔离的反激式拓扑结构。交流输入电压范围是 85~132V，或 185~265V。功率因数大于 0.9，最大输出功率可达 20.4W。在不同输入电压和负载的条件下，恒流精度均优于±3%。内置 TRIAC 检测电路，能区分灯具所配置的是前沿调光器还是后沿调光器，并能灵活选择调光特性曲线。若检测到外部未连接调光器，则控制器会完全禁止有源泄放电路工作，从而显著提高电源效率。电源总谐波失真（THD）典型值为 15%，经优化设计后可降至 7%
	LYT4311~LYT4318	LYTSwitch-4 系列产品，它适用于低压输入、带 PFC 及 TRIAC 调光的 LED 恒流驱动电源。交流输入电压范围是 85~132V，最大输出功率可达 78W，功率因数可达 0.92。恒流精度优于±5%，电源总谐波失真（THD）低于 10%。采用该系列产品的 LED 驱动器无须在一次侧使用大容量的铝电解电容器，由此可延长驱动器的使用寿命，这是因为普通铝电解电容器不适用于高温环境下 LED 灯具的缘故。LYTSwitch-4 能快速启动 TRIAC 调光，调至 100%亮度时的启动时间小于 250ms，调至 10%亮度时的启动时间小于 1s。光输出量最低可调至 5%
	LYT7503D、LYT7504D	LYTSwitch-7 系列产品，单片非隔离、降压式带 PFC 及 TRIAC 调光的 LED 恒流驱动集成电路，交流输入电压范围是 90~308V。功率因数大于 0.9，最大输出功率可达 22W，电源效率大于 85%。恒流精度可达±3%，调光比优于 10∶1。外围电路简单，适用于低成本的可调光 LED 驱动器

续表

产品分类	型号	主 要 特 点
数字调光式LED驱动器	MAX16816	输入电压范围是+5.9~76V。最大输出电流为1.33A（1±5%），电源效率超过90%。采用模拟调光、数字调光均可，在低频条件下调光比可达1000∶1。内部E^2PROM带单线总线（1-Wire）接口，便于与外部单片机（μC）进行通信，实现数字调光
	NCP5623	带I^2C接口的3通道RGB-LED驱动器，输入电压范围是+2.7~5.5V，最大总输出电流为90mA，3通道电流的匹配精度可达±0.3%，电源效率可达94%。通过I^2C接口接收微控制器的指令，实现32个电流等级的亮度控制
	TPS61195	带SMBus接口的8通道升压式白光LED驱动器，输入电压范围是+4.5~21V，可驱动8路、总共包含96只白光LED的灯串，总输出电流为8×30mA，每路LED驱动电流的匹配精度可达±1%，能在600kHz~1MHz范围内对开关频率进行编程
	LP3942	带SPI接口的电荷泵式2通道LED恒流驱动器，输入电压范围是+3~5V，最大输出电流为120mA。输出电压可选4.5V或5.0V。微控制器可通过SPI接口对RGB-LED的颜色和亮度进行编程
	TLC5943	16通道、16位（65 536步）灰度PWM亮度控制LED驱动器，输出电流为50mA，各通道之间的恒流偏差不超过±1.5%。16个通道均可使用该器件的7位亮度控制功能进行调节。用户可通过30MHz通用接口进行亮度控制、调节平均电流等级并补偿每只LED的亮度变化（即灰度等级）。该产品适用于单色、多色或全彩色LED显示屏，LED广告牌及背景源

二、LED保护芯片典型产品的性能一览表

LED保护芯片典型产品的性能一览表见表1-9-2。

表1-9-2　　LED保护芯片典型产品性能一览表

生产厂家	产品型号	主 要 性 能
安森美半导体公司	NUD4700	晶闸管型350mA的LED开路保护器，内含晶闸管（SCR）和控制电路，使用时与被保护的LED相并联，当LED开路时可起到短路保护作用
中国台湾地区芯瑞科技有限公司	SMD602	500mA的LED开路保护器，当LED开路时可起到短路保护作用，还能提供8kV的ESD保护
中国台湾地区广鹏科技公司	AMC7169	500mA的LED正、反向保护器，旁路压差仅为1V，有3种工作模式：当LED正常工作时处于监测模式；当LED开路时进入正向导通模式；当LED极性接反时进入反向导通模式，提供反向电流导通路径；可能提供8kV的ESD保护
	A720	700mA的LED正、反向保护器，有3种工作模式：监测模式、正向导通模式、反向导通模式；能提供8kV的ESD保护

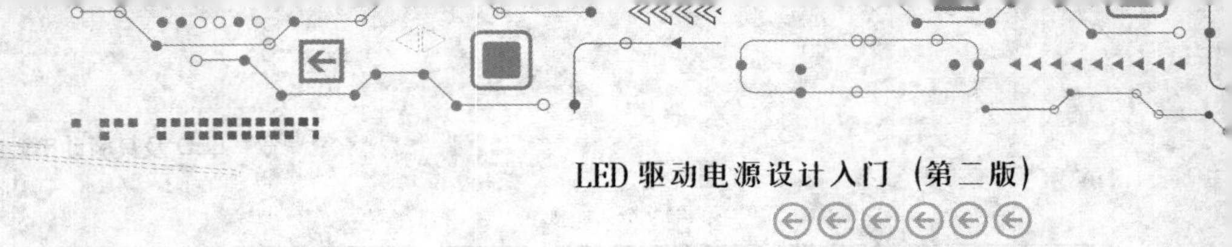

第二章

LED 驱动电源的基本原理

本章首先介绍恒压式、恒流式、恒压/恒流式及分布式 LED 驱动电源的基本原理，然后分别阐述降压式、升压式、降压/升压式、SEPIC、电荷泵式、反激式、正激式和半桥 LLC 谐振式 LED 恒流驱动器的基本原理，最后介绍 LED 显示屏恒流驱动器的原理与应用。

第一节　恒压式 LED 驱动电源

LED 驱动电源属于 AC/DC 变换器，其核心部分是 DC/DC 变换器。恒压式驱动电源可用作分布式 LED 驱动电源的前级稳压电路。

一、脉宽调制器的基本原理

恒压式 LED 驱动电源的基本构成如图 2-1-1 所示。主要由以下 5 部分构成：① 输入整流滤波器：包括从交流电到输入整流滤波器的电路；② 功率开关管（VT）及高频变压器（T）；③ 控制电路（PWM 调制器），含振荡器、基准电压源（U_{REF}）、误差放

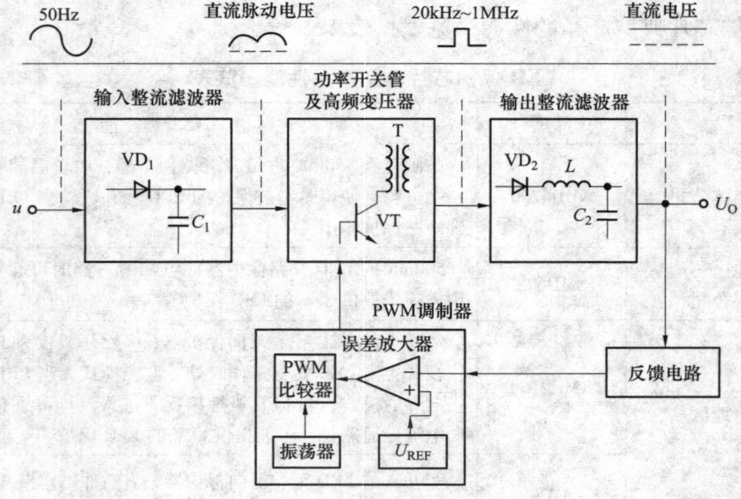

图 2-1-1　恒压式 LED 驱动电源的基本构成

大器和 PWM 比较器，控制电路能产生脉宽调制信号，其占空比受反馈电路的控制；④ 输出整流滤波器；⑤ 反馈电路。除此之外，还需增加偏置电路、保护电路等。其中，PWM 调制器为恒压式 LED 驱动电源的核心。

脉宽调制式开关电源的工作原理如图 2-1-2 所示。220V 交流电 u 首先经过整流滤波电路变成直流电压 U_I，再由功率开关管 VT 斩波、高频变压器 T 降压，得到高频矩形波电压，最后通过整流滤波后获得所需要的直流输出电压 U_O。脉宽调制器能产生频率固定而脉冲宽度可调的驱动信号，控制功率开关管的通、断状态，进而调节输出电压的高低，达到稳压目的。锯齿波发生器用于提供时钟信号。利用取样电阻、误差放大器和 PWM 比较器形成闭环调节系统。输出电压 U_O 经 R_1、R_2 取样后，送至误差放大器的反相输入端，与加在同相输入端的基准电压 U_{REF} 进行比较，得到误差电压 U_r，再用 U_r 的幅度去控制 PWM 比较器输出的脉冲宽度，最后经过功率放大和降压式输出电路使 U_O 保持不变。U_J 为锯齿波发生器的输出信号。

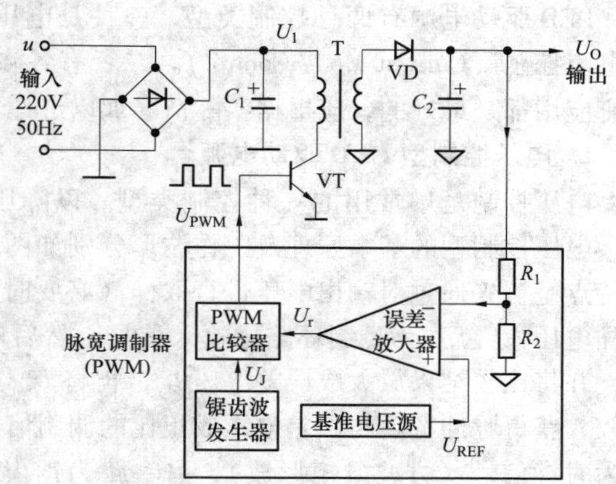

图 2-1-2　脉宽调制式开关电源的工作原理

需要指出，取样电压通常是接误差放大器的反相输入端，但也有的接同相输入端，这与误差放大器另一端所输入的锯齿波电压极性有关。一般情况下当输入的锯齿波电压为正极性时，取样电压接反相输入端；输入的锯齿波电压为负极性时，取样电压接同相输入端（下同）。

令直流输入电压为 U_I，开关式稳压器的效率为 η，占空比为 D，则功率开关管的脉冲幅度 $U_P=\eta U_I$，可得到公式

$$U_O=\eta D U_I \qquad (2-1-1)$$

这表明当 η、U_I 一定时，只要改变占空比，即可自动调节 U_O 值。当 U_O 由于某种原因而升高时，$U_r\downarrow\rightarrow D\downarrow\rightarrow U_O\downarrow$。反之，若 U_O 降低，则 $U_r\uparrow\rightarrow D\uparrow\rightarrow U_O\uparrow$。这就是自动稳压的原理。自动稳压过程的波形如图 2-1-3（a）、（b）所示。图中，U_J 表示锯齿波发生器的输出电压，U_r 是误差电压，U_{PWM} 代表 PWM 比较器的输出电压。由图可见，当 U_O 降低时，$U_r\uparrow\rightarrow D\uparrow\rightarrow U_O\uparrow$；反之，若 U_O

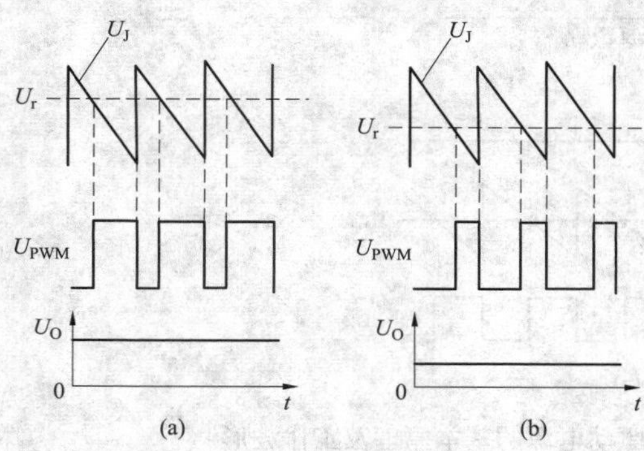

图 2-1-3　自动稳压过程的波形图

（a）当误差电压升高时输出电压随之升高；

（b）当误差电压降低时输出电压随之降低

因某种原因而升高，则 $U_r\downarrow\rightarrow D\downarrow\rightarrow U_O\downarrow$。

二、LED 驱动电源的控制类型

LED 驱动电源有两种控制类型，一种是电压控制（Voltage Mode Control），另一种是电流控制（Current Mode Control）。二者有各自的优缺点，很难讲哪一种控制类型对所有应用都是最好的，应根据实际情况加以选择。

1. 电压控制型 LED 驱动电源

电压控制是最常用的一种控制类型。以降压式开关稳压器（即 Buck 变换器）为例，电压控制型的基本原理及工作波形分别如图 2-1-4（a）、（b）所示。电压控制型的特点是首先通过对输出电压进行取样（必要时还可增加取样电阻分压器），所得到的取样电压 U_Q 就作为控制环路的输入信号；然后对取样电压 U_Q 和基准电压 U_{REF} 进行比较，并将比较结果放大成误差电压 U_r，再将 U_r 送至 PWM 比较器与锯齿波电压 U_J 进行比较，获得脉冲宽度与误差电压成正比的调制信号。图中的振荡器有两路输出，一路输出为时钟信号（方波或矩形波），另一路为锯齿波信号，C_T 为锯齿波振荡器的定时电容。T 为高频变压器，VT 为功率开关管。降压式输出电路由整流管 VD_1、续流二极管 VD_2、储能电感 L 和滤波电容 C_O 组成。PWM 锁存器的 R 为复位端，S 为置位端，Q 为锁存器输出端，输出波形见图 2-1-4（b）。

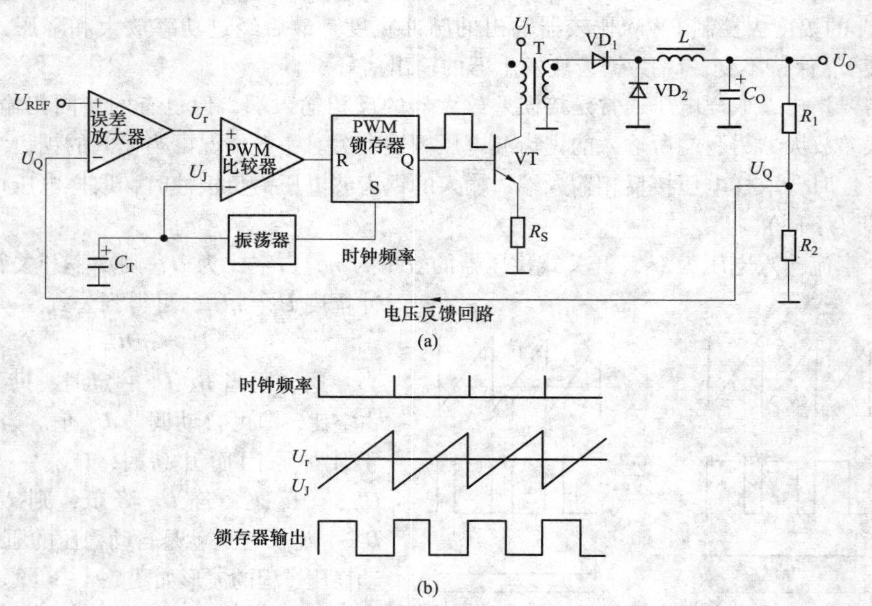

图 2-1-4　电压控制型 LED 驱动电源的基本原理及工作波形

（a）基本原理；（b）工作波形

电压控制型 LED 驱动电源具有以下优点：

（1）它属于闭环控制系统，且只有一个电压反馈回路（即电压控制环），电路设计比较简单。

（2）在调制过程中工作稳定。

（3）输出阻抗低，可采用多路电源给同一个负载供电。

电压控制型的主要缺点如下：

（1）响应速度较慢。虽然在电压控制型电路中使用了电流检测电阻 R_S，但 R_S 并未接入控制环路。因此，当输入电压发生变化时，必须等输出电压发生变化之后，才能对脉冲宽度进行调节。由于滤波电路存在滞后时间，输出电压的变化要经过多个周期后才能表现出来。所以电压控制型的响应时间较长，使输出电压稳定性也受到一定影响。

（2）需另外设计过电流保护电路。

（3）控制回路的相位补偿较复杂，闭环增益随输入电压而变化。

2. 电流控制型 LED 驱动电源

电流控制型 LED 驱动电源是在电压控制环的基础上又增加了电流控制环，其基本原理及工作波形分别如图 2-1-5（a）、（b）所示。U_S 为电流检测电阻的压降，此时 PWM 比较器兼作电流检测比较器。

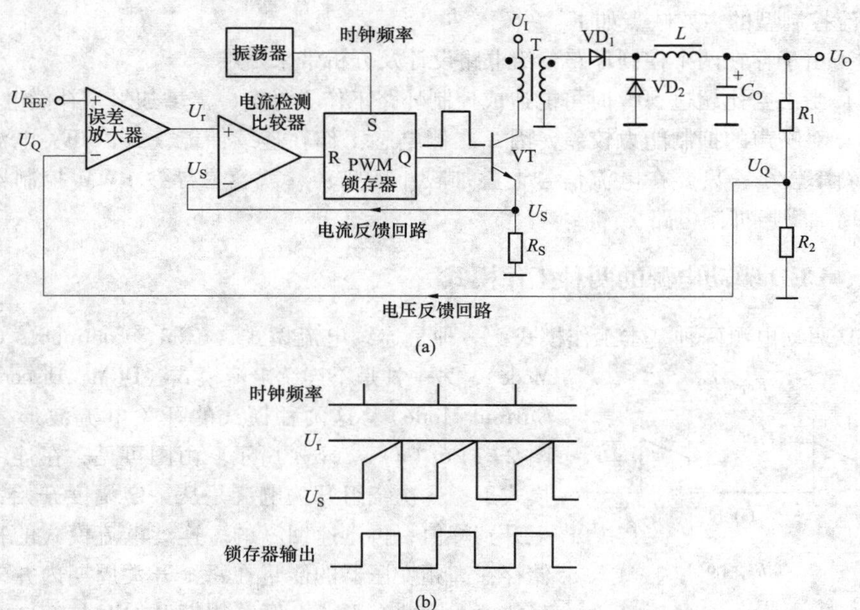

图 2-1-5　电流控制型 LED 驱动电源的基本原理及工作波形

（a）基本原理；（b）工作波形

电流控制型需通过检测电阻来检测功率开关管上的开关电流，并且可逐个周期的限制电流，便于实现过电流保护。固定频率的时钟脉冲将 PWM 锁存器置位，从 Q 端输出的驱动信号为高电平，使功率开关管 VT 导通，高频变压器一次侧的电流线性地增大。当电流检测电阻 R_S 上的压降 U_S 达到并超过 U_r 时，电流检测比较器翻转，输出的高电平将锁存器复位，从 Q 端输出的驱动信号变为低电平，令开关管关断，直到下一个时钟脉冲使 PWM 锁存器置位。

电流控制型 LED 驱动电源具有以下优点：

（1）它属于双闭环控制系统，外环由电压反馈电路构成，内环由电流反馈电路组成，并且电流反馈电路受电压反馈电路的控制。与电压反馈电路相比，电流反馈电路的增益带宽更大。

（2）对输入电压瞬态变化的响应速度快，当输入电压发生变化时能迅速调整输出电压达到稳定值。这是因为输入电压的变化会导致一次侧电感电流发生变化，进而使 U_S 改变，无须经过误差放大器，直接通过电流检测比较器就能改变输出脉冲的占空比。能简化误差放大器补偿网络的设计。

（3）在电压控制环和电流控制环的共同控制下，可提高电压调整率指标。

（4）本身带限电流保护电路，只需改变 R_S 值，即可精确设定限电流阈值。只要电流脉冲达到设定的阈值，PWM 比较器就动作，使功率开关管关断，维持输出电压稳定。

电流控制型的主要缺点如下：

（1）由于存在两个控制环路，给电路设计及分析带来困难。

（2）当占空比超过 50% 时可能造成控制环路工作不稳定，需增加斜率补偿电路。

（3）对噪声的抑制能力较差，因一次侧电感工作在连续储能模式，开关电流信号的上升斜率较小，只要在电流信号上叠加较小的噪声，就容易导致 PWM 控制器误动作，需增加噪声抑制电路。

三、LED 驱动电源的两种工作模式

LED 驱动电源两种基本工作模式：一种是连续电流模式（CCM，Continuous Current Mode），另一种是不连续电流模式（DCM，Discontinuous Current Mode）。这两种模式的开关电流波形分别如图 2-1-6（a）、（b）所示。由图可见，在连续电流模式下，一次绕组开关电流是从一定幅度开始，然后上升到峰值，再迅速回零的。连续电流模式的特点是储存在高频变压器的能量在每个开关周期内并未全部释放掉，因此在下一个开关周期开始时具有一个初始能量。不连续电流模式的开关电流是从零开始上升到峰值，再降至零的。这就意味着储存在高频变压器中的能量在每个开关周期内都要完全释放掉。

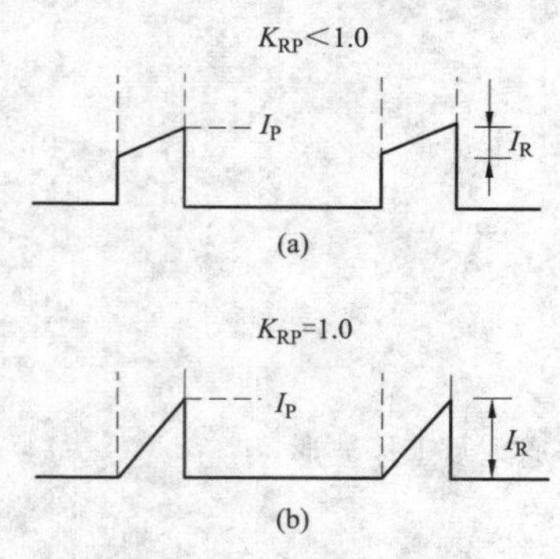

图 2-1-6　两种工作模式的开关电流波形
（a）连续电流模式；（b）不连续电流模式

若将一次侧电流的变化量定义为脉动电流 I_R，将脉动电流 I_R 和峰值电流 I_P 的比值定义为脉动系数

K_{RP}，则有关系式

$$K_{RP}=\frac{I_R}{I_P} \tag{2-1-2}$$

由图 2-1-6 可见，在连续电流模式时 $K_{RP}<1$；不连续电流模式时 $K_{RP}=1$。

下面要说明几点：

（1）连续电流模式需要增大一次绕组的电感量 L_P，相应增加高频变压器的体积，以便于传输更大的能量。通过比较图 2-1-6（a）、（b）的波形不难发现，连续电流模式的开关电流波形呈梯形，而不连续电流模式的开关电流波形呈三角形，由于这里的梯形面积要大于三角形面积，因此采用连续电流模式能传输较大的能量。

（2）从选择 LED 驱动电源芯片及高频变压器的角度来看，采用连续电流模式可减小一次绕组峰值电流 I_P 和有效值电流 I_{RMS}，降低芯片的功耗，提高电源效率，它适合于选择功率较小的 LED 驱动电源芯片，配尺寸较大的高频变压器。不连续电流模式下的 I_P、I_{RMS} 值较大，但所需要的 L_P 较小，适合于采用输出功率较大的 LED 驱动电源芯片，配尺寸较小的高频变压器。

（3）特别需要指出，无论连续电流模式还是不连续电流模式，都不是绝对的、截然可分的，二者之间并无严格界限，而是存在一个过渡过程。即使在额定条件下（例如交流输入电压 $u=220V$）将开关电源设计在不连续电流模式，在实际应用中由于交流输入电压及负载电流的大范围变化，都会使电源的工作模式产生变化。

例如，某 60W 通用开关电源模块的交流输入电压范围是 $u=85\sim265V$，输出为 +12V、5A，一次绕组电感量为 460μH（按不连续电流模式设计）。实测发现，当负载电流 $I_O=1.0A$（轻载）、$u=80\sim120V$ 时，电源工作在连续电流模式；$u=120\sim265V$ 时，电源工作在不连续电流模式。当负载电流 $I_O=5.0A$（满载），$u=85\sim200V$ 时，电源工作在连续电流模式；$u=200\sim265V$ 时，电源工作在不连续电流模式。将交流输入电压调到 220V，当负载电流 $I_O<5.6A$（已超载）时，电源工作在不连续电流模式；当负载电流 $I_O>5.6A$ 时，电源又工作在连续电流模式。

第二节　恒流式 LED 驱动电源

恒流源亦称稳流源，集成恒流源主要包括 4 大类：固定式恒流源、可调恒流源、高压恒流源、LED 恒流驱动器。若给 LED 恒流驱动器增加交流输入整流滤波器和高频变压器，即可构成 AC/DC 式 LED 恒流驱动电源。

一、线性恒流驱动器的基本原理

恒流式 LED 驱动器的典型产品有安森美公司生产的可编程恒流源 NUD4001。其最高输入电压为 30V，输出电流可通过外部电阻进行编程，典型值为 350mA（极限电流为

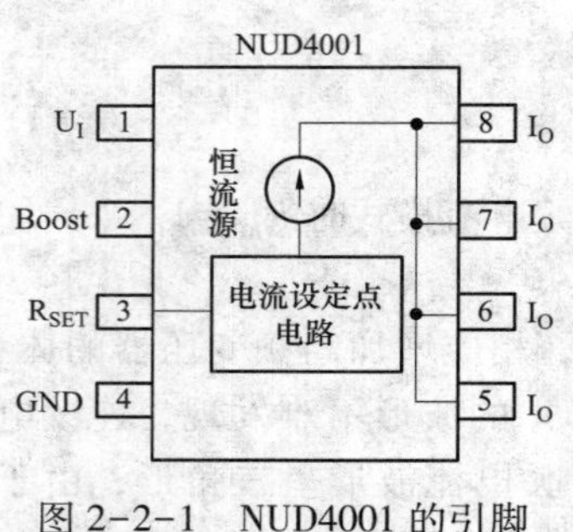

图 2-2-1　NUD4001 的引脚排列及内部框图

500mA），能驱动 3W 的 LED 照明灯。具有电路简单、成本低廉等优点，适用于低压照明灯、LED 手电筒、汽车尾灯、方向灯、备用灯及顶灯。

NUD4001 采用 SO-8 封装，引脚排列及内部框图如图 2-2-1 所示。各引脚的功能如下：

U_I 为输入电压端，GND 端为公共地。Boost 为升压端，该端可经过外部 PNP 晶体管来提升驱动电压，将 LED 电流 I_{LED} 扩展到 700mA，该端不用时可以悬空（NC）。R_{SET} 为 LED 电流设定端，接外部设定电阻 R_{SET}。4 个 I_O 均为输出电流端，并联后接 LED 的阳极。NUD4001 内部主要有两大部分：恒流源和电流设定点电路。

设定电阻 R_{SET} 与输出电流 I_O（即 I_{LED}）的关系曲线如图 2-2-2 所示。NUD4001 内部检测电压 U_S 与结温 T_J 的关系曲线如图 2-2-3 所示。NUD4001 的静态功耗 P_{D1} 与输入电压 U_I 的关系曲线如图 2-2-4 所示。

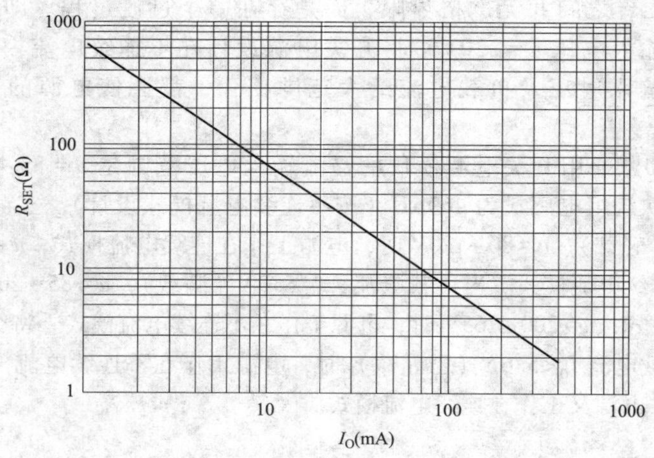

图 2-2-2　设定电阻 R_{SET} 与输出电流 I_O 的关系曲线

NUD4001 的典型应用电路如图 2-2-5 所示，采用 12V 蓄电池 E 供电，驱动由 3 只 LED 组成的灯串，$I_{LED}=350$mA。输出电流的设定电阻 R_{SET} 由下式确定

$$R_{SET}=\frac{U_S}{I_{LED}}=\frac{0.7\text{V}}{I_{LED}} \tag{2-2-1}$$

其中，U_S 为 $T_J=25$℃时的检测电压，从图 2-2-3 中查出 $U_S=0.7$V。将 $I_O=I_{LED}=350$mA 代入式（2-2-1）得到 $R_{SET}=2.0\Omega$（误差不超过±1%），可选 1/4W 的精密电阻。

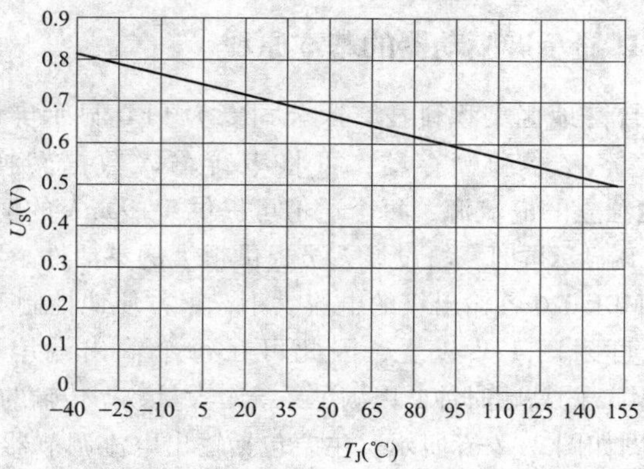

图 2-2-3　检测电压 U_S 与结温 T_J 的关系曲线

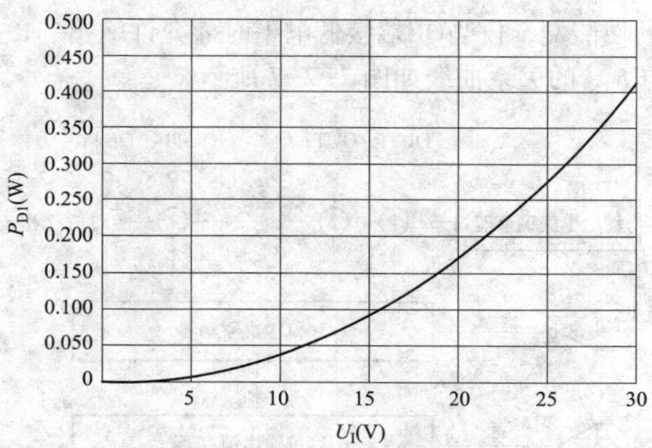

图 2-2-4　静态功耗 P_{D1} 与输入电压 U_I 的关系曲线

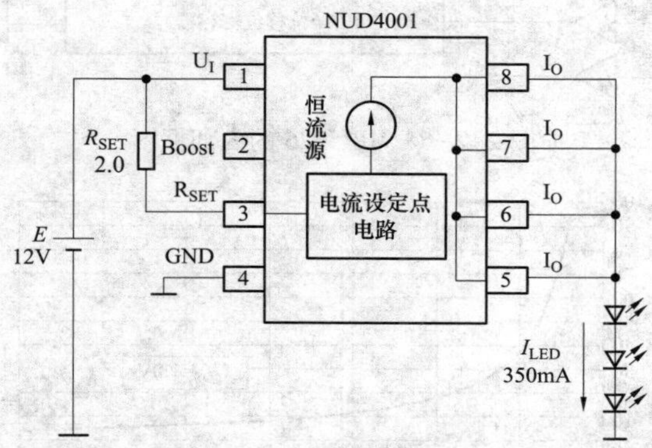

图 2-2-5　NUD4001 的典型应用电路

二、恒流式 LED 显示屏驱动器的基本原理

MBI5026 是中国台湾地区聚积科技有限公司专为 LED 显示屏设计的恒流驱动 IC。它内置的 CMOS 移位寄存器和锁存器，可将串行输入数据转换成并行数据格式。MBI5026 有 16 个互相独立的电流源，每个通道可提供 5~90mA 的恒流输出以驱动 LED。使用 MBI5026 设计 LED 显示屏时，给设计人员提供很大的灵活性。用户可通过由不同阻值的外接电阻来调整 MBI5026 各输出级的电流大小，很方便地控制 LED 的发光亮度。由于 MBI5026 的输出级可耐压 17V 以上，因此可在每个输出端串联多只 LED。此外，MBI5026 还能提供 25MHz 的高频时钟，以满足系统对大量数据传输的需求。

MBI5026 内部框图如图 2-2-6 所示。主要包括输出电流调节器、16 位移位寄存器、16 位输出锁存器、16 位输出驱动器和控制逻辑。$\overline{\text{OUT0}}$~$\overline{\text{OUT15}}$分别为 16 个通道的恒流输出端。图中的符号⊕表示恒流源。R-EXT 端接外部电阻；可设定 16 个输出通道的输出电流。$\overline{\text{OE}}$为输出的使能端，仅当$\overline{\text{OE}}$端接低电平时才允许输出。R-EXT 端接外部电阻 R_{EXT}，输出电流 I_O 与 R_{EXT}的关系曲线如图 2-2-7 所示。

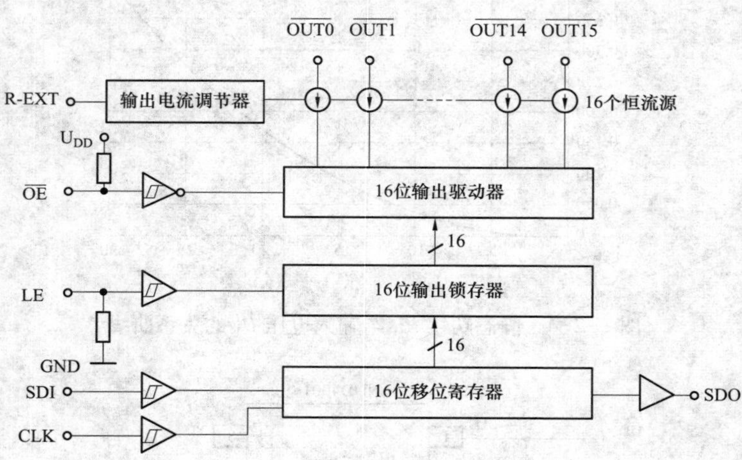

图 2-2-6　MBI5026 的内部框图

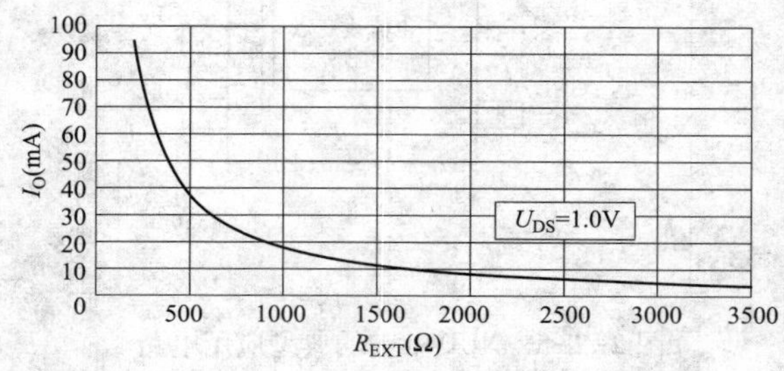

图 2-2-7　I_O 与 R_{EXT}的关系曲线

第三节　恒压/恒流式 LED 驱动电源

一、恒压/恒流式 LED 驱动电源的基本原理

具有恒压/恒流（CV/CC）输出特性的开关电源也适合做 LED 驱动器，其特点是具有两个控制环路，一个是电压控制环，另一个为电流控制环。当负载电流较小时它工作在恒压区，负载电流较大时工作在恒流区，能起到过载保护及短路保护作用。

恒压/恒流式（CV/CC）LED 驱动电源的基本原理如图 2-3-1 所示，CV/CC 是 Constant Voltage/Constan Current 的缩写。LED 驱动电源主要包括 EMI 滤波器、输入整流滤波器、PWM 控制器、功率开关管（MOSFET）、漏极钳位保护电路、偏置电路、高频变压器（T）、输出整流滤波器、CV/CC 控制电路、电流检测电阻、输出取样电路、光耦反馈电路、LED 照明灯。CV/CC 控制电路包括恒压控制环、恒流控制环两部分，可用分立元件组成，亦可用一片双运放构成，电路设计详见第五章第五节。

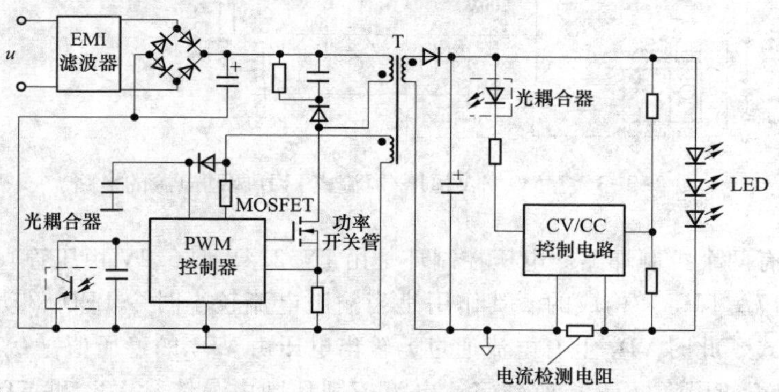

图 2-3-1　恒压/恒流式 LED 驱动电源的基本原理

一种恒压/恒流式 LED 驱动电源的输出特性如图 2-3-2 所示。其特点是在恒压区内输出电压受占空比控制。当 I_O<0.9A 时，工作在恒压区，I_O 增加时 U_O 基本保持不变。当 I_O>0.9A 时开始转入恒流区，I_O=1.0A 时工作在恒流区，当 U_O 大幅度降低时 I_O 维持恒定。当 U_O<2.0V 时，PWM 控制器进入自动重启动阶段，使 I_O 退出恒流区。

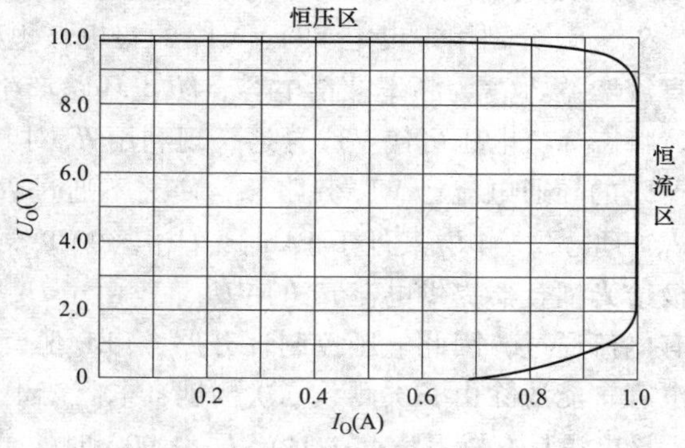

图 2-3-2　一种恒压/恒流式 LED 驱动电源的输出特性

二、恒压/恒流式 LED 驱动电源的应用实例

7.5V、1A 恒压/恒流式 LED 驱动电源的电路如图 2-3-3 所示。该电源既可工作在 7.5V 稳压输出状态，又能在 1A 的受控电流下工作。当环境温度范围是 0~50℃时，恒流输出的准确度约为±8%。它采用一片 TOP222Y 型单片开关电源（IC_1），配 PC817A 型线性光耦合器（IC_2）。

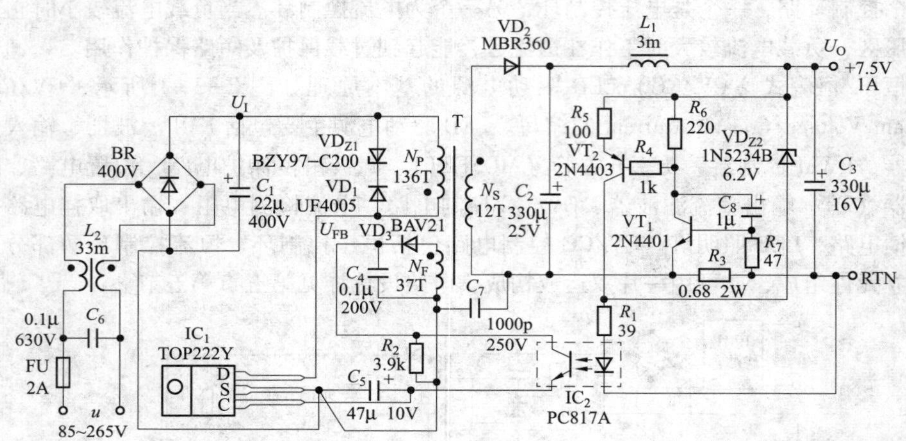

图 2-3-3　7.5V、1A 恒压/恒流式 LED 驱动电源的电路

该电源有两个控制环路。电压控制环是由 1N5234B 型 6.2V 稳压管（VD_{Z2}）和光耦合器 PC817A（IC_2）构成的。其作用是当输出电流较小时令 LED 驱动电源工作在恒压输出模式，此时 VD_{Z2}上有电流通过，输出电压由 VD_{Z2}的稳压值（U_{Z2}）和光耦合器中 LED 的正向压降（U_F）所确定。电流控制环则由晶体管 VT_1 和 VT_2、电流检测电阻 R_3、光耦合器 IC_2、电阻 R_4 ~ R_7、电容 C_8 构成。其中，R_3 专用于检测输出电流值。R_6、R_5 分别用来设定 VT_1、VT_2 的集电极电流值 I_{C1}、I_{C2}。R_5 还决定电流控制环的直流增益。C_8 为频率补偿电容，防止环路产生自激振荡。在刚通电或自动重启动时，瞬态峰值电压可使 VT_1 导通，现利用 R_7 对其发射结电流进行限制；R_4 的作用是将 VT_1 的导通电流经 VT_2 旁路掉，使之不通过 R_1。电流控制环的启动过程如下：随着 I_O 的增大，当 I_O 接近于 1A 时，$U_{R3}\uparrow\rightarrow VT_1$ 导通$\rightarrow U_{R6}\uparrow\rightarrow VT_2$ 导通，由 VT_2 的集电极给光耦合器提供电流，迫使 $U_O\downarrow$。由于 U_O 降低，VD_{Z2}不能被反击穿，其上也不再有电流通过，因此电压控制环开路，LED 驱动电源就自动转入恒流模式。C_7 为安全电容，能滤除由一次侧、二次侧耦合电容产生的共模干扰。

该电源具有以下特点：① 当 $I_O<0.90A$ 时处于恒压区；② 当 $I_O\approx0.98A$ 时位于恒流区，且 U_O 随着 I_O 的略微增加而迅速降低；③ 当 $U_O\leqslant2V$ 时，立即从恒流模式转入自动重启状态，将 I_O 拉下来，对芯片起到保护作用。

三、基于同步整流的恒压/恒流式 LED 驱动电源应用实例

同步整流（Synchronous Rectification，SR）是采用通态电阻极低的同步整流专用 MOSFET（简称 SR MOSFET），来取代输出整流二极管以降低整流损耗的一项新技术。它能显著提高低压、大电流输出式 LED 驱动电源的效率，并且不存在由肖特基势垒电压而造成的死区电压。功率 MOSFET 属于电压控制型器件，它在导通时的伏安特性呈线性关系。用功率 MOSFET 做整流器时，要求栅极电压必须与二次绕组电压的相位保持同步才能完成整流功能，故称之为同步整流。

PI 公司最新推出的 InnoSwitch－EP 系列产品（包括 INN2603K～INN2605K、INN2904K），在芯片内部集成了同步整流驱动器和反激式恒压/恒流（CV/CC）控制器，特别适合构成输出为低压、大电流的高效率 LED 驱动电源。由 INN2605K 构成基于同步整流的+12V、2A 恒压/恒流式 LED 驱动电源电路如图 2－3－4 所示，额定输出功率为 24W。85～264V 交流输入电压 u 经过输入保护电路及整流滤波电路后获得直流高压 U_I，接至一次绕组的一端，一次绕组的另一端接 INN2605K 内部功率 MOSFET 的漏极 D。FU 为 4A 熔丝管，起过电流保护作用。R_V是标称电压为交流 275V 的压敏电阻（VSR），可吸收浪涌电压，起过电压保护作用。负温度系数热敏电阻 R_T用来限制刚上电时的浪涌电流。BR 采用 DF08S 型 1A/800V 的整流桥。C_1用于滤除交流进线端的串模干扰，L_1用来抑制共模干扰。C_2、C_3均为输入滤波电容器。

直流高压 U_I经过电阻 R_4和 R_5接 INN2605K 的输入电压检测端（V），并向 V 端提供与 U_I成正比的电流信号 I_V。当 U_I = 100V（DC）时，$I_V = U_I /(R_4 + R_5) = 100V/(3.9M\Omega + 3.9M\Omega) = 12.8\mu A$，已高于输入欠电压时 V 端的电流阈值 $I_{UV} = 12.3\mu A$（典型值），从而使 INN2605K 能正常工作。当 $U_I \geq 435V$（DC）时，因 I_V已超过输入过电压时 V 端的电流阈值 $I_{OV} = 55.8\mu A$（典型值），因此 INN2605K 被禁止工作。

BPP 为一次侧旁路端，外接旁路电容 C_6。刚接通电源时，INN2605K 内部的高压电流源对 C_6进行充电，建立起偏置电压 U_{BPP}；正常工作后改由高频变压器的偏置绕组供电。偏置绕组的输出电压首先经过 VD_1、C_4整流滤波，再通过限流电阻 R_3给 BPP 端提供偏压，正常情况下 $U_{BPP} = 5.95V$（典型值）。一次侧过电压保护电路使用一只 8.2V 稳压管 VD_Z。一旦输出端出现过电压故障，偏置绕组的输出电压就立即升高，将稳压管 VD_Z反向击穿，将 U_{BPP}限制在 8.2V 上，再通过 INN2605K 内部的一次侧控制器实现过电压保护。

由阻容元件 R_1、R_2和 C_5、钳位二极管 VD_2组成一次侧 RCD 型钳位保护电路，可将漏感产生的尖峰电压限制在安全范围以内。R_2为阻尼电阻，可限制 VD_2的反向电流。VD_2采用 DFLR1600－7 型 1A/600V 的玻璃钝化整流二极管来代替快恢复二极管，利用其反向恢复时间较长、结电容很小的特点，能降低成本，并可从钳位保护电路中恢复部分漏感电量，使电源效率得到进一步提高。

INN2605K 对输出电压的调整是通过开/关（ON/OFF）控制来实现的，它能根据输

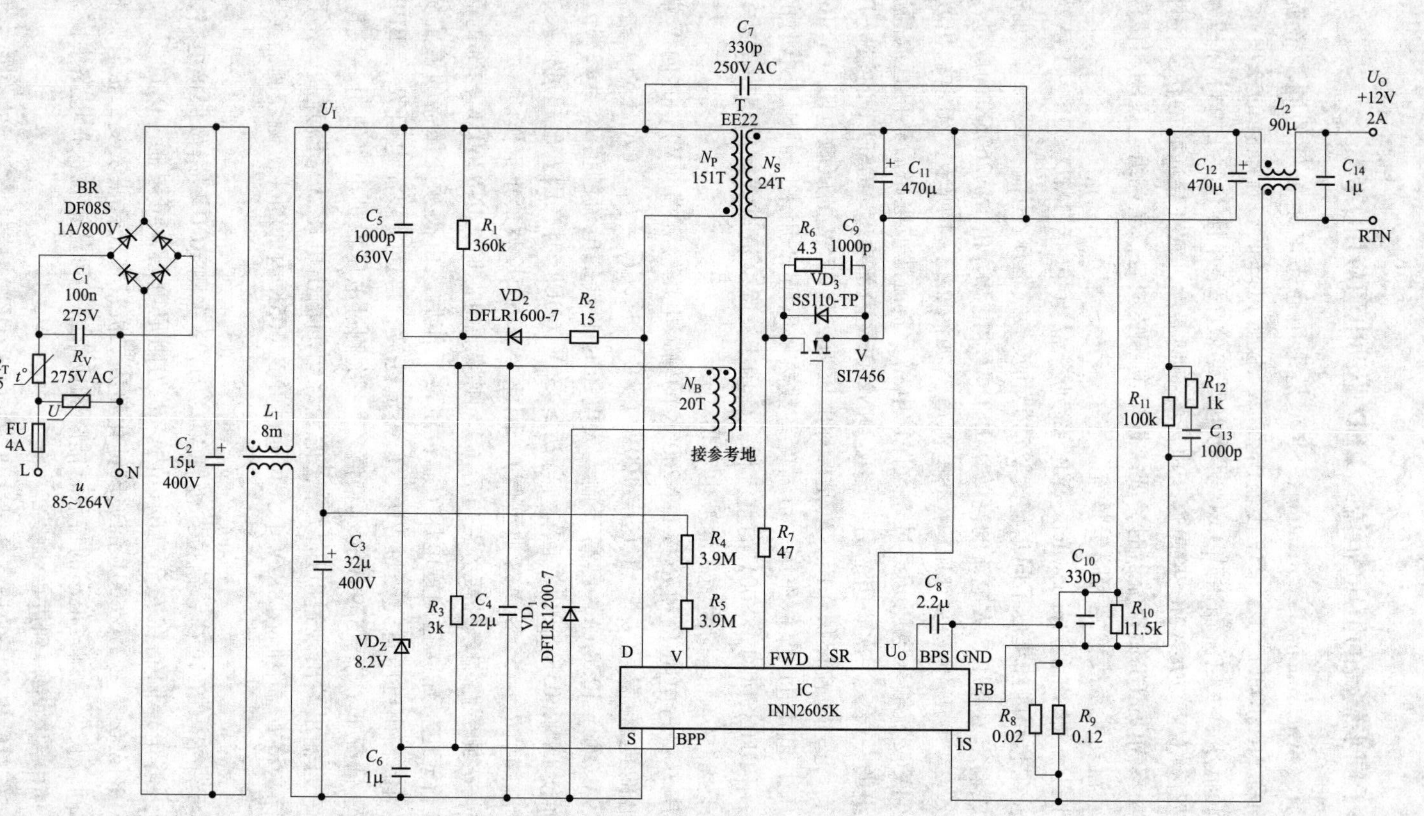

图 2-3-4　基于同步整流的+12V、2A 恒压/恒流式 LED 驱动电源电路

出负载的变化来控制工作周期的数量，即控制开关脉冲数。重载时大部分的开关周期都被使能；轻载时则跳过大部分的开关周期。一旦开关周期使能后，内部功率 MOSFET 就保持导通状态，直至一次侧电流超过 INN2605K 的极限电流（极限电流的典型值为 0.95A）。

同步整流管 V（SR MOSFET）采用 SI7456 型 30A/100V 的 N 沟道 MOSFET，其漏-源极通态电阻可低至 18mΩ。V 的栅极接 INN2605K 的同步整流驱动端 SR。二次侧控制端 FWD 经过电阻 R_7可实时检测二次绕组的电压，当内部功率 MOSFET 关断时（这对应于反激周期的开始时刻），就从 SR 端输出典型值为 4.4V 的驱动电压，使 V 迅速导通。当内部功率 MOSFET 导通时，由 R_7检测到的二次绕组电压（即 V 的漏极电压）降至 0V 以下，立即强迫 V 关断。因此同步整流管 V 与功率 MOSFET 总是交替导通的，二者不会同时导通。考虑到同步整流管存在一定的动作延迟，这会缩短其导通时间，还可在同步整流管的漏-源极之间并联一只 SS110-TP 型 1A/100V 肖特基二极管 VD_3，这样做可将电源效率提高 0.2%左右。R_6和 C_9用于吸收二次侧的振铃电压。C_{11}和 C_{12}为输出滤波电容器。L_2和 C_{14}构成输出端的 EMI 滤波器。INN2605K 的 U_O端接输出电压，为芯片中的二次侧控制电路提供偏置电压。

输出电压通过精密电阻 R_{11}和 R_{10}分压后，给 INN2605K 的反馈端（FB）提供反馈电压 U_{FB}，U_{FB}的典型值为 1.26V。C_{10}为反馈端的消噪电容。由 R_{12}和 C_{13}构成相位补偿网络，当负载发生瞬态变化时可确保输出稳定。C_8为二次侧旁路端（BPS）的退耦电容。实际取 $R_{10}=11.5\text{k}\Omega$，$R_{11}=100\text{k}\Omega$，当该电源工作在恒压区时输出电压由下式确定

$$U_O = 1.26\text{V} \times \left(1 + \frac{R_{11}}{R_{10}}\right) = 1.26\text{V} \times \left(1 + \frac{100\text{k}\Omega}{11.5\text{k}\Omega}\right) = 12.2\text{V}$$

考虑到输出 2A 大电流时，在输出引线电阻上也会形成压降，因此设计时特意将输出电压从 12V 提升到 12.2V。

INN2605K 的二次侧控制器内含恒压/恒流（CV/CC）控制电路。当电源工作在恒流（CC）区时，输出电流由外部电流检测电阻 R_8和 R_9设定。R_8和 R_9并联之后再串联到输出电路中，且位于电流检测端（IS）与地（GND）之间。R_8与 R_9的并联总阻值为 0.0171Ω，所设定的输出电流为

$$I_O = \frac{0.035\text{V}}{R_8//R_9} = \frac{0.035\text{V}}{0.0171\Omega} = 2.05\text{A} \approx 2\text{A}$$

一旦超过电流阈值，INN2605K 就调节开关脉冲数以维持输出电流不变。进行恒流输出调节时，输出电压就从原来恒压区的+12V 大约降低到+10V；低于+10V 时电源将进入自动重启动模式，直至负载减轻。若不需要进行恒流调节，则应将 IS 端接 GND。

高频变压器采用 EE22 型铁氧体磁心，一次绕组 N_P采用 φ0.14mm 漆包线绕 151 匝，偏置绕组 N_B用 φ0.14mm 漆包线双股并绕 20 匝。二次绕组 N_S用 φ0.45mm 漆包线三股并绕 24 匝。一次绕组的电感量 $L_P=1.6\text{mH}$（允许有±10%的误差）。

第四节　分布式 LED 驱动电源

一、分布式 LED 驱动电源的主要特点

分布式 LED 驱动电源的主要特点如下：

（1）分布式 LED 驱动电源是将恒压源与恒流源进行组合，按照“先恒压、后恒流”的顺序，由一个或几个 AC/DC 式恒压源给许多独立的 DC/DC 式恒流源供电，再由每个恒流源单独给一路 LED 供电。

（2）通过微控制器（MCU），可实现电源控制、电源管理、电源监测和通信功能。所谓电源管理是指将电源有效地分配给系统的不同组件，最大限度地降低功率损耗。

（3）智能化程度高，软硬件相结合。通过软件可实现 LED 驱动电源的自动排序与跟踪，即按照预先设定的顺序来接通或关断电源，并使各电源在上电或断电期间能互相跟踪，确保各电源有序地工作。

（4）使用灵活，可实现标准化、模块化设计，可根据负载数量对系统进行扩展。当某一路 LED 出现故障时并不影响其他路 LED 的正常工作。

（5）便于进行系统调光或分区域调光，并对 LED 进行温度补偿，不仅能获得最佳照明效果，还大大提高了系统的安全性和可靠性。

（6）便于实现功率因数校正（PFC），功率因数可达 0.99，电源效率可超过 90%。

（7）具有完善的欠电压保护、过电压保护、过电流保护、短路保护、过功率保护、过热保护功能。

（8）将多个 DC/DC 式恒流源分散布置，有利于散热。

二、分布式 LED 驱动电源应用实例

1. 由单片机控制的分布式 LED 驱动电源

SN3352 是美国矽恩（SI-EN）微电子有限公司于 2009 年在世界上率先推出带温度补偿的可调光 LED 恒流驱动器，其输入电压范围是+6~40V。芯片内部集成了温度补偿电路，适配外部的负温度系数（NTC）热敏电阻器来检测 LED 所处的环境温度 T_A，确保在高温环境下工作的大功率 LED 不会损坏。最多允许将 13 片 SN3352 级联，级联时将一片 SN3352 作为主机，其余 SN3352 作为从机，能使温度补偿时各片 SN3352 的驱动电流保持一致性。

由微控制器、AC/DC 变换器和 13 片 SN3352 构成的 130W 分布式 LED 驱动电源的电路如图 2-4-1 所示。AC/DC 变换器可采用 TOP250Y 型单片开关电源，其最大输出功率可达 290W。AC/DC 变换器的交流输入电压范围是 85~265V，额定输出为 +35V、4.5A。每片 SN3352 可驱动 10 只 3.5V/350mA、标称功率为 1W 的白光 LED，总共可驱动 130 只白光 LED（图中未画）。利用单片机 89C51 给各片 SN3352 发送 PWM 调光信

号，调光比为 1200∶1。ADJI 为多功能开关/调光输入端，进行 PWM 调光时，可用不同占空比的信号来控制输出电流。R_{NTC} 为外接 NTC 热敏电阻器引脚，用于检测 LED 所处环境温度 T_A。ADJO 为构成温度补偿系统时的级联端，可将温度补偿信息输出到下一级 SN3352 的 ADJI 端。

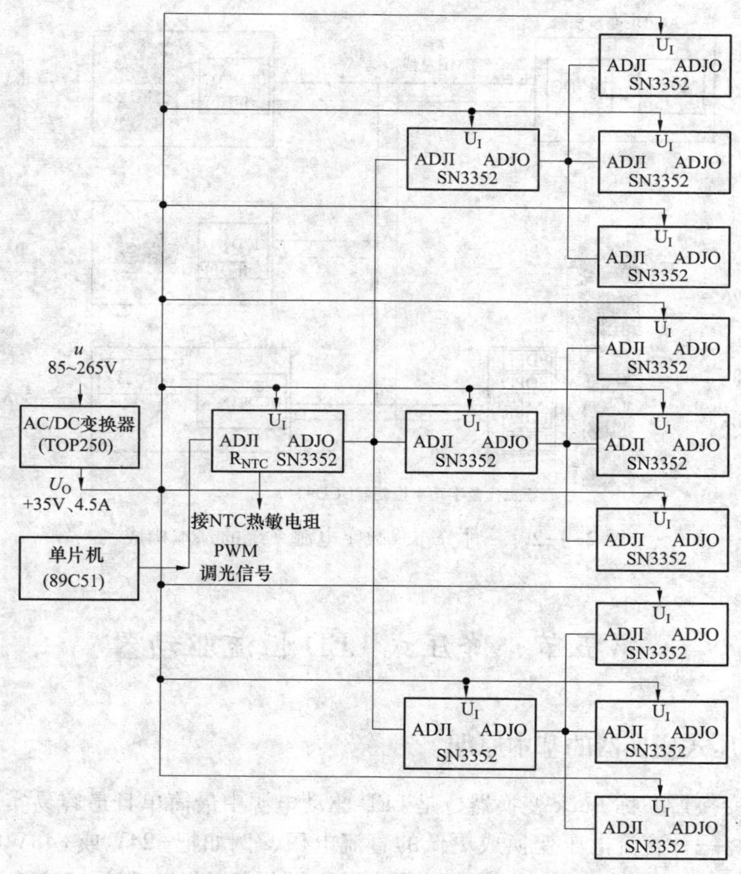

图 2-4-1　130W 分布式 LED 驱动电源的电路

2. 分布式数字电源系统

进入 21 世纪以来，开关电源正朝着智能化、数字化的方向发展。数字电源是以数字信号处理器（DSP）或微控制器（MCU）为核心，将数字电源驱动器、PWM 控制器等作为控制对象，能实现控制、管理和监测功能的电源产品。它通过设定开关电源的内部参数来改变其外特性，并在“电源控制”的基础上增加了“电源管理”。所谓电源管理是指将电源有效地分配给系统的不同组件，最大限度地降低损耗。数字电源的管理（如电源排序）必须全部采用数字技术。新问世的数字电源以其优良特性和完备的监控功能，日益引起人们的广泛关注。数字电源提供了智能化的适应性与灵活性，具备直接监控、远程故障诊断、故障处理等电源管理功能，能满足复杂的电源要求。

一种分布式数字电源系统的基本构成如图 2-4-2 所示。该系统主要包括 AC/DC 变换器（内含 PFC 电路和 DC/DC 变换器）、PMB 总线接口和多路数字电源。其中的 UCC9111、UCC9112 和 UCD9240，均为美国 TI 公司生产的数字电源专用芯片。

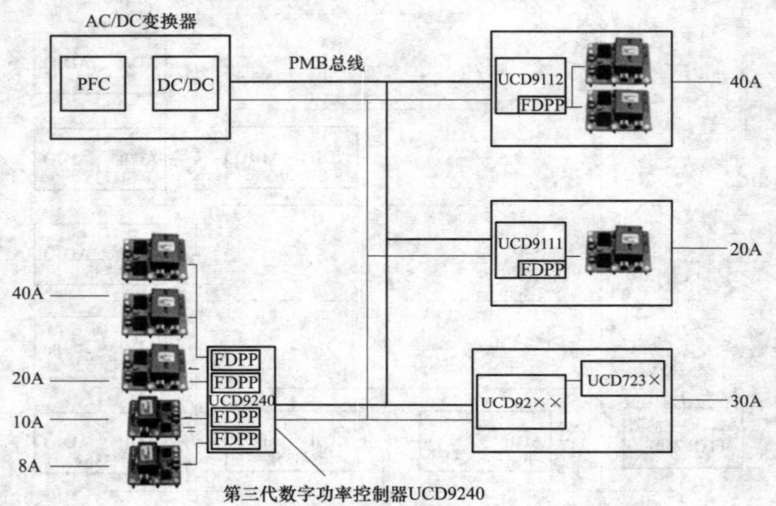

图 2-4-2　一种分布式数字电源系统的基本构成

第五节　降压式 LED 恒流驱动器

一、降压式变换器的基本原理

降压式变换器亦称 Buck 变换器，是 LED 驱动电源中最简单且最容易实现的一种变换器。它可将一种直流电压变换成更低的直流电压，例如把+24V 或+48V 电源变换成+15、+12V 或+5V 电源，并且在变换过程中的电源损耗很小。降压式变换器可用一只 NPN 型功率开关管 VT（或 N 沟道功率场效应管 MOSFET）作为开关器件 S，在脉宽调制（PWM）信号的控制下，使输入电压交替地接通、断开储能电感 L。降压式开关稳压的简化电路如图 2-5-1（a）所示，图 2-5-1（b）、（c）中示出了当开关闭合、断开时的电流路径。

当开关闭合时续流二极管 VD 截止，由于输入电压 U_I 与储能电感 L 接通，因此输入—输出压差（U_I-U_O）就加在 L 上，使通过 L 的电流 I_L 线性地增加。在此期间除向负载供电之外，还有一部分电能储存在 L 和 C 中，流过负载 R_L 的电流为 I_O，如图 2-5-1（b）所示。当开关断开时，L 与 U_I 断开，但由于电感电流不能在瞬间发生突变，因此在 L 上就产生反向电动势以维持通过电感的电流不变。此时续流二极管 VD 导通，储存

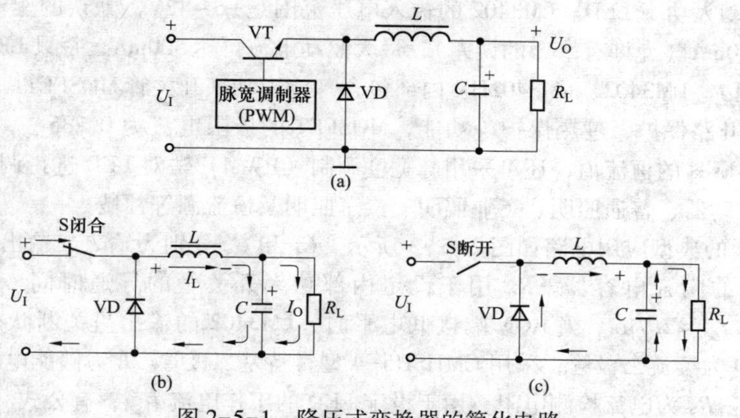

图 2-5-1　降压式变换器的简化电路

（a）简化电路；（b）开关闭合时的电流路径；（c）开关断开时的电流路径

在 L 中的电能就经过由 VD 构成的回路向负载供电，维持输出电压不变，如图 2-5-1（c）所示。开关断开时，C 对负载放电，这有利于维持 U_O 和 I_O 不变。

降压式变换器储能电感的电流波形如图 2-5-2 所示。由图可见，在开关闭合期间（t_{ON}），电感电流 I_L 是沿斜坡上升的；在开关断开期间（t_{OFF}），电感电流沿斜坡下降。因此，变换器输出的等效负载电流 I_O 为 I_L 与 I_C 的平均值。电感电流波形中峰与峰之间的差值就是电感纹波电流，L 应选得足够大，以保证纹波电流小于额定直流电流的 20%～30%。

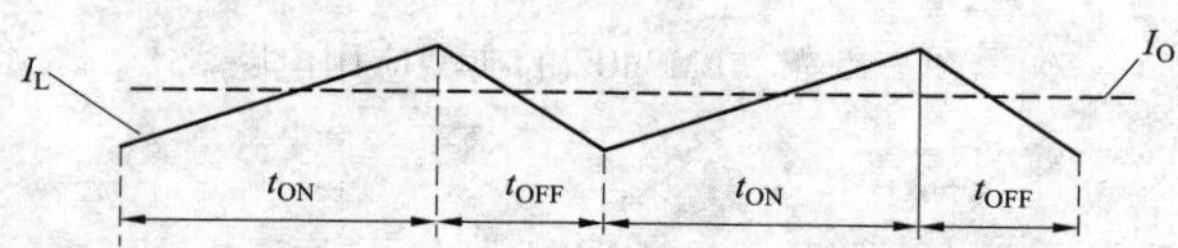

图 2-5-2　降压式变换器储能电感的电流波形

降压式变换器具有以下特点：

（1）U_I 先通过开关器件 S，再经过储能电感 L。

（2）$U_I=U_L+U_O$，因 $U_O<U_I$，故称之为降压式，它具有降低电压的作用。

（3）输出电压与输入电压的极性相同。

（4）令 η 为电源效率，T 为开关周期，t 为 PWM 调制器输出高电平的时间，D 为占空比。输出电压的计算公式如下

$$U_O=\eta\frac{t}{T}\cdot U_I=\eta DU_I \tag{2-5-1}$$

二、降压式 LED 驱动器的应用实例

LM3402 是美国国家半导体公司（NSC）生产的降压式可调光恒流输出 LED 驱动

器，适合驱动大功率 LED。LM3402 的输入电压范围是+6~42V，默认的驱动 LED 灯串的电流为 350mA（允许有±5%的误差），最大驱动电流可达 500mA，每只 LED 的功率为 1W（典型值）。LM3402、LM3402HV 内部包含 N 沟道功率开关管 MOSFET，具有过电流保护、LED 开路保护、过热保护等功能，MOSFET 的极限电流为 0.735A。可通过外部电阻来设定 LED 的恒流值，还可采用脉宽度调制（PWM）法对 LED 进行调光，可广泛用于 LED 驱动器、普通照明、工业照明、汽车照明及恒流源等领域。

LM3402 的典型应用电路如图 2-5-3 所示。C_1 和 C_3 分别为输入、输出电容器，均采用低噪声的陶瓷电容器。R_{ON} 用于设定内部功率开关管的导通时间 t_{ON}，当 $R_{ON}=59.0\text{k}\Omega$ 时，$t_{ON}=2.7\mu\text{s}$。当 RON 端接低电平时，LM3402 的输出呈关断状态。C_2 为自举电容。VD 为续流二极管，采用 CMHSH5-4 型肖特基二极管。L 为储能电感。C_4 为电源退耦电容。R_S 为电流检测电阻，用于设定 LED 的工作电流 I_{LED}，有公式

$$I_{LED}=300\text{mV}/R_S \tag{2-5-2}$$

其中，R_S 的典型值为 0.7Ω。实际取 $R_S=0.75\Omega$，所设定的 $I_{LED}=400\text{mA}$。

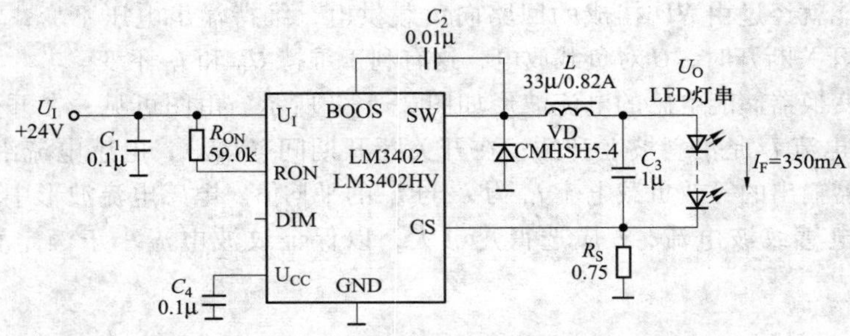

图 2-5-3　LM3402 的典型应用电路

第六节　升压式 LED 恒流驱动器

一、升压式变换器的基本原理

升压式变换器简称 Boost 变换器，它也是 LED 驱动电源经常使用的一种拓扑结构。升压式变换器的基本原理如图 2-6-1（a）所示，图 2-6-1（b）、（c）中还标出了在开关闭合、断开时的电流路径。当开关闭合时，整流二极管 VD 截止，输入电压经过电感 L 后直接返回，通过电感电流 I_L 线性地增大。此时输出滤波电容 C 向负载放电，负载 R_L 上的电流为 I_O，见图 2-6-1（b）。当开关断开时，由于电感电流不能在瞬间发生突变，因此在 L 上就产生反向电动势 U_L 以维持 I_L 不变。此时整流二极管 VD 导通，U_L 就与 U_I 串联后，以超过 U_I 的电压向负载提供电流，并对输出滤波电容 C 进行充电，见图 2-6-1（c）。

升压式变换器具有以下特点：

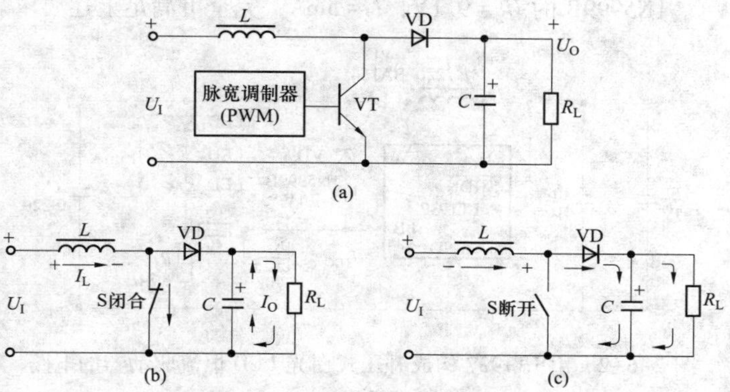

图 2-6-1 升压式变换器的简化电路

（a）简化电路；（b）开关闭合时的电流路径；（c）开关断开时的电流路径

（1）U_I 先通过电感 L，再经过开关器件 S。

（2）$U_O=U_I+U_L-U_D\approx U_I+U_L>U_I$，故称之为升压式，它具有提升电压的作用，使 $U_O>U_I$。U_L 为电感 L 上压降。U_D 为整流二极管 VD 的压降，通常可忽略不计。

（3）输出电压与输入电压的极性相同。

（4）升压式变换器的输出电压表达式为

$$U_O=\frac{D}{1-D}U_I \tag{2-6-1}$$

（5）升压式变换器的最大可用总功率等于输入电压乘以最大平均输入电流。由于升压式变换器的输出电压比输入电压高，因此输出电流必须低于输入电流。

二、升压式 LED 驱动器的应用实例

LT1937 是一种恒流驱动白光 LED 的升压式开关稳压器，并可通过电阻或直流电压对输出的恒定电流进行编程，进而调节 LED 的亮度。该器件采用一节锂离子电池可直接驱动 3~7 只串联使用的白光 LED，不用镇流电阻器就能获得均匀的亮度。其开关频率为 1.2MHz，转换效率的典型值为 84%。LT1937 可广泛用于手机、笔记本电脑、数码相机、MP3 播放机和 GPS 接收机中，通过驱动白光 LED 给液晶屏提供背光源。

由 LT1937 构成升压式白光 LED 恒流驱动器的电路如图 2-6-2 所示。允许输入电压范围是 3.0~5V，E 可采用一节锂离子电池。LED_1 ~ LED_3 为 3 只白光 LED，可选用国产 LY551C3N 型超高亮度白光 LED。其正向工作电流 $I_{LED}=20mA$（典型值，下同），正向导通压降 $U_F=2.4V$，峰值发光波长 $\lambda_P=590nm$，法向发光强度 $I_V=3200mcd$，比普通 LED 的亮度高几百倍。输出整流管 VD 采用 BAT54 型 0.2A/30V 肖特基二极管。稳压管 VD_Z（1N5999B）起保护作用，当 LED 开路时可限制开关输出端 SW 的电压不至于过高。VD_Z 的工作电流 I_Z 应大于 0.1mA，其稳定电压 U_Z 应高于 3 只白光 LED 的正向压降

之和（约 7.2V）。1N5999B 的 $U_Z=9.1$V，$I_Z=5$mA，完全可满足上述要求。

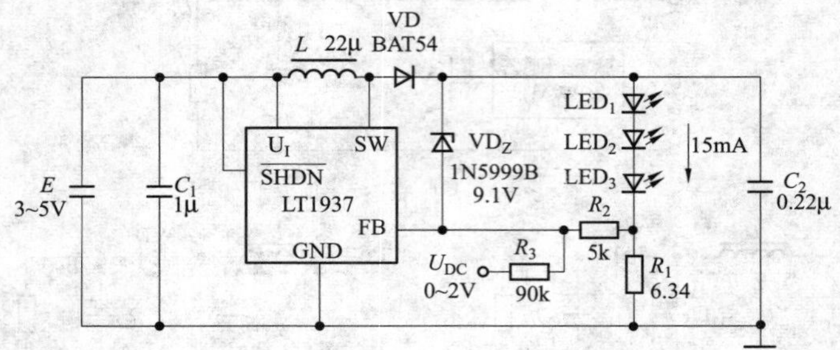

图 2-6-2 由 LT1937 构成升压式白光 LED 恒流驱动器的电路

R_1 为电流取样电阻，用来设定 LED 的工作电流 I_{LED}。有公式

$$I_{LED}=95\text{mV}/R_1 \tag{2-6-2}$$

例如，当 $R_1=6.34\Omega$ 时，$I_{LED}=15$mA；$R_1=4.75\Omega$ 时，$I_{LED(max)}=20$mA。依此类推。

利用一个可变的直流电压，也可以实现亮度调节。具体方法是接入直流电压 U_{DC}，当 U_{DC}从 0V 调节到 2V 时，I_{LED}的变化范围是 0~15mA。

第七节 降压/升压式 LED 恒流驱动器

一、降压/升压式变换器的基本原理

降压/升压式变换器亦称 Buck/Boost 电源变换器。其特点是当输入电压高于输出电压时，变换器工作在降压（Buck）模式，即 $U_O<U_I$；当输入电压低于输出电压时，变换器工作在升压（Boost）模式，即 $U_O>U_I$。在各种工作模式下均可输出连续电流。降压/升压式变换器的基本原理如图 2-7-1（a）所示。当开关闭合时，输入电压通过电感 L 直接返回，在 L 上储存电能，此时输出电容 C 放电，给负载提供电流 I_O，见图 2-7-1（b）。当开关断开时，在 L 上产生反向电动势，使二极管 VD 从截止变为导通，电感电流给负载供电并对输出电容进行充电，维持输出电压不变，见图 2-7-1（c）。注意，降压/升压式变换器中输出电容 C 的极性与图 2-6-1 恰好相反。

降压/升压式变换器主要有以下特点：

（1）降压/升压式变换器工作在不连续模式，其输入电流和输出电流都经过了斩波，是不连续的。

（2）它只有一路输出，且输出与输入不隔离。其中的升压式输出不能低于输入电压，即使关断功率开关管，输出电压也仅等于输入电压（忽略整流二极管压降）。

（3）降压/升压式变换器的输出电压表达式为

$$U_O=\frac{D}{1-D}U_I \tag{2-7-1}$$

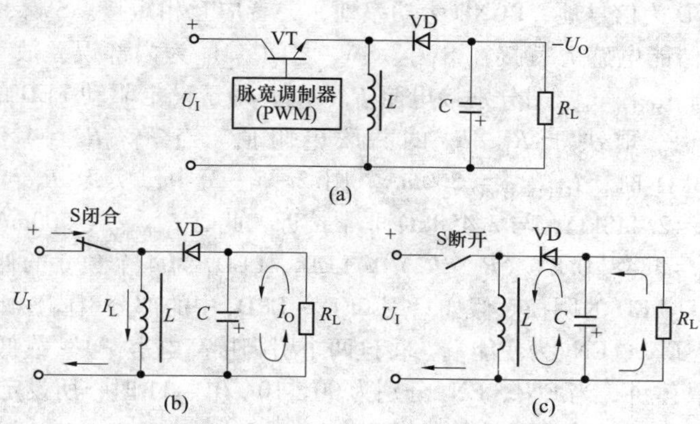

图 2-7-1　降压/升压式变换器的简化电路

（a）简化电路；（b）开关闭合时的电流路径；（c）开关断开时的电流路径

（4）输出电压的极性总是与输入电压的极性相反（注意电容极性），但电压幅度可以较大，也可以较小。

二、降压/升压式 LED 驱动器的应用实例

LTC3453 是美国凌力尔特公司（Linear Technology，简称 LT，旧称凌特公司）推出的一种基于同步降压/升压式（Buck-Boost）变换器的可编程、高效率、大电流白光 LED 驱动器，输入电压范围是+2.7～5.5V。该器件能在效率高达 90% 的情况下提供最大为 500mA 的恒定电流。

LTC3453 的内部电路比较复杂，主要包括输出开关控制电路、两个 LED 设定放大器、4 个 LED 恒流检测器、两个误差放大器、两个 PWM 比较器、逻辑电路、1MHz 振荡器、带隙基准电压源、过电流保护电路、欠电压保护电路、过电压保护电路及过热保护电路。其中的输出开关控制电路如图 2-7-2 所示，方框内为引脚序号，旁边的字母为引脚名称。S_1、S_2 是由两只 PMOS 场效应管构成的模拟功率开关。S_3、S_4 是由两只 NMOS 场效应管构成的模拟功率开关，开关状态受 PWM 逻辑电路控制。NMOS 场效应管的通态电阻为 0.25Ω，PMOS 场效应管的通态电阻为 0.3Ω。L 为外部储能电感。

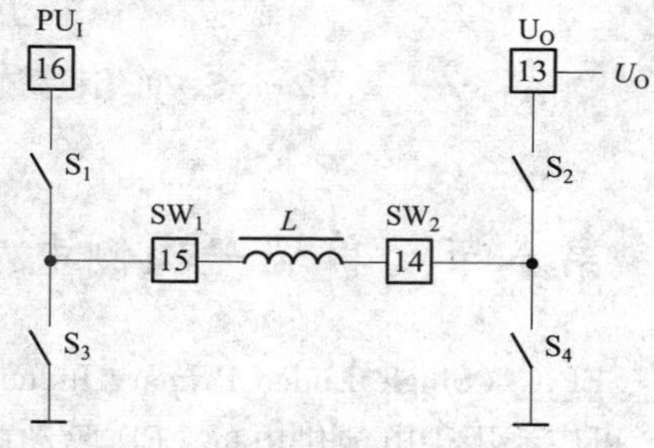

图 2-7-2　输出开关控制电路

由 LTC3453 构成的可编程高效率大电流白光 LED 驱动器电路如图 2-7-3 所示。LTC3453 采用小型化 QFN-16 封装，外型尺寸仅为 4mm×4mm。各引脚的功能如下：U_I 为直流电压输入端，PV_I 为电源电压输入端，二者应互相短接。U_O 为输出电压端，接

LED 的阳极。GND 为信号地，PGND 为功率地，二者应互相短接。SW_1、SW_2 为内部模拟开关的引脚，储能电感 L 就接在 SW_1、SW_2 之间。U_C 为内部误差放大器的输出端，接外部补偿电容。I_{SET1}、I_{SET2} 端分别接电阻 R_1、R_2，用于设定驱动 LED 的电流 I_{LED}。最大输出电流 $I_{LED(max)}$ 取决于 R_1、R_2 的并联电阻值。当 $R_1//R_2 = 4 \times 384 \times (0.8V/500mA) = 2.458k\Omega$ 时，$I_{LED(max)} = 500mA$。图 2-7-3 中，实取 $R_1 = 8.25k\Omega$、$R_2 = 3.48k\Omega$，$R_1//R_2 = 2.448k\Omega$，与 2.458kΩ 非常接近，此时 $I_{LED(max)} = 500mA$。当 $R_1//R_2 \neq 2.458k\Omega$ 时，$I_{LED} = 384 \times [0.8V/(R_1//R_2)]$。$LED_1 \sim LED_4$ 为 4 个独立的低压差电流源输出端，分别接 4 只 LED 的阴极。假如只用 $LED_1 \sim LED_4$ 中的部分引脚，则未使用的引脚必须接 U_O 电压。EN_1、EN_2 为使能端，将这两个引脚接高电平“1”或低电平“0”，即可设定 I_{LED} 值。具体讲，当 EN_1、EN_2 分别为 00、10、01、11 时，所设定的 I_{LED} 依次为 0（掉电）、150、350mA 和 500mA（最大值）。

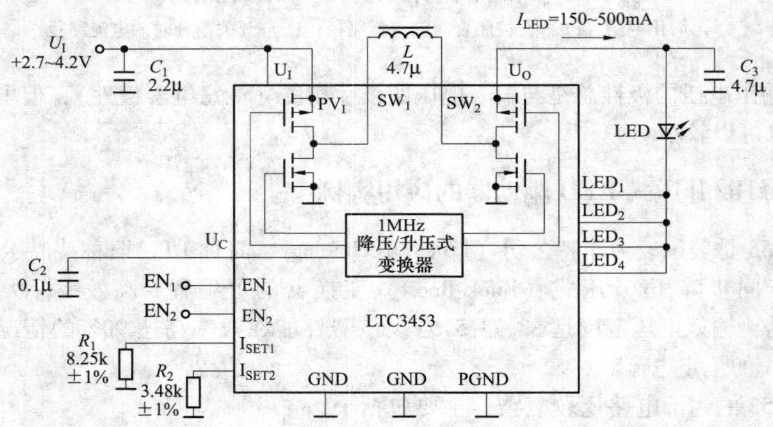

图 2-7-3　可编程高效率大电流白光 LED 驱动器电路

第八节　单端一次侧电感式（SEPIC）LED 恒流驱动器

SEPIC（Single Ended Primary Inductor Converter）是单端一次侧电感式变换器的简称，可广泛用于电池供电的 LED 驱动电源。SEPIC 变换器的电路简单，它能提供比降压式变换器（或升压式变换器）更大的开关电流，电源效率优于反激式变换器，适用于电池供电的 LED 驱动电源。

一、SEPIC 变换器的基本原理

SEPIC 变换器的基本原理如图 2-8-1 所示。简化电路中包含两只电感器 L_1 和 L_2、两只电容器 C_1 和 C_2、整流管 VD 及开关 S（即功率开关管 V），见图 2-8-1（a）。当开关 S 闭合时 VD 截止，L_1 上的电流沿着 $U_I \to L_1 \to S$ 的回路，对 L_1 进行储能；与此同时

C_1 经过 S 对 L_2 进行储能，输出电容 C_2 放电，给负载提供电流 I_O，见图 2-8-1（b）。当开关 S 断开时，在 L_2 上产生反向电动势，使二极管 VD 从截止变为导通状态。此时有两条电流途径：一条途径是 L_1 提供的电感电流 I_{L1} 沿着 $U_I \to L_1 \to C_1 \to$VD 给负载 R_L 供电；另一条途径是 L_2 提供的电感电流 I_{L2} 沿着 $L_2 \to$VD 给 R_L 供电，总电感电流为 $I_{L1}+I_{L2}$，可维持输出电压不变；与此同时还对 C_1 和 C_2 进行充电以补充能量，见图 2-8-1（c）。

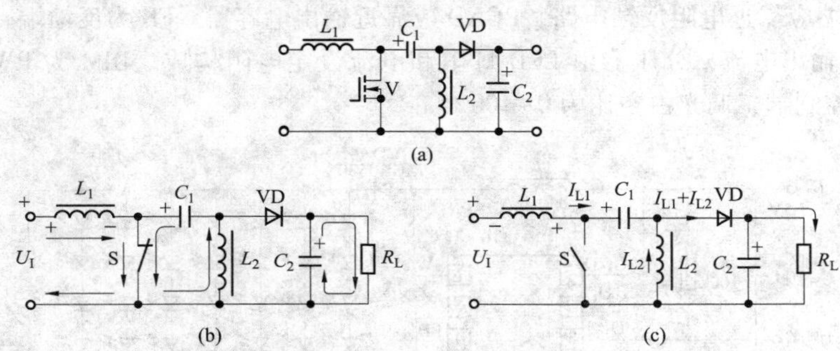

图 2-8-1 SEPIC 变换器的简化电路及工作原理

（a）简化电路；（b）开关闭合时的电流路径；（c）开关断开时的电流路径

SEPIC 变换器主要有以下特点：

（1）输入电压变化范围很宽，输入电流是连续的，而电感电流是不连续的，但可输出连续的平均电流。

（2）多数情况下电路中使用两只电感器 L_1 和 L_2。其中，L_1 和 S 起到升压式变换器的作用，而 L_2 和 VD 起到反激式降压/升压式的作用。因此它属于“升压+降压/升压式”变换器，输出电压既可以高于输入电压（即 $U_O>U_I$），也可以低于输入电压（即 $U_O<U_I$），使用非常灵活。

（3）L_2 的作用是将能量传递到输出端，并对隔直电容 C_1 进行复位。为简化电路，降低成本，有些 LED 驱动电源省去 L_2。

（4）C_1 不仅具有隔直电容的作用，它还等效于一个传递能量的“电荷泵”。当 S 断开时 C_1 被充电，而当 S 闭合时 C_1 将能量转移给 L_2。电容器 C_1 与 L_1 串联，可吸收 L_1 的漏感，从而降低对功率开关管 MOSFET 的要求。

（5）SEPIC 变换器的输出电压表达式为

$$U_O = \frac{D}{1-D} U_I \qquad (2-8-1)$$

二、基于 SEPIC 的 LED 驱动器应用实例

LM3410 是 NSC 公司生产的基于升压式（Boost）或 SEPIC 变换器的恒流输出式 LED 驱动器。其输入电压范围是+2.7～5.5V，输出电压范围是+3～24V。峰值开关电流不小于 2.1A。利用 LM3410 驱动 5×7 串、并联 LED 灯的电路如图 2-8-2 所示，该电路属于

SEPIC 变换器。5×7 表示每个灯串是由 5 只 LED 串联而成，再将 7 个 LED 灯串互相并联而成的。输入电压范围是+2.7～5.5V。LED 的正向电流 I_{LED}=25mA，每只 LED 的正向压降 U_F=3.3V，总压降约为 16.5V。采用 SOT23-5 封装的 LM3410，U_I 为输入电压端，SW 为内部开关的引出端，经过输出整流滤波电路驱动大功率 LED。GND（或 AGND）为信号地，PGND 为功率地，二者互相短接，再一同接至芯片顶部的裸露焊盘（覆铜区域）。GND 端应靠近电阻反馈电路，PGND 应靠近输出电容器。FB 为反馈端，接外部分压器以设定输出电流，分压器由 LED 灯串和电流设定电阻构成。DIM 为 PWM 调光或 LED 亮/灭控制端，调光占空比为 0～100%。

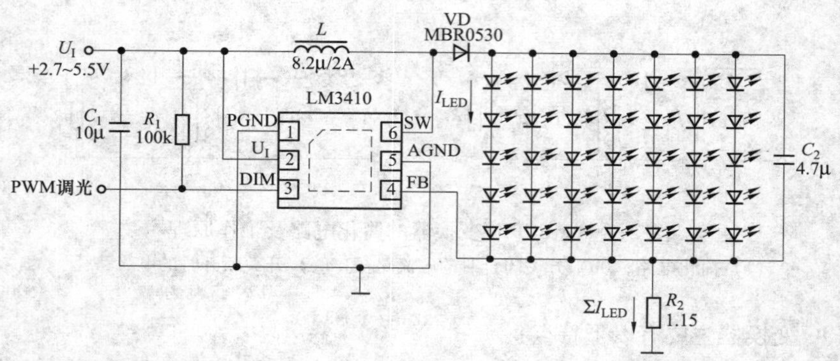

图 2-8-2　利用 LM3410 驱动 5×7 串、并联 LED 灯的电路

输出整流管 VD 采用肖特基二极管，C_2 为输出滤波电容器，R_2 为设定电阻，用于设定 LED 的正向电流 I_{LED}。反馈电压 U_{FB} 应等于内部基准电压 U_{REF}，即 $U_{FB}=U_{REF}$=190mV（典型值，允许范围是 178～202mV）。通过 LED 的电流由下式确定

$$I_{LED}=\frac{U_{FB}}{R_2}=\frac{190\text{mV}}{R_2} \tag{2-8-2}$$

将 R_2=1.15Ω 代入式（2-8-2）中得到，总电流 ΣI_{LED}=165.2mA。I_{LED}=165.2mA/5=27.5mA，略高于 25mA。这是考虑到当环境温度升高时 $U_F\uparrow\rightarrow I_{LED}\uparrow$，而适当留出一定余量。$L$ 使用 8.2μH/2A 的贴片电感。

第九节　电荷泵式 LED 恒流驱动器

一、电荷泵式变换器的基本原理

电荷泵式变换器亦称开关电容式变换器，简称为泵电源。其特点是在开关频率作用下利用一只电容快速地传递能量，输出负电压的幅度既可高于输入电压，也可低于或等于输入电压。因此亦可将其列入降压/升压式变换器。电荷泵式极性反转式变换器的电路原理如图 2-9-1 所示。以模拟开关 S_1 和 S_2 为一组，S_3 和 S_4 为另一组，两组开关交

替通、断。正半周时 S_1 与 S_2 闭合，S_3 和 S_4 断开，C_1 被充电到 U_{DD}。负半周时 S_3 和 S_4 闭合，S_1 与 S_2 断开，C_1 的正端接地，负端接 U_O。由于 C_1 与 C_2 并联，使 C_1 上的一部分电荷就转移到 C_2，并在 C_2 上形成负压输出。在模拟开关的作用下，C_1 被不断地充电，使其两端压降维持在 U_{DD} 值。显然，C_1 就相当于一个"充电泵"，故称之为泵电容，由 C_1、C_2 等构成泵电源。该电路属于高效电源变换器，电能损耗极低。电荷泵式 LED 驱动器的典型产品有 ADP8860、MAX8822、MAX8930、CAT3604、LTC3214、LTC3204B 等。

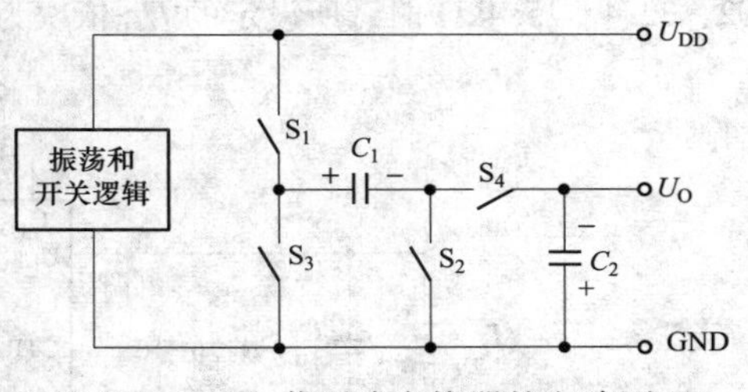

图 2-9-1 电荷泵式变换器的电路原理

电荷泵式变换器具有以下特点：

（1）电源效率高（可高达 90%）、外围电路简单（仅需两只电容），还可实现倍压或多倍压输出。

（2）在开关周期内，首先将电荷储存在电容中，然后转移到输出端。C_1 的电容量与开关频率和输出负载电流有关。C_1、C_2 应采用漏电小、性能稳定的钽电容器。

（3）芯片中的 S_1 和 S_2 可采用功率开关管 MOSFET，以提供大电流输出。

二、电荷泵式 LED 驱动器的应用实例

CAT3604 是美国 Catalyst 半导体公司（现已并入安森美公司）生产的 4 路数控可调光的电荷泵式白光 LED 驱动器，可通过数控开关分别驱动 4 只白光 LED，每只 LED 的电流可达 30mA。输入电压范围是+3～5. 5V，开关频率为 1MHz，电源效率高达 93%，适用于彩色液晶显示器、键盘、手机、数码相机、掌上电脑及 MP3 播放器的背光源。CAT3604 可工作在 1 倍压的低压差（LDO）模式或 1. 5 倍压的电荷泵模式，上电时默认为 1 倍压模式，如果电池电压下降到一定水平，LED 电流不能满足要求，驱动程序就自动切换到 1. 5 倍压模式，将输出电压升高，使 LED 电流达到标称值。它通过调节每只白光 LED 的电流来保持亮度均匀。调节 LED 亮度有多种方法，既可用直流电压来设置的 R_{SET} 引脚的电流，也可用 PWM 信号控制亮度，还可在设定电阻 R_{SET} 上两端并联一只电阻。CAT3604 具有软启动和限制输出电流的功能。

CAT3604 的典型应用电路如图 2-9-2 所示。E 为锂离子电池，允许电池电压变化范围是+3～4. 2V，C_1、C_4 分别为输入、输出电容器。C_2、C_3 为泵电容。R_{SET} 为 LED 电流设定电阻，EN 为使能端，该端接高电平时允许正常输出，接低电平时关断输出，关断后的待机电流小于 50nA。LED_1～LED_4 端分别驱动 4 只白光 LED，当 $R_{SET}=24k\Omega$ 时，每只 LED 的电流约为 20mA。CTR_0～CTR_2 为数控信号输入端，分别接数控信号 0～2。当 R_{SET} 分别为

102、32.4、15.4kΩ 时，所设定的 I_{LED} 依次为 5、15mA 和 30mA（最大值）。

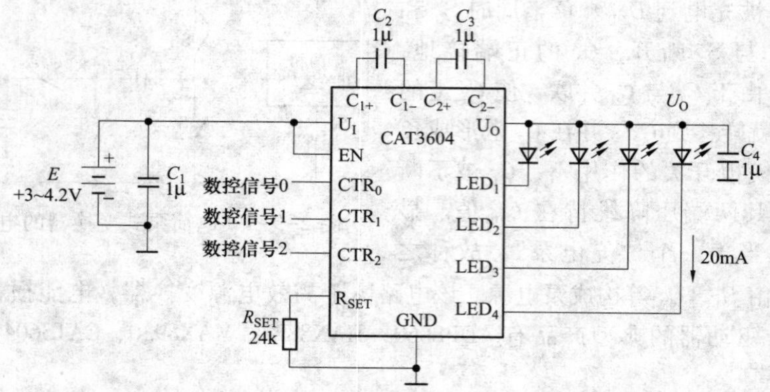

图 2-9-2　CAT3604 的典型应用电路

第十节　反激式 LED 恒流驱动器

一、反激式变换器的基本原理

反激式变换器是开关稳压器及开关电源最基本的一种拓扑结构。其应用领域非常广泛。反激式变换器亦称回扫式变换器（Flyback Converter）。凡是在功率开关管截止期间向负载输出能量的统称为反激式变换器，它是从降压/升压式变换器（Buck－Boost Converter）演变而来的。反激式变换器的基本原理如图 2-10-1 所示。U_I 为直流输入电压，U_O 为直流输出电压，T 为高频变压器，N_P 为一次绕组，N_S 为二次绕组。V 为功率开关管 MOSFET，其栅极接脉宽调制信号，漏极（驱动端）接一次绕组的下端。VD 为输出整流二极管，C 为输出滤波电容。在脉宽调制信号的正半周时 V 导通，一次侧有电流 I_P 通过，将能量储存在一次绕组中。此时二次绕组的输出电压极性是上端为负、下端为正，使 VD 截止，没有输出，如图 2-10-1（a）所示。负半周时 V 截止，一次侧没有电流通过，根据电磁感应的原理，此时在一次绕组上会产生感应电压 U_{OR}，使二次绕组产生电压 U_S，其极性是上端为正、下端为负，因此 VD 导通，经过 VD、C 整流滤波后获得输出电压，如图 2-10-1（b）所示。由于开关频率很高，使输出电压（亦即滤波电容两端的电压）基本维持恒定，从而实现了稳压目的。

反激式变换器主要有以下特点：

（1）高频变压器一次绕组的同名端与二次绕组的同名端极性相反，并且一次绕组的同名端接 U_I 的正端，另一端接功率开关管的驱动端。

（2）当功率开关管导通时，将能量储存在高频变压器中；当功率开关管截止时再将能量传输给二次侧。高频变压器就相当于一个储能电感，不断地储存能量和释放能

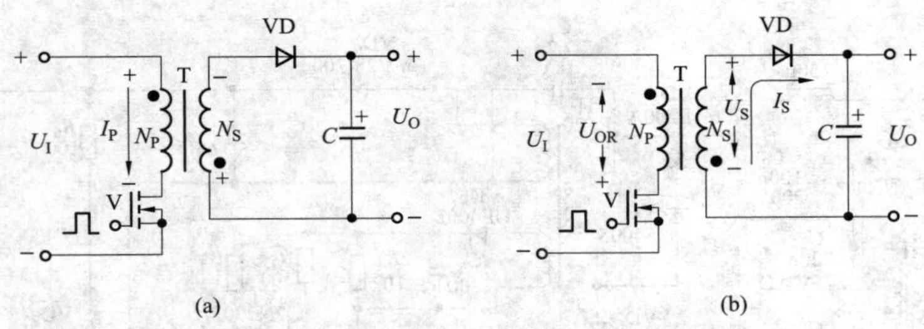

图 2-10-1 反激式变换器的基本原理

（a）功率开关管导通时储存能量；（b）功率开关管关断时传输能量

量。既可构成交流输入的 AC/DC 变换器，亦可构成直流输入的变换器。

（3）输出电压的极性可正、可负，这取决于绕组极性和输出整流管的具体接法。输出电压可低于或高于输入电压，这取决于高频变压器的匝数比。

（4）反激式变换器的输出电压表达式为

$$U_O = D\sqrt{\frac{TU_O}{2I_O L_P}}U_I \tag{2-10-1}$$

其中，U_O/I_O 代表反激式变换器的输出阻抗。

（5）反激式变换器不能在输出整流二极管与滤波电容之间串联低频滤波电感（小磁珠电感除外，其电感量仅为几个微亨，是专门抑制高频干扰的），否则无法正常工作。

二、反激式 LED 驱动电源的应用实例

由 TOPSwitch-GX 系列产品 TOP246 构成 17.6W 带功率因数校正的反激式 LED 恒流驱动电源的电路如图 2-10-2 所示。该电源的主要特点是采用反激式变换器，TOP246 工作在不连续模式下，构成功率因数校正器，输出电流为较理想的正弦波。交流输入电压范围是 108~132V，在 16~24V 的输出电压范围内，可输出 700mA 的平均电流（输出纹波电流的峰值为 1A），精度可达±5%。最大输出功率可达 17.6W。其功率因数 $\lambda>0.98$，总谐波失真 THD≤9.6%，工作温度范围是-40~+80℃，最多可驱动 12 个 LED 灯串。适配 LXHL-NL92 型环形 LED 灯具，能驱动 12 只大功率 LED，连续工作电流为 700mA（最大为 770mA），光通量为 425lm，峰值发光波长为 590nm。总的正向电压为 18V，质量为 5.7g。

交流输入电路包括 1A 熔丝管（FU）、压敏电阻器（R_V）、EMI 滤波器（C_1、C_2、L_1 与 L_2）、整流桥（VD_1~VD_4）和输入电容（C_3）。C_3 的容量选择 100nF，以便在交流输入过零时 C_3 两端的电压接近零。由瞬态电压抑制器 VD_{Z1} 和超快恢复二极管 VD_5 组成钳位电路，用于限制高频变压器漏感所形成的尖峰电压。输出整流管 VD_9 采用 BYV28-200 型 3.5A/200V 超快恢复二极管，其反向恢复时间为 30ns。

偏置电容 C_5 的容量选择 1.0μF，以减小控制端电流的纹波。空载输出电压被 R_6 和

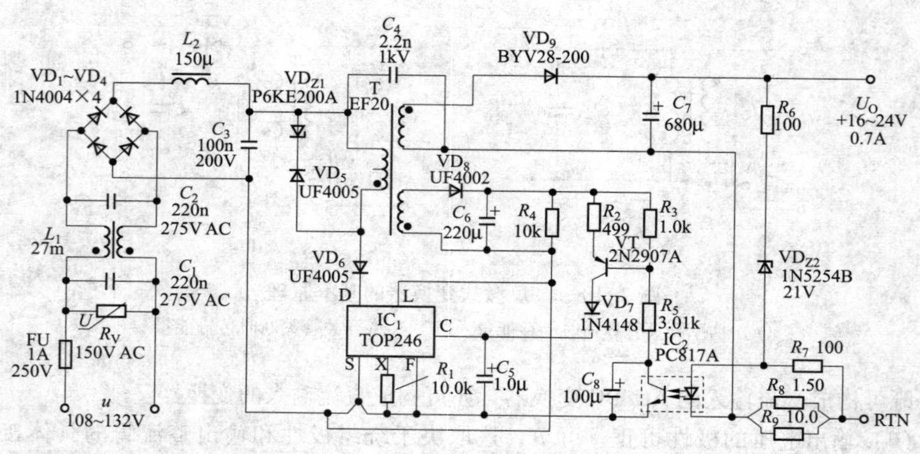

图 2-10-2　由 TOP246 构成 17.6W 带功率因数校正的 LED 恒流驱动电源的电路

稳压管 VD_{Z2}（1N5254B）限制在 30V 以内。取 $C_7=680\mu F$ 时，可将输出纹波电流设定为 600mA（峰-峰值）。R_8 和 R_9 为电流检测电阻，二者并联后的总电阻值为 1.30Ω。利用 R_7~R_9 和光耦合器 PC817 中的 LED，可将平均电流极限设定为 700mA。功率因数校正（PFC）环路包括光耦合器 PC817、硅 PNP 晶体管 VT（2N2907A）、开关二极管 VD_7（1N4148）等元器件。恒流控制原理是当输出电流的平均值超过 700mA 时，R_8 和 R_9 上的压降增大，通过光耦合器使 2N2907A 的基极电压降低，进而使集电极电流增大，再经过 VD_7 使控制端电流增大，TOP246 就通过线性地减小占空比，来维持输出电流的平均值保持恒定。偏置电路中 R_4 的作用是在断电时为 C_6 和 C_8 提供放电途径。

第十一节　正激式 LED 恒流驱动器

一、正激式变换器的基本原理

正激式变换器（Forward Converter）可从降压式变换器（Buck Converter）演变而来，二者区别是正激式变换器增加了高频变压器，实现一次侧与二次侧的隔离。正激式变换器可用于几百瓦的 LED 驱动电源。正激式变换器的拓扑结构如图 2-11-1 所示。VD_1 为整流二极管，VD_2 为续流二极管，L 为具有储能作用的滤波电感。其工作原理是当功率开关管导通时，VD_1 导通，除向负载供电之外，还有一部分电能储存在 L 和 C 中，此时 VD_2 截止。当功率开关管关断

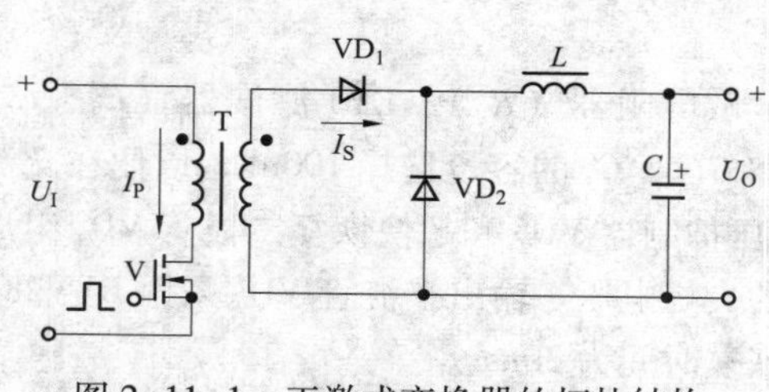

图 2-11-1　正激式变换器的拓扑结构

时，VD_1 截止，VD_2 导通，储存在 L 中的电能就经过由 VD_2 构成的回路向负载供电，维持输出电压不变。

正激式变换器主要有以下特点：

（1）一次绕组的同名端与二次绕组的同名端极性相同，并且一次绕组的另一端接功率开关管的驱动端。当功率开关管导通时高频变压器传输能量，在高频变压器上基本不储存能量。

（2）正激式变换器必须在输出整流二极管与滤波电容之间串联滤波电感，该滤波电感还能起到储能作用，因此亦称储能电感。

（3）正激式变换器的输出电压表达式为

$$U_O=\frac{N_S}{N_P}\cdot\frac{t}{T}U_I=\frac{N_S}{N_P}\cdot DU_I \tag{2-11-1}$$

（4）适合构成低压、大电流输出的变换器。

二、正激式 LED 驱动电源的应用实例

由 DPA424R 构成 30W 正激、隔离式 DC/DC 电源变换器的电路如图 2-11-2 所示。由 C_1 ~ C_3 和 L_1 构成输入端 EMI 滤波器。R_1 为设定欠电压、过电压阈值的电阻，欠电压值 $U_{UV}=33.3V$，过电压值 $U_{OV}=86.0V$。当输出瞬间过载时，R_1 还能自动减小最大占空比以防止磁饱和。R_3 为极限电流设定电阻，取 $R_3=8.25k\Omega$ 时，所设定的漏极极限电流 $I'_{LIMIT}=0.85I_{LIMIT}=0.85\times2.50A=2.125A$。磁复位电路由稳压管 VD_Z、电容 C_8 和 C_9 组成，在功率 MOSFET 截止时能将高频变压器磁复位。稳压管 VD_Z 具有钳位作用，当负载发生瞬间变化或输出过冲时可限制漏极电压的升高。C_8 可滤除漏极电压上的尖峰脉冲。C_9 和 R_5 相串联，再与输出整流管 VD_2 相并联，能抑制阻尼振荡。

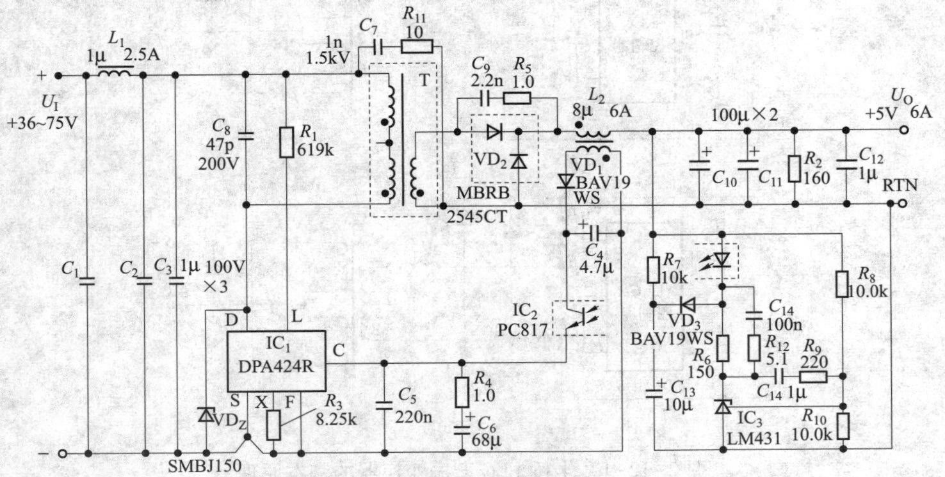

图 2-11-2　30W 正激、隔离式 DC/DC 电源变换器的电路

DPA424R 的偏压由储能电感 L_2 的附加绕组来提供。由于 L_2 接在输出电路中，因此偏压不受输入电压的影响，其效果要比用高频变压器的辅助绕组更好。空载时利用负载电阻 R_2 可将偏压维持在 8V 以上。由 R_7、VD_3 和 C_{13} 组成的软启动电路，能避免在启动过程中输出过冲。其他元器件用来控制输出电压并为环路提供补偿。

第十二节　半桥 LLC 谐振式 LED 恒流驱动器

半桥 LLC 谐振变换器具有输出功率大（150～600W）、所需元器件数量少、高性价比、高效率（可达 99%）、适配功率因数补偿电路等优点，是制作大功率 LED 驱动电源的最佳选择。半桥 LLC 谐振变换器的基本原理分别如图 2-12-1 所示。LLC 谐振变换器属于正激式变换器，U_I、U_O 分别为直流输入电压、输出电压。半桥 LLC 谐振变换器包含半桥、两只谐振电感和一只谐振电容。图 2-12-1（a）中由两只 N 沟道 MOSFET（V_1、V_2）构成的半桥，受 LLC 控制器驱动。若使用不同的驱动电路，则 V_1、V_2 还可采用两只 P 沟道 MOSFET。V_1 和 V_2 以 50% 的占空比交替地通、断，开关频率取决于反馈环路。L_P 为并联谐振电感，即高频变压器一次绕组的电感；L_S 为串联谐振电感（它可以是一次绕组的漏感 L_{P0}，亦可采用一只独立的电感器），二者的总电感量等于 L_P+L_S。C_S 为谐振电容。T 为高频变压器，VD_1 和 VD_2 为输出整流管，C_1、C_2 分别为输入端、输出端的滤波电容器。采用单谐振电容方案的优点是布线简单、所需元件少，其缺点是输入电流的纹波和有效值较高，而且流过谐振电容的有效值电流较大，需使用耐 600～1500V 高压的谐振电容。

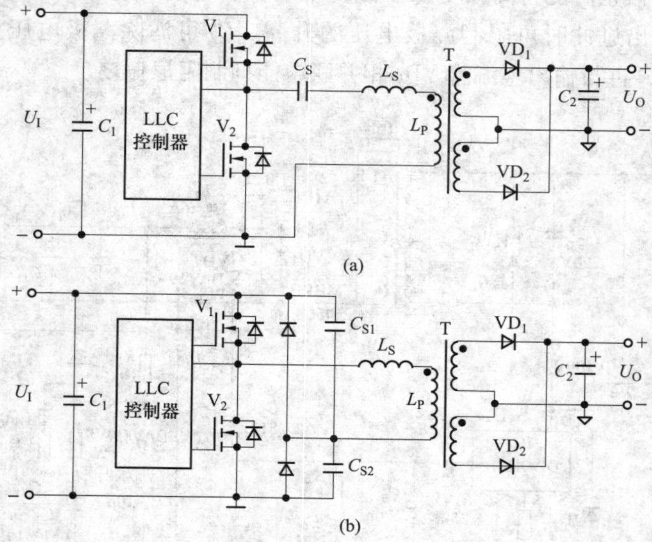

图 2-12-1　半桥 LLC 谐振变换器的基本原理

（a）单谐振电容；（b）双谐振电容

图 2-12-1（b）中使用两只谐振电容，因此 $C_S = C_{S1} + C_{S2}$。该方案可降低每只谐振电容的耐压值。

半桥 LLC 谐振变换器有两个谐振频率，一个是串联谐振频率 f_S，另一个是并联谐振频率 f_P。其中，串联谐振频率为

$$f_S = \frac{1}{2\pi\sqrt{L_S C_S}} \tag{2-12-1}$$

并联谐振频率为

$$f_P = \frac{1}{2\pi\sqrt{(L_P + L_S)C_S}} \tag{2-12-2}$$

将式（2-12-1）除以式（2-12-2），整理后得到串联谐振频率 f_S 与并联谐振频率 f_P 之比为

$$f_S/f_P = \sqrt{\frac{L_P + L_S}{L_S}} = \sqrt{(L_P/L_S) + 1} \tag{2-12-3}$$

若令 $L_P/L_S = k$，则

$$f_S/f_P = \sqrt{k+1} \tag{2-12-4}$$

典型情况下 $k = 2 \sim 4$，所对应的频率比范围是 $f_S/f_P = \sqrt{3} \sim \sqrt{5} = 1.732 \sim 2.236$。$k$ 值可决定在一次绕组电感中储存多少能量。k 值越大，变换器的一次侧电流和增益越低，实现稳压时所需工作频率范围也越大。

半桥 LLC 谐振变换器内部有一个压控振荡器（VCO），可输出占空比为 50%、相位差为 180°的两路方波信号，再经过驱动电路使 V_1、V_2 交替地通、断。压控振荡器能根据变换器的反馈电流来调节工作频率，进而改变半桥 LLC 谐振变换器的电压增益，最终实现稳压目的。这就是 LLC 谐振变换器的基本工作原理。

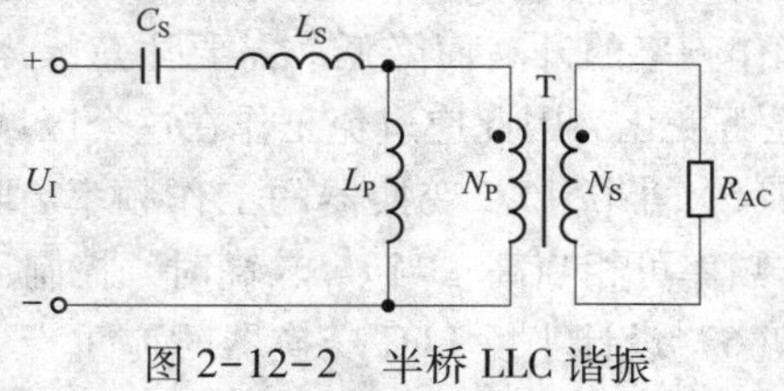

图 2-12-2 半桥 LLC 谐振变换器的等效电路

半桥 LLC 谐振变换器的等效电路如图 2-12-2 所示。设负载电阻为 R_L，二次侧交流等效电阻为 R_{AC}，LLC 谐振电路的品质因数为 Q，电压增益为 G，高频变压器的匝数比为 n（$n = N_P/N_S$），有关系式

$$R_{AC} = \frac{8n^2}{\pi^2} R_L \tag{2-12-5}$$

$$Q = \frac{2\pi f_S}{R_{AC}} = \frac{\pi^3 f_S}{4n^2 R_L} \tag{2-12-6}$$

$$G = 20\lg\frac{U_O}{U_I}\ (\text{dB}) \tag{2-12-7}$$

当 $k = 3$ 时，半桥 LLC 谐振变换器的电压增益特性曲线如图 2-12-3 所示，图中分别

示出了4条并联谐振曲线和4条串联谐振曲线，并对电压增益G取分贝（dB）。例如，当$G=20\lg(U_O/U_I)=0$时，对应于$U_O/U_I=1$；$G=20$时，$U_O/U_I=10$；$G=-20$时，表示$U_O/U_I=-10$。图中的f_P、f_S分别对应于并联谐振、串联谐振的峰值。f/f_S表示实际工作频率与串联谐振频率的比值。

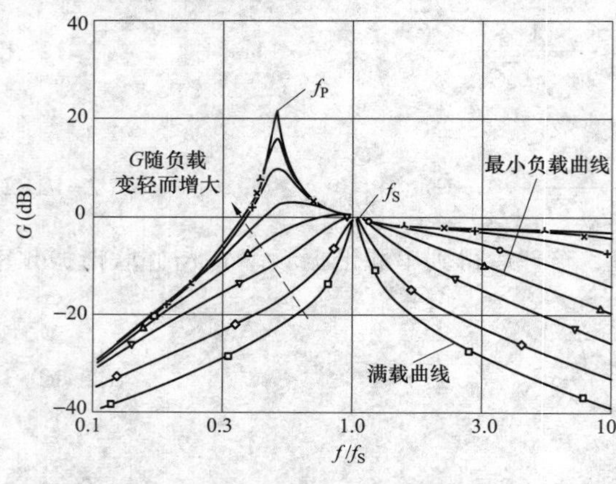

图2-12-3　半桥LLC谐振变换器的电压增益特性曲线（$k=3$）

半桥LLC变换器主要有以下特点：

（1）半桥LLC谐振变换器属于一种变频转换器，其稳压原理可概括为：当U_O升高时，$f\downarrow\rightarrow G\downarrow\rightarrow U_O\downarrow$，最终使$U_O$达到稳定。反之，当$U_O$降低时，$f\uparrow\rightarrow G\uparrow\rightarrow U_O\uparrow$，也能使$U_O$趋于稳定。$G$值随负载变轻时而逐渐增大的情况如图2-12-3中的虚线箭头所示。

（2）串联谐振频率大于并联谐振频率，即$f_S>f_P$。

（3）品质因数Q是由串联谐振频率f_S和负载电阻R_L确定的。Q值越高，变换器的工作频率范围越宽。当Q值过低时，上述增益特性曲线不再适用。

（4）尽管从理论上讲半桥LLC谐振变换器可工作在以下4个区域：①$f<f_P$；②$f_P<f<f_S$；③$f=f_S$；④$f>f_S$，但实际上只能工作在f_P右边的区域。通常是在额定负载（满载）情况下，将工作频率设计为$f=f_S$，此时变换器的效率最高。当$f\neq f_S$时，输出电压随工作频率的升高而降低。需要注意，当f接近于f_P时，由于电压增益会随负载电阻R_L显著变化，因此应避免工作在这个区域。

（5）半桥LLC变换器的工作频率f取决于对输出功率P_O的需求。当P_O较低时，工作频率可相当高；当P_O较高时，控制环路会自动降低工作频率。

（6）设计半桥LLC变换器时应重点考虑以下参数：输出电压所需工作频率范围，负载稳压范围，谐振回路中传递能量的大小，变换器效率。

半桥LLC谐振式LED恒流驱动器的应用实例参见第七章第五节。

第十三节　LED显示屏恒流驱动器

一、LED显示屏专用驱动芯片的典型产品

LED显示屏专用驱动器的生产厂家主要有美国德州仪器公司（TI），日本东芝公司（TOSHIBA）、索尼公司（SONY），中国台湾地区聚积科技公司（MBI）、点晶科技公司

（SITI）、晶元光电公司（EPISTAR）等。目前，国内 LED 显示屏行业使用较多的是中国台湾产 LED 显示屏专用驱动芯片。例如，2008 年北京的奥运会开幕式的画轴式全彩色 LED 显示屏能随舞者变换图案，以现代 LED 科技衬托出古典中国舞蹈之美。该屏幕就采用了聚积科技公司生产的 LED 驱动芯片 MBI5030（S-PWM 专利产品）。国产专用驱动芯片的典型产品有杭州士兰微电子有限公司生产的全彩色 LED 显示屏 16 位恒流驱动芯片 SB16726。

聚积科技公司生产的 LED 驱动器主要有以下特点：同一芯片不同引脚之间输出偏差小于±1.5%，不同芯片的引脚之间输出偏差小于±3%（均为典型值），输出电流可通过外部电阻调整，采用 25MHz 的时钟频率，响应速度快，输入级采用抗干扰能力强的施密特触发器。该公司专供 LED 显示屏使用的驱动芯片产品分类见表 2-13-1。

表 2-13-1　　聚积科技公司专供 LED 显示屏使用的驱动芯片产品分类

产品型号	主要特点
MBI5024	3×8 通道彩色 LED 显示屏恒流驱动器，具有强制性开路故障侦测功能（进行侦测时无论输入数据为 0 或 1，都会对所有的输出通道进行侦测），输出电流范围是 1~35mA
MBI5025	16 通道 LED 恒流驱动器，输出电流范围是 3~45mA
MBI5026	16 通道 LED 恒流驱动器，输出电流范围是 5~90mA
MBI5027	16 位恒流 LED 驱动器，具有 LED 开路/短路检测功能，输出电流范围是 5~90mA
MBI5029	16 位恒流 LED 驱动器，具有故障检测和电流调节功能，输出电流范围是 5~90mA
MBI5030	16 通道 LED 恒流驱动器，128 级可编程输出电流增益调节功能，输出电流范围是 5~90mA
MBI5034	16 通道恒流 LED 驱动器，具有强制开路故障检测和电流增益调节功能，输出电流范围是 3~45mA
MBI5037	16 通道恒流 LED 驱动器，具有故障检测功能，可工作在低功耗模式，输出电流范围是 3~80mA
MBI5040	16 通道恒流 LED 驱动器，具有 16 位 PWM 控制点校正功能，输出电流范围是 2~60mA
MBI5050	16 通道的 PWM 恒流 LED 驱动器，内置 4kbit 静态随机存取存储器（SRAM），输出电流范围是 3~45mA

点晶科技公司（SITI）是我国台湾地区一家专业研发、生产 LED 驱动器芯片的公司，其产品特点是恒流输出一致性，稳定性好，可靠性高，具有 LED 开路、短路故障检测（当输出电流开通而输出电压低于 0.3V 时，即判定为 LED 开路故障；当输出电压高于 $1/2U_{CC}$时，判定为 LED 短路故障，U_{CC}为电源电压）、最高 14bit 的 PWM 电流输出、低压驱动、白平衡电流控制、单点亮度调校、过热报警/断电等功能。该公司专供 LED 显示屏使用的驱动芯片产品分类见表 2-13-2。

表 2-13-2　　点晶科技公司专供 LED 显示屏使用的驱动器产品分类

在 LED 显示屏中的应用	产品型号	主 要 特 点
单色/双基色/全彩色 LED 显示屏	DM11C	高性价比的 8 位恒流驱动 IC，$I_O=5\sim120$mA，恒流一致性好，具有开路、短路故障检测及热关断功能
	DM114	通用 8 位恒流驱动 IC，恒流一致性及稳定性好
	DM134	通用 16 位恒流驱动 IC，恒流一致性及稳定性好
高灰度等级的全彩色 LED 显示屏	DM132	16 位恒流驱动 IC，可编程，1024 级 PWM 电流输出
	DM163	8×3 输出通道恒流驱动，可编程，16384 级 PWM 电流输出
	DM634	16 通道 LED 恒流驱动芯片，可编程，PWM 输出
全彩色 LED 显示屏及 LED 装饰照明	DM412	3 输出通道恒流驱动 IC，$I_O=5\sim200$mA，支持长串接应用，内部带缓冲器，驱动能力强。带串行数据、串行时钟及锁存端，亦可设定自动锁存，可编程，65536 级线性 PWM 电流输出，并可做 PWM 信号发生器使用

二、LED 显示屏驱动器的应用实例

以 3×8 通道彩色 LED 显示屏恒流驱动器 MBI5024 为例，其内部框图如图 2-13-1 所示。主要包括 A、B、C 三组通道的恒流调节器（$I_{OA}\sim I_{OC}$）、24 位移位寄存器、24 位输出缓存器、24 位 LED 驱动器和控制逻辑。$\overline{\text{OUTA0}}\sim\overline{\text{OUTA7}}$分别为 A 组 8 个通道的恒流输出端，以此类推，图中的符号⓵表示恒流。R-EXTA、R-EXTB、R-EXTC 端分别接外部电

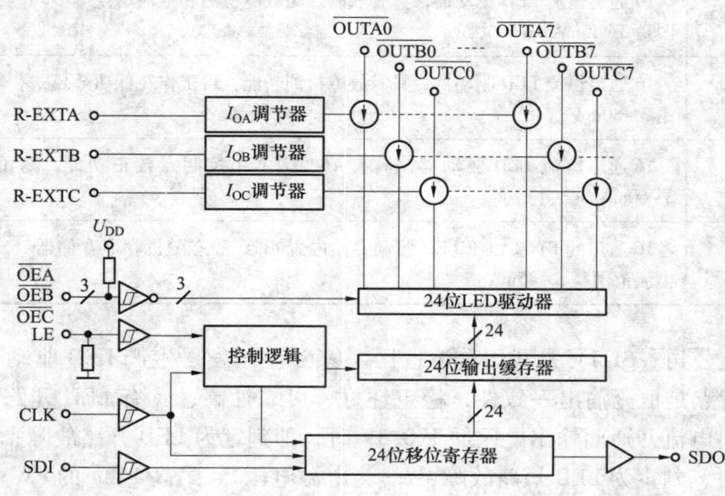

图 2-13-1　MBI5024 的内部框图

阻，可分别设定 A、B、C（对应于 R、G、B）三组输出通道的输出电流。$\overline{OEA}$~$\overline{OEC}$分别为 A、B、C 三组输出的使能端，仅当使能端为低电平时才允许该组输出。

DM11C 属于具有故障检测功能的 8 位 LED 恒流驱动芯片，其工作电压为+3.3~5.5V，典型值为+5V。恒流输出为 5~120mA，可通过外部电阻进行调整。最高时钟频率为 25MHz，故障检测的响应时间仅为 100ns（最小值）。DM11C 适用于室内/户外 LED 显示屏、LED 交通信息显示屏。DM11C 的 DAI、DAO 分别为串行数据输入端和输出端。DCK 为时钟信号输入端（上升沿触发）。LAT 为锁存信号输入端，图像数据仅在锁存信号的上升沿时从移位缓存器中输出，其余时间呈锁存状态。使用 n 片 DM11C（DM11C-1~DM11C-n）驱动 LED 显示屏的两种典型应用电路分别如图 2-13-2（a）、（b）所示。图 2-13-2（a）采用串行数据传输方式，其特点是首先将现场可编程门阵列

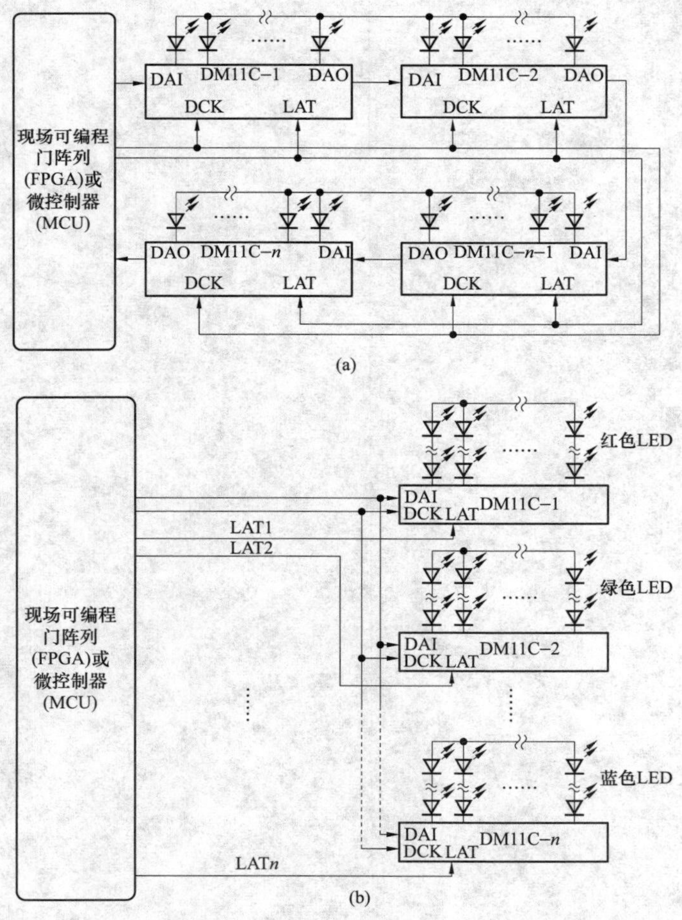

图 2-13-2 驱动 LED 显示屏的两种典型应用电路

（a）串行数据传输方式；（b）并行数据传输方式

（FPGA）或微控制器（MCU）发出串行数据，送给 DM11C-1 的数据输入端（DAI），DM11C-1 的数据输出端（DAO）则接 DM11C-2 的数据输入端（DAI），以此类推，最后将 DM11C-n 的 DAO 端接 FPGA 或 MCU 即可。图 2-13-2（b）采用并行数据传输方式。调节屏幕灰度的方法有以下几种方法：一种是利用与锁存信号同步的 PWM 信号来控制使能端；另一种是调节外部电阻 R_{EXT}的阻值来改变输出电流。

第三章

交流输入式 LED 恒流驱动电源单元电路的设计

尽管交流输入式 LED 恒流驱动电源集成电路的种类繁多，型号各异，但其外围电路中许多单元电路具有共性，是基本相同的。本章选择最具代表性的交流输入保护电路、电磁干扰滤波器、输入整流滤波及 PFC 二极管、漏极钳位保护电路、高频变压器和二次侧输出电路，详细阐述各单元电路的设计原理及注意事项。

第一节　交流输入式 LED 恒流驱动电源的基本构成

交流输入式 LED 恒流驱动电源属于 AC/DC 变换器，又分隔离式、非隔离式两种类型。前者是通过高频变压器来实现 LED 负载与电网的电气隔离，电路较复杂，成本较高，但安全性好；后者电路简单，成本低，因未使用高频变压器，故安全性较差；但对于 LED 路灯驱动电源等应用场合，根据安全规范这也是允许的。交流输入式 LED 恒流驱动电源适配无源功率因数校正器（PFC），也有的驱动 IC 本身带有源 PFC，可大大提高驱动电源的功率因数。

交流输入式 LED 恒流驱动电源的基本构成如图 3-1-1 所示。主要由以下 12 部分构成：① 输入保护电路；② EMI 滤波器；③ 输入整流器；④ PFC 电路（75W 以下 LED 照明灯亦可省去）；⑤ PWM（脉宽调制）控制器；⑥ 功率开关管 MOSFET；⑦ 漏极钳位保护电路；⑧ 高频变压器；⑨ 降压式恒流输出电路；⑩ 恒流控制及反馈电路；⑪ 调光电路；⑫ LED 开路及短路保护电路。脉宽调制（PWM）控制器及外部 MOSFET，亦

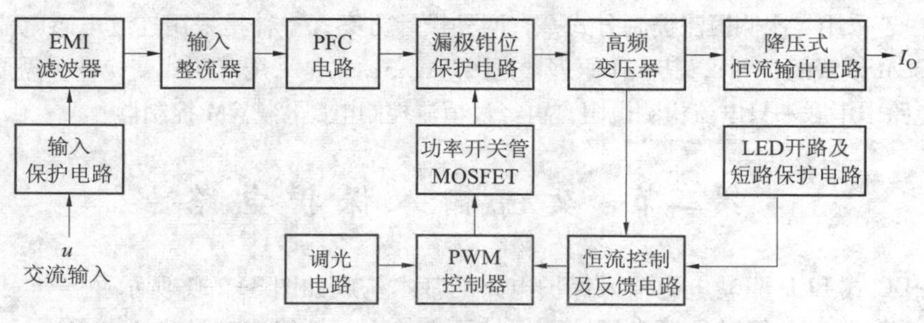

图 3-1-1　交流输入式 LED 恒流驱动电源的基本构成

可用单片开关电源来代替。调光方式可选择模拟调光或 PWM 调光，还可采用双向晶闸管（TRIAC）调光。该图也是印制板的典型布局示意图。

交流输入式 LED 恒流驱动电源的基本原理如图 3-1-2 所示。85~265V 交流电经过输入整流滤波器获得直流高压，接至高频变压器一次绕组的一端，一次绕组的另一端接功率 MOSFET 的漏极 D。漏极钳位保护电路由瞬态电压抑制器（TVS）、阻塞二极管 VD_1 组成，当 MOSFET 关断时可将高频变压器漏感产生的尖峰电压限制在安全范围以内，对功率 MOSFET 起到保护作用。二次绕组的输出电压经过 VD_2 整流，再经过 C_2 滤波后获得恒流输出 I_O。降压式变换器采用固定关断时间的方法，可使 LED 灯串的平均电流保持恒定。反馈及恒流控制电路采用一次侧恒流控制方式，其特点是反馈绕组、一次绕组均与二次绕组隔离，并通过反馈绕组电压来监控输出电压，因此它不需要在二次侧接入电流取样电阻和二次侧反馈电路，可省去光耦合器、二次侧恒流控制环及反馈环路的相位补偿电路，具有电路简单、成本低等优点。

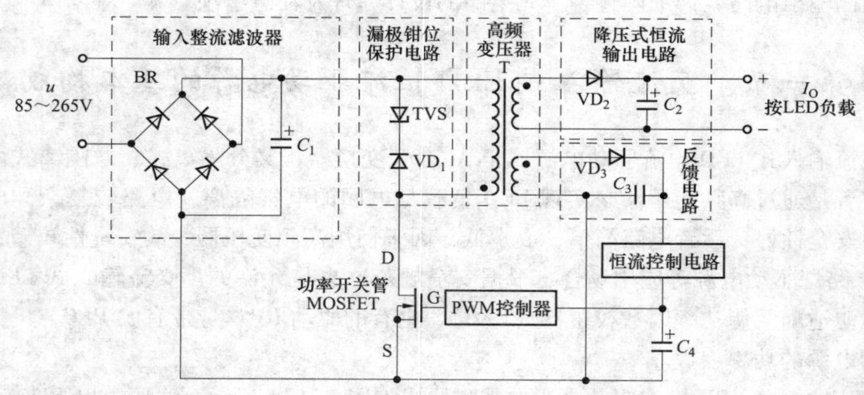

图 3-1-2　交流输入式 LED 恒流驱动电源的基本原理

需要说明两点：

（1）采用固定 MOSFET 关断时间 T_{OFF} 的方法来实现恒流输出，计算公式参见式（7-1-2）。

（2）若采用二次侧恒流控制方式，有两种设计方案，一种是采用连续电感电流导通模式（即 CCM 模式的一种），其工作原理参见图 7-1-3；二是采用降压式变换器，需要在二次侧输出电路中串联一只电流检测电阻，再经过恒流控制电路接 PWM 控制器。

第二节　交流输入保护电路

AC/DC 式 LED 驱动电源输入保护电路的基本构成如图 3-2-1 所示。

AC/DC 式 LED 驱动电源常用输入保护元件的主要性能比较见表 3-2-1。

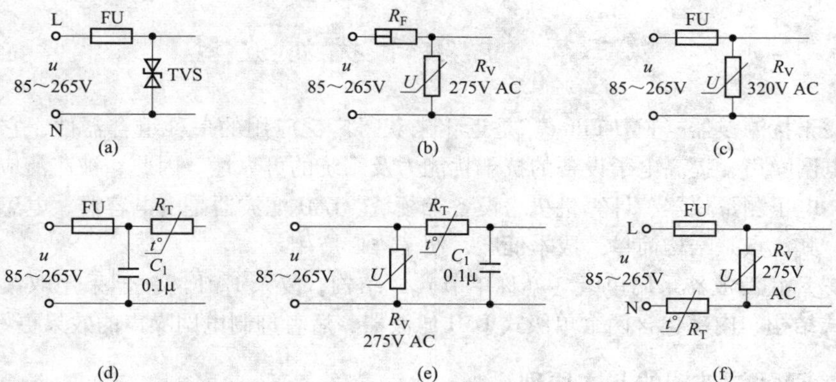

图 3-2-1 交流输入保护电路的基本构成

(a) 由熔丝管 FU 和双向瞬态电压抑制器 TVS 构成的输入保护电路；(b) 由熔断电阻器 R_F 和压敏电阻器 R_V 构成的输入保护电路；(c) 由熔丝管和压敏电阻器构成的输入保护电路；(d) 由熔丝管和负温度系数热敏电阻器 R_T 构成的输入保护电路；(e) 由压敏电阻器和负温度系数热敏电阻器构成的输入保护电路；(f) 由熔丝管、压敏电阻器和负温度系数热敏电阻器构成的输入保护电路

表 3-2-1　　AC/DC 式 LED 驱动电源常用输入保护元件的主要性能比较

保护元件类型	熔丝管	熔断电阻器	负温度系数热敏电阻器	压敏电阻器	双向瞬态电压抑制器
电路符号	FU	R_F	R_T	R_V	VD_Z
英文缩写	FU	RF	NTCR	VSR	TVS
主要特点	熔点低，电阻率高，熔断速度快，成本低廉；但熔断时会产生火花，甚至管壳爆裂，安全性较差	熔断时不会产生电火花或烟雾，不会造成火花干扰，安全性好	电阻值随温度升高而降低，电阻温度系数 α_T 一般为-(1~6)%/℃	电阻值随端电压而变化，对过电压脉冲响应快，耐冲击电流能力强，漏电小，电阻温度系数低	响应速度极快、钳位电压稳定、能承受很大的峰值脉冲功率、体积小、价格低
功能	过电流保护	过电流保护	通电时瞬间限流保护	吸收浪涌电压，防雷击保护	从正、负两个方向吸收瞬时大脉冲的能量
种类	普通熔丝管、快速熔丝管	阻燃型、防爆型	圆形、垫圈形、管形	普通型、防雷击型	允差为±5%、±10%
中小功率 AC/DC 式 LED 驱动电源常用元件值	熔断电流应等于额定电流的 1.25~1.5 倍	4.7~10Ω 1~3W	1~47Ω 2~10W	275V、320V (AC)	钳位电压 U_B = ±350V(或±400V)

第三节　电磁干扰滤波器

电磁干扰滤波器（EMI Filter）是近年来获得广泛应用的一种组合器件，它能有效地抑制电网噪声，提高电子设备的抗干扰能力及系统的可靠性。因此，被广泛应用于开关电源、电子测量仪器、计算机机房设备等领域。EMI 滤波器是由电容器、电感等元件组成的，其优点是结构简单，成本低廉，便于推广应用。

简易 EMI 滤波器采用单级（亦称单节）式结构；复杂 EMI 滤波器采用双级（亦称双节）式结构，内部包含两个单级式 EMI 滤波器，后者抑制电网噪声的效果更好。

一、EMI 滤波器的基本原理

EMI 滤波器的基本电路如图 3-3-1 所示。该五端器件有两个输入端、两个输出端和一个接地端，使用时外壳应接通大地。电路中包括共模扼流圈 L（亦称共模电感）、滤波电容器 $C_1 \sim C_4$。当出现共模干扰时，由于 L 的两个线圈磁通方向相同，经过耦合后总电感量迅速增大，因此对共模信号呈现很大的感抗，使之不易通过，故称作共模扼流圈。它的两个线圈分别绕在低损耗、高导磁率的铁氧体磁环上。当有共模电流通过时，两个线圈上产生的磁场就会互相加强。L 的电感量与 EMI 滤波器的额定电流 I 有关，参见表 3-3-1。需要指出，当额定电流较大时，共模扼流圈的线径也要相应增大，以便能承受较大的电流。此外，适当增加电感量，可改善低频衰减特性。C_1 和 C_2 亦称 X 电容，用来滤除两条电源线之间的线间干扰，即串模干扰。应采用薄膜电容器，容量范围大致为 0.01～0.47μF。C_3 和 C_4 亦称 Y 电容，二者串联后跨接在输出端，并将电容器中点接大地，能有效地抑制共模干扰。C_3 和 C_4 的容量范围是 2200pF～0.1μF。为减小漏电流，电容器量不宜超过 0.1μF。$C_1 \sim C_4$ 的耐压值均为 630V（DC）或 250V（AC）。

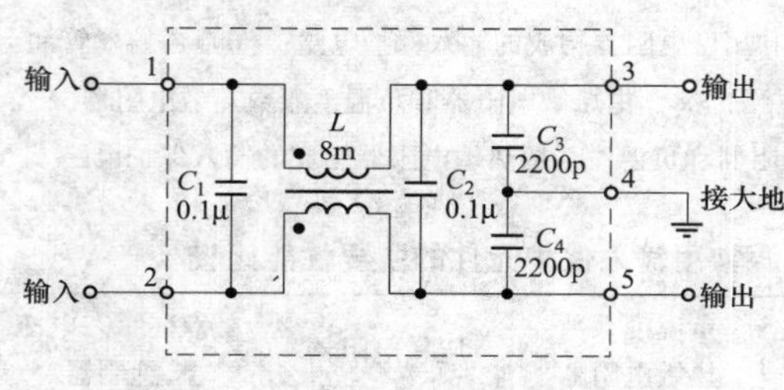

图 3-3-1　EMI 滤波器的基本电路

表 3-3-1　电感量范围与额定电流的关系

额定电流 I（A）	1	3	6	10	12	15
电感量范围 L（mH）	8～23	2～4	0.4～0.8	0.2～0.3	0.1～0.15	0.0～0.08

EMI 滤波器的主要技术参数有：额定电压、额定电流、漏电流、测试电压、绝缘电阻、直流电阻、使用温度范围、工作温升（T_r）、插入损耗（A_{dB}）、外形尺寸、重量。上述参数中最重要的是插入损耗（亦称插入衰减），它是评价 EMI 滤波器性能优劣的主要指标。

插入损耗（A_{dB}）表示插入 EMI 滤波器前后负载上噪声电压的对数比，并且用 dB 表示，分贝值愈大，说明抑制噪声干扰的能力愈强。设 EMI 滤波器插入前后传输到负载上噪声电压分别为 U_1、U_2，且 $U_2 \ll U_1$。在某一频率下计算插入损耗的公式为

$$A_{dB} = 20\lg\left(\frac{U_1}{U_2}\right) \tag{3-3-1}$$

由于插入损耗（A_{dB}）是频率的函数，理论计算比较繁琐且误差较大，通常是由生产厂家进行实际测量，根据噪声频谱逐点测出所对应的插入损耗，然后绘出典型的插入损耗曲线，向用户提供。图 3-3-2 给出一条典型曲线。由图可见，该产品可将 1~30MHz 的噪声电压衰减至 65dB。

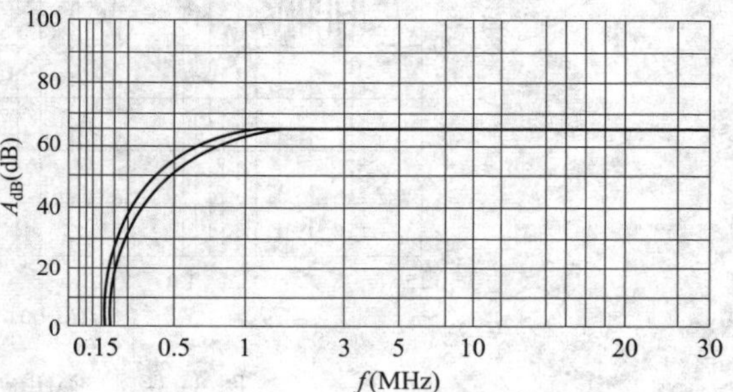

图 3-3-2　典型的插入损耗曲线

最后需要说明几点：

（1）EMI 滤波器的插入损耗曲线还有另一种画法，它所定义的 $A_{dB} = |20\lg(U_2/U_1)|$，因 A_{dB} 本身为负值，故需要取绝对值，其曲线形状与图 3-3-2 中的曲线形状是以 X 轴为对称的。插入损耗的单位常用电压电平 dB（μV）或 $dB_{(\mu V)}$ 来表示，定义 $dB(\mu V) = 20\lg(U_0/1\mu V)$，$U_0$ 的单位是 μV，这里将 1μV 规定为 0dB（μV）。

（2）采用共模扼流圈还具有另一显著优点，就是在它的共模电感 L 上还串联一个等效串模漏感 L_0（参见图 6-10-9），L_0 相当于固有的串模扼流圈，能对串模干扰起到抑制作用而不需另外再增加一个分立式串模扼流圈。L 就等于将其中一个绕组开路后，测量另一绕组所得到的电感量。L_0 就等于将其中一个绕组短路后，测量另一个绕组所得到的电感量再除以 2。

（3）LED 照明驱动电源典型产品的 EMI 波形图如图 3-3-3 所示，图中最上面两条线分别代表 CISPR228/EN55022B 国际测试标准所规定的峰值极限边界（QP 曲线）、平均值极限边界（AV 曲线），要求被测电源峰值波形的幅度不得超过峰值极限边界，平均值波形的幅度不得超过平均值极限边界。

（4）计算 EMI 滤波器对地漏电流的公式为

$$I_{LD} = 2\pi f\, C U_C \tag{3-3-2}$$

式中：I_{LD}为漏电流；f 是电网频率。以图 3-3-1 为例，$f = 50$Hz，$C = C_3 + C_4 = 4400$（pF），U_C 是 C_3、C_4 上的压降，亦即输出端对地电压，可取 $U_C \approx 220V/2 = 110V$。由式（3-3-2）不难算出，此时漏电流 $I_{LD} = 0.15$mA。C_3 和 C_4 若选 4700pF，则 $C = 4700pF \times 2 = 9400pF$，$I_{LD} = 0.32$mA。显然，漏电流与 C 成正比。对漏电流的要求是愈小愈好，这样安全性高。电子设备所规定的最大漏电流为 250μA~3.50mA，具体数值视电子设备类型而定。按照 IEC950 国际标准的规定，Ⅱ类设备（不带保护接地线）的最大漏电流为 250μA；Ⅰ

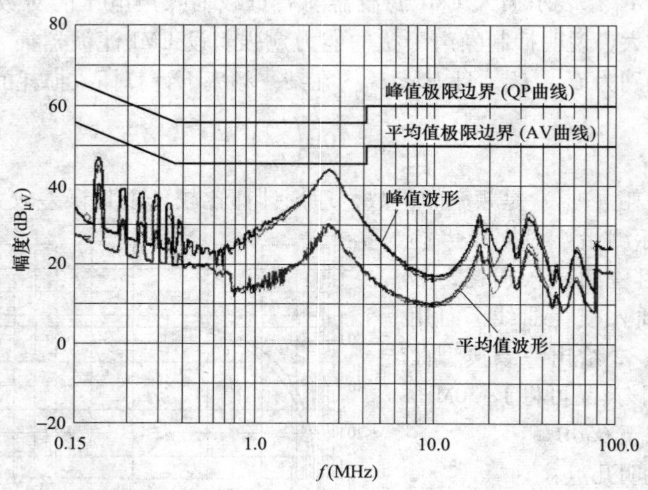

图 3-3-3　EMI 波形图

类设备（带保护接地线）中的手持式设备为 750μA，移动式设备（不含手持式设备）为 3.50mA。但对于电子医疗设备漏电流的要求更为严格。

二、EMI 滤波器的电路结构

为降低成本和减小体积，AC/DC 式 LED 驱动电源一般采用简易 EMI 滤波器，主要包括共模扼流圈 L 和滤波电容。AC/DC 式 LED 驱动电源常用的 4 种简易 EMI 滤波器电路分别如图 3-3-4（a）~（d）所示。以图 3-3-4（c）为例，L、C_1 和 C_2 用来滤除共模干扰，C_3 和 C_4 滤除串模干扰。当出现共模干扰时，由于 L 中两个线圈的磁通方向相同，经过耦合后总电感量迅速增大，因此对共模信号呈现很大的感抗，使之不易通过，故称作共模扼流圈。它的两个线圈分别绕在低损耗、高导磁率的铁氧体磁环上。R 为泄放电阻，可将 C_3 上积累的电荷泄放掉，避免因电荷积累而影响滤波特性；断电后还能使电源的进线端 L、N 不带电，保证使用的安全性。

复合式 EMI 滤波器的典型电路如图 3-3-5 所示，由于采用双级滤波，因此滤除噪声的效果更佳。

一种可供 300W LED 驱动电源使用的 EMI 滤波器电路如图 3-3-6 所示，它也属于复合式 EMI 滤波器。L_1、L_2 均为共模扼流圈，L_3 为串模扼流圈。C_1、C_2、C_5 和 C_6，用于滤除共模干扰，C_3、C_4 和 C_7 用来滤除串模干扰。压敏电阻器 R_V 用来抑制浪涌电压，R_T 为具有负温度系数的功率热敏电阻。

针对某些用户现场存在重复频率为几千赫兹的快速瞬态群脉冲干扰的问题，最近国内外还开发出群脉冲滤波器（亦称群脉冲对抗器），能对上述干扰起到抑制作用。

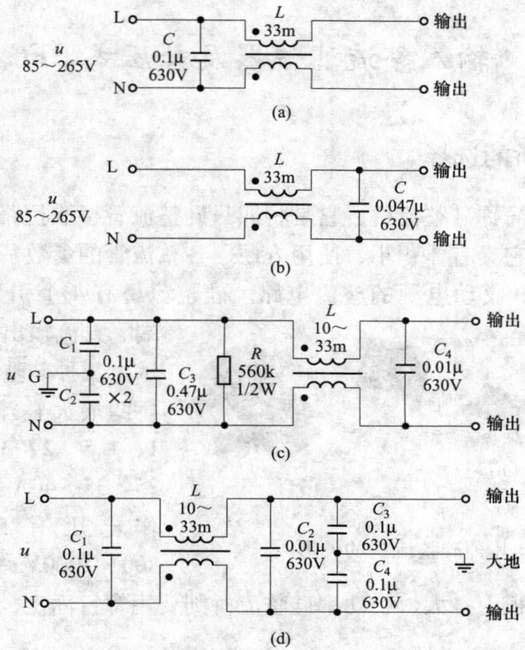

图 3-3-4　AC/DC 式 LED 驱动电源常用的 4 种简易 EMI 滤波器电路

（a）将 X 电容 C 接在输入端；（b）将 X 电容 C 接在输出端；（c）将 Y 电容 C_1 和 C_2 接在输入端；（d）将 Y 电容 C_3 和 C_4 接在输出端

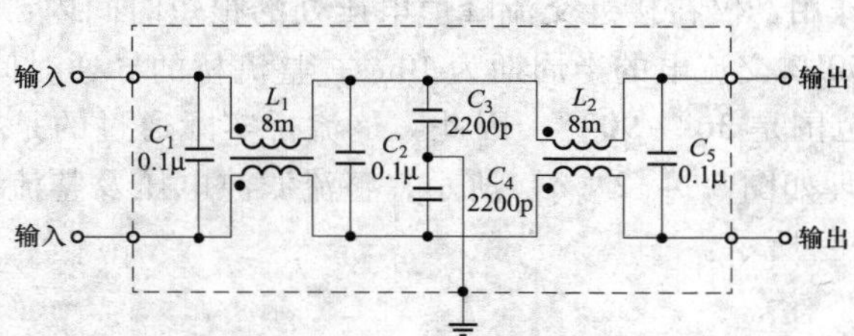

图 3-3-5　复合式 EMI 滤波器的典型电路

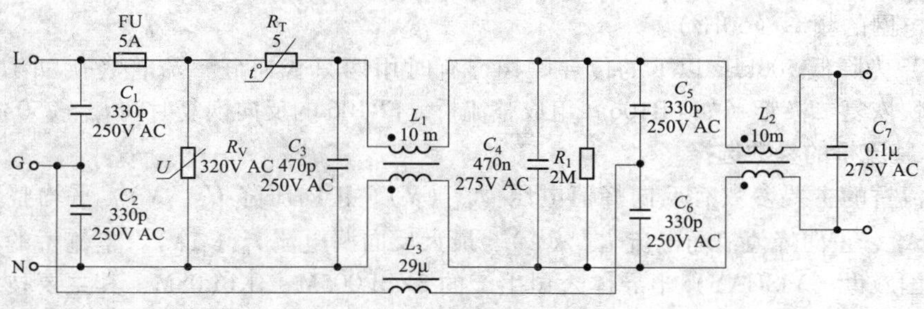

图 3-3-6　一种可供 300W LED 驱动电源使用的 EMI 滤波器电路

第四节　输入整流滤波器及升压式 PFC 二极管

一、输入整流桥的选择

全波桥式整流器简称硅整流桥，它是将四只硅整流管接成桥路形式，再用塑料封装而成的半导体器件。它具有体积小、使用方便、各整流管的参数一致性好等优点，可广泛用于 AC/DC 式 LED 驱动电源的整流电路。硅整流桥有 4 个引出端，其中交流输入端、直流输出端各两个。图 3-4-1 示出几种硅整流桥的外形。硅整流桥的最大整流电流平均值分 0.5、1、1.5、2、3、4、6、8、10、15、25、35、40A 等规格，最高反向工作电压有 50、100、200、400、800、1000V 等规格。小功率硅整流桥可直接焊在印刷板上，大、中功率硅整流桥则要用螺钉固定，并且需安装合适的散热器。

图 3-4-1　几种硅整流桥的外形

1. 整流桥的导通时间与导通特性

50Hz 交流电压经过全波整流后变成脉动直流电压 u_1，再通过输入滤波电容得到直流高压 U_I。在理想情况下，整流桥的导通角本应为 180°（导通范围是 0°～180°），但由于滤波电容器 C 的作用，仅在接近交流峰值电压处的很短时间内，才有输入电流经过整流桥对 C 充电。50Hz 交流电的半周期为 10ms，整流桥的导通时间 $t_C \approx 3$ms，其导通角仅为 54°（导通范围是 36°～90°）。因此，整流桥实际通过的是窄脉冲电流。桥式整流滤波电路的原理如图 3-4-2（a）所示，整流滤波电压及整流电流的波形分别如图 3-4-2（b）、（c）所示。

最后总结几点：

（1）整流桥的上述特性可等效成对应于输入电压频率的占空比大约为 30%。

（2）整流二极管的一次导通过程，可视为一个“导通脉冲”，其脉冲重复频率就等于交流电网的频率（50Hz）。

（3）为降低 500kHz 以下的传导噪声，有时用两只普通硅整流管（例如 1N4007）与两只快恢复二极管（如 FR106）组成整流桥，FR106 的反向恢复时间 $t_{rr} \approx 250$ns。

2. 整流桥的参数选择

整流桥的主要参数有反向峰值电压 U_{RM}（V）、正向压降 U_F（V）、平均整流电流 $I_{F(AV)}$（A）、正向峰值浪涌电流 I_{FSM}（A）、最大反向漏电流 I_R（μA）。整流桥的典型产品有美国威世（VISHAY）半导体公司生产的 3KBP005M～3KBP08M，其主要技术指标见表 3-4-1。整流桥的反向击穿电压 U_{BR} 应满足下式要求

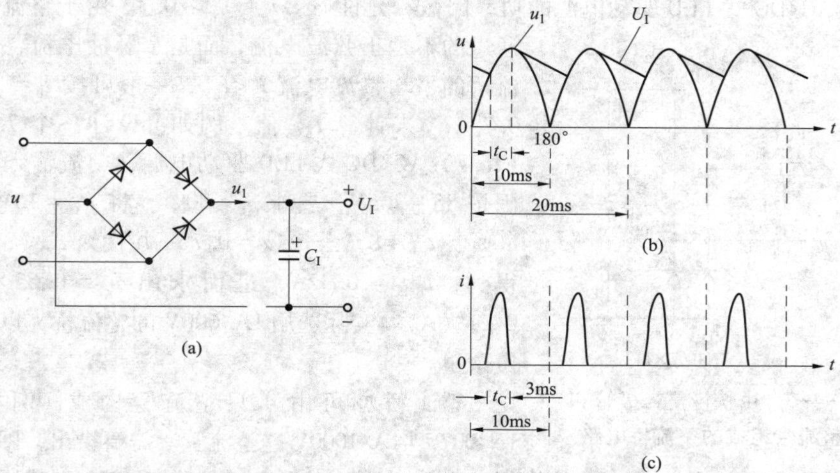

图 3-4-2　整流滤波电压及整流电流的波形

（a）桥式整流滤波电路；（b）整流滤波电压的波形；（c）整流电流的波形

$$U_{BR} \geqslant 1.25\sqrt{2}u_{max} \tag{3-4-1}$$

表 3-4-1　　3KBP005M～3KBP08M 型整流桥主要技术指标

型　号	3KBP005M	3KBP01M	3KBP02M	3KBP04M	3KBP06M	3KBP08M
U_{RM}（V）	50	100	200	400	600	800
U_F（V）	1.05					
$I_{F(AV)}$（A）	3.0					
I_{FSM}（A）	80					
I_R（μA）	5.0					

举例说明，当交流输入电压范围是 85～132V 时，u_{max}=132V，由式（3-4-1）计算出 U_{BR}=233.3V，可选耐压 400V 的成品整流桥。对于宽范围输入交流电压，u_{max}=265V，同理求得 U_{BR}=468.4V，应选耐压 600V 的成品整流桥。需要指出，假如用 4 只硅整流管来构成整流桥，整流管的耐压值还应进一步提高。例如可选 1N4007（1A/1000V）、1N5408（3A/1000V）型塑封整流管。这是因为此类管子的价格低廉，且按照耐压值"宁高勿低"的原则，能提高整流桥的安全性与可靠性。

设输入有效值电流为 I_{RMS}，整流桥额定的有效值电流为 I_{BR}，应当使 $I_{BR} \geqslant 2I_{RMS}$。计算 I_{RMS}的公式如下

$$I_{RMS} = \frac{P_O}{\eta u_{min}\cos\varphi} \tag{3-4-2}$$

式中：P_O 为 LED 驱动电源的输出功率；η 为电源效率；u_{min} 为交流输入电压的最小值；

cos φ 为 AC/DC 式 LED 驱动电源的功率因数，允许 cos φ =0.5~0.7。由于整流桥实际通过的不是正弦波电流，而是窄脉冲电流，因此整流桥的平均整流电流 $I_d<I_{RM}$，一般可按 I_d=（0.6~0.7）I_{RM} 来计算 I_{AVG} 值。例如，设计一个 7.5V/2A（15W）AC/DC 式 LED 驱动电源，交流输入电压范围是 85~265V，要求 η=80%。将 P_O=15W、η=80%、u_{min}=85V、cosφ =0.7 一并代入式（3-4-2）得到，I_{RMS}=0.32A，进而求出 I_d=0.65×I_{RMS}=0.21（A）。实际选用 1A/600V 的整流桥，以留出一定余量。

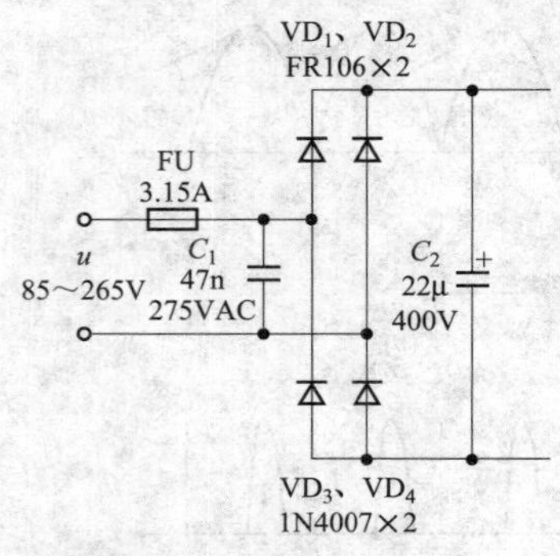

图 3-4-3　由快恢复二极管和硅整流管组成的整流桥电路

整流桥亦可由 4 只整流管构成，例如可选 1N4007 型 1A/1000V 硅整流管。需要指出，图 3-4-3 中采用两只 FR106 型 1A/800V 快恢复二极管（VD_1、VD_2）、两只 1N4007 型普通硅整流管（VD_3、VD_4），目的是降低 500kHz 以下的传导噪声。

二、输入滤波电容器的选择

1. 输入滤波电容器容量的选择

为降低整流滤波器的输出纹波，输入滤波电容器的容量 C_I 必须选得合适。令每单位输出功率（W）所需输入滤波电容器容量（μF）的比例系数为 k，当交流电压 u=85~265V 时，应取 k=（2~3）μF/W；当交流电压 u=230V（1±15%）时，应取 k=1μF/W。输入滤波电容器容量的选择方法详见表 3-4-2，P_O 为 AC/DC 式 LED 驱动电源的输出功率。

表 3-4-2　输入滤波电容器容量的选择方法

u（V）	$U_{I(min)}$（V）	k（μF/W）	C_I（μF）
110（1±15%）	≥90	（2~3）	≥（2~3）P_O 值
85~265	≥90	（2~3）	≥（2~3）P_O 值
230（1±15%）	≥240	1	≥P_O 值

2. 准确计算输入滤波电容器容量的方法

输入滤波电容的容量是 AC/DC 式 LED 驱动电源的一个重要参数。C_I 值选得过低，会使 U_{Imin} 值大大降低，而输入脉动电压 U_R 却升高。但 C_I 值取得过高，会增加电容器成本，而且对于提高 U_{Imin} 值和降低脉动电压的效果并不明显。下面介绍计算 C_I 准确值的方法。

设交流电压 u 的最小值为 u_{min}。u 经过桥式整流和 C_I 滤波，在 $u=u_{min}$ 情况下的输出电压波形如图 3-4-4 所示。该图是在 $P_O=P_{OM}$，f=50Hz，整流桥的导通时间 t_C=3ms，

$\eta=80\%$ 的情况下绘出的。由图可见，在直流高压的最小值 U_{Imin} 上还叠加一个幅度为 U_R 的一次侧脉动电压，这是 C_I 在充放电过程中形成的。欲获得 C_I 的准确值，可按下式进行计算

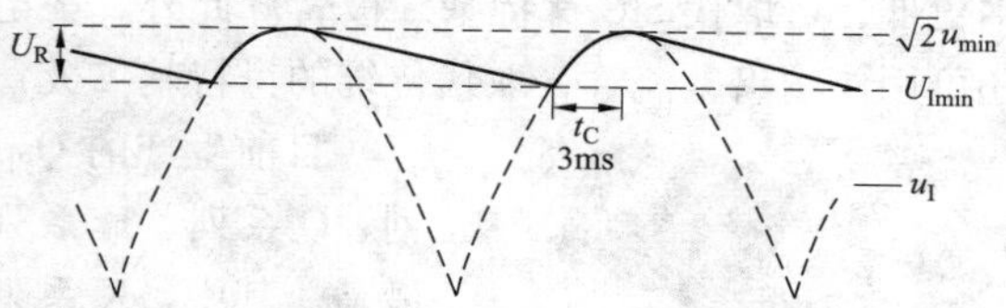

图 3-4-4　交流电压为最小值时的输出电压波形

$$C_I=\frac{2P_O\left(\frac{1}{2f}-t_C\right)}{\eta(2u_{\min}^2-U_{\text{Imin}}^2)} \tag{3-4-3}$$

举例说明，在宽范围电压输入时，$u_{\min}=85\text{V}$。取 $U_{\text{Imin}}=90\text{V}$，$f=50\text{Hz}$，$t_C=3\text{ms}$，假定 $P_O=30\text{W}$，$\eta=80\%$，一并代入式（3-4-3）中求出 $C_I=84.2\mu\text{F}$，比例系数 $C_I/P_O=84.2\mu\text{F}/30\text{W}=2.8\mu\text{F/W}$，这恰好在（2~3）$\mu$F/W 允许的范围之内。

三、升压式 PFC 二极管的选择

升压式 PFC 的简化电路如图 3-4-5 所示（图中省略了输入整流桥）。交流正弦波电压经过整流后获得直流输入电压 U_I。L 为 PFC 电感，VD 为 PFC 二极管（亦称输出整流管），C_O 为输出滤波电容器。功率开关管（MOSFET）的开关状态受 PWM 控制 IC 的控制。R_G 为栅极限流电阻。I_L、I_F 分别为通过 L 和 VD 的电流。Q_{rr} 为 VD 的反向恢复电荷，I_{rr} 为反向恢复电流。目前开关电源中的 PFC 二极管，大多采用能够耐高压的超快恢复二极管（SRD）。但超快恢复二极管的反向恢复电荷（Q_{rr}）较大，不仅会形成反向恢复电流 I_{rr}，而且反向恢复波形也并不理想，这势必降低转换效率，还形成电磁干扰。

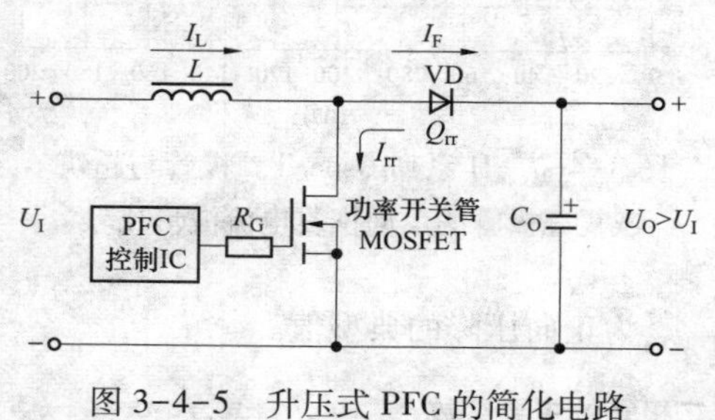

图 3-4-5　升压式 PFC 的简化电路

为解决上述问题，第一种方案是采用新型碳化硅（SiC）肖特基二极管，其优点是开关速度极快且不受芯片结温的影响，特别是第二、三代 SiC 肖特基二极管的 Q_{rr} 接近于零（典型值为 30nC，nC 表示纳库仑），漏电流和开关损耗极低，正向电流为 3~20A，正向导通压降为 1.7~2V，反向耐压可达 600V。SiC 肖特基二极管的缺点是价格太贵，难以大量推广。

第二种方案是采用 Qspeed 二极管。美国科斯德半导体（Qspeed Semiconductor）公司于 2006 年率先推出性优价廉的 Qspeed 二极管产品，其电流变化率（dI_F/dt）可达 1000A/μs，具有极低的反向恢复电荷和极软的反向恢复波形，能提高二极管的转换效率。由于它不产生高频谐波，这不仅能简化 EMI 滤波器的设计，还可省去缓冲电路，因此特别适用于升压式 PFC 电路。Qspeed 二极管的性能与 SiC 肖特基二极管相当，但

成本更低，可取代 SiC 肖特基二极管。此外，在电信和音频等大电流、高电压电源中，它还可用作输出整流管，取代传统的肖特基二极管。

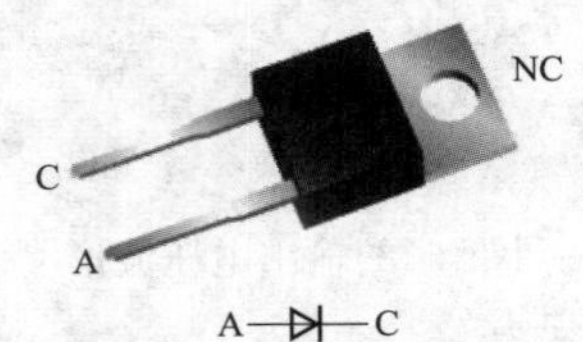

图 3-4-6　Qspeed 二极管的外形及电路符号

目前生产的 Qspeed 二极管，主要有三大系列：X 系列、Q 系列、H 系列。以 H 系列的开关损耗最低，效率最高。其中，X 系列产品的工作频率范围为 50～80kHz，Q 系列产品为 80～100kHz，而 H 系列产品的工作频率范围为 80～140kHz。反向耐压分 300、600V 等规格。采用 TO-220 封装的 Qspeed 二极管的外形如图 3-4-6 所示。A、C 分别代表二极管的正极和负极。小散热片与内部隔离，它是悬空的（NC）。

H 系列 Qspeed 二极管与超快恢复二极管的反向恢复电流波形比较如图 3-4-7 所示。由图可见，Qspeed 二极管的反向恢复时间 t_{rr1} 远小于超快恢复二极管的反向恢复时间 t_{rr2}。这表明，与超快恢复二极管的“硬性”反向恢复波形相比，Qspeed 二极管具有“软性”反向恢复波形。有关反向恢复时间 t_{rr} 的定义，参见图 3-8-1。

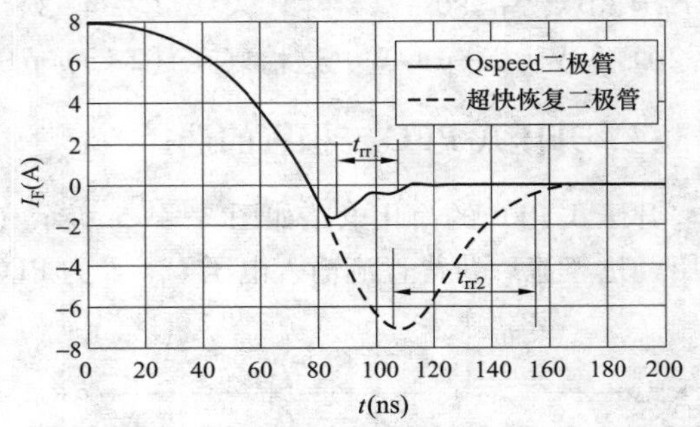

图 3-4-7　H 系列 Qspeed 二极管与超快恢复二极管的反向恢复电流波形比较

H 系列 Qspeed 二极管的主要参数见表 3-4-3。表中的 $U_{RRM(MAX)}$ 为最大反向工作电压，$I_{F(AVG)}$ 为平均整流电流，$U_{F(TYP)}$ 为正向压降的典型值。

表 3-4-3　　H 系列 Qspeed 二极管的主要参数

型　号	$U_{RRM(MAX)}$（V）	$I_{F(AVG)}$（A）（T_J=150℃）	$U_{F(TYP)}$（V）（T_J=150℃）	Q_{rr}（nC）（T_J=25℃）	Q_{rr}（nC）（T_J=125℃）
QH03TZ600	600	3	2.1	5.8	14.8
QH05TZ600	600	5	2.2	6.5	18.9
QH08TZ600	600	8	2.2	8.0	25.5
QH12TZ600	600	12	2.3	9.2	30

第五节　漏极钳位保护电路

对反激式 AC/DC 式 LED 驱动电源而言，每当功率 MOSFET 由导通变成截止时，在一次绕组上会产生尖峰电压和感应电压。其中的尖峰电压是由于高频变压器存在漏感

（即漏磁产生的自感）而形成的，它与直流高压 U_I 和感应电压 U_{OR} 叠加在 MOSFET 的漏极上，很容易损坏 MOSFET。为此，必须在增加漏极钳位保护电路，对尖峰电压进行钳位或者吸收。

一、MOSFET 漏极上各电压参数的电位分布

下面详细介绍输入直流电压的最大值 U_{Imax}、一次绕组的感应电压 U_{OR}、钳位电压 U_B 与 U_{BM}、最大漏极电压 U_{Dmax}、漏-源击穿电压 $U_{(BR)DS}$ 这 6 个电压参数的电位分布情况，使读者能有一个定量的概念。

对于 TOPSwitch-××系列单片开关电源，其功率开关管的漏-源击穿电压 $U_{(BR)DS} \geq 700V$，现取下限值 700V。感应电压 $U_{OR}=135V$（典型值）。本来钳位二极管的钳位电压 U_B 只需取 135V，即可将叠加在 U_{OR} 上由漏感造成的尖峰电压吸收掉，实际却不然。手册中给出 U_B 参数值仅表示工作在常温、小电流情况下的数值。实际上钳位二极管（即瞬态电压抑制器 TVS）还具有正向温度系数，它在高温、大电流条件下的钳位电压 U_{BM} 要远高于 U_B。实验表明，二者存在下述关系

$$U_{BM} \approx 1.4U_B \tag{3-5-1}$$

这表明 U_{BM} 大约比 U_B 高 40%。为防止钳位二极管对一次侧感应电压 U_{OR} 也起到钳位作用，所选用的 TVS 钳位电压应按下式计算

$$U_B = 1.5U_{OR} \tag{3-5-2}$$

此外，还须考虑与钳位二极管相串联的阻塞二极管 VD_1 的影响。VD_1 一般采用快恢复或超快恢复二极管，其特征是反向恢复时间（t_{rr}）很短。但是 VD_1 在从反向截止到正向导通过程中还存在着正向恢复时间（t_{fr}），还需留出 20V 的电压余量。

考虑上述因素之后，计算 TOPSwitch-××最大漏-源极电压的经验公式应为

$$U_{Dmax} = U_{Imax} + 1.4 \times 1.5U_{OR} + 20V \tag{3-5-3}$$

TOPSwitch-××系列单片开关电源在 230V 交流固定输入时，MOSFET 的漏极上各电压参数的电位分布如图 3-5-1 所示，占空比 $D \approx 26\%$。此时 $u=230V \pm 35V$，即 $u_{max}=265V$，$U_{Imax}=\sqrt{2}\,u_{max} \approx 375V$，$U_{OR}=135V$，$U_B=1.5U_{OR} \approx 200V$，$U_{BM}=1.4U_B=280V$，$U_{Dmax}=675V$，最后再留出 25V 的电压余量，因此 $U_{(BR)DS}=700V$。实际上 $U_{(BR)DS}$ 也具有正向温度系数，当环境温度升高时 $U_{(BR)DS}$ 也会升高，上述设计就为芯片耐压值提供了额外的裕量。

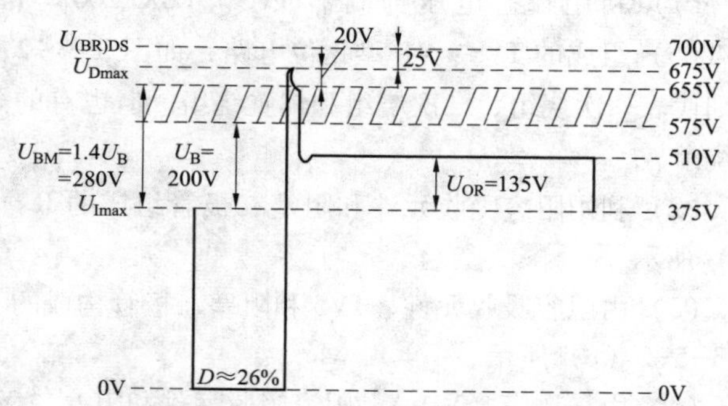

图 3-5-1　MOSFET 漏极上各电压参数的电位分布图

二、漏极钳位保护电路的基本类型

漏极钳位保护电路主要有以下5种类型（电路参见图3-5-2）：

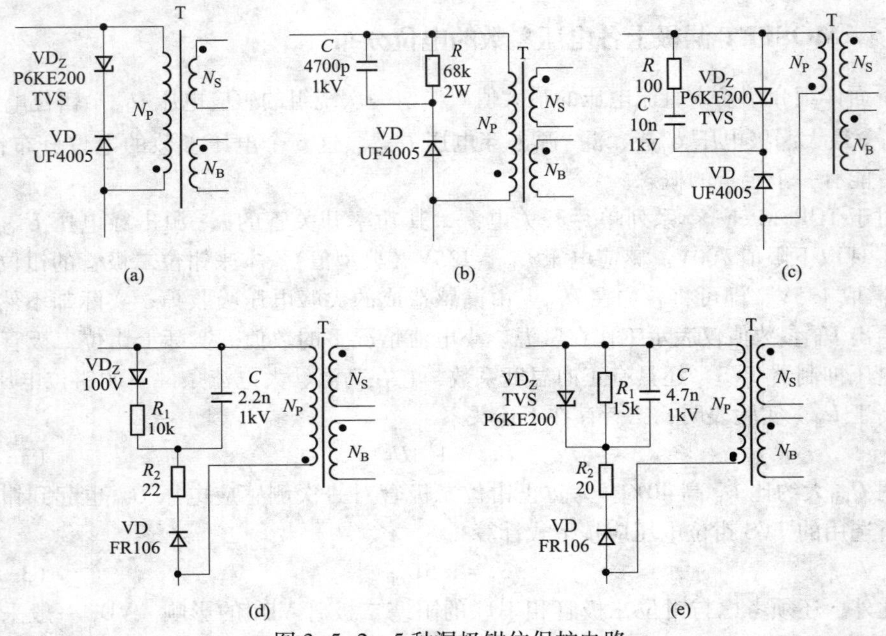

图3-5-2　5种漏极钳位保护电路

（a）TVS、VD型钳位电路；（b）R、C、VD型钳位电路；（c）R、C、TVS、VD型钳位电路；（d）VD_Z、R、C、VD型钳位电路；（e）TVS、R、C、VD型钳位电路

（1）利用瞬态电压抑制器TVS（P6KE200）和阻塞二极管（超快恢复二极管UF4005）组成的TVS、VD型钳位电路，如图3-5-2（a）所示。图中的N_P、N_S和N_B分别代表一次绕组、二次绕组和偏置绕组。但也有的开关电源用反馈绕组N_F来代替偏置绕组N_B。

（2）利用阻容吸收元件和阻塞二极管组成的R、C、VD型钳位电路，如图3-5-2（b）所示。

（3）由阻容吸收元件、TVS和阻塞二极管构成的R、C、TVS、VD型钳位电路，如图3-5-2（c）所示。

（4）由稳压管（VD_Z）、阻容吸收元件和阻塞二极管（快恢复二极管FRD）构成的VD_Z、R、C、VD型钳位电路，如图3-5-2（d）所示。

（5）由TVS、阻容吸收元件、阻尼电阻和阻塞二极管（快恢复二极管FRD）构成的TVS、R、C、VD型钳位电路，如图3-5-2（e）所示。

上述方案中以（5）的保护效果最佳，它能充分发挥TVS响应速度极快、可承受瞬态高能量脉冲之优点，并且还增加了 RC 吸收回路。鉴于压敏电阻器（VSR）的标称击穿电压值（U_{1mA}）离散性较大，响应速度也比 TVS 慢很多，在开关电源中一般不用它构成漏极钳位保护电路。

需要说明两点：第一，阻塞二极管一般可采用快恢复或超快恢复二极管。但有时也专门选择反向恢复时间较长的玻璃钝化整流管 VD（1N4005GP），其目的是使漏感能量能够得到恢复，以提高电源效率。玻璃钝化整流管的反向恢复时间介于快恢复二极管与普通硅整流管之间，但不得用普通硅整流管 1N4005 来代替 1N4005GP；第二，连续输出功率小于 1.5W 的 AC/DC 式 LED 驱动电源，一般不要求使用钳位电路。

常用钳位二极管和阻塞二极管的选择见表 3-5-1。

表 3-5-1　　钳位二极管和阻塞二极管的选择

交流输入电压 u（V）	钳位电压 U_B（V）	钳位二极管	阻塞二极管
固定输入：110	90	P6KE91（91V/5W）	BYV26B（400V/1A）
通用输入：85~265	200	P6KE200（200V/5W）	UF4005（600V/1A） BYV26C（600V/1A）
固定输入：230（1±15%）	200		

三、漏极钳位保护电路设计实例

选择 TOPSwitch-HX 系列 TOP258P 芯片，开关频率 $f=132\text{kHz}$，$u=85\sim265\text{V}$，两路输出分别为 U_{O1}（+12V、2A）、U_{O2}（+5V、2.2A）。$P_O=35\text{W}$，漏极峰值电流 $I_P=I_{LIMIT}=1.65\text{A}$。实测高频变压器的一次侧漏感 $L_0=20\mu\text{H}$。采用 P6KE200 型瞬态电压抑制器，取 $U_{Q(max)}=U_B=200\text{V}$。拟采用如图 3-5-2（e）所示的漏极钳位保护电路。

计算步骤如下：

最大允许漏极电压：$U_{D(max)}=\sqrt{2}u_{max}+U_{Q(max)}\leqslant700\text{V}-50\text{V}=650\text{V}$。

钳位电路的纹波电压：$U_{RI}=0.1U_{Q(max)}=0.1U_B=0.1\times200\text{V}=20\text{V}$。

钳位电压的最小值：$U_{Q(min)}=U_{Q(max)}-U_{RI}=U_B-0.1U_B=90\%U_B=180$（V）。

钳位电路的平均电压：$\overline{U_Q}=U_{Q(max)}-0.5U_{RI}=U_B-0.5\times0.1U_B=0.95U_B=190$（V）。

一次侧漏感上存储的能量：$E_{L0}=\dfrac{1}{2}I_P^2L_0=\dfrac{1}{2}\times(1.65\text{A})^2\times20\mu\text{H}=27.2\mu\text{J}$。

计算钳位电路吸收的能量：当 $P_O=35\text{W}<50\text{W}$ 时，$E_Q=0.8E_{L0}=0.8\times27.2\mu\text{J}=21.8\mu\text{J}$。若 $P_O>50\text{W}$，则 $E_Q=E_{L0}$。

钳位电阻 R_1 的阻值为

$$R_1=\frac{\overline{U_Q}^2}{E_Qf}=\frac{(190\text{V})^2}{21.8\mu\text{J}\times132\text{kHz}}=12.5\text{k}\Omega$$

钳位电容 C 的容量为

$$C=\frac{E_Q}{(U^2_{Q(max)}-U^2_{Q(min)})/2}=\frac{2\times 21.8}{200^2-180^2}=5.7\ (\mathrm{nF})$$

令由 R_1、C 确定的时间常数为 τ

$$\tau=R_1C=\frac{\overline{U_Q}^2}{E_Qf}\cdot\frac{E_Q}{(U^2_{Q(max)}-U^2_{Q(min)})/2}=\frac{2\ \overline{U_Q}^2}{(U^2_{Q(max)}-U^2_{Q(min)})f} \tag{3-5-4}$$

将 $U_{Q(max)}=U_B$、$U_{Q(min)}=90\%U_B$、$\overline{U_Q}=0.95U_B$ 和 $f=132\mathrm{kHz}$ 一并代入式（3-5-4），化简后得到 $\tau=R_1C=9.47/f=9.47T$（μs）。当 $f=132\mathrm{kHz}$ 时，开关周期 $T=7.5\mu s$，$\tau=9.47\times 7.5\mu s=71.0\mu s$。这表明 R_1、C 的时间常数与开关周期有关，在数值上它就等于开关周期的 9.47 倍。若考虑到阻容元件还存在一定误差，在估算时间常数时亦可取 $\tau=10T$。实取钳位电阻 $R_1=15\mathrm{k}\Omega$，钳位电容 $C=4.7\mathrm{nF}$。此时 $\tau=70.5\mu s$。

R_1 上的功耗为

$$P_{R1}=\frac{\overline{U_Q}^2}{R_1}=\frac{(190\mathrm{V})^2}{15\mathrm{k}\Omega}=2.4\mathrm{W}$$

考虑到钳位保护电路仅在功率开关管关断所对应的半个周期内工作，R_1 的实际功耗大约为 1.2W（假定占空比为 50%），因此可选用额定功率为 2W 的电阻。由于一次侧直流高压为 $U_C>1.5U_{Q(max)}+U_{I(max)}=1.5\times 200\mathrm{V}+265\mathrm{V}\times\sqrt{2}=674\mathrm{V}$，故实际耐压值取 1kV。

阻塞二极管 VD 的反向耐压 $U_{BR}\geqslant 1.5U_{Q(max)}=300\mathrm{V}$，采用快恢复二极管 FR106（1A/800V，正向峰值电流可达 30A）。要求其正向峰值电流远大于 I_P（这里为 30A≫1.65A）。

说明：VD 采用快恢复二极管而不使用超快恢复二极管，目的是配合阻尼电阻 R_2，将部分漏感能量传输到二次侧，以提高电源效率。

阻尼电阻应满足以下条件

$$\frac{20\mathrm{V}}{0.8I_P}\leqslant R_2\leqslant 100\Omega \tag{3-5-5}$$

最后根据式（3-5-5）计算阻尼电阻 R_2 的阻值为

$$\frac{20\mathrm{V}}{0.8\times 1.65\mathrm{A}}=15\Omega\leqslant R_2\leqslant 100\Omega$$

实取 20Ω/2W 的标称电阻。

第六节　高频变压器磁心的选择方法

高频变压器是开关电源的重要部件，它可起到传输能量、电压变换和电气隔离的作用。高频变压器的设计是制作开关电源的一项关键技术。下面介绍高频变压器磁心的选择方法。

一、根据经验公式或输出功率选择磁心

开关电源中的高频变压器大多采用 EI 或 EE 型铁氧体磁心。EI 型、EE 型磁心的外形分别如图 3-6-1、图 3-6-2 所示。常用 EI 型、EE 型磁心的尺寸规格分别见表 3-6-1 和表 3-6-2，表中的 L_e 为平均磁路长度。需要指出，不同厂家生产的磁心外形相同，但对相关尺寸的定义及实际尺寸也不尽相同，实际磁心尺寸应以生产厂家资料或实测值为准。

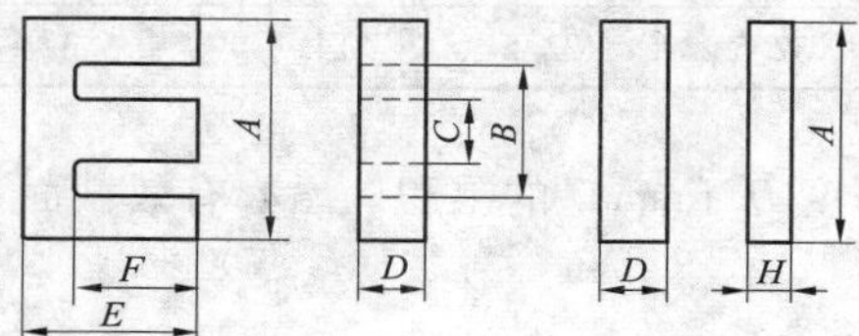

图 3-6-1　EI 型磁心的外形

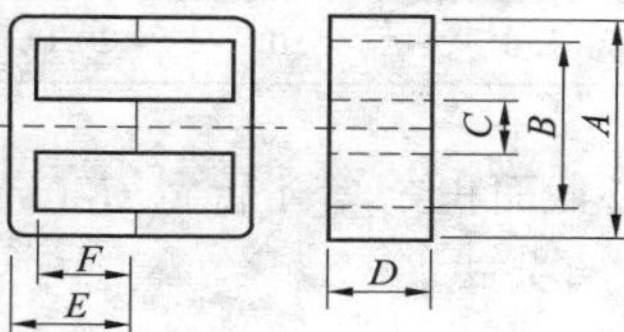

图 3-6-2　EE 型磁心的外形

表 3-6-1　常用 EI 型磁心的尺寸规格

型号	A (mm)	B (mm)	C (mm)	D (mm)	E (mm)	F (mm)	H (mm)	L_e (cm)	质量 (g)	A_e (cm^2)	A_w (cm^2)	AP (cm^4)
EI16	16.0	11.8	4.0	4.8	12.0	10.87	2.0	3.59	3.6	0.19	0.42	0.08
EI19	19.0	14.2	4.85	4.85	13.6	11.3	2.4	3.96	4.5	0.23	0.53	0.12
EI22	22.0	13.0	5.75	5.75	14.55	10.55	4.5	3.96	10.0	0.41	0.38	0.16
EI25	25.4	19.0	6.35	6.35	15.8	12.5	3.2	4.8	10.0	0.40	0.79	0.32
EI28	28.0	18.7	7.2	10.6	16.75	12.25	3.5	4.86	23.5	0.83	0.70	0.58
EI30	30.25	20.1	10.65	10.65	21.3	16.3	5.5	5.86	33.5	1.09	0.77	0.91
EI33	33.0	23.6	9.7	12.7	23.75	19.25	5.0	6.75	40.6	1.18	1.34	1.58
EI40	40.5	26.8	11.7	11.7	27.3	21.3	6.5	7.75	59.0	1.43	1.61	2.30
EI50	50.0	34.5	15.0	15.0	33.0	24.5	9.0	9.5	112	2.27	2.39	5.43
EI60	60.0	44.5	15.8	15.8	35.9	27.5	8.5	11	138	2.44	3.95	9.64

表 3-6-2　常用 EE 型磁心的尺寸规格

型号	A (mm)	B (mm)	C (mm)	D (mm)	E (mm)	F (mm)	L_e (cm)	A_e (cm^2)
EE10	10.3	7.9	2.45	4.65	5.7	4.45	2.73	0.11
EE13	13.3	10.0	2.7	6.15	6.2	4.65	3.08	0.18
EE16	16.1	11.8	4.0	4.8	7.4	5.3	3.71	0.19
EE19	19.0	14.3	4.6	4.8	8.2	5.7	4.02	0.22
EE22	22.0	12.8	5.75	5.75	9.4	5.4	3.98	0.41

续表

型号	A（mm）	B（mm）	C（mm）	D（mm）	E（mm）	F（mm）	L_e（cm）	A_e（cm^2）
EE25	25.0	17.5	7.2	7.2	12.5	8.9	5.77	0.52
EE30	30.0	19.5	6.95	7.05	15.0	10.0	6.56	0.6
EE33	33.2	23.5	9.7	12.7	14.0	9.65	6.7	1.17
EE41	41.3	28.0	12.7	12.7	16.8	10.4	7.75	1.61
EE50	50.0	34.6	14.6	14.6	21.3	12.75	9.59	2.28
EE65	65.0	45.0	20.0	27.1	32.5	22.5	14.7	5.32

磁心截面积 S_J 等于舌宽 C（mm）与磁心厚度 D（mm）的乘积。磁心有效截面积 $A_e \approx S_J$。有公式

$$A_e \approx S_J = CD \tag{3-6-1}$$

考虑到磁心损耗等情况，高频变压器的最大承受功率 P_M（单位是 W）与磁心有效截面积 A_e（单位是 cm^2）之间存在下述经验公式

$$A_e = 0.15\sqrt{P_M} \tag{3-6-2}$$

举例说明，某开关电源的额定输出功率为 55W，电源效率 $\eta = 70\%$，则高频变压器的额定输入功率 $P_I = 55W \div 70\% = 78.6W$。实取 $P_M = 80W$，代入式（3-6-2）中求出 $A_e = 1.34cm^2$。可选择 EI-40 型磁心，其磁心截面积为 $1.43cm^2$（参见表 3-6-1）。

常用磁心型号与输出功率的对应关系见表 3-6-3 所示，表中给出了开关频率为 50kHz 和 100kHz 时的参考输出功率，可供选择磁心时参考。

表 3-6-3　　常用磁心型号与输出功率的对应关系

型号	外型尺寸（mm）			输出功率（W）	
	长	宽	厚	50kHz	100kHz
EI10	11	10	9	3	6
EI13	13	12	10	4	8
EI16	17	16	14	5	9
EI19	20	19	16	8	13
EI22	23	21	18	14	20
EI25	26	22	19	20	30
EI28	29	22	22.5	42	58
EI30	31	29	26	61	95
EI35	37	33	28.5	100	150
EI40	42	38	29	160	250
EI45	46	41	33	260	391

续表

型号	外型尺寸（mm）			输出功率（W）	
	长	宽	厚	50kHz	100kHz
EI50	52	44.5	38	430	650
EE8	9	8	7	2	4
EE10	11	10	10	3	6
EE13	13	11	11	4	8
EE16	17	15	15	5	9
EE19	21	19	22	8	13
EE30	31	24	29	61	95
EE35	37	31	54	100	150
EE40	42	37	60	160	250

二、高频变压器电路的波形参数分析

开关电源的电压及电流波形比较复杂，既有输入正弦波、半波或全波整流波，又有矩形波（PWM 波形）、锯齿波（不连续电流模式的一次侧电流波形）、梯形波（连续电流模式的一次侧电流波形）等。高频变压器电路中有 3 个波形参数：波形系数（K_f）、波形因数（k_f）、波峰因数（k_P）。

1. 波形系数 K_f

为便于分析，在不考虑铜损的情况下给高频变压器的输入端施加交变的正弦波电流，在一次、二次绕组中就会产生感应电动势 e。根据法拉第电磁感应定律，$e=\mathrm{d}\Phi/\mathrm{d}t=\mathrm{d}(NAB\sin\omega t)/\mathrm{d}t=NAB\omega\cos\omega t$。其中 N 为绕组匝数，A 为变压器磁心的截面积，B 为交变电流产生的磁感应强度，角频率 $\omega=2\pi f$。正弦波的电压有效值为

$$U=\frac{\sqrt{2}}{2}\times NAB\times 2\pi f=\sqrt{2}\,\pi NABf=4.44NABf \qquad (3-6-3)$$

在开关电源中定义的正弦波波形系数 $K_f=\sqrt{2}\,\pi=4.44$。利用傅里叶级数不难求出方波的波形系数 $K_f=\frac{4\sqrt{2}}{2\pi}\times\frac{2\sqrt{2}\,\pi}{2}=4$。

2. 波形因数 k_f

在电子测量领域定义的波形因数与开关电源波形系数的定义有所不同，它表示有效值电压（U_{RMS}）与平均值电压（$\overline{U}$）之比，为便于和 K_f 区分，这里用小写的 k_f 表示，有公式

$$k_f=U_{RMS}/\overline{U} \qquad (3-6-4)$$

与之相对应的波峰因数（k_P）则定义为峰值电压（U_P）与有效值电压之比，公式为

$$k_P = U_P/U_{RMS} \qquad (3-6-5)$$

以正弦波为例，$k_f = \frac{\sqrt{2}U_P}{2} \div \frac{2U_P}{\pi} = \frac{\sqrt{2}\pi}{4} = 1.111$。这表明，$K_f = 4k_f$，二者恰好相差4倍。

开关电源6种常见波形的参数见表3-6-4。因方波和梯形波的平均值为零，故改用电压均绝值 $|\overline{U}|$ 来代替。对于矩形波，t_0 表示脉冲宽度，T 表示周期，占空比 $D=t_0/T$。

表3-6-4　　开关电源6种常见波形的参数

名称	波形图	电压有效值 U_{RMS}	电压平均值 $\overline{U}$	电压平均绝对值 $\lvert\overline{U}\rvert$	波形因数 k_f	波峰因数 k_P
正弦波	U_P (a)	$0.707U_P$ $\left(\frac{\sqrt{2}}{2}\cdot U_P\right)$	0	$0.637U_P$ $\left(\frac{2}{\pi}\cdot U_P\right)$	1.111	1.414
半波整流波	U_P (b)	$0.5U_P$	$0.318U_P$ $\left(\frac{1}{\pi}\cdot U_P\right)$	$0.318U_P$ $\left(\frac{1}{\pi}\cdot U_P\right)$	1.571	2
全波整流波	U_P (c)	$0.707U_P$ $\left(\frac{\sqrt{2}}{2}\cdot U_P\right)$	$0.637U_P$ $\left(\frac{2}{\pi}\cdot U_P\right)$	$0.637U_P$ $\left(\frac{2}{\pi}\cdot U_P\right)$	1.111	1.414
方波	U_P (d)	U_P	0	U_P	1	1
矩形波	t_0 U_P T (e)	$\sqrt{\frac{t_0}{T}}\cdot U_P$	$\frac{t_0}{T}\cdot U_P$	$\frac{t_0}{T}\cdot U_P$	$\sqrt{\frac{T}{t_0}}$	$\sqrt{\frac{T}{t_0}}$
锯齿波	U_P (f)	$0.577U_P$ $\left(\frac{\sqrt{3}}{3}\cdot U_P\right)$	0	$0.5U_P$	1.155	1.732

三、采用 AP 法（面积乘积法）选择磁心

需要指出，目前 AP 法仍被推荐为选择磁心的一种有效方法，但 AP 法原本是针对传统的工频正弦波铁心变压器而提出的，直接用于波形复杂的高频变压器并不合适，计算结果也很不准确。需要根据电子测量领域定义的波形系数（K_f）、开关电源特有的脉动系数（K_{RP}）、占空比（D）等概念，以及开关电源在连续模式、不连续模式下的工作波形，对 AP 法计算公式做严密推导及验证，为正确选择高频变压器的磁心提供了一种科学、实用的方法。*AP* 表示磁心有效截面积与窗口面积的乘积（Area Product）。计算公式为

$$AP=A_wA_e \tag{3-6-6}$$

式中　*AP*——磁心面积乘积，cm^4；

A_e——磁心有效截面积，cm^2，$A_e\approx S_j=CD$，D 为磁心厚度；

A_w——磁心可绕导线的窗口面积，cm^2，其定义式为

$$A_w=\frac{1}{2}(B-C)F \tag{3-6-7}$$

根据计算出的 *AP* 值，即可查表找出所需磁心型号。下面介绍 AP 法的原理及使用注意事项。

令一次绕组的有效值电压为 U_1，一次绕组的匝数为 N_P，所选磁心的交流磁通密度为 B_{AC}，磁通量为 Φ，开关周期为 T，开关频率为 f，一次侧电流的波形系数为 K_f，磁心有效截面积 A_e 以 cm^2 为单位（$1cm^2=1m^2\times10^{-4}$）。根据电磁感应定律可得到

$$U_1=N_P\cdot\frac{d\Phi}{dt}=N_P\cdot\frac{B_{AC}A_eK_f}{T}\times10^{-4}=N_PB_{AC}A_eK_ff\times10^{-4} \tag{3-6-8}$$

考虑到 $K_f=4k_f$ 关系式之后，可推导出

$$N_P=\frac{U_1\times10^4}{K_fB_{AC}A_ef}=\frac{U_1\times10^4}{4k_fB_{AC}A_ef} \tag{3-6-9}$$

同理，设二次绕组的有效值电压为 U_S，二次绕组的匝数为 N_S，可得

$$N_S=\frac{U_S\times10^4}{4k_fB_{AC}A_ef} \tag{3-6-10}$$

设绕组的电流密度为 J（单位是 A/cm^2），导线的截面积为

$$S_d=\frac{I}{J}\ (cm^2) \tag{3-6-11}$$

令高频变压器的窗口面积利用系数为 K_W，一次、二次绕组的有效值电流分别为 I_1、I_2，当绕组面积被完全利用时

$$K_W\,A_W=N_P\cdot\frac{I_1}{J}+N_S\cdot\frac{I_2}{J} \tag{3-6-12}$$

即
$$A_W=\frac{N_P}{K_W}\cdot\frac{I_1}{J}+\frac{N_S}{K_W}\cdot\frac{I_2}{J} \tag{3-6-13}$$

再将式（3-6-9）和式（3-6-10）分别代入式（3-6-13）中

$$A_W=\frac{U_1\times10^4}{4K_Wk_fB_{AC}A_ef}\cdot\frac{I_1}{J}+\frac{U_S\times10^4}{4K_Wk_fB_{AC}A_ef}\cdot\frac{I_2}{J} \tag{3-6-14}$$
$$=\frac{U_1I_1+U_SI_2}{4K_Wk_fJB_{AC}A_ef}\times10^4\ (\mathrm{cm}^2)$$

进而得到

$$AP=A_wA_e=\frac{U_1I_1+U_SI_2}{4K_Wk_fJB_{AC}A_ef}\times10^4\times A_e=\frac{P_1+P_O}{4K_Wk_fJB_{AC}f}\times10^4 \tag{3-6-15}$$

高频变压器的视在功率就表示一次绕组和二次绕组所承受的总功率，即 $S=P_I+P_O$。因电源效率 $\eta=P_O/P_I$，故 $P_I+P_O=P_O/\eta+P_O=(1/\eta+1)P_O=[(1+\eta)/\eta]P_O$。代入式（3-6-15）中，最终得到

$$AP=A_wA_e=\frac{(1+\eta)P_O}{4\eta K_Wk_fJB_{AC}f}\times10^4\ (\mathrm{cm}^4) \tag{3-6-16}$$

这就是用AP法选择磁心的基本公式。下面将从工程设计的角度对式（3-6-16）做深入分析和适当简化，重点是对式（3-6-16）中的 k_f、B_{AC}参数做进一步推导。

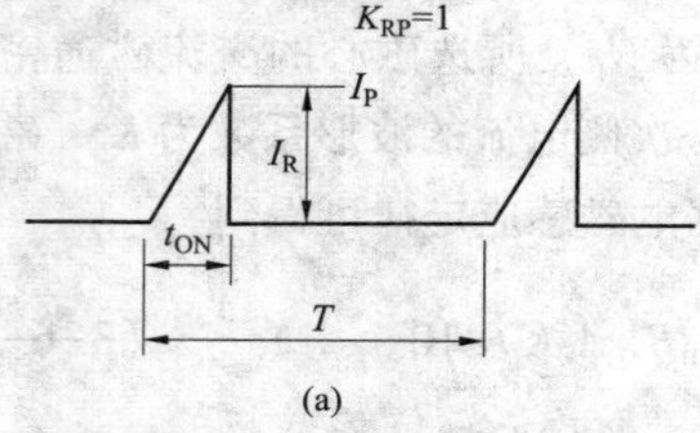

(a)

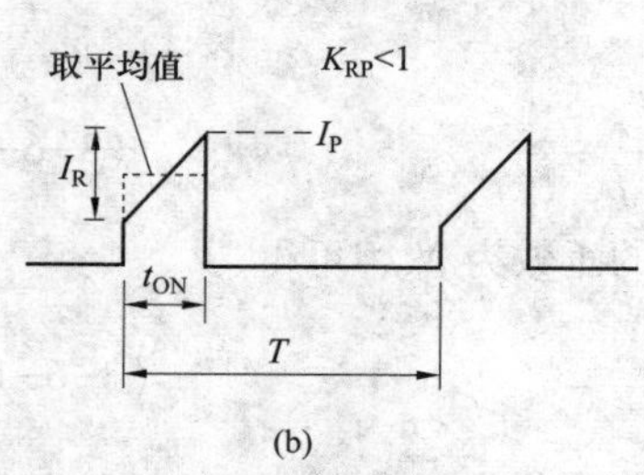

(b)

图 3-6-3　一次侧电流波形
（a）不连续电流模式；（b）连续电流模式

（1）一次侧电流的波形因数 K_f。一次侧的电压波形可近似视为矩形波，即 $k_f=\sqrt{T/t_0}=\sqrt{1/D}=1/\sqrt{D}$；但一次侧的电流波形不是矩形波，而是锯齿波（工作在不连续电流模式 DCM），或梯形波（工作在连续电流模式 CCM）。以不连续电流模式为例，一次侧电流波形是如图 3-6-3（a）所示的周期性通、断的锯齿波，仅在功率开关管（MOSFET）导通期间，一次侧出现锯齿波电流（高电平）；在功率开关管关断期间，一次侧电流为零（低电平）。图中，K_{RP}为脉动系数，它等于一次侧脉动电流 I_R 与峰值电流 I_P 的比值，即 $K_{RP}=I_R/I_P$；在连续电流模式时 $K_{RP}<1$；不连续电流模式时 $K_{RP}=1$。令导通时间为 t_{ON}，开关周期为 T，$D=t_{ON}/T$。对于周期性通、断的锯齿波，一次侧电流的波形因数可用 k'_f 表示，有关系式

$$k'_f=k_f\,t_{ON}/T=k_fD \tag{3-6-17}$$

周期性锯齿波的 $k_f=1.155$，代入式（3-6-17）中得到

$$k'_f=1.155D \tag{3-6-18}$$

此时需将式（3-6-16）中的 k_f 换成 $1.155D$。

在连续电流模式下一次侧电流波形为周期性通、断的梯形波，其波形因数比较复杂。一种方法是对波形取平均后变成矩形波，再按矩形波参数来计算，参见图3-6-3（b）；另一种方法是首先按不连续电流模式选择磁心，然后适当增加磁心尺寸，以便通过增大一次绕组的电感量，使开关电源可工作在连续电流模式。

（2）交流磁通密度为 B_{AC}。磁心的交流磁通密度（B_{AC}）可根据最大磁通密度（B_M）来求出，对于反激式开关电源，有关系式

$$B_{AC}=B_M K_{RP} Z$$

其中，Z 为损耗分配系数，它表示二次侧的损耗与总功耗的比值，在极端情况下，$Z\to0$ 表示全部损耗发生在一次侧，此时负载开路；$Z\to1$ 则表示全部损耗发生在二次侧，此时负载短路。一般情况下取 $Z=0.5$，因此

$$B_{AC}=0.5B_M K_{RP} \tag{3-6-19}$$

将式（3-6-18）和式（3-6-19）一并代入式（3-6-16）中，整理后得到

$$AP=A_w A_e=\frac{0.433(1+\eta)P_O}{\eta K_W DJB_M K_{RP} f}\times10^4\ (\mathrm{cm}^4) \tag{3-6-20}$$

这就是AP法选择磁心的实用公式。式（3-6-20）是按照单极性变压器的绕组电流及输出功率推导出来的，适用于单端正激式或反激式高频变压器的设计。式中，AP 的单位为 cm^4；P_O 的单位为W。电流密度一般取 $J=200\sim600\mathrm{A/cm^2}$（即 $2\sim6\mathrm{A/mm^2}$），最大不超过 $1000\mathrm{A/cm^2}$（即 $10\mathrm{A/mm^2}$）。窗口面积的利用系数一般取 $K_W=0.3\sim0.4$。如高频变压器有多个绕组，就应计算全部绕组的匝数和导线截面积的乘积之和。

进一步分析可知，对于不连续电流模式（$K_{RP}=1$），式（3-6-20）可简化为

$$AP=A_w A_e=\frac{0.433(1+\eta)P_O}{\eta K_W DJB_M f}\times10^4\ (\mathrm{cm}^4) \tag{3-6-21}$$

对于连续电流模式（$0.4<K_{RP}<1$），假定 $K_{RP}=0.7$，式（3-6-20）可简化为

$$AP=A_w A_e=\frac{0.62(1+\eta)P_O}{\eta K_W DJB_M f}\times10^4\ (\mathrm{cm}^4) \tag{3-6-22}$$

对于单端正激式高频变压器而言，最大占空比 $D_{max}<0.5$。如选择电源效率 $\eta=80\%$，实际窗口面积利用系数 $K_W=0.4$，占空比 $D=0.4$，$J=400\mathrm{A/cm^2}$，则式（3-6-20）可简化为

$$AP=A_e A_w=\frac{152P_O}{B_M K_{RP} f} \tag{3-6-23}$$

式（3-6-21）~式（3-6-23）都是根据不同电路结构和指定参数简化而来的，当实际参数改变时，计算结果会有误差。更为准确的方法是采用式（3-6-20）计算。通过比较式（3-6-21）~式（3-6-23），可总结出以下规律：

（1）上述公式均未考虑磁心损耗、磁心材料存在的差异、磁心损耗随开关频率升高而增大等因素，计算出的是 AP 的最小值，所对应的磁心尺寸也为最小值，因此从实

用角度看至少应选择再大一号的磁心。

（2）对于单端反激式开关电源，其 B_{AC} 值较小（$B_{AC}=B_M K_{RP} Z$），B_M 值可取得大一些，一般取 $B_M=0.2\sim0.3T$。对于推挽式变换器、全桥和半桥式变换器，$B_{AC}=2B_M$，由于 B_M 值较小，为降低磁心损耗，B_{AC} 值应取得小一些，通常取 $B_M=0.1\sim0.15T$。在输出功率相同的条件下，全桥和半桥式变换器所需高频变压器的体积最小。

（3）在输出功率相同的条件下，连续电流模式的 AP 值要大于不连续电流模式，这表明连续电流模式所需高频变压器的体积较大，而不连续电流模式所需高频变压器体积较小。

（4）磁性材料生产厂家通常只给出磁心的 A_e 和 A_w 值，并不直接给出 AP 值。有些厂家也没有直接给出 A_w 值，这时就需要根据磁心的相关尺寸参数计算相应的 A_w 和 AP 值，以便于选择合适的磁心尺寸。

第七节　反激式 LED 驱动电源的高频变压器设计

反激式 LED 驱动电源的高频变压器相当于一只储能电感，其存储能量大小直接影响开关电源的输出功率。因此，反激式 LED 驱动电源的高频变压器设计实际上是功率电感器的设计。需要计算一次侧电感量 L_P、选择磁心尺寸、计算气隙宽度 δ、计算一次绕组匝数 N_P 等几个步骤。

一、反激式 LED 驱动电源的高频变压器设计方法

1. 计算一次侧电感量 L_P

根据电感存储能量的公式

$$W=\frac{1}{2}I^2L$$

每个开关周期传输的能量正比于脉动电流 I_R 的平方值。若设开关频率为 f、输出功率为 P_O、电源效率为 η、一次侧电感量为 L_P，则输入功率应为

$$P=\frac{P_O}{\eta}=\frac{1}{2}I_R^2L_Pf$$

整理后得到

$$L_P=\frac{2P_O}{\eta I_R^2 f} \tag{3-7-1}$$

其中，脉动电流 $I_R=K_{RP}I_P$。脉动系数 K_{RP} 的取值通常在 0.4~1 之间。对于相同的输出功率，K_{RP} 较大时，需要的 L_P 较小，有利于减小变压器的体积。但变压器的铜损将会增加。如果电源效率为 80%，K_{RP} 取值为 0.5，式（3-7-1）可简化为

$$L_P=\frac{2P_O}{0.8\times(0.5I_P)^2f}=\frac{10P_O}{I_P^2f} \tag{3-7-2}$$

2. 选择磁心尺寸

反激式LED驱动电源高频变压器的磁心尺寸选择可采用AP法，按照式（3-6-22）计算，亦可根据式（3-6-2）的计算结果直接从表3-6-1、表3-6-2中选取合适的磁心。

3. 计算绕组匝数与导线直径

（1）绕组匝数计算。选择好磁心后，可根据磁心参数来计算高频变压器的绕组匝数。由于二次绕组匝数可根据变压比进行推算，因此关键问题是确定一次绕组匝数。对于单端反激式和正激式变换器，通常在输入电压最小（U_{Imax}）时具有最大的占空比（D_{max}）。考虑到一次侧的电压波形可近似视为矩形波，$K_f=1/\sqrt{D}$，$1/K_f=\sqrt{D}$，因此式（3-6-9）又可表示为

$$N_P=\frac{U_1\sqrt{D}\times 10^4}{B_M K_{RP} f} \tag{3-7-3}$$

在未确定D_{max}之前，可先按0.5计算。需要指出，按式（3-7-3）计算出的N_P值只是满足电磁感应定律时的最小值，实际匝数应略大些。

选择二次绕组匝数时，需要考虑感应电压U_{OR}（亦称二次侧的反射电压）和功率开关管（MOSFET）能承受的最大漏极电压。最大漏极电压就等于输入直流电压、感应电压与高频变压器漏感产生的尖峰电压之和。其中，U_{OR}与一次绕组匝数（N_P）、二次绕组匝数（N_S）和输出电压（U_O）有如下关系

$$U_{OR}=\frac{N_P}{N_S}(U_O+U_{F1}) \tag{3-7-4}$$

在反激式LED驱动电源中，U_{OR}是固定不变的，通常$U_{OR}=85\sim165V$，典型值为135V。上式中U_{F1}为输出整流管的正向压降。肖特基二极管通常取值0.4V，快恢复二极管通常取值0.8V。当U_O较高时，可忽略输出整流管的正向压降。

一次绕组匝数N_P确定之后，则可计算二次绕组匝数N_S

$$N_S=\frac{N_P}{U_{OR}}(U_O+U_{F1}) \tag{3-7-5}$$

如果高频变压器有多个二次绕组，可按照不同的输出电压值和相同的U_{OR}值分别计算各自的匝数。

（2）导线直径计算。导线直径的选取与流过导线的电流有效值和允许电流密度有关。对于圆形截面的漆包线，其导线截面积（S_d）与直径（d）的关系为

$$S_d=\frac{\pi}{4}d^2$$

流过导线的电流有效值I_{RMS}与导线截面积（S）和电流密度（J）的关系为

$$I_{RMS}=SJ$$

由此可得导线直径（d）的计算公式为

$$d=\sqrt{\frac{4I_{RMS}}{\pi J}} \tag{3-7-6}$$

对于反激式LED驱动电源来说，其高频变压器绕组的电流有效值与最大占空比（D_{max}）和脉动系数（K_{RP}）有关。一次侧电流有效值（I_{RMS}）的计算公式为

$$I_{RMS}=I_P\sqrt{D_{max}\left(\frac{K_{RP}^2}{3}-K_{RP}+1\right)} \tag{3-7-7}$$

其中，I_P 为一次侧峰值电流。

二次侧峰值电流 I_{SP} 与一次侧峰值电流 I_P 及一次、二次绕组的匝数有关系式

$$I_{SP}=I_P\frac{N_P}{N_S} \tag{3-7-8}$$

计算二次侧电流有效值（I_{SRMS}）的公式为

$$I_{SRMS}=I_{SP}\sqrt{(1-D_{max})\left(\frac{K_{RP}^2}{3}-K_{RP}+1\right)} \tag{3-7-9}$$

将 I_P、I_{SP} 的有效值分别代入式（3-7-6），即可计算出一次、二次绕组的导线直径。

导线直径的选取也可根据绕组的有效值电流查表得到，国内外漆包线的对照见表3-7-1，可根据所需电流直接查出对应导线的直径。高频变压器绕组的电流密度通常取3~6A/mm^2。

表3-7-1　　国内外漆包线规格的对照表

美制线规 AWG	近似公制裸线直径（mm）	$10^{-6}\Omega$/cm（20℃）	美制线规 AWG	近似公制裸线直径（mm）	$10^{-6}\Omega$/cm（20℃）
10	2.500	32.70	27	0.350	1687.6
11	2.300	41.37	28	0.330	2142.7
12	2.000	52.09	29	0.290	2664.3
15	1.500	104.3	30	0.250	3402.2
16	1.250	131.8	31	0.230	4294.6
18	1.000	209.5	32	0.200	5314.9
19	0.900	263.9	33	0.180	6748.6
20	0.800	332.3	34	0.160	8572.8
21	0.750	418.9	35	0.140	10 849
22	0.710	531.4	36	0.130	13 608
23	0.600	666.0	37	0.110	16 801
24	0.560	842.1	38	0.100	21 266
25	0.450	1062.0	39	0.090	27 775
26	0.400	1345.0	40	0.080	35 400

续表

美制线规 AWG	近似公制裸线直径（mm）	$10^{-6}\Omega$/cm（20℃）	美制线规 AWG	近似公制裸线直径（mm）	$10^{-6}\Omega$/cm（20℃）
41	0.070	43 405	43	0.056	70 308
42	0.060	54 429	44	0.050	87 810

4. 计算气隙宽度 δ

在反激式 LED 驱动电源中，为了防止高频变压器发生磁饱和，通常要在磁心中加入空气间隙，简称气隙。磁心留出气隙后的磁化曲线如图 3-7-1（b）所示，图 3-7-1（a）为不留气隙时的磁化曲线。不难看出，磁心加入气隙后最大磁感应强度 B_M 没有改变，但最大磁场强度将会增加。这意味着在相同的 B_M 和绕组匝数条件下，加入气隙后可提高绕组的工作电流，高频变压器的磁饱和电流将增大。而且加入气隙后剩磁 B_r 将会下降，磁感应强度的变化量 $\Delta B=B_M-B_r$ 会有所增加，这样还可以提高磁化曲线的利用率。此外，加入气隙还可将磁化曲线线性化，即相对磁导率变化减小，这使绕组电感量趋于恒定值。高频变压器加入气隙后的这些特性变化均有助于提高反激式 LED 驱动电源的性能。

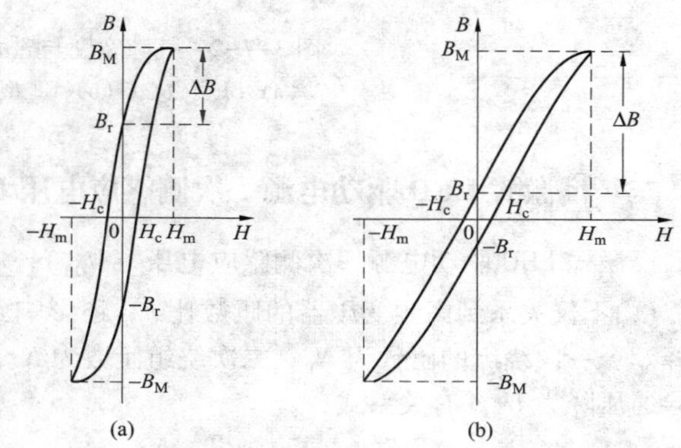

图 3-7-1　磁心的磁化曲线

（a）不留气隙时的磁化曲线；（b）留出气隙后的磁化曲线

当气隙宽度较小的时候，变压器绕组的电感量与绕组匝数、磁心截面积及气隙宽度之间有关系式

$$L\approx\frac{N^2\mu_0A_e}{\delta}$$

其中，μ_0 为真空中的磁导率，其数值为 $4\pi\times10^{-7}$WB/（A · m）。如果高频变压器一次绕组匝数为 N_P、电感量为 L_P，则变压器磁心气隙的计算公式为

$$\delta\approx\frac{0.4\pi N_P^2A_e}{L_P}\times10^{-2} \tag{3-7-10}$$

式中：δ 的单位为 cm；A_e 的单位为 cm^2；L_P 的单位为 μH。

需要说明，这里计算出的气隙宽度，是指磁路中气隙宽度的总和。对于 EI 和 EE 型磁心，通常采用加入一定厚度电工绝缘纸（例如青壳纸）的方法来产生气隙。如图 3-7-2 所示，由于气隙宽度等于磁路间隙的总和。因此磁心间隙（绝缘纸厚度）应为气隙宽度的一半，即 $\delta/2$。

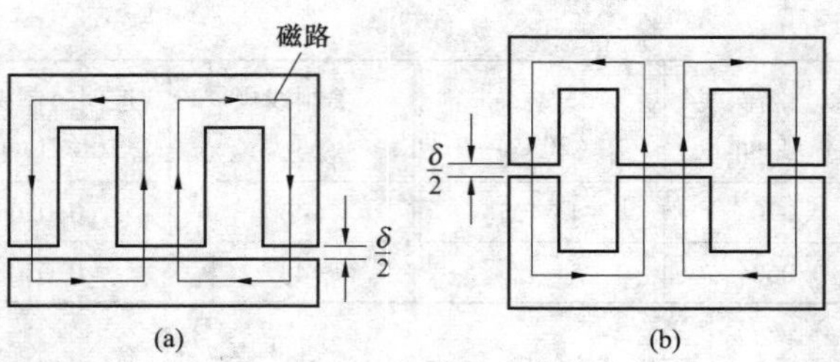

图 3-7-2　气隙宽度与磁心间隙

（a）EI 型磁心；（b）EE 型磁心

二、反激式 LED 驱动电源一次侧感应电压 U_{OR} 的选择方法

反激式 LED 驱动电源一次侧感应电压（U_{OR}），亦称二次侧反射电压，简称反射电压。U_{OR}不仅关系到高频变压器的匝数比 n，还影响到功率开关管 MOSFET 耐压指标的选择。令一次绕组的匝数为 N_P，二次绕组匝数为 N_S，输出电压为 U_O、输出整流管的正向导通压降为 U_F，有关系式

$$U_{OR}=\frac{N_P}{N_S}(U_O+U_{F1}) \tag{3-7-11}$$

U_{OR}是设计反激式 LED 驱动电源的一个关键参数，通常在设计高频变压器之前就需要确定其参数值。但由于式（3-7-11）只是 U_{OR}的计算式，并非决定式，并且要在设计好高频变压器之后才能计算，因此不少设计人员对如何预先选定 U_{OR}值感到困惑。一般是先假定 U_{OR}为某一数值，再通过设计结果来验证该数值是否合理，这既增加工作量，又浪费时间。

对漏-源击穿电压 $U_{(BR)DS}=700V$ 的 MOSFET（含单片开关电源中的 MOSFET），在宽范围交流输入电压（85~265V）的条件下，U_{OR}的允许范围一般为 90~150V，典型值可选 130V，这对 220V（1±15%）的交流输入电压也适用。计算 U_{OR}的公式为

$$U_{OR}=\frac{U_{Imin}-U_{DS(ON)}}{(1/D_{max})-1} \tag{3-7-12}$$

举例说明，已知 $U_{Imin}=85V\times1.2=102V$，MOSFET 的导通压降 $U_{DS(ON)}=8V$。若选 $D_{max}=0.5=50\%$，代入式（3-7-12）中得到 $U_{OR}=94V$；若选 $D_{max}=0.6=60\%$，则 $U_{OR}=141V$。反激式 LED 驱动电源的最大占空比一般为 50%~67%，可根据所用芯片的参数表和实际需要加以选择。但应注意，要求 $U_{OR}+U_{DS(ON)}+U_{尖峰}\leqslant650V$，至少应留出 50V 的裕量。$U_{OR}$选得太高，势必要增加匝数比 n，并相应提高 MOSFET 及钳位保护元器件的耐压值。反之，U_{OR}选得太低，一次侧电流就显著增大，这不仅需增加一次绕组的线径，还会增大 MOSFET 的导通损耗。

采用 $U_{(BR)DS}=1000V$ 的分立式 MOSFET 时，可适当将 U_{OR}值选得大一些（例如可选 160V 甚至更高些），但条件是 $U_{OR}+U_{DS(ON)}+U_{尖峰}\leqslant900V$，至少应留出 100V 的裕量。

三、反激式 LED 驱动电源的高频变压器设计实例

利用单片开关电源 TOP226Y 设计一个 60W 反激式 LED 驱动电源模块，要求交流输入电压为 85~265V，输出为+12V、5A。设计步骤如下：

(1) 计算一次侧电感量 L_P。一次侧电感量可按式（3-7-1）计算，如果电源效率为 80%，脉动电流（I_R）与峰值电流（I_P）的比例系数 K_{RP} 取 0.7。TOP226Y 的开关频率为 100kHz，漏极极限电流 $I_{LIMIT}=2.25A$。取 $I_P=2.25A$ 计算时，$I_R=K_{RP}I_P=0.7\times2.25A=1.58A$，可得

$$L_P=\frac{2P_O}{\eta I_R^2 f}=\frac{2\times60}{0.8\times1.58^2\times100k}=600\ (\mu H)$$

若取 $K_{RP}=1$，则可算出 $L_P=296\mu H$。因此，L_P 可在 296~600μH 范围内选取，本例选择中间值 $L_P=450\mu H$。

说明：计算 L_P 时还有另一个公式

$$L_P=\frac{[U_{Imin}-U_{DS(ON)}]D_{max}}{I_R f}\approx\frac{U_{Imin}D_{max}}{I_R f} \tag{3-7-13}$$

式中，U_{Imin} 为直流输入电压的最小值；$U_{DS(ON)}$ 为功率开关管的导通压降；D_{max} 为最大占空比。通常 $U_{DS(ON)}$ 仅为几伏，可忽略不计。假定 $U_{Imin}=85V\times1.2=102V$，$D_{max}=0.6$，$I_R=1.58A$，$f=100kHz$，代入式（3-7-13）中得到

$$L_P\approx\frac{U_{Imin}D_{max}}{I_R f}=\frac{102\times0.6}{1.58\times100k}=387\ (\mu H)$$

不难看出，计算出的 387μF 与本例所选择的 $L_P=450\mu H$ 比较接近。

需要指出，式（3-7-1）是根据输入功率 P_I 来计算 L_P 的，因为式中的 $P_O/\eta=P_I$。而式（3-7-13）则是根据最低直流输入电压 U_{Imin} 来计算 L_P 的，只要 L_P 值在开关电源处于最不利的输入条件下（U_I 为最小值 U_{Imin}，D 为最大占空比 D_{max}）能满足要求，那么当 U_I 较高、D 较小时 L_P 值就更能满足要求了。这是式（3-7-13）与式（3-7-1）的主要区别，二者的计算结果存在一定偏差也属于正常情况。读者可根据实际情况和设计经验来确定用哪个公式进行计算。

(2) 选择磁心。采用 AP 法选择磁心时可按式（3-6-20）计算，亦可按式（3-6-2）进行估算。若按式（3-6-20）计算，已知 $\eta=80\%$，$P_O=60W$，$K_W=0.35$，$D=0.5$；对于反激式 LED 驱动电源，B_M 值应介于 0.2~0.3T 之间，现取 $B_M=0.25T$，$K_{RP}=0.7$，$f=100kHz$，一并代入式（3-6-20）中得到

$$AP=A_wA_e=\frac{0.433(1+\eta)P_O}{\eta K_W DJB_M K_{RP} f}\times10^4=\frac{0.433\times(1+0.8)\times60}{0.8\times0.35\times0.5\times400\times0.25\times0.7\times100k}\times10^4$$

$$=0.48\ (cm^4)$$

根据 $AP=0.48cm^4$，从表 3-6-1 中查出与之接近的最小磁心规格为 EI28，其 $AP=0.58cm^4$。考虑到磁心损耗等因素，至少应选择 EI30 型磁心，此时 $AP=0.91cm^4$，$A_e=1.09cm^2$。

若按式（3-6-2）估算，可得到 $A_e=1.16cm^2$，查表 3-6-1 可见，与之最接近的是 EI33 型磁心的 $A_e=1.18cm^2$。由此可见，采用两种方法所得到的结果是基本吻合的。为满足在宽电压范围内对输出功率的要求，本例实际选择 EI33 型磁心。

（3）计算一次绕组匝数 N_P。一次绕组匝数 N_P 可直接按式（3-7-3）计算，本例 $U_{Imin}=102V$，$D_{max}=0.5$。$B_M=0.25$，$K_{RP}=0.7$，$f=100kHz$，可得

$$N_P=\frac{U_1\sqrt{D_{max}}\times10^4}{B_M K_{RP} f}=\frac{102\times\sqrt{0.5}\times10^4}{0.25\times0.7\times100k}=41.2\ (匝)$$

实际取 $N_P=41$ 匝。

将 $I_P=2.25A$、$D_{max}=0.5$ 和 $K_{RP}=0.7$ 代入式（3-7-7）中，可得一次侧电流有效值 I_{RMS}的最大值为 1.17A。电流密度取 6A/mm²，根据表 3-7-1 选用 ϕ 0.56mm 漆包线。

（4）计算二次绕组匝数 N_S。二次绕组匝数 N_S 按式（3-7-5）计算，U_O 为 12V，U_{OR}取值 130V，U_{F1}取值 0.5V，可得

$$N_S=\frac{N_P}{U_{OR}}(U_O+U_{F1})=\frac{41}{130}\times(12+0.5)=3.9\ (匝)$$

考虑到铜导线上还有电阻损耗，实际取 $N_S=4.5$ 匝。

将 $I_P=2.25A$、$N_P=41$ 匝和 $N_S=4.5$ 匝代入式（3-7-8）中得到，二次侧峰值电流 $I_{SP}=20.5A$。再将 $I_{SP}=20.5A$、$D_{max}=0.5$ 和 $K_{RP}=0.7$ 代入式（3-7-9）中得到，二次绕组电流有效值 $I_{SRMS}=7.64A$。电流密度取 6A/mm²，应选取 ϕ 1.5mm 的漆包线，实际选用 ϕ 0.45mm 的漆包线 8 股并绕。反馈绕组 N_F 电流较小，反馈电压略高于 12V 即可，实际选用 ϕ 0.3mm 的漆包线绕 4 匝。

（5）计算气隙宽度。在反激式 LED 驱动电源中，高频变压器磁心的气隙大小对电源性能影响较大。气隙宽度可按式（3-7-10）计算。本例中 $N_P=41$ 匝，$L_P=450\mu H$，$A_e=1.17cm^2$，计算可得

$$\delta\approx\frac{0.4\pi N_P^2 A_e}{L_P}\times10^{-2}=\frac{0.4\pi\times41^2\times1.17}{450}\times10^{-2}=0.055\ (cm)\ =0.55\ (mm)$$

在 EI 型磁心之间插入厚度为 0.275mm 的青壳纸，有效气隙宽度约为 0.55mm（0.275mm×2）。

（6）检验最大磁通密度 B_M。令 $I_P=I_{LIMIT}=2.25A$，将 L_P、N_P 和 A_e 值代入下式可得

$$B_M=\frac{I_P L_P}{N_P A_e}\times10^{-2}=\frac{2.25\times450}{41\times1.17}\times10^{-2}=0.21\ (T)$$

该式计算出的 B_M 值在 0.2~0.3T 之间，可满足设计要求。

（7）检验磁饱和电流。检验最大磁通密度 B_M 目的是防止高频变压器工作时出现磁饱和。由于磁心参数的偏差等原因，B_M 的计算值只是理论数据。直接测量磁饱和电流，是检验高频变压器是否会在工作时产生磁饱和的最佳方法。按照第五章第六节介绍的方法，利用示波器检测高频变压器磁饱和电流，实测高频变压器的磁饱和电流为 4.0A，约

为实际峰值工作电流（2.25A）的 1.7 倍，可确保高频变压器在工作时不会出现磁饱和。

第八节　二次侧输出电路

LED 驱动电源的输出整流管一般采用快恢复二极管（FRD）、超快恢复二极管（SRD）或肖特基二极管（SBD）。它们具有开关特性好、反向恢复时间短、正向电流大、体积小、安装简便等优点。

一、快恢复及超快恢复二极管的选择

1. 反向恢复时间

反向恢复时间 t_{rr}的定义是：电流通过零点由正向转向反向，再由反向转换到规定低值的时间间隔。它是衡量高频整流及续流器件性能的重要技术指标。反向恢复电流的波形如图 3-8-1 所示。图中，I_F 为正向电流，I_{RM}为最大反向恢复电流，I_{rr}为反向恢复电流，通常规定 $I_{rr}=0.1I_{RM}$。当 $t\leqslant t_0$ 时，正向电流 $I=I_F$。当 $t>t_0$ 时，由于整流管上的正向电压突然变成反向电压，因此正向电流迅速减小，在 $t=t_1$ 时刻，$I=0$。然后整流管上流过反向电流 I_R，并且 I_R 逐渐增大；在 $t=t_2$ 时刻达到最大反向恢复电流 I_{RM}值。此后受正向电压的作用，反向电流逐渐减小，并且在 $t=t_3$ 时刻达到规定值 I_{rr}。从 t_2 到 t_3 的反向恢复过程与电容器放电过程有相似之处。由 t_1 到 t_3 的时间间隔即为反向恢复时间 t_{rr}。

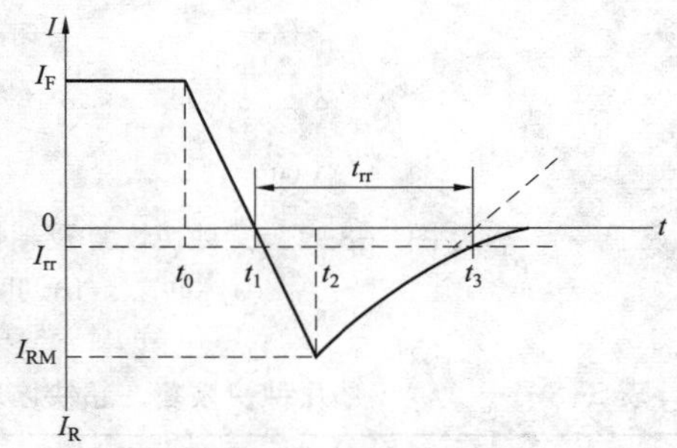

图 3-8-1　反向恢复电流的波形

2. 快恢复二极管的结构特点

快恢复二极管的内部结构与普通二极管不同，它是在 P 型、N 型硅材料中增加了基区 I，构成 P-I-N 硅片。由于基区很薄，反向恢复电荷很小，不仅大大减小了 t_{rr}值，还降低了瞬态正向电压，使管子能承受很高的反向工作电压。快恢复二极管的反向恢复时间一般为几百纳秒，正向压降约为 0.6V，正向电流为几安培至几千安培，反向峰值电压可达几百至几千伏。

超快恢复二极管则是在快恢复二极管基础上发展而成的，其反向恢复电荷进一步减小，t_{rr}值可低至几十纳秒。

20A 以下的快恢复二极管及超快恢复二极管大多采用 TO-220 封装。从内部结构看，可分成单管、对管两种。对管内部包含两只快恢复或超快恢复二极管，根据两只二极管接法的不同，又有共阴对管、共阳对管之分。图 3-8-2（a）示出 C20-04 型快恢复二极管（单管）的外形及内部结构。图 3-8-2（b）、（c）分别示出 C92-02 型（共

阴对管）、MUR1680A 型（共阳对管）超快恢复二极管的外形与构造。它们大多采用 TO-220 封装，主要技术指标见表 3-8-1。

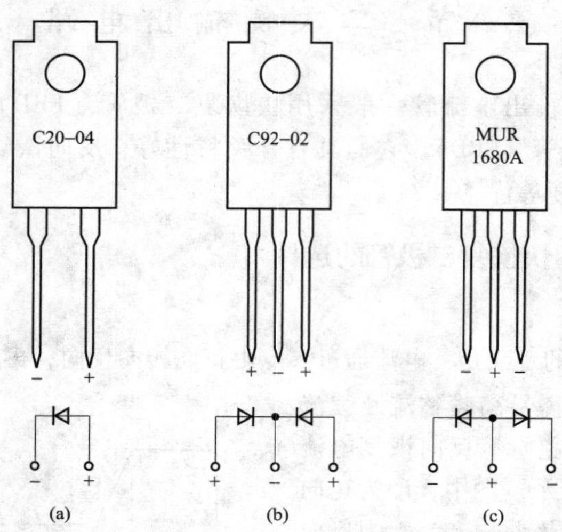

图 3-8-2　三种快恢复及超快恢复二极管的外形及内部结构

（a）单管；（b）共阴对管；（c）共阳对管

表 3-8-1　　几种快恢复、超快恢复二极管的主要技术指标

典型产品型号	结构特点	反向恢复时间 t_{rr}（ns）	平均整流电流 I_d（A）	最大瞬时电流 I_{FSM}（A）	反向峰值电压 U_{RM}（V）	封装形式
C20-04	单 管	400	5	70	400	TO-220
C92-02	共阴对管	35	10	50	200	TO-220
MUR1680A	共阳对管	35	16	100	800	TO-220
EU2Z	单 管	400	1	40	200	DO-41
RU3A	单 管	400	1.5	20	600	DO-15

常用超快恢复二极管的型号及主要参数见表 3-8-2。几十安的快恢复、超快恢复二极管一般采用 TO-3P 金属壳封装，更大容量（几百安至几千安）的管子则采用螺栓型或平板型封装。

表 3-8-2　　常用超快恢复二极管的型号及主要参数

产品型号	U_{RM}（V）	I_d（A）	t_{rr}（ns）	生产厂家
UF4001	50	1	25	GI 公司
UF4002	100	1	25	
UF4003	200	1	25	
UF4004	400	1	50	

续表

产品型号	U_{RM}（V）	I_d（A）	t_{rr}（ns）	生产厂家
UF4005	600	1	30	GI 公司
UF4006	800	1	75	
UF4007	1000	1	75	
UF5401	100	3	50	
UF5402	200	3	50	
UF5406	600	3	50	
UF5408	1000	3	50	
BYV27-100	100	2	25	Philips 公司
BYV27-150	150	2	25	
BYV27-200	200	2	25	
BYV26D	800	2.3	75	
BYV26E	1000	2.3	75	

超快恢复二极管在 AC/DC 式 LED 驱动电源中的典型应用如图 3-8-3 所示。图 3-8-3（a）中的漏极钳位保护电路使用一只 UF4007 型超快恢复二极管 VD_1，输出整流电路采用 MUR420 型 4A/200V 超快恢复二极管。图 3-8-3（b）中的输出整流管采用一只 MUR1640 型 16A/200V 超快恢复对管，以满足大电流输出的需要。

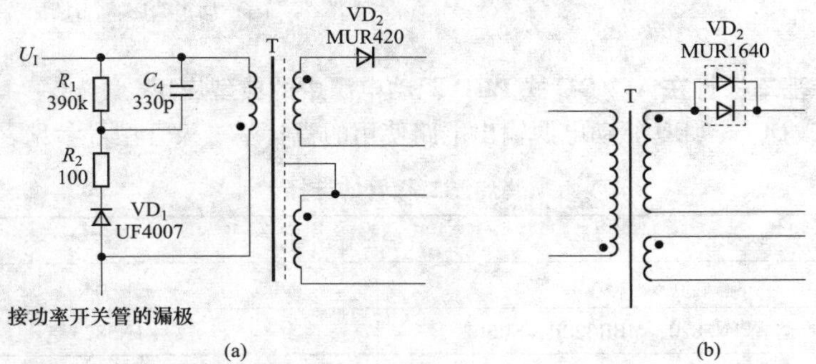

图 3-8-3　超快恢复二极管在 AC/DC 式 LED 驱动电源中的典型应用
（a）应用电路之一；（b）应用电路之二

二、肖特基二极管的选择

1. 肖特基二极管的工作原理

肖特基二极管是以金、银、钼等贵金属为阳极，以 N 型半导体材料为阴极，利用二者接触面上形成的势垒具有整流特性而制成的金属 - 半导体器件。它属于五层器件，中间层是以N型半导体为基片，上面是用砷做掺杂剂的N^-外延层，最上面是由金属材料钼构成的阳极。N型基片具有很小的通态电阻。在基片下面依次是N^+阴极层、阴极金属。典型的肖特基二极管内部结构如图3-8-4所示。通过调整结构参数，可在基片与阳极金属之间形成合适的肖特基势垒。当加上正偏压E时，金属A与N型基片B分别接电源的正、负极，此时势垒宽度W_0变窄。加负偏压$-E$时，势垒宽度就增加，如图3-8-5所示。近年来，采用硅平面工艺制造的铝硅肖特基二极管已经问世，不仅能节省贵金属，减少环境污染，还改善了器件参数的一致性。肖特基二极管仅用一种载流子（电子）输送电荷，在势垒外侧无过剩少数载流子的积累，因此它不存在电荷储存效应，使开关特性得到了明显改善。其反向恢复时间（t_{rr}）可缩短到10ns以内。但它的反向耐压较低，一般不超过100V，适宜在低电压、大电流下工作。利用其低压降的特性，能显著提高低压、大电流整流（或续流）电路的效率。

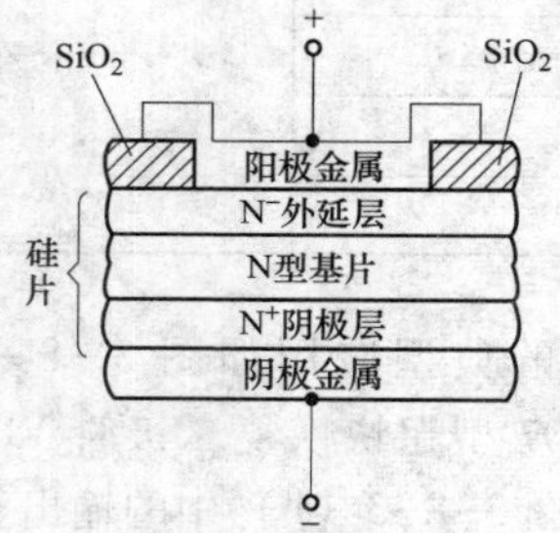

图3-8-4　肖特基二极管的结构

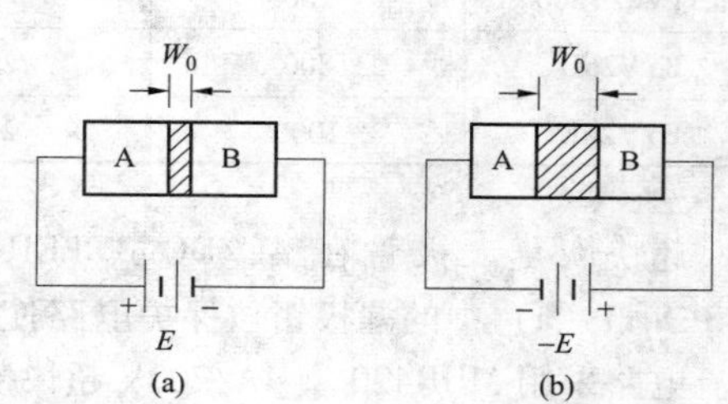

图3-8-5　加外偏压时势垒宽度的变化情况
（a）加正偏压；（b）加负偏压

2. 肖特基二极管在AC/DC式LED驱动电源中的典型应用

可供AC/DC式LED驱动电源输出电路使用的肖特基二极管型号参见表3-8-3。

表3-8-3　肖特基二极管的选择

U_R（V）	额定输出电流	
	3A	4~6A
20	1N5820，MBR320P，SR302	1N5823
30	1N5821，MBR330，31DQ03，SR303	50WQ03，1N5824
40	1N5822，MBR340，31DQ04，SR304	MBR540，50WQ04，1N5825
50	MBR350，31DQ05，SR305	50WQ05
60	MBR360，DQ06，SR306	50WR06，50SQ060

肖特基二极管在AC/DC式LED驱动电源中的典型应用电路如图3-8-6所示（局部）。为了降低二次绕组及整流管的损耗，二次侧电路由两个绕组，两只整流管VD_2、VD_3并联而成，然后公用一套滤波器。二次侧整流管均采用20A/100V的肖特基对管

MBR20100，可以把整流管的损耗降至最低。L 为共模电感。该电源的输出电压为19V，最大输出电流为3.68A。

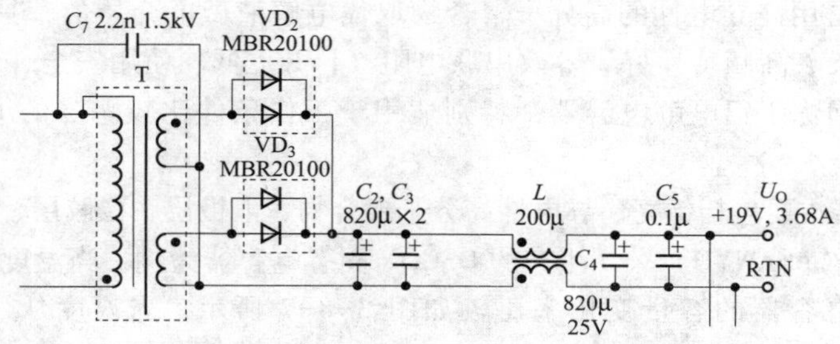

图3-8-6　肖特基二极管在AC/DC式LED驱动电源中的典型应用电路（局部）

三、输出滤波电容器的选择

输出滤波电容器在AC/DC式LED驱动电源中起着非常重要的作用，如何正确选择输出滤波电容器，是设计或制作驱动电源时需要解决的关键问题之一。

1. 电解电容器的选择

铝电解电容器因成本低廉而在LED驱动电源中应用很广。选择铝电解电容器时需注意以下事项：

（1）LED驱动电源的开关频率一般为几十至几百千赫兹，输出滤波电容器应采用高频铝电解电容器，其自谐振频率可超过10MHz。

（2）铝电解电容器的使用寿命与纹波电流、环境温度等因素有关。纹波电流越大，环境温度越高，使用寿命就越短。通常环境温度降低10℃，使用寿命大约可延长一倍。用于高温环境下的AC/DC式LED驱动电源，可采用日本红宝石（Rubycon）公司生产的-25～105℃铝电解电容器。

（3）铝电解电容器的极性不得接反。滤波电容的接地端应尽可能靠近二次侧返回端（地）。铝电解电容器应降额使用，一般情况下耐压值应为实际工作电压的1.2～1.5倍。

（4）尽管从理论上讲滤波电容器的容量越大越好，但实际上容量太大并不会显著改善滤波效果。这是因为漏电阻随容量而增大，等效串联电阻和等效串联电感也相应增加。

（5）由于等效串联电阻（R_{ESR}）的存在，电解电容器在充、放电过程中会产生功率损耗 I^2R_{ESR}（I 为电流有效值），引起铝电解电容器发热，使电源效率降低。R_{ESR} 值与频率、温度和额定电压有关。应采用 R_{ESR} 尽量小的铝电解电容器。

2. 实现无电解电容器的方法

铝电解电容器的使用寿命仅为几千小时，严重制约了LED灯具的工作寿命。因此，实现无电解电容器是LED驱动电源的一个发展方向。解决方法主要有以下两种：

（1）用固态电容器代替铝电解电容器。铝电解电容器是以电解液为电介质，受其性能所限制很难满足长寿命 LED 的要求。固态电容器（Solid Capacitors，全称为固态铝质电解电容）是用高导电性的高分子聚合物取代电解液做电介质的，具有工作稳定、耐高温、寿命长、高频特性好、等效串联电阻（ESR）低、使用安全、节能环保等优良特性，性能远优于铝电解电容器，特别适用于工作条件比较恶劣的 LED 路灯驱动电源。

固态电容器主要包括铝壳、导电性高分子聚合物、电极层、橡胶层、正极和负极引脚。以日本三洋（SANYO）公司生产的 OSCON 固态电容器为例，当温度变化时固态电容器与铝电解电容器的容量变化率比较如图 3-8-7 所示，当温度从 −55℃ 变化到 +105℃时，固态电容器的容量变化率小于±4%，而铝电解电容器的容量变化率可达 −37%～+10%。二者的等效串联电阻（R_{ESR}）-温度关系曲线如图 3-8-8 所示，固态电容器不论在高温、低温工作条件下，等效串联电阻都非常低（小于 0.1Ω）；铝电解电容器的等效串联电阻变化范围大约为 0.8～80Ω。

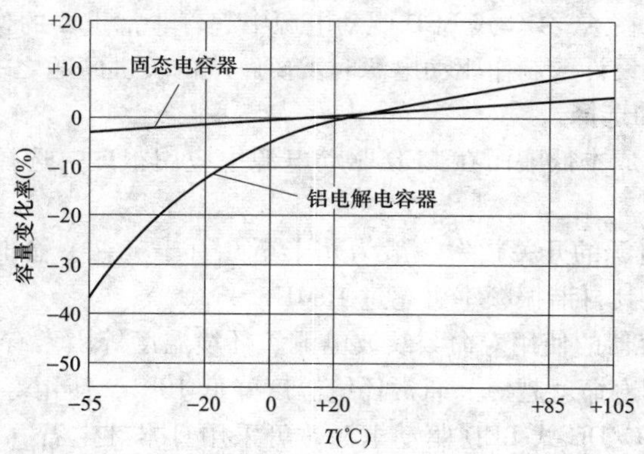

图 3-8-7　当温度变化时固态电容器与铝电解电容器的容量变化率曲线比较

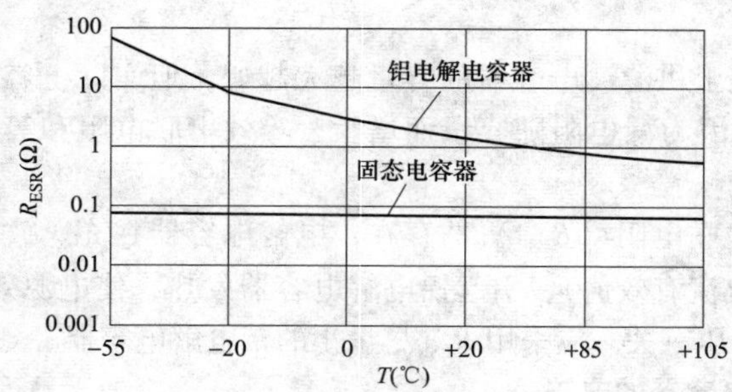

图 3-8-8　固态电容器与铝电解电容器的等效串联电阻-温度关系曲线比较

固态电容器与铝电解电容器的寿命比较见表 3-8-4。需要指出，固态电容器不会发生漏液、爆炸、受热膨胀等故障；其等效串联电阻很低，能有效滤除纹波噪声，这有利于提高 LED 驱动电源的性能指标。

表 3-8-4　　固态电容器与铝电解电容器的寿命比较

环境温度（℃）	固态电容器寿命（h）	铝电解电容器寿命（h）	二者的寿命比
75	60 000	16 000	3. 75 : 1
85	20 000	8000	2. 5 : 1
95	6000	4000	1. 5 : 1

（2）用陶瓷电容器代替电解电容器。某些新型 LED 驱动芯片，无须使用电解电容器。例如，日本 Takion 公司新推出的 TK5401 型 LED 驱动器 IC，输出滤波电容器可采用小容量（1μF）、长寿命的陶瓷电容器，不需要电解电容器，可将 LED 驱动电源的使用寿命提高到几万小时。

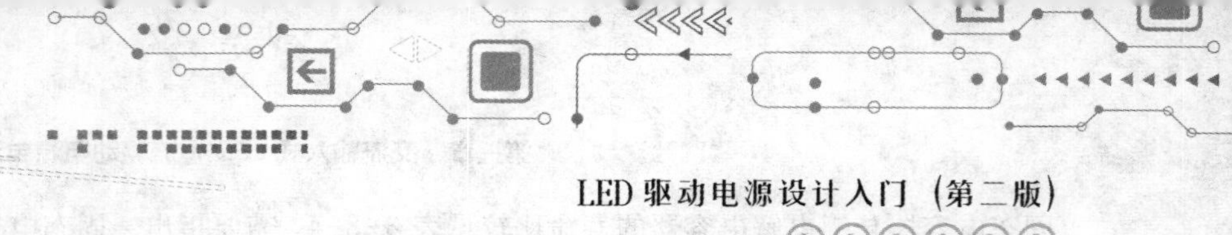

第四章

LED 照明驱动电源设计指南

本章首先阐述 LED 照明灯具的设计要点和室内 LED 照明灯具的设计方法，然后重点介绍模拟调光、PWM 调光、TRIAC 调光、数字调光的实现方案及应用实例，最后介绍无源及有源 LED 驱动电源 PFC 电路的设计方法及设计实例，可为实现 LED 驱动电源的优化设计提供帮助。

第一节　LED 照明灯具的设计要点

下面介绍设计 LED 照明灯具时应重点考虑的问题。

1. 隔离式、非隔离式 LED 驱动电源拓扑结构的选择

（1）隔离式 LED 驱动电源的选择。所谓隔离式 LED 驱动电源，是指交流线路电压与 LED 之间没有物理上的电气连接，因此它属于 AC/DC 变换器。隔离式驱动电源大多采用 AC/DC 反激式（Flyback）隔离方案，使用安全，但电路较复杂、成本较高，效率较低。

1）40W 以下的隔离式中、小功率 LED 驱动电源最适合选择反激式变换器。

2）40~100W 的隔离式大功率 LED 驱动电源推荐采用单级 PFC 电源（将 PFC 变换器与 DC/DC 变换器封装成一个芯片）。

3）100W 以上的隔离式大功率 LED 驱动电源建议采用“PFC 变换器+LLC 半桥谐振式变换器”的单级或两级 PFC 电源。

在交流输入电压 $u=85\sim265$V、输出电流 $I_O=0.3\sim3$A 的条件下，3 种隔离式拓扑结构的输出功率（P_O）及电源效率（η）适用范围如图 4-1-1 所示。由图可见，采用 LLC 半桥谐振拓扑结构时的输出功率最大，电源效率最高。

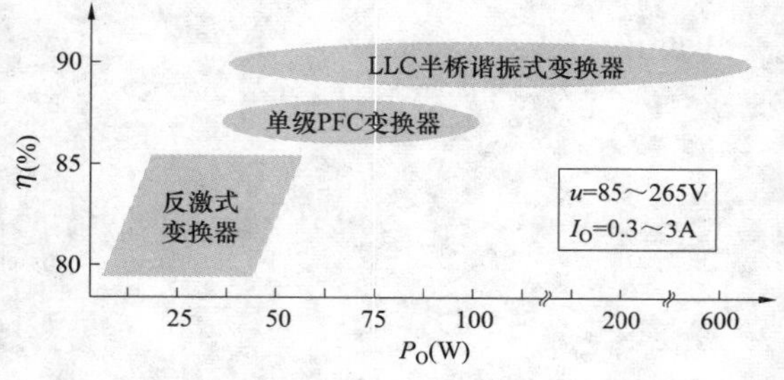

图 4-1-1　3 种隔离式拓扑结构的输出功率及电源效率适用范围

（2）非隔离式 LED 驱动电源拓扑结构的选择。根据电源电压与 LED 负载电压之间的关系，非隔离式 LED 驱动电源可采用降压式（Buck）或升压式（Boost）DC/DC 变换器，电路比较简单、效率较高、成本较低，在低压供电的 LED 灯具中，按照效率和成本优先的原则，非隔离式方案是最佳选择。

2. 根据用途来选择合适功率等级的隔离式 LED 驱动电源

（1）小功率 LED 驱动电源的功率范围是 1~12W，主要用于橱窗内照明、台灯及小范围照明灯。

（2）中功率 LED 驱动电源的功率范围是 12~40W，主要用于嵌灯、射灯、装饰灯具、冷藏柜及电冰箱灯及 LED 镇流器。

（3）大功率 LED 驱动电源的功率范围应大于 40W，主要用于区域照明、路灯、高效率 LED 驱动电源（含镇流器）、替代荧光灯及气体放电灯。

3. 设计 AC/DC 式 LED 驱动电源时应重点考虑的因素

（1）选择输出功率。应考虑 LED 正向压降 U_F 的变化范围，正向电流 I_F 的目标值与最大值，LED 灯的排列方式。

（2）选择电源电压。全球通用的交流输入电压范围（85~265V），固定式交流输入电压（例如 220V±15%），低压照明电压，太阳能电池电压。

（3）选择调光方式。是否需要采用模拟调光、PWM 调光、TRIAC 调光、数字调光、无线调光或多级调光方式。住宅照明经常用 TRIAC 调光方式。

（4）选择照明控制方式。常亮状态，手动控制，定时控制，自动控制（需配环境光传感器和微控制器）。

（5）对功率因数的要求。国际电工委员会（IEC）对 25W 以上 LED 照明灯的总谐波失真（THD）的要求，美国“能源之星”对住宅用和商业用 LED 照明灯的功率因数也分别做出具体要求。作为公用设施的 LED 路灯及商业用 LED 照明灯，必须采取功率因数校正措施。

（6）其他设计要求。电源效率，空载或待机功耗，外形尺寸，成本，保护功能（短路保护、开路保护、过载保护、过热保护等），安全性标准（如“能源之星”固态照明规范，IEC 61347-2-13 标准、美国电器质量标准 UL1310 等），节能标准（如“能源之星”规范），可靠性指标，机械连接方式，安装方式，维修及更换，使用寿命。

（7）其他特殊要求。例如设计区域照明时需考虑该照明区所要求的功率范围及发光等级、灯杆的高度及间距、LED 光通量随环境温度变化等情况。

4. 反激式 LED 驱动电源一次侧感应电压 U_{OR} 的选择方法

反激式 LED 驱动电源一次侧感应电压（U_{OR}），亦称二次侧反射电压，简称反射电压。U_{OR} 不仅关系到高频变压器的匝数比 n，还影响到功率开关管 MOSFET 耐压指标的选择。令一次绕组的匝数为 N_P，二次绕组匝数为 N_S，输出电压为 U_O，输出整流管的正向导通压降为 U_{F1}，有关系式

$$U_{OR}=\frac{N_P}{N_S}(U_O+U_{F1})=n(U_O+U_{F1}) \quad (4-1-1)$$

U_{OR}是设计反激式LED驱动电源的一个关键参数，通常在设计高频变压器之前就需要确定其参数值。但式（4-1-1）只是U_{OR}的计算式，并非决定式，并且要在设计好高频变压器之后才能计算U_{OR}。一般方法是先假定U_{OR}为某一数值，再通过设计结果验证U_{OR}值是否合理。

对于漏-源击穿电压$U_{(BR)DS}=700V$的MOSFET（含单片开关电源中的MOSFET），在$u=85\sim265V$的宽范围交流输入条件下，U_{OR}的允许范围一般为90~150V，典型值可选130V，这对$u=220V\pm15\%$的情况也适用。当$u=110\pm15\%$时，可选$U_{OR}=65V$。但需要注意，当$U_{(BR)DS}=700V$时，必须满足下述关系式

$$U_{OR}+U_{Imax}+U_{JF}\leqslant U_{(BR)DS}-50V=650V \quad (4-1-2)$$

其中，U_{JF}为尖峰电压，一般可取$U_{JF}=100\sim150V$，这里不考虑漏极钳位保护电路的作用，且（$U_{OR}+U_{Imax}+U_{JF}$）之和与$U_{(BR)DS}$值相比，至少应留出50V的裕量。例如，已知$u_{max}=265V$，所对应的$U_{Imax}=265V\times1.2=318V$，$U_{JF}=150V$，选择$U_{OR}=130V$时，$U_{OR}+U_{Imax}+U_{JF}=598V<650V$，实际留出700V-598V=102V的裕量，完全满足式（4-1-2）的要求。

采用$U_{(BR)DS}=1000V$的分立式MOSFET时，可将U_{OR}值适当选大一些（例如可选160V甚至更高些），但必须满足下述关系式

$$U_{OR}+U_{Imax}+U_{JF}\leqslant U_{(BR)DS}-100V=900V \quad (4-1-3)$$

即至少应留出100V的裕量。例如，已知$u_{max}=220V\times(1+15\%)=253V$，所对应的$U_{Imax}=253V\times1.2=303.6V$，$U_{JF}=150V$，选择$U_{OR}=160V$时，$U_{OR}+U_{Imax}+U_{JF}=613.6V<900V$，完全能满足式（4-1-3）的要求。

最后需要指出，U_{OR}选得太高，势必要增加匝数比n，并相应提高MOSFET及钳位保护元器件的耐压值。反之，U_{OR}选得太低，一次侧电流就显著增大，这不仅需增加一次绕组的线径，还会增大MOSFET的导通损耗。

5. MOSFET的选择

使用LED驱动控制器时需外部功率开关管MOSFET。功率MOSFET可用作功率输出级，它能输出几安到几十安的大电流。MOSFET分为N沟道和P沟道两种类型。N沟道MOSFET在栅-源极之间加正电压时处于导通状态，电流可从漏极流向源极。P沟道MOSFET则与之相反，在栅-源极之间加负电压时处于导通状态。

选择功率MOSFET时应重点考虑以下7个关键参数：

（1）漏-源击穿电压$U_{(BR)DS}$。$U_{(BR)DS}$值必须大于漏-源极可能承受的最大电压$U_{DS(max)}$，可留出10%~20%的余量。但$_{(BR)DS}$值不宜选得太高，以免增加器件的成本。

（2）最大漏极电流$I_{D(max)}$。通常情况下$I_{D(max)}$应留有较大余量，这有利于散热，提高转换效率。

（3）通态电阻$R_{DS(ON)}$。采用$R_{DS(ON)}$值很小的功率MOSFET，能降低传导损耗。

（4）总栅极电荷 Q_G。$Q_G = Q_{GS} + Q_{GD} + Q_{OD}$，其中的 Q_{GS} 为栅-源极电荷，Q_{GD} 为栅-漏极电荷，亦称密勒（Miller）电容上的电荷，Q_{OD} 为密勒电容充满后的过充电荷。因栅极电荷会造成驱动电路上的损耗及切换损耗，故 Q_G 值越小越好。

（5）品质因数 FOM（Figure of Merit）。$FOM = R_{DS(ON)} Q_G$，单位是 Ω · nC（欧姆 · 纳库仑）。它也是评价功率 MOSFET 的一个重要参数，FOM 值越低，器件的性能越好。

（6）输出电容 C_{OSS}（即漏-源极总分布电容）。C_{OSS} 过大，会增加开关损耗，这是因为储存在 C_{OSS} 上的电荷在每个开关周期开始时被泄放掉而产生的损耗。

（7）开关时间包括导通延迟时间 $t_{d(ON)}$ 和关断延迟时间 $t_{d(OFF)}$。开关时间应极短，以减小开关损耗。

以美国英飞凌（Infineon）科技公司生产的 IPP60R099CPA 型 N 沟道功率 MOSFET 为例，其主要参数如下：$U_{(BR)DS} = 600V$，$I_{D(max)} = 19A$，$R_{DS(ON)} = 0.09\Omega$（典型值），$Q_G = 60nC$，$FOM = R_{DS(ON)} Q_G = 0.09\Omega \times 60nC = 5.4\Omega \cdot nC$。$C_{OSS} = 130pF$，$t_{d(ON)} = 10ns$，$t_{d(OFF)} = 60ns$。该器件适用于 AC/DC 式 LED 驱动电源的功率开关管。

6. 控制环路的稳定性

LED 驱动电源的控制环路包括驱动芯片内部的误差放大器及外部控制环（如电压控制环、电流控制环等）。使用精密并联稳压器 TL431 时，其内部误差放大器就与驱动芯片内部的误差放大器构成两级误差放大器，能对输出进行精确调整。因此，控制环路的稳定性直接关系到 LED 驱动电源的恒压/恒流特性。

测量控制环路的幅频特性和相频特性时，经常需要用到波特图（Bode Diagram，亦称伯德图），其频率坐标采用对数刻度。波特图反映了控制环路对不同频率信号的放大能力，可为计算环路增益并进行稳定性分析提供方便。开关电源的波特图示例如图 4-1-2 所示。用 PI 公司软件自动生成开关电源波特图的示例如图 4-1-3 所示。

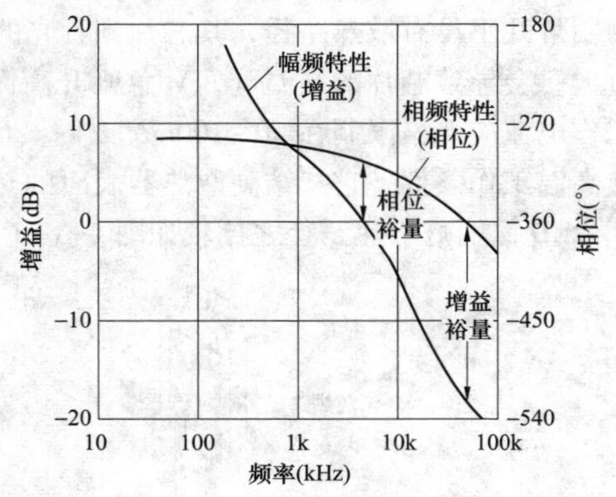

图 4-1-2 开关电源的波特图示例

对控制环路的基本要求如下：

（1）环路增益。低频段一般要尽量大，中频段一般约为 −20dB，高频段约为 −40dB。

（2）频率响应。控制环路的频率响应过窄或过宽，都会影响开关电源的稳定性。

（3）相位裕量。设计的相位裕量至少为 45°。

（4）交越频率。交越频率表示当总的开环增益为 1（即 0dB）时所对应的频率。交越频率必须小于开关频率的 1/10。

（5）瞬态响应。当输入电压或负载发生瞬态变化时，控制环路的响应速度必须足够快。

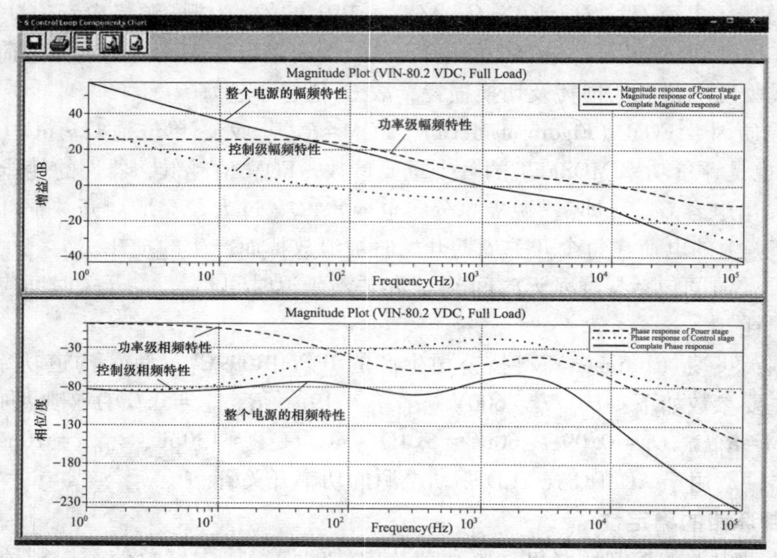

图 4-1-3　用 PI 公司软件自动生成开关电源波特图的示例

需要说明的是在修改反馈环路的元器件值时，交越频率和相位裕量都会发生变化。利用 RC 网络可减小相位失真。

7. LED 的散热问题

LED 的散热路径对 LED 的结温和寿命有重要影响。例如 ϕ 5mm 直径的小功率 LED 照明灯几乎没有散热路径，其芯片到管壳的热阻 $R_{\theta JC}>350$℃/W（典型值），若工作电流过大，会导致芯片的结温（T_J）急剧升高而使 LED 烧坏。因此，小功率 LED 照明灯的工作电流应严格限制在 50～100mA 以内。反之，大功率 LED 照明灯通过散热设计能适应高温工作条件，它从结到散热器表面的热阻 $R_{\theta JS}<10$℃/W（典型值）。小功率与大功率 LED 照明灯散热路径之比较如图 4-1-4 所示。

图 4-1-4　小功率与大功率 LED 照明灯散热路径之比较

（a）小功率 LED 照明灯；（b）大功率 LED 照明灯

下面举例说明如何选择大功率 LED 的工作温度。大功率 LED 的最佳工作温度为

80~90℃。考虑到夏季最高环境温度 T_{AM} 可达40℃，而在日光照射下LED路灯的最高环境温度 $T_{AM}\approx50$℃，可将50℃作为实际最高环境温度。大功率LED的最高结温 T_{JM} 一般为150℃，结温 $T_J=120$℃是可以承受的，芯片到铝基板的温差为10~15℃，若按15℃计算，LED铝基板的温度应为120℃-15℃=105℃。铝基板与最高环境温度相差105℃-50℃=55℃，可取105℃与50℃的中间值77.5℃。这需要安装外部铝散热器，才能将铝基板的温度降至77.5℃。普通电子元器件工作温度在85℃以下是安全可靠的，77℃完全能满足这一条件。因此设计LED驱动电源时，应在铝基板的表面温度上升到77℃时开始启动保护电路，并在达到85℃之前大幅度减小LED的工作电流，当温度达到90℃时完成热关断保护功能。设计过热保护电路时，可采用热敏电阻或集成温度传感器，温度传感器应贴近铝散热器。

8. LED的负载特性

与普通开关电源及开关稳压器的负载不同，LED驱动电源接的是非线性负载。大功率LED属于电流控制型半导体器件，其典型产品的伏安特性曲线如图4-1-5所示。当正向电流增大时，正向压降的升高并不遵循线性规律变化，曲线上每一点的斜率都不相同。这就要求LED驱动电源具有恒流输出特性，特别是在环境温度变化时，能确保正向电流和正向压降的变化不超出规定范围。

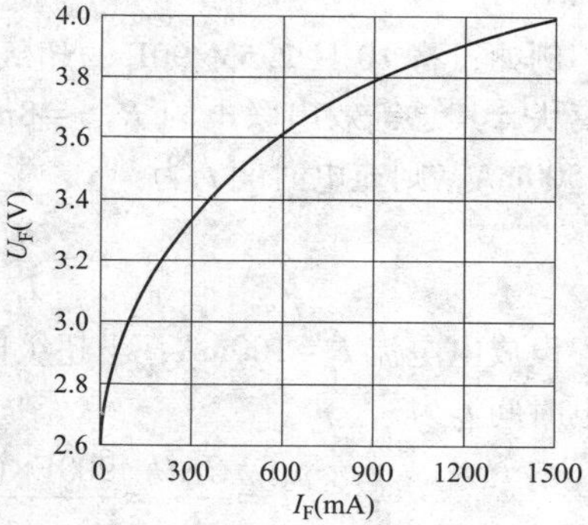

图4-1-5 大功率LED典型产品的伏安特性曲线

9. 太阳能LED照明灯具的设计要点

太阳能电池与LED同属半导体器件，它们都是由PN结构成的，但前者是把太阳能转换为电能，后者则是将电能转换为光能。太阳能LED照明灯充分体现了太阳能光伏发电技术与LED照明技术的完美结合，是真正意义上的绿色环保照明产品。太阳能LED照明灯是由太阳能电池板、充放电控制器（含光控开关）、蓄电池（或超级电容器）、LED驱动器和LED灯共5部分组成的。设计太阳能供电系统时需注意以下事项：

（1）太阳能供电系统必须与LED照明灯互相匹配。

（2）LED驱动器应采用升压式变换器。

（3）由于太阳能电池的输入电能很不稳定，因此需要配蓄电池才能正常工作。目前普遍采用铅酸蓄电池、镍镉（NiCd）蓄电池或镍氢（NiH）蓄电池，但蓄电池的充电次数有限（一般不超过1000次），并且充电速度慢，充电电路复杂，使用寿命短，废弃电池会造成环境污染。因此，中、小功率的LED照明灯可选用超级电容器作为储能元件。

超级电容器（Super Capacitor）是一种能提供强大功率的环保型二次电源，它具有体积小、容量大、储存电荷多、漏电流极小、电压记忆特性好、使用寿命长（充放电循环寿命在50万次以上）、工作温度范围宽（-40~75℃）等特点。超级电容器的耐压值通常为2.5~3V（也有耐压为1.6V的产品）。目前国外生产的超级电容器质量能量密度和容积功率密度比普通蓄电池高两个数量级，容量已达到 2.7V/5000F，工作寿命可达 90 000h。超级电容器可广泛用作太阳能 LED 照明、工控设备、汽车照明的后备电源或辅助电源。由锦州凯美能源有限公司生产的 SP-2R5-J906UY 型2.5V/90F 超级电容器，其主要技术指标见表 4-1-1。表中的 R_{ESR} 为等效串联电阻。最近该公司还推出 HP-2R7-J407UY 型 2.7V/400F 的超级电容器。

表 4-1-1　　SP-2R5-J906UY 型超级电容器的主要技术指标

额定电压（V）	标称容量（F）	R_{ESR}的典型值（1kHz，mΩ）	外型尺寸（mm）	热缩管颜色	引脚距离（mm）	引线直径（mm）
2.5	90	8	ϕ22×54	宝石蓝	10±0.5	1.5±0.05

例如，将 10 只 2.5V/90F 的超级电容器并联使用，可构成 2.5V/900F 的超级电容器模块，其总等效串联电阻 $R_{ESR}=8\text{m}\Omega/10=0.8\text{m}\Omega$，完全可忽略不计。若令充电电流 $I_1=500\text{mA}$，则充电时间 t_1 为

$$t_1=\frac{CU}{I_1}=\frac{900\text{F}\times2.5\text{V}}{500\text{mA}}=4500\text{s}$$

设放电电流 $I_2=100\text{mA}$，当超级电容器模块从 2.5V 降至 0.6V 时可视为放电结束，放电时间 t_2 为

$$t_2=\frac{C\Delta U}{I_2}=\frac{900\text{F}\times(2.5\text{V}-0.6\text{V})}{100\text{mA}}=17\ 100\text{s}=4.75\text{h}$$

（4）太阳能电池组件的额定输出功率至少应比 LED 灯具输入功率大一倍。受超级电容器容量所限，目前它仅适用于草坪灯、门厅灯等小功率 LED 照明灯具。

第二节　室内 LED 照明灯具的设计方法

确定照度标准是设计 LED 照明的前提条件。根据德国 DIN5035 标准，在不同环境下的照度推荐值参见表 4-2-1。

表 4-2-1　　在不同环境下的照度推荐值

照度 E（lx）	房间的用途或从事的活动类型
100	储藏室，建筑内的人员或车辆进出通道，楼梯间，自动扶梯，锅炉房，大堂
200	可进行读数工作的储藏室，非精密组装，零件清洗，铸造室，办公室间的公共走廊，档案室，更衣室，盥洗室
300	写字台全部靠近窗户的办公室，上釉、玻璃吹制，车削、钻孔、轧制及半精密组装，销售区，调度室
500	会议室，处理数据的办公室，组装车间，木工机床的操作，商品交易会看台、控制台，销售区的收银台

续表

照度 E（lx）	房间的用途或从事的活动类型
750	技术制图，金属的评估和检验，瑕疵检测，表面装饰板的选择，玻璃的打磨及抛光，精密组装
1000	配色及颜色检验，商品检验，精密电子仪器的组装，珠宝生产，润饰（含点缀、粉饰和润色）等

设计照明系统的重要任务就是在给定照度的条件下确定所需的灯具数量 n。下面介绍采用室内利用系数法确定所需 LED 灯具数量的方法。灯具数量的计算公式为

$$n=\frac{1.25Eab}{\Phi\eta_{LB}\eta_{R}} \tag{4-2-1}$$

式中：1.25（倍）是考虑到光通量的衰减以及灯具可能受到污染的情况而留出的裕量；E 为照度；Φ 为总光通量；a、b 为房间几何尺寸；η_{LB}为灯具效率；η_R为室内利用系数。采用室内利用系数法确定所需 LED 灯具数量的设计步骤如下：

1. 确定额定照度 E

从表 4-2-1 中查出所在环境下的照度推荐值（单位是 lx）。这里假定采用 n 只效率为 η_{LB}的 LED 灯具，并且安装特定光通量的光源，即可在面积为 $a\times b$（m^2）的房间内获得所需照度值。

2. 计算室内空间系数 k

室内空间系数 k 与房间的几何尺寸有关，计算公式为

$$k=\frac{ab}{h\ (a+b)} \tag{4-2-2}$$

式中：室内长度为 a，m；室内宽度为 b，m；令 H 为室高，m；则式（4-2-2）中的 $h=H-0.85\text{m}$，0.85m 就代表学习看书用的桌面平均高度。

3. 确定光通量 Φ

根据灯具所使用的光源，从光源产品目录中查到其光通量值（单位是 lm）。

4. 确定灯具效率 η_{LB}

从灯具的产品手册中，查到 LED 灯具效率的数值。

5. 确定反射系数 ρ

房间表面的反射特性是用天花板、墙壁以及工作面（或地面）的反射系数来衡量的。房间每个表面的反射系数见表 4-2-2。

表 4-2-2　　反射系数及室内利用系数

室内位置	天花板灯具配置反射系数 ρ									
天花板	0.8	0.8	0.8	0.5	0.5	0.8	0.8	0.5	0.5	0.3
墙壁	0.8	0.5	0.3	0.5	0.3	0.8	0.3	0.5	0.3	0.3
工作面或地面	0.3	0.3	0.3	0.3	0.3	0.1	0.1	0.1	0.1	0.1

续表

室内空间系数 k	室内利用系数 η_R									
0.6	0.73	0.46	0.37	0.44	0.36	0.66	0.36	0.42	0.35	0.35
0.8	0.82	0.57	0.47	0.54	0.46	0.74	0.45	0.51	0.44	0.44
1.0	0.91	0.66	0.56	0.62	0.54	0.80	0.53	0.59	0.52	0.51
1.25	0.98	0.75	0.65	0.70	0.62	0.85	0.61	0.66	0.60	0.59
1.5	1.03	0.82	0.73	0.76	0.69	0.89	0.67	0.72	0.66	0.65
2.0	1.09	0.91	0.82	0.84	0.78	0.94	0.75	0.78	0.73	0.72
2.5	1.14	0.98	0.90	0.90	0.84	0.97	0.81	0.83	0.79	0.77
3.0	1.17	1.03	0.96	0.95	0.90	0.99	0.86	0.87	0.83	0.82
4.0	1.20	1.09	1.03	1.00	0.95	1.01	0.91	0.91	0.88	0.86
5.0	1.22	1.13	1.07	1.03	0.98	1.03	0.93	0.93	0.91	0.89

6. 确定室内利用系数 η_R

室内利用系数（η_R）表示在工作面（或其他规定的参考平面）上，所接收到的光通量与LED照明灯具发射的额定光通量之比。η_R值不仅与天花板、墙壁和工作面（或地面）上反射系数（ρ）的组合情况有关，还取决于室内空间系数（k）。根据反射系数、室内空间系数之值，从表4-2-2中可查出室内利用系数的具体数值。表4-2-2列出的室内利用系数，是在理想色散条件下不同室内的空间系数和反射系数经过组合之后而得到的。

7. 计算出总的灯具数量（n），并进行合理的布置

设计实例：某会议室的每个光源都采用2×24W（即2只24W）的LED照明灯具。该房间的尺寸为$a=15.0\text{m}$，$b=8.0\text{m}$，$H=3.4\text{m}$，$h=H-0.85\text{m}=2.55\text{m}$。2×24W灯具的照度$E=300\text{lx}$，总光通量$\Phi=3600\text{lm}$，灯具效率$\eta_{LB}=0.58$。天花板、墙壁和工作面的反射系数分别为0.8、0.5、0.3。试计算总的灯具数量。首先计算k值：

$$k=\frac{ab}{h(a+b)}=\frac{15.0\times8.0}{2.25\times(15.0+8.0)}=2.31$$

根据给定条件并取$k\approx2.0$，从表4-2-2中查到室内利用系数$\eta_R=0.91$，再利用式（4-2-1）计算出

$$n=\frac{1.25Eab}{\Phi\eta_{LB}\eta_R}=\frac{1.25\times300\times15.0\times8.0}{3600\times0.58\times0.91}=23.68\approx24$$

设计结果：选择24个2×24W的LED照明灯具，并按照3（行）×8（列）的排列方式合理布置灯的位置。

第三节　模拟调光电路的主要特点及实现方案

LED 照明灯主要有 5 种调光方式：模拟调光（Analog Dimming），PWM 调光（Pulse Width Modulation Dimming），数字调光（Digital Dimming），TRIAC 调光（双向晶闸管调光，旧称三端双向可控硅调光），无线调光（Wireless Dimming）。其中，数字调光是微控制器通过单线接口、I^2C、SMBus、SPI 等串行接口给 LED 驱动器发出数字信号，来调节 LED 照明灯的亮度，可实现渐进调光（Gradual Dimming）。渐进调光是一种连续的调光方式，使电流 I_{LED} 以指数曲线形式逐渐增加，能很好地补偿人眼的敏感度。此外，还可利用数字电位器和单片机实现数字调光。无线调光是在数控恒流驱动器的基础上增加红外遥控发射器、红外遥控接收器来进行调光的。

一、模拟调光的主要特点

模拟调光亦称线性调光（Linear Dimming）。模拟调光可利用直流电压信号使 LED 驱动器的输出电流连续地变化，从而实现对 LED 的线性调光。其特点是调光信号为模拟量，并且输出电流是连续变化的，使 LED 的亮度能连续调节。模拟调光比最高只能达到 50∶1，一般在 10∶1 以下。模拟调光的优点是电路简单，容易实现，操作方便，无闪烁现象，能避免 TRIAC 调光产生的闪烁，成本低廉，可通过调节直滑推拉式线性电位器的电阻值，来改变通过 LED 的电流，进而调节 LED 的亮度。例如由美国 Cree 公司生产的 XLampXP-G 白光 LED，其相对光通量与正向电流 I_F 的关系曲线如图 4-3-1 所示，二者近似呈线性关系。由图可见，若将正向电流为 350mA 时的相对光通量视为 100%，则 200、100mA 时的相对光通量分别约为 60%、25%，因此通过调节驱动电流即可实现亮度调节。

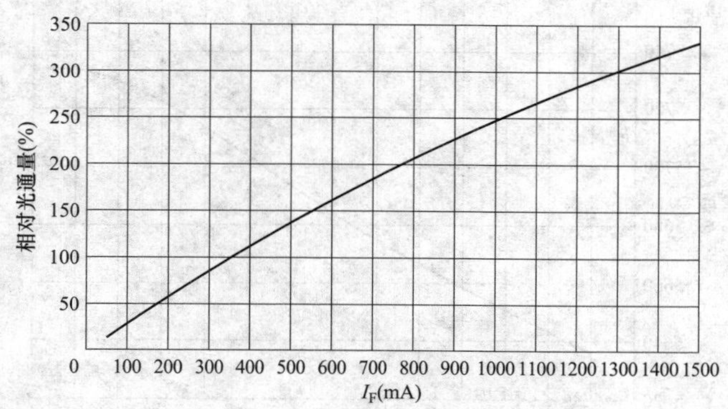

图 4-3-1　XLampXP-G 的相对光通量与正向电流的关系曲线

模拟调光主要有以下缺点：

（1）当电流发生变化时会造成 LED 的色偏，因为 LED 的色谱与电流有关，所以会影响白光 LED 的发光质量。举例说明，目前白光 LED 都是用蓝光 LED 激发荧光粉而产生的，当正向电流增大时，蓝光 LED 的亮度增加而荧光粉厚度并未按相同的比例变薄，致使其光谱的主波长增大，这里讲的主波长是指人眼视觉所感觉到的波长。主波长与正向电流的关系曲线示例如图 4-3-2 所示。当正向电流变化时还会引起色温的变化。白光 LED 的色温与正向电流的关系曲线示例如图 4-3-3 所示。由图可见，当正向电流为 160mA 时，色温为 5660K；当正向电流增加到 320mA 时，色温就偏移到 5731K。对于白光 LED，就会偏向冷光方向；对于 RGB-LED 背光源，则会引起色彩偏移（简称色偏）。由于人眼对色偏非常敏感，因此 RGB-LED 背光源无法采用模拟调光方式。

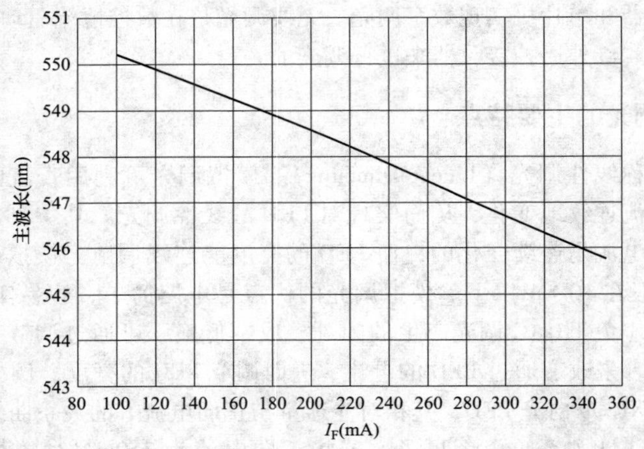

图 4-3-2　主波长与正向电流的关系曲线示例

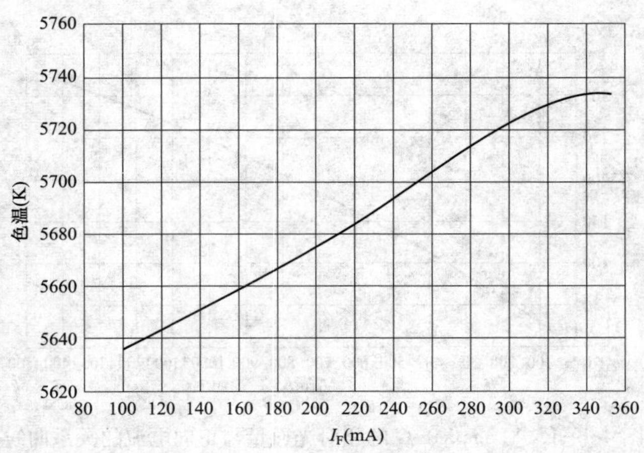

图 4-3-3　白光 LED 的色温与正向电流的关系曲线示例

（2）模拟调光的范围较窄，例如 MT7201 型 LED 恒流驱动器的模拟调光电压范围是 0.3~2.5V，调光比仅为 2.5V：0.3V=8.3：1<10：1；SN3910 型 HB-LED 恒流驱动控制器的调光比为 240mV/5mV=48：1；远低于 PWM 的调光比，后者可达几百至几千倍。模拟调光仅适用于某些特定的场合，例如 LED 路灯所需调光范围有限，采用简单的模拟调光方法即可满足要求。

（3）由于模拟调光时 LED 驱动器始终处于工作状态，而 LED 驱动器的转换效率随输出电流的减小而迅速降低，因此采用模拟调光会增加电源系统的功率损耗。

二、模拟调光的实现方案

以电感电流连续导通模式的降压式 LED 驱动器为例，模拟调光的基本原理如图 4-3-4 所示。它属于自激式降压变换器，主要包括以下 5 部分：① 由运算放大器 A、MOS 场效应管 V_2（P 沟道管）和 R_{SET}（LED 平均电流设定电阻）组成的镜像电流源，其输出电流 I_H 是 LED 灯串平均电流 $I_{LED(AVG)}$ 的镜像电流（因图 4-3-4 中未使用输出电容器，故 I_{LED} 需用平均电流表示），二者存在确定的比例关系，令 k 为比例系数，则 $I_H=kI_{LED(AVG)}$；仅当 $k=1$ 时 $I_H=I_{LED(AVG)}$。由于一般情况下 $k\ll1$，因此可将大电流 $I_{LED(AVG)}$ 按比例转换成小电流 I_H，使取样电流值大大减小。R_1 为镜像电流源的内部电阻。镜像电流源的输入端接 U_I，输出端经过内部电阻 R_L、$R_{L(HYST)}$ 接地，R_L 为镜像电流源的负载电阻。镜像电流源的控制电压取自 R_{SET} 两端的压降。② 模拟调光信号 U_{DIM} 的输入电路，包括 1.20V 带隙基准电压源（它经过电阻 R_2 给模拟调光信号输入端 DIM 提供 1.20V 的偏置电压），低通滤波器 LPF（用于滤除高频干扰）。③ 恒流控制电路，由比较器 1、N 沟道 MOSFET 功率开关管 V_1 和滞后电路（包含 N 沟道 MOS 场效应管 V_3、设定负载滞后量的

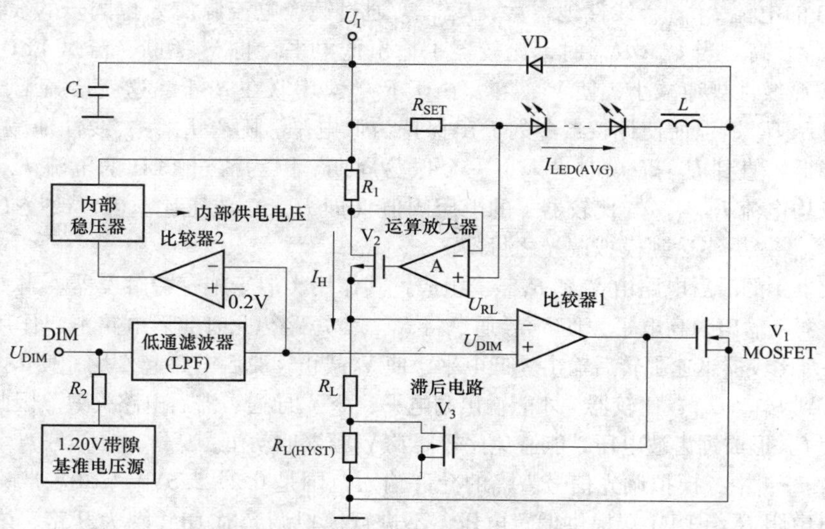

图 4-3-4　模拟调光的基本原理

电阻 $R_{L(HYST)}$）组成。④ 内部电源关断控制电路，它包含内部稳压器和比较器 2。⑤ 用于维持输出电流恒定的电感器 L、LED 灯串及超快恢复二极管（或肖特基二极管）VD。

电感电流连续导通模式的工作原理是当功率开关管 V_1 导通时，对电感进行储能，通过电感的电流途径为 U_I→R_{SET}→LED 灯串→L→V_1→地，此时 VD 截止，电感电压 U_L 的极性是左端为正，右端为负。当 V_1 截止时，由于在电感上产生反向电动势，U_L 的极性变成右端为正，左端为负，使得 VD 导通，电感开始泄放能量，泄放电流的途径变为从 L 的右端出发→VD→R_{SET}→LED 灯串→返回 L 的左端。因此，无论 V_1 是导通还是截止，电感上始终都有电流通过，且电流方向保持不变，这就是连续电感电流导通模式的基本原理。

采用连续电感电流导通模式有以下优点：

（1）外围电路简单，使用元器件数量少，可降低 LED 驱动电源的成本。

（2）恒流特性好，恒流精度可达 2%～5%。

（3）通过控制小电流来调节 $I_{LED(AVG)}$，这有利于提高电源效率。

（4）与不连续电感电流导通模式相比，连续电感电流导通模式可提高大功率 LED 驱动电源的效率。

（5）可省去输出滤波电容器，设计成无输出滤波电容器的长寿命 LED 驱动电源。输出滤波电容器的主要作用是滤除纹波和噪声，但由于 LED 灯串的亮度取决于通过灯串的平均电流 $I_{LED(AVG)}$ 值，并不受高频纹波电流的影响，因此只要使输出噪声不超过允许值，即可使用小容量的陶瓷电容器，而不用选择成本高、体积大、寿命短、具有低等效串联电阻（R_{ESR}）的铝电解电容器。铝电解电容器是限制 LED 灯具寿命的重要因素。

由图 4-3-4 可见，当 $U_{DIM}>U_{RL}$ 时，比较器 1 输出高电平，使功率开关管 V_1 导通，流过 LED 的电流 $I_{LED(AVG)}$ 线性地增大，$I_{LED(AVG)}$ 通过镜像电流源使 I_H 也同步的线性增加，进而使 U_{RL} 升高。当 $U_{RL}>U_{DIM}$ 时，比较器 1 输出低电平，将 V_1 关断，流过 LED 的电流 $I_{LED(AVG)}$ 按照线性规律减小，使 V_3 截止。由于 $R_{L(HYST)}$ 串联在 R_L 上，这就抬高了比较器 1 的反馈电压 U_{RL}，以便使比较器 1 的输出保持为低电平。随着 $I_{LED(AVG)}$ 线性地减小，U_{RL} 也随之降低，直到 $U_{RL}<U_{DIM}$ 时进入下一个振荡周期。因为流过 LED 的电流 I_{LED} 是锯齿波，其平均电流 $I_{LED(AVG)}$ 与比较器 1 的电压阈值（即 U_{DIM}）成正比。因此改变 U_{DIM} 即可改变 $I_{LED(AVG)}$，最终达到模拟调光之目的。

比较器 1 的滞后电路由 V_3 和 $R_{L(HYST)}$ 组成，其作用类似于施密特触发器。当 $U_{DIM}>U_{RL}$ 时，比较器 1 输出为高电平，使 V_3 导通，将 $R_{L(HYST)}$ 短路，此时滞后电路不起作用。一旦 $U_{RL}>U_{DIM}$，比较器迅速翻转后输出为低电平，使 V_3 截止，滞后电路起作用，使 U_{RL} 进一步升高，直到 $U_{DIM}>U_{RL}$，比较器 1 才能输出高电平，令 V_3 导通，滞后电路失效。因此，滞后电路可使 U_{RL} 形成锯齿波电压，能避免比较器及 V_1 频繁地动作。

图 4-3-4 中，模拟调光信号 U_{DIM} 的允许输入范围是 0.3～2.5V。1.20V 带隙基准电压源经过电阻 R_2 给 DIM 端提供偏置电压。不进行模拟调光时 DIM 端为开路，该端被偏置到 1.20V，以保证 LED 能正常发光。此外，U_{DIM} 还被送至内部电源控制电路，当

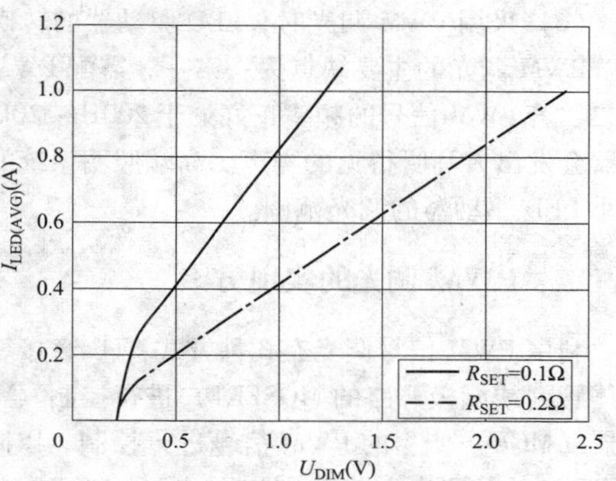

图 4-3-5　$I_{LED(AVG)}$ 与 U_{DIM} 的特性曲线示例

U_{DIM}<0.2V 时，芯片进入待机模式，内部电源掉电，使功率开关管 V_1 关断并切断 LED 上的电流。仅当 U_{DIM} = 0.25V>0.2V 时，才允许芯片工作。

模拟调光时，输出平均电流 $I_{LED(AVG)}$ 与模拟调光信号 U_{DIM} 的特性曲线示例如图 4-3-5 所示。图中的实线和虚线分别对应于电流检测电阻 R_{SET} = 0.1Ω（最小值）、0.2Ω 时的 $I_{LED(AVG)}$-U_{DIM} 曲线。由图可见，当 U_{DIM} ≥ 0.3V 时，$I_{LED(AVG)}$ 随 U_{DIM} 的升高而线性地增大。当 DIM 端悬空、L=47μH、$I_{LED(AVG)}$ = 1A，驱动 1 只正向压降为 3.2V 的白光 LED 时，开关频率为 300kHz（典型值）。最高开关频率可达 1MHz 左右。

设计模拟调光电路时可将一个稳定电压经过精密电阻分压器获得所需的 U_{DIM}，供模拟调光使用。调光用电位器的调压范围应能覆盖 0.3~2.5V，并应留出一定余量。亦可用按键式数字电位器来代替机械电位器。从调光效果看，使用对数电位器要比线性电位器更符合人眼的感光特性。

第四节　PWM 调光的主要特点及实现方案

一、PWM 调光的主要特点

PWM 调光是利用脉宽调制信号反复地开/关（ON/OFF）LED 驱动器，来调节 LED 的平均电流。与模拟调光方法相比，PWM 调光具有以下优点：

（1）无论调光比有多大，LED 一直在恒流条件下工作。

（2）颜色一致性好，亮度级别高。在整个调光范围内，由于 LED 电流要么处于最大值，要么被关断，通过调节脉冲占空比来改变 LED 的平均电流，所以该方案能避免在电流变化过程中出现色偏。

（3）能提供更大的调光范围和更好的线性度。PWM 调光频率一般为 200Hz（低频调光）~20kHz 以上（高频调光），只要 PWM 调光频率高于 100Hz，就观察不到 LED 的闪烁现象。

（4）低频调光时的占空比调节范围最高可达 1%~100%。PWM 调光比最高可达 5000∶1。

（5）多数厂家生产的 LED 驱动器芯片都支持 PWM 调光。这分下述 3 种情况：只带 PWM 调光输入引脚，没有模拟调光引脚；给 PWM 调光、模拟调光分别设置一个引脚；与模拟调光公用一个调光输入引脚。

（6）采用 PWM 调光时，LED 驱动器的转换效率高。

PWM 调光的主要缺点为：第一，需配 PWM 调光信号源，使其成本高于模拟调光；第二，若 PWM 信号的频率正好处于 200Hz~20kHz 之间，LED 驱动器中的电感及输出电容器会发出人耳听得见的噪声。高端照明系统的调光频率应高于 20kHz，但高频调光会减小 LED 驱动器的调光范围。

二、PWM 调光的实现方案

利用 PWM 信号调光有 3 种方式：① 直接用 PWM 信号控制；② 通过集电极开路的晶体管（或漏极开路的 MOSFET）进行控制（高电平为 1，低电平为 0）；③ 利用微控制器（MCU）产生的 PWM 信号进行控制。以降压式恒流 LED 驱动器 MT7201 为例，3 种 PWM 信号调光方式分别如图 4-4-1(a)~(c)所示。PWM 调光端一般用 ADJ（或 PWM）表示，也有的芯片与模拟调光合用一个调光引脚 DIM。PWM 调光频率应在 100Hz 以上，以避免人眼观察到 LED 闪烁现象。

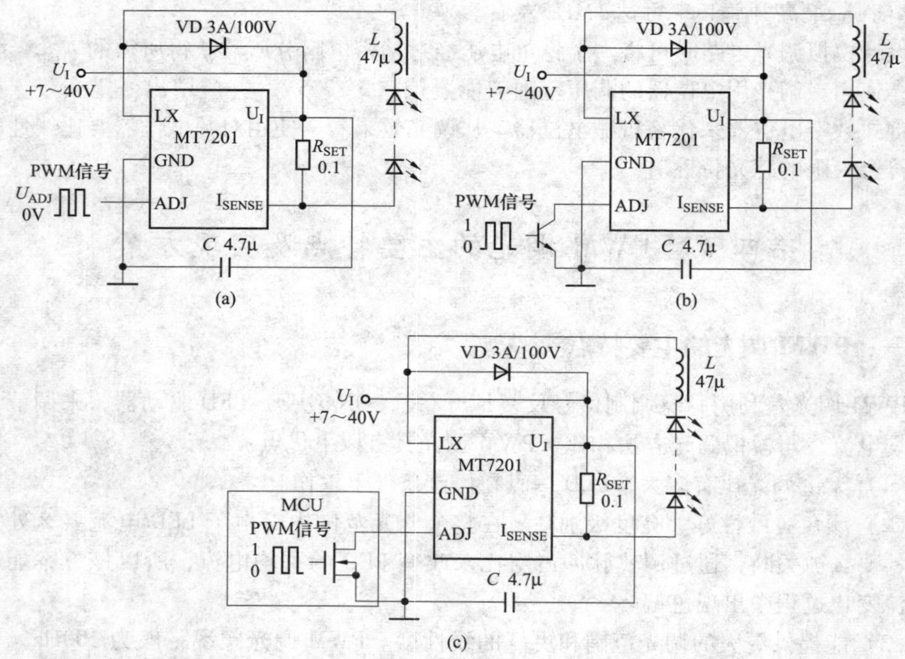

图 4-4-1 PWM 信号调光方式

（a）直接用 PWM 信号控制；（b）通过集电极开路的晶体管进行控制；

（c）用微控制器产生的 PWM 信号进行控制

在 PWM 调光时，设 LED 平均电流的最大值、最小值分别为 $I_{LED(max)}$、$I_{LED(min)}$，最大占空比和最小占空比依次为 $D_{(max)}$、$D_{(min)}$，有公式

$$I_{LED(max)}=D_{(max)}I_{LED} \tag{4-4-1}$$

$$I_{LED(min)}=D_{(min)}I_{LED} \tag{4-4-2}$$

调光范围$=D_{(max)}/D_{(min)}$　　(4-4-3)

举例说明，某 LED 驱动器低频调光时，$D_{(max)}=100\%$，$D_{(min)}=0.1\%$，则调光范围为 1000∶1；而高频调光时，$D_{(max)}=100\%$，$D_{(min)}=16\%$，则调光范围减小到 6.25∶1。

PWM 调光时，输出平均电流 $I_{LED(AVG)}$ 与占空比 D 的特性曲线示例如图 4-4-2 所示。图中的 PWM 信号频率为 1kHz。

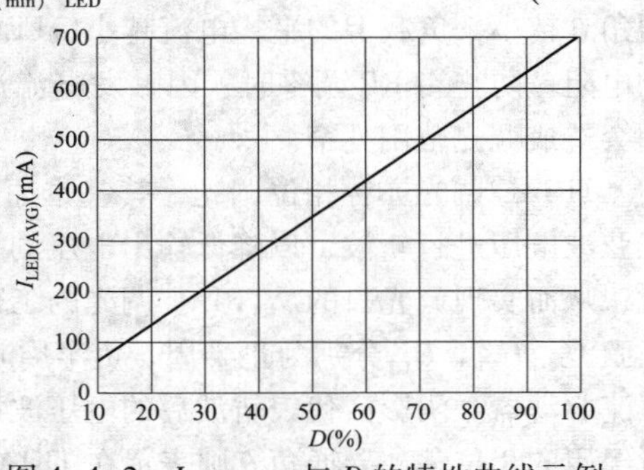

图 4-4-2　$I_{LED(AVG)}$ 与 D 的特性曲线示例

第五节　TRIAC 调光的主要特点及实现方案

一、TRIAC 调光的主要特点与基本原理

由于传统的白炽灯、荧光灯普遍采用双向晶闸管（TRIAC）调光器，因此要推广 LED 照明，就面临着如何与 TRIAC 调光器兼容的问题。这表明，要利用传统的 TRIAC 调光器调节 LED 亮度，就必须满足两个条件：第一，保留原调光器不变；第二，确保调光效果不变。

TRIAC 调光的主要优点是电压调节速度快，调光精度高，调光比可达 100∶1，调光参数能够分时段、实时地调整，体积小，成本低。但由于 TRIAC 调光工作在斩波方式，调光器无法实现正弦波电压输出，因此会出现大量的谐波，造成电磁干扰（EMI）。因此，TRIAC 调光会导致电源效率和功率因数的降低。

TRIAC 调光器的典型电路图 4-5-1 所示。TRIAC 的特点是只要在其控制极加上适当的触发脉冲，无论在交流的正半周还是负半周均可导通。由调光电位器 RP、电阻 R 和电容器 C 组成延迟启动电路，在交流电的正半周，电源通过 RP 和 R 给 C 充电，当 C 的电压上升至 DIAC 的正向转折电压 $U_{(BO)}$ 时 DIAC 导通，进而触发 TRIAC 导通。负半周时，C 的电压上升至 DIAC 的反向转折电压 $U_{(BR)}$ 时 DIAC 立即导通，然后触发 TRIAC 导通。调节 RP 滑动端的位置，可改变充电时间常数。例如滑动端越向下移动，延迟启动

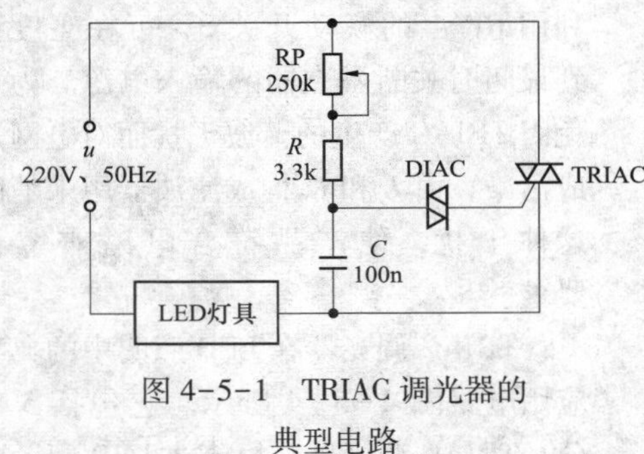

图 4-5-1　TRIAC 调光器的典型电路

时间越长。RP 可选直推式或旋转式线性电位器，其阻值变化与滑动距离或转角成线性关系。对于功率较大的调光器，一般将电位器和电源开关分开安装。TRIAC 调光器的导通角 θ 越小，负载上的平均电流越小，LED 的亮度越低，从而达到了调光目的。R 为保护电阻，防止当 RP 调零时，因触发电流过大而损坏 DIAC。但 R 的阻值不宜太大，否则会造成调光范围变窄。

TRIAC 调光亦称相位调光，其基本原理是通过控制 TRIAC 的导通角，对输入交流正弦波电压进行斩波，以降低输出电压的平均值，再通过 LED 驱动器控制 LED 灯的电流，从而实现调光目的。TRIAC 调光的工作波形图 4-5-2 所示。图中，u 为输入的交流正弦波，U_{G1}、U_{G2}分别为正半周、负半周时 TRIAC 的触发脉冲，U_T经过斩波后送至 LED 恒流驱动器。阴影区代表斩波后的电压波形，控制角 α 表示从零开始到触发脉冲到来时所经历的相位角，导通角 θ 则表示在 TRIAC 开始导通时刻所对应的相位角。

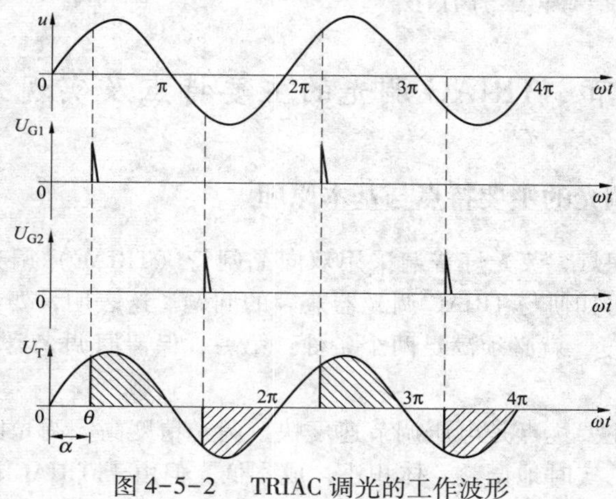

图 4-5-2　TRIAC 调光的工作波形

经过改进的 TRIAC 调光器电路图 4-5-3 所示，由 RP、R_1、R_2和 C_1构成触发电路，R_2的作用是在 RP 的滑动触点断开时仍能触发 DIAC，不会影响 LED 的发光。利用 RP 上的联动开关 S，可在亮度调到最暗时关断调光器的输入电源。为避免因 TRIAC 产生的谐波干扰而对电网造成污染，由 L 和 C_2构成滤波器用来消除这种干扰，使产品符合电磁兼容性要求。

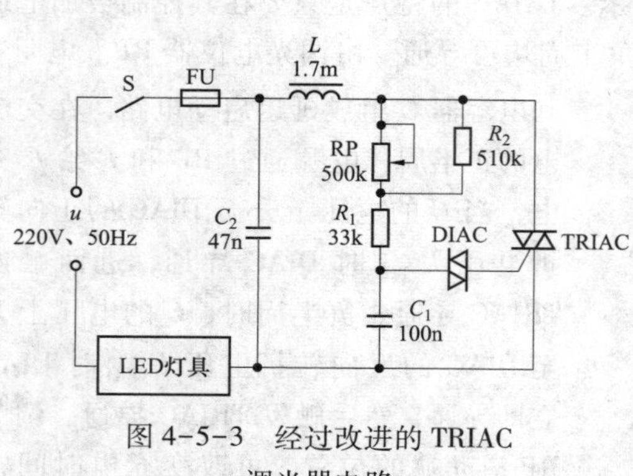

图 4-5-3　经过改进的 TRIAC 调光器电路

TRIAC 调光器在 LED 照明中的典型应用电路图 4-5-4 所示。它包括 5 部分：TRIAC 调光器、恒流式 LED 驱动电源、LED灯负载、电源开关S、熔丝管FU。由LED驱动芯片构成的LED灯具及所配TRIAC调光器的外形如图4-5-5所示。

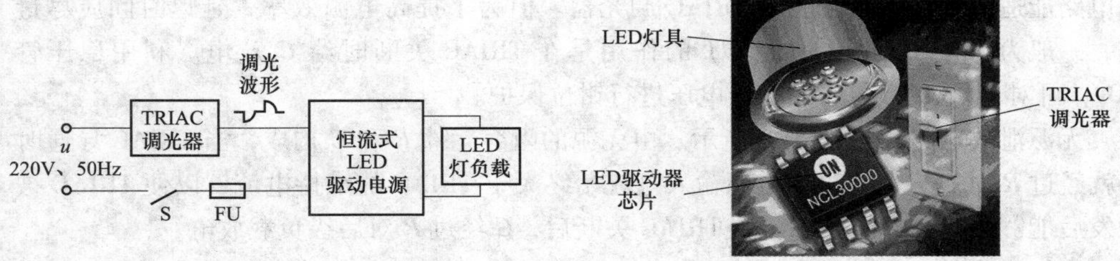

图4-5-4 TRIAC调光器在LED照明中的典型应用电路

图4-5-5 LED驱动芯片、LED灯具及所配TRIAC调光器的外形图

二、TRIAC调光的关键技术及实现方案

LED调光的关键技术是解决LED驱动器与TRIAC调光器的兼容问题。这是因为原有TRIAC调光器接的是白炽灯或卤化物灯这类电阻性负载。LED灯并不属于电阻性负载，如果直接用TRIAC调光器来调节LED灯的亮度，LED就容易出现闪烁问题。其主要有以下三种原因：

（1）按照传统设计，为降低LED灯串的功率损耗，LED灯串的总电流必须小于调光器内部TRIAC的维持电流，但这会使调光范围变窄，或导致TRIAC被误关断而使LED出现闪烁。

（2）当TRIAC开始导通时，较大的浪涌电流对输入电容器C_2快速充电，会造成线电压的瞬间跌落；而LED驱动电源属于恒流驱动源，具有较高的阻抗，此时受电源等效电感（含高频变压器）和等效电容的影响，在线路上可能会产生大幅度的衰减振荡（振铃），使输入电流突然下降到零，导致TRIAC在半周期结束前就非正常地关断，造成LED闪烁。

（3）如果TRIAC在每个半周期的导通角不相同，LED灯就会因正向电流发生变化而出现闪烁。

为解决上述难题，可在外部专门增加了有源阻尼电路（Active Damper，亦称有源衰减电路）和无源泄放电路（Passive Bleeder）。对于非调光应用，可省去有源阻尼电路和无源泄放电路。

有源阻尼电路如图4-5-6所示，它包含晶体管等有源器件。电路由$R_1 \sim R_5$、VD、晶体管VT、C_1、稳压管VD_Z（其稳压值为U_Z）、N沟道MOS场效应管V及阻尼电阻R_5构成的，MOS场效应管与R_5相并联。该电路可等效于延时开关，当TRIAC调光器对C_2充电时可对浪涌电流和振铃的形成起到阻尼作用。当TRIAC刚开始导通时，利用R_5对浪涌电流起到阻尼作用，可大大降低浪涌电流的上升率（di/dt）。与此同时，U_I通过L、R_1、R_2和VD对C_1进行充电，V的栅极电位不断升高。经过一段延迟时间后V导通并将

R_5短路，使R_5的功耗接近于零。延时电路由R_1、R_2和C_1构成，若忽略VD的内阻，则充电时间常数$\tau=(R_1+R_2)C_1$。增大R_1、R_2的电阻值，可增加延迟导通时间，使有源阻尼电路能适应各种不同性能的TRIAC调光器。但为了提高电源效率，延迟时间应尽量短，一般为1ms左右。晶体管VT的作用是在TRIAC关断时给C_1放电。利用稳压管VD_Z，可对MOS场效应管的栅极电压进行钳位保护。

无源泄放电路如图4-5-7所示。由无源的阻容元件R和C构成，当TRIAC导通时U_I就经过R对C充电，可使电源输入电流始终大于TRIAC的维持电流，以便TRIAC被触发后能够维持在导通状态。在TRIAC关断后，C经过R对后级负载放电。

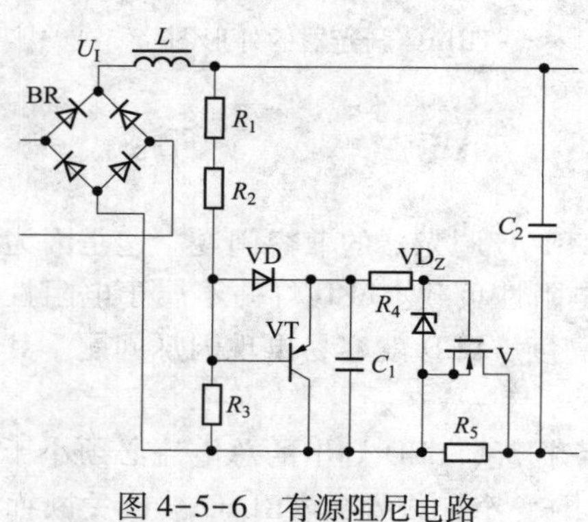

图4-5-6　有源阻尼电路

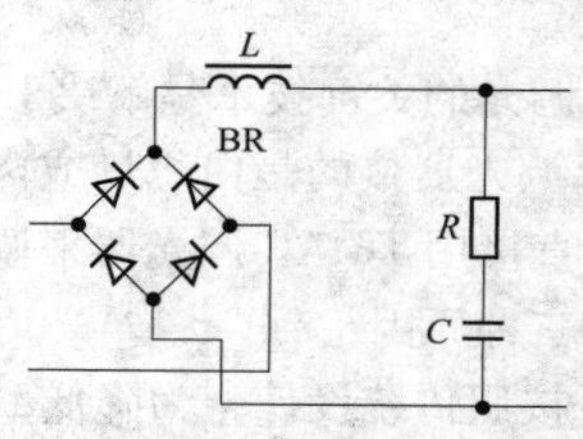

图4-5-7　无源泄放电路

上述电路可确保在TRIAC导通期间的所有相位角范围内，实现无闪烁调光，并防止TRIAC因LED驱动电源出现振铃而被误关断。

目前，国内外厂家竞相开发支持TRIAC调光的新型LED驱动器IC，有的还带单级或双级PFC电路。典型产品有PI公司的LinkSwitch-PH系列产品、安森美半导体公司的LM3445和NCL30000。这类芯片采取了避免LED闪烁、抗电磁干扰及静电放电、单级功率因数校正等措施，较好地解决了上述技术难题，实现了无闪烁的相位控制TRIAC调光。

第六节　数字调光的主要特点及实现方案

智能化LED驱动器的特点是带单线接口、I^2C接口、SMBus接口、SPI接口等串行接口，也有的芯片带串入、并出接口。利用微控制器能实现数字调光及功能扩展。

一、数字调光的主要特点及相应LED驱动器的产品分类

（1）智能化LED驱动器带总线接口，适配微控制器实现LED驱动电源的智能化。采用智能化LED驱动技术，再配上温度传感器（NTCR或集成温度传感器）、数字式环

境亮度传感器（如 HSDL-9000）或智能环境光传感器（如 NOA1211），不仅能根据驱动电压、环境温度、环境亮度的变化将每只 LED 的电流控制在最佳值，还能完成自适应数字调光（调光比最高可达 3000：1）、逐点校正、颜色控制、多重保护、平板显示器监控等复杂功能。

（2）智能化 LED 驱动器适合构成大型 LED 驱动电源系统，便于实现散热管理，进而组成智能化的电源管理系统（PMS）。

智能化 LED 驱动器的典型产品见表 4-6-1。需要说明两点：第一，单线接口有不同类型，例如美国美信（MAXIM）公司生产的可编程 HB-LED 驱动器 MAX16816，是通过内部 E^2PROM 的单线（1-Wire）接口 UV/EN 与外部单片机（μC）进行通信；Catalyst 半导体公司生产的 6 通道可编程 LED 驱动器 CAT3637，采用的是单线可编程接口 EN/SET，被称之为 EZDim™，每个公司有自己的专有技术。第二，尽管同属于某种接口，但有的芯片是标准配置，有的芯片则是与这种接口兼容。

表 4-6-1　　智能化 LED 驱动器的典型产品

接口类型	典型产品型号及名称	生产厂家
单线（1-Wire）接口	MAX16816（带单线接口的可编程 HB-LED 驱动器）	美国美信（MAXIM）公司
	CAT3637（带单线接口的 6 通道可编程 LED 驱动器）	美国 Catalyst 半导体公司
I^2C 接口	NCP5623（带 I^2C 接口并具有“渐进调光”功能的 3 通道 RGB-LED 驱动器）	美国安森美半导体（ON Semiconductor）公司
	LM27965（与 I^2C 接口兼容的电荷泵式 3 组输出式 LED 驱动器）	美国国家半导体公司（NSC）
	ADP8860（带 I^2C 接口的电荷泵式 7 通道 LED 驱动器）	美国模拟器件公司（ADI）
SMBus 接口	TPS61195（带 SMBus 接口的 8 通道白光 LED 驱动器）	美国德州仪器公司（TI）
	MAX7302（与 I^2C/SMBus 接口兼容的 LED 驱动器）	美国美信公司
SPI 接口	LP3942（带 SPI 接口和电荷泵的全彩色 RGB-LED 驱动器）	美国国家半导体公司
	NLSF595（带 SPI 接口的 RGB-LED 驱动器）	美国安森美半导体公司
	MAX6977（带 SPI 接口的 8 通道 LED 驱动器）	美国美信公司
其他接口	MAX6978（带 4 线串行接口、LED 故障检测和看门狗“Watchdog”的 8 通道 LED 驱动器）	美国美信公司

二、带 I^2C 接口的数字调光式 LED 驱动器

带 I^2C 接口的 LED 驱动器典型产品有美国安森美半导体公司推出的 NCP5623 型带 I^2C 接口的 3 通道 RGB-LED 驱动器，国家半导体公司生产的 LM27965 型与 I^2C 接口兼容的电荷泵式 3 通道 LED 驱动器，模拟器件公司（ADI）生产的 ADP8860 型带 I^2C 接口的电荷泵式 7 通道 LED 驱动器。

NCP5623 属于电荷泵式 LED 驱动器，内部有 3 个独立的驱动器，能驱动 RGB-LED，可显示出超过 32 000 种颜色，3 路输出电流的匹配精度可达 0.3%。它具有可编程渐进调光功能，能营造出像剧场般的淡入/淡出效果。NCP5623 可通过 I^2C 接口接收微控制器的指令，实现 32 个电流等级的亮度控制。其输入电压范围是+2.7～5.5V，最大总输出电流为 90mA，待机电流小于 1μA，电源效率可达 94%。该器件还具有 LED 短路及过电压保护功能，适用于手机等便携式电子产品的全彩色 LED 背光源、数码相机的白光 LED 闪光灯。

NCP5623 的典型应用电路如图 4-6-1 所示，它采用 TSSOP-14 封装。C_1、C_2分别为输入、输出电容器。电池电压输入端（U_{BAT}）和直流偏压端（U_{DET}）一同接输入电压 U_I。R_{SET}为基准电流端（I_{REF}）的外接电阻，用于设定 LED 的最大工作电流 $I_{LED(max)}$，R_{SET}应采用误差小于±1%的金属膜电阻。一般情况下，工作电流 I_{LED}的计算公式为

$$I_{LED}=\frac{2400U_{REF}}{R_{SET}(31-n)} \tag{4-6-1}$$

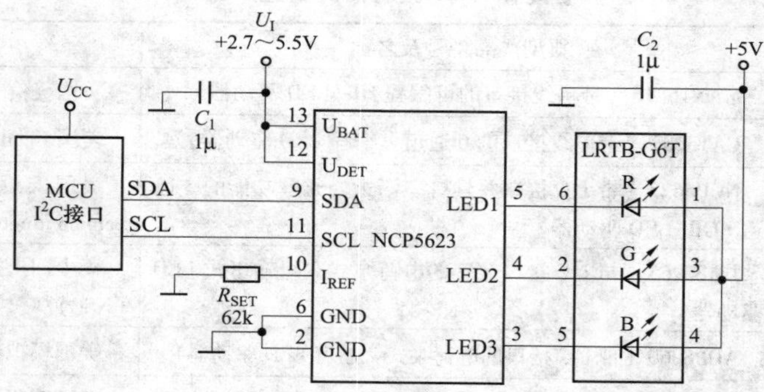

图 4-6-1　NCP5623 的典型应用电路

式中：U_{REF}为 NCP5623 内部 600mV 基准电压源；n 为步进量，$1 \leqslant n \leqslant 31$。特别，当 $n=31$ 时，默认值为 $n=30$，以避免式（4-6-1）中出现分母为零的情况。

仅当 $n=30$ 时，可获得最大工作电流 $I_{LED(max)}$，有公式

$$I_{LED(max)}=\frac{2400U_{REF}}{R_{SET}} \tag{4-6-2}$$

将 $U_{REF}=600mV=0.6V$、$R_{SET}=62k\Omega$ 一并代入式（4-6-2）中得到，$I_{LED(max)}=23.2mA$。

LRTB-G6T 为德国 OSRAM 公司生产的 RGB-LED，3 只红、绿、蓝色 LED 的阴极分别接 LED1、LED2 和 LED3 引脚，阳极接+5V 电压。3 种颜色 LED 的波长分别为 625nm（红色）、528nm（绿色）和 470nm（蓝色）；发光效率依次为 43lm/W（红色）、36lm/W（绿色）和 11lm/W（蓝色），视角为 120°。可单独控制每只 LED 以显示不同的颜色（包括白色）。

三、带 SPI 接口的数字调光式 LED 驱动器

SPI（Serial Peripheral Interface，串行外围接口）是由 Motorola 公司提出的一种同步串行外围接口，使用 SPI 总线接口不仅能简化电路设计，还能提高设计的可靠性。带 SPI 接口的 LED 驱动器典型产品有美国国家半导体公司生产的 LP3942 型RGB-LED 驱动器。

LP3942 属于带 SPI 接口的电荷泵式两组输出式 LED 恒流驱动器，输入电压范围是 +3~5V，最大输出电流为 120mA。内置高效率、低噪声及可编程的电荷泵，电荷泵倍率选择 1.5×模式时输出电压为 4.5V，选择 2×模式时输出电压为 5.0V。微控制器可通过 SPI 接口对 RGB-LED 的颜色和亮度进行编程，总共可设置 16 种不同颜色及 8 种亮度等级。LP3942 采用 LLP-24 封装，外型尺寸仅为 4×4mm，外围元件少，电路非常简单，适用于手机和掌上电脑的背光源。

LP3942 的典型应用电路如图 4-6-2 所示，输入电压 U_I=+3~5V，电荷泵选择 1.5 倍压模式，输出电压为 4.5V±3%。两组输出各驱动一只 RGB-LED。最大总输出电流为 90mA。C_1、C_2为泵电容，C_I、C_O分别为输入、输出电容器，均采用X7R/X5R 系列陶瓷电容器。R_{BIAS}为偏置电阻。利用 2.78V 低压差线性稳压器（LDO）给 U_{DD} 引脚供电。R_R、R_G和 R_B分别为红、绿、蓝色 LED 最大工作电流的设定电阻（即 R_{SET}），所设定每一路红、绿、蓝色 LED 的工作电流分别为 10、15mA 和 20mA。设定电阻（R_{SET}）与 LED 工作电流（I_{LED}）的对应关系见表 4-6-2。

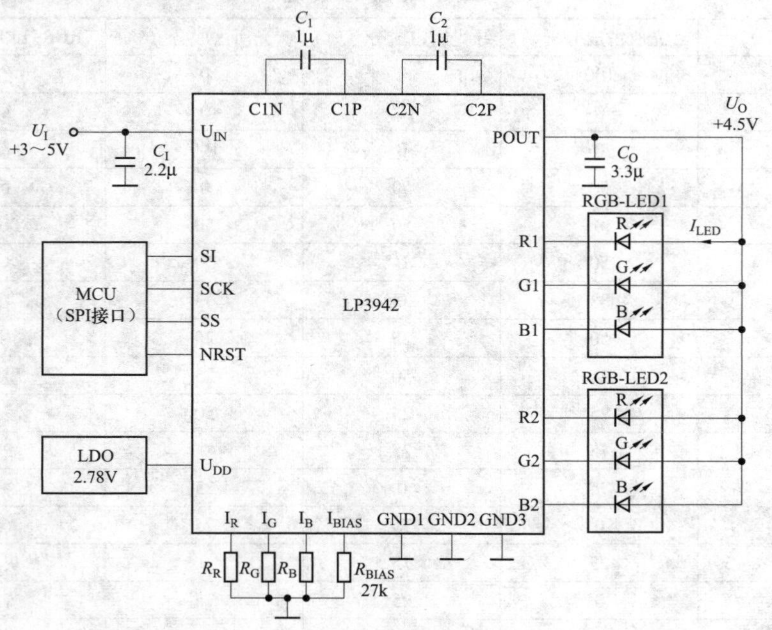

图 4-6-2 LP3942 的典型应用电路

表 4-6-2　　设定电阻与 LED 工作电流的对应关系

R_{SET}(kΩ)	5.6	6.8	8.2	10	12	15	18
I_{LED}(mA)	22.0	18.1	15.0	12.3	10.3	8.2	6.8

LP3942 通过 SPI 接口接外部微控制器（MCU）。SI 为串行数据，SCK 为串行时钟信号，SS 为从机选择信号，NRST 为复位输入端（低电平有效，内部接 1MΩ 的上拉电阻）。利用 MCU 设定电荷泵的倍压模式，并通过控制寄存器可选择 8 种亮度等级及 16 种颜色，参见表 4-6-3、表 4-6-4。

表 4-6-3　　亮度等级的设定

Bright [2.0]	颜色的相对亮度（%）	与最高亮度的比值
000	0	0
001	1.56	1/64
010	3.12	1/32
011	6.25	1/16
100	12.5	1/8
101	25.0	1/4
110	50.0	1/2
111	100	1/1

表 4-6-4　　16 种颜色的设定

Color [3.0]	红光所占成分（%）	绿光所占成分（%）	蓝光所占成分（%）	RGB-LED 发光颜色
0000	100	0	0	红色
0001	0	100	0	绿色
0010	0	0	100	蓝色
0011	50	50	0	黄色
0100	0	50	50	绿蓝色
0101	50	0	50	绛紫色
0110	33	33	33	白色
0111	50	25	25	深桃红色
1000	25	50	25	墨绿色
1001	25	25	50	浅蓝色
1010	75	25	0	浅橙色
1011	75	0	25	橙色
1100	0	75	25	浅绿色
1101	25	75	0	灰绿色
1110	0	25	75	蓝绿色
1111	25	0	75	紫色

第七节　模拟调光和 PWM 调光电路的设计实例

国产新型可调光式 LED 驱动器的典型产品有北京美芯晟科技有限公司生产的 MT7201，杭州士兰微电子公司推出的 SD42524，上海晶丰源半导体公司生产的 BP1360 和 BP1361。下面介绍 MT7201、SD42524 的工作原理与典型应用。

一、MT7201 型可调光 LED 驱动器的典型应用及设计要点

1. MT7201 的典型应用

MT7201 属于连续电感电流导通模式的降压式恒流 LED 驱动器，能驱动 32W 大功率白光 LED 灯串。其输入电压范围是+7~40V，最大输出电流为 1A，输出电流控制精度为 2%，静态电流小于 50μA，电源效率最高可达 97%（电源效率与输入电压、LED 的数量有关）。MT7201 的工作原理与图 4-3-4 基本相同，主要增加了过电流保护（OCP）、欠电压（UVLO）保护等功能。它具有 LED 通/断控制、模拟调光、PWM 调光、LED 开路保护等功能，适用于车载 LED 灯、LED 备用灯和 LED 信号灯。

MT7201 的典型应用电路如图 4-7-1 所示，最多可驱动 10 只大功率白光 LED。它采用 SOT89-5 封装。LX 为功率开关管的漏极引出端。ADJ 为通/断控制、模拟调光或 PWM 调光的多功能控制端，不调光时该端应悬空。I_{SENSE} 为输出电流设定端，接外部电阻 R_{SET} 用于设定 LED 的平均电流 $I_{LED(AVG)}$。C 为输入电容器，L 为电感器，VD 为超快恢复（或肖特基）二极管。

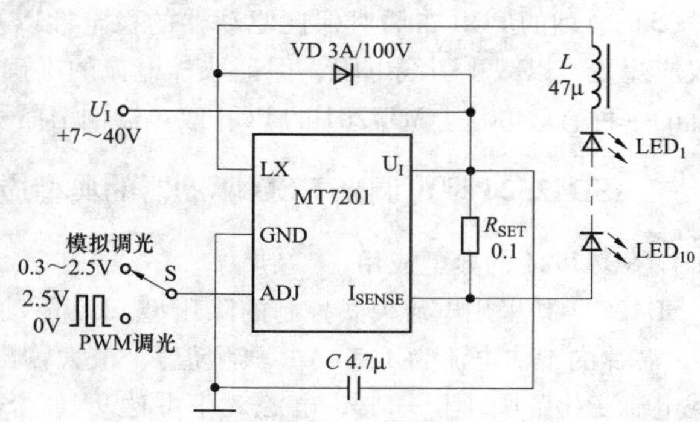

图 4-7-1　MT7201 的典型应用电路

当 ADJ 端悬空或 $U_{ADJ}=2.50V$ 时，$I_{LED(AVG)}$ 的计算公式为

$$I_{LED(AVG)}=0.1V/R_{SET} \tag{4-7-1}$$

例如，当 $R_{SET}=0.286$、0.133、0.1Ω 时，可计算出 $I_{LED(AVG)}$ 分别为 350、750mA 和 1A，可驱动标称正向电流分别为 350、750mA 和 1A 的大功率白光 LED 灯。R_{SET} 的最小值为 0.1Ω，所对应的 $I_{LED(max)}=1A$（此时 LED 亮度达到 100%），I_{LED} 的极限值为 1.2A。当 $I_{LED(AVG)}\leqslant 500mA$ 时，调节 $I_{LED(AVG)}$ 的范围是（25%~200%）$I_{LED(AVG)}$。假如 LED 开路，电感 L 就与 LX 端断开，使控制环路无电流通过，从而起到保护作用。当 $U_{ADJ}<0.2V$ 时，将功率开关管 V_1 关断。

MT7201 有多种调光方式，可通过开关 S 进行选择：① 利用 0.3~2.5V 直流电压进行

模拟调光；② 利用 0~2.5V 的 PWM 信号调光，电路还可参阅图 4-4-1(a)~(c)。

2. 电路设计要点

（1）输入电容器 C 应采用低等效串联电阻（ESR）的电容器。输入为直流电压时，C 的最小值为 4.7μF，建议使用 X5R、X7R 系列陶瓷电容器。在交流输入或低电压输入时，C 应采用 100μF 的钽电容器。C 要尽可能靠近芯片的输入引脚。

（2）电感 L 的推荐值范围时 27~100μH。其饱和电流必须比最大输出电流高 30%~50%。输出电流越小，所用电感量就越大。在输出电流满足要求的前提下，电感量取得大一些，恒流效果会更好。在设计 PCB 时 L 应尽量靠近 U_I、LX 端，以避免引线电阻造成功率损耗。

（3）为提高转换效率，二极管 VD 可选择 3A/50V 的超快恢复二极管或肖特基二极管，其正向电流及耐压值视具体应用而定，但必须留出 30% 的余量，以便能稳定、可靠地工作。

（4）如果需要减小输出纹波，在 LED 两端并联一只 1μF 电容器，能将输出纹波减小 1/3 左右。适当增大输出电容器并不影响驱动器的工作频率和效率，但会影响软启动时间及调光频率，这是因为 MT7201 属于自激式变换器的缘故。

（5）合理的 PCB 布局对保证驱动器的稳定性以及降低噪声至关重要。R_{SET} 两端的引线应短捷，以减小引线电阻，保证取样电流的准确度。使用多层 PCB 板是避免噪声干扰的一种有效办法。MT7201 的 PCB 散热器铜箔面积要尽可能大一些，以利于散热。

二、SD42524 型可调光 LED 驱动器的典型应用及设计要点

1. SD42524 的典型应用

SD42524 是采用电流模式控制的降压型 LED 驱动器芯片。其输入电压范围是 +6~36V，芯片的工作电流为 1.5mA（典型值），最大输出电流为 1A（极限电流为 1.9A），负载电流变化范围小于±1%，电源效率可达 96%。SD42524 还具有温度补偿功能，当 LED 温度过高时，SD42524 能根据负温度系数热敏电阻器（NTCR）检测到的温度自动降低输出电流值，避免 LED 过热损坏或寿命降低。当温度降低到安全范围内，输出电流又恢复到正常值。开关频率固定为 280kHz，它采用频率抖动技术，使内部振荡频率在一个很小的范围内抖动，能提高抗干扰能力。内置通态电阻低至 0.40Ω 的功率 MOSFET、过热保护电路、过电流保护电路及 PWM 调光电路，瞬态响应速度快，环路稳定性好，适用于 MR16 型 LED 射灯、LED 建筑照明灯及 LED 路灯。

SD42524 的典型应用电路如图 4-7-2 所示，它采用 SOP-8 封装。SW 为功率开关管 MOSFET 的输出端，I_{SENSE} 端接输出电流设定电阻，COMP 为内部电流比较器的补偿端，接补偿电容器。PWM 端接 PWM 调光信号。ADJ 为模拟调光/温度补偿端，可接模拟调光信号或负温度系数热敏电阻器，模拟调光信号 U_{ADJ} 的允许范围是 0.1~1.22V。U_{DD} 为内部 5.0V 基准电压的输出端。不进行调光时，PWM 端和 ADJ 端应与 U_{DD} 端短接。外围元器件中的 C_I 为输入电容器，C_O 为输出电容器。L 为控制环路中的电感器。VD 采用肖

特基二极管。R_{SET}为 LED 平均电流 $I_{LED(AVG)}$的设定电阻。C_1为 ADJ 端的旁路电容器，C_2为 COMP 端的补偿电容器。

当 PWM 端接高电平（+5V）时芯片正常工作，接低电平（≤+2V）时关断输出电流。在调光比要求不高的情况下，调光频率可达 2kHz；需要较高调光比时调光频率可低至 100Hz，但最小占空比不得小于 1%。进行 PWM 调光时，应将 ADJ 与 U_{DD}端短接。

改变 R_{SET}值即可设定 I_{LED}，有公式

$$I_{LED}=\frac{U_I-U_{SENSE}}{R_{SET}}=\frac{88mV}{R_{SET}} \quad (4-7-2)$$

将 $R_{SET}=0.25\Omega$ 代入式（4-7-2）中得到，$I_{LED}=352mA\approx350mA$（标称值）。

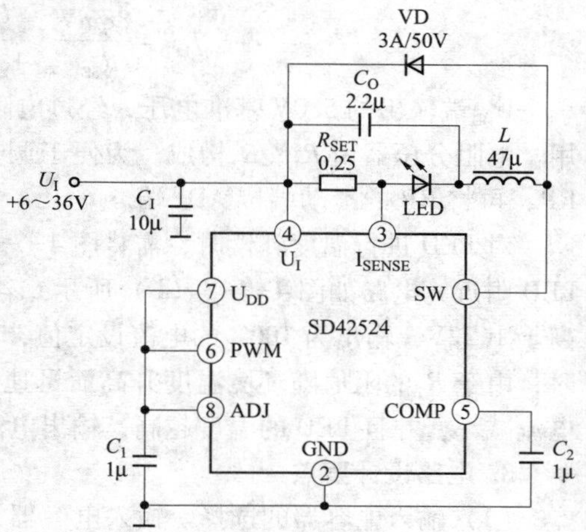

图 4-7-2　SD42524 的典型应用电路

2. 模拟调光及温度补偿电路的设计

模拟调光电路及温度补偿电路分别如图 4-7-3（a）、（b）所示。模拟调光时需将 PWM 与 U_{DD}端短接，从 ADJ 端输入模拟调光信号 U_{ADJ}，允许范围是 0.1～1.22V。当 $U_{ADJ}\geqslant1.22V$ 时，计算 I_{LED}的公式与式（4-7-2）相同。

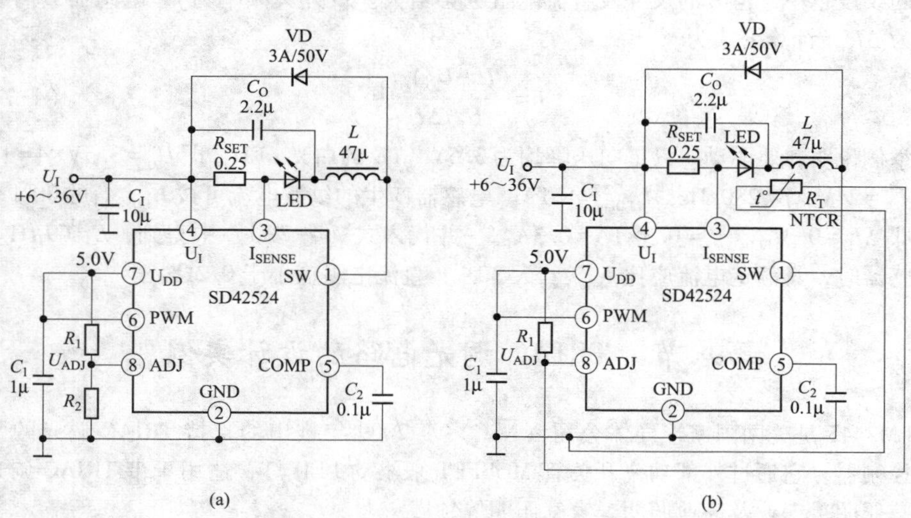

图 4-7-3　模拟调光电路及温度补偿电路

（a）模拟调光电路；（b）温度补偿电路

当 $0.1V<U_{ADJ}<1.22V$ 时，计算 I_{LED}的公式为

$$I_{LED}=\frac{88mV}{R_{SET}}\cdot\frac{U_{ADJ}}{1.22V}=0.072\times\frac{U_{ADJ}}{R_{SET}} \tag{4-7-3}$$

U_{DD}端输出的5.0V基准电压，经过电阻分压器可获得所需的U_{ADJ}值，供模拟调光使用。电阻分压器由R_1、R_2构成。为便于调光，亦可选择在R_1、R_2中间串联一只电位器RP，再将RP的滑动端接ADJ端。

对LED进行温度补偿时，需将图4-7-3（a）中的R_2换成NTC热敏电阻R_T，放在LED附近，电路如图4-7-3（b）所示。若LED处于正常温度范围内，则R_T上的压降高于1.22V，输出为100%的电流设定值，当R_T检测到LED上的温度高于上限阈值T_H时，由于R_T的阻值随环境温度升高而迅速降低，因此R_T上的压降低于1.22V，使输出电流减小，并且LED的温度越高，输出电流越小，从而实现了对LED的过热保护。

3. 电路设计要点

（1）输入电容器的选择。输入电容器C_I的作用是当功率开关管导通时提供脉冲电流，当功率开关管截止时由电源对C_I充电，来保持输入电压的稳定性。C_I的容量应大于10μF，并尽可能靠近U_I端。

（2）输出电容器的选择。在LED两端并联输出电容器C_O可降低输出电压的纹波，从而减小LED的纹波电流，该电容器并不影响开关频率和转换效率。推荐使用2.2μF或更大容量的电容器。

（3）电感器的选择。电感器L的作用是维持输出电流的恒定，电感量越大，输出电流的纹波越小，但L的尺寸及直流电阻也会增大。设开关频率为f，电感器L的纹波电流为ΔI_L，计算公式为

$$L=\frac{(U_I-U_O)U_O}{U_I f\Delta I_L} \tag{4-7-4}$$

举例说明，要驱动4只正向压降均为3.5V、1A的白光LED，即$U_O=3.5V\times4=14V$，已知$U_I=24V$，$f=280kHz$，$I_{LED(max)}=1A$。电感器产生的纹波电流可按$I_{LED(max)}$的30%来选取，即$\Delta I_L=0.3I_{LED(max)}=0.3\times1A=0.3A$。一并代入式（4-7-4）中得到，$L=69\mu H$。选取电感器时，其额定电流应比$I_{LED(max)}$大30%，直流电阻应小于0.2Ω。

第八节　TRIAC调光电路的设计实例

LM3445是美国国家半导体公司（NSC）于2009年推出的支持TRIAC调光的LED驱动控制器，它通过外部功率开关管MOSFET来驱动LED灯，适用于带TRIAC调光器的固态照明、工业及商业照明、家庭照明等领域。

一、LM3445型TRIAC调光LED驱动控制器的原理与应用

1. LM3445的主要特点

（1）LM3445是一种具有可变开关频率和固定关断时间的AC/DC降压式恒流控制

器。交流输入电压范围是 80~277V，能对 1A 以上的输出电流进行调节，可驱动由几十只 LED 构成的灯串，电源效率为 80%~90%。

（2）利用内部导通角检测器及译码器，对 TRIAC 的斩波信息进行译码后获得 LED 调光信号，可在 0~100%的调光范围内实现无闪烁调光，调光比为 100∶1。占空比变化范围是 25%~75%，TRIAC 的导通角范围是 45°~135°。当线路电压过低时，由泄放电路给 TRIAC 提供维持电流，确保 TRIAC 维持在导通状态。

（3）适配二阶填谷电路。当整流桥的输出电压（U_{RB}）低于峰值电压（U_P）时，由填谷电路中的电容器继续给降压式变换器供电。因此可在交流正、负半周期的大部分时间内直接从线路上获取电流，这就大幅度增加了整流管的导通角，使功率因数得到显著提高。

（4）采用主/从工作模式，将一个 TRIAC 调光器和一片 LM3445 作为主电源，再由多片 LM3445 构成若干个从属电源，即可组成分布式可调光电源系统，同步控制多个 LED 灯串的亮度。多片 LM3445 既可公用一个填谷电路，亦可给每片 LM3445 单独配一个填谷电路。

2. LM3445 工作原理

LM3445 的内部框图如图 4-8-1 所示。它采用 MSOP-10 或 SOIC-14 封装，主要引脚的功能如下：BLDR 为内部泄放电路输入端，将线电压信号输入到导通角检测电路，并通过泄放电路确保 TRIAC 能维持在导通状态。COFF 为开关控制器的关断时间设定端，通过外部电容器来设定关断时间。FLTR2 为滤波器 2 的引脚，接外部电容器可将 PWM 调光信号变成直流电压来控制 LED 的电流。ASNS 为内部调光译码器的输出端，该端可输出电压摆幅为 0~4V、占空比与 PWM 信号成正比的 TRIAC 调光信号，经过电

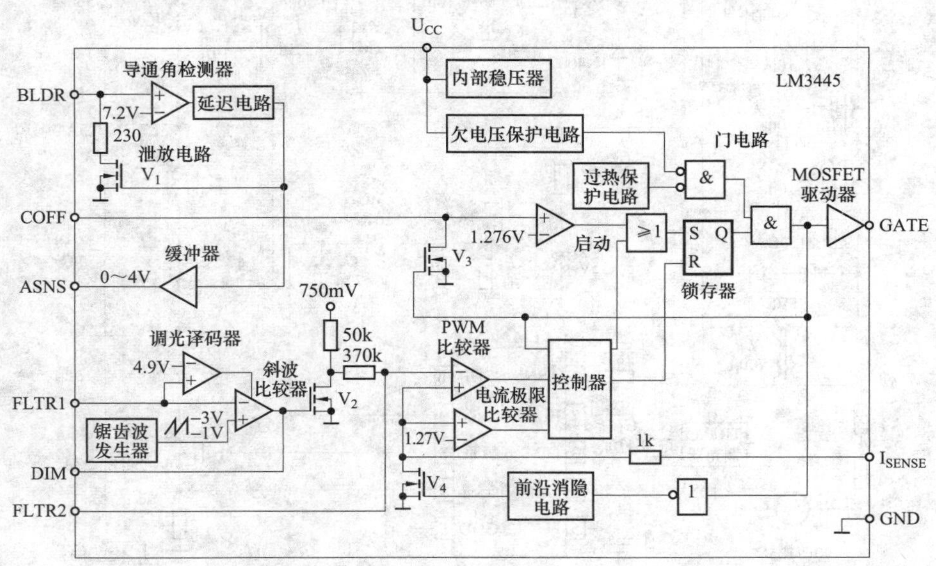

图 4-8-1　LM3445 的内部框图

阻送至滤波器 1 的引脚 FLTR1。DIM 为输入/输出端，该引脚可输入 PWM 调光信号，在构成主/从电源系统时用作输出信号端，接其他 LM3445 的 DIM 端，实现多片 LM3445 的同步调光。GATE 为功率开关管（MOSFET）的栅极驱动端。U_{CC}为芯片的电源端。I_{SENSE}为 LED 电流检测端，接外部电流检测电阻 R_{SET}。

LM3445 内部主要包括导通角检测器及延迟电路、泄放电路（包含 230Ω 泄放电阻和 MOS 场效应管 V_1）、调光译码器、锯齿波发生器与斜波比较器、PWM 比较器、电流极限比较器、控制器、内部稳压器、U_{CC}欠电压保护电路、过热保护电路、门电路及锁存器、MOSFET 驱动器及前沿消隐电路。

3. 10W 非隔离式 TRIAC 调光 LED 驱动电源

由 LM3445 构成 10W 非隔离式 TRIAC 调光的 HB-LED 驱动电源电路如图 4-8-2 所示。该驱动电源的交流输入电压范围 $u=90\sim135\text{V}$，输出电压 $U_{LED}=+25.2\text{V}$，输出功率可达 10W，能驱动由 7 只高亮度 LED（HB-LED）构成的 LED 灯串。每只 LED 的正向压降为 3.6V，正向电流为 400mA。该电源主要包括以下 7 部分：① TRIAC 调光器；② EMI 滤波器及整流桥；③ 二阶填谷式 PFC 电路；④ 线电压检测电路；⑤ TRIAC 导通角检测电路；⑥ TRIAC 调光电路；⑦ 降压式（Buck）变换器电路。下面介绍主要单元电路的工作原理。

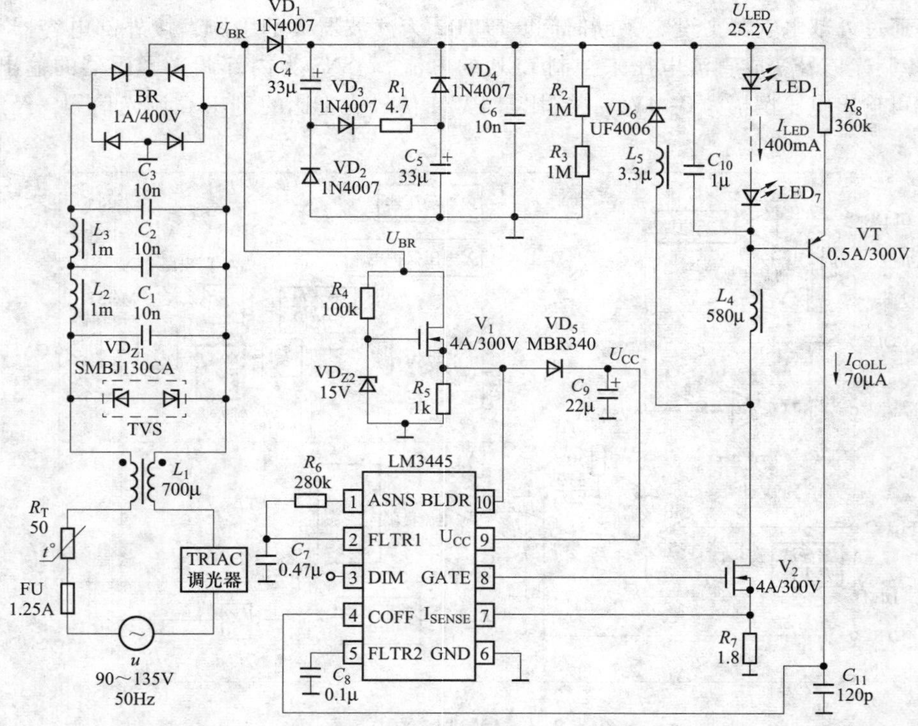

图 4-8-2　10W 非隔离式 TRIAC 调光的 HB-LED 驱动电源电路

（1）TRIAC 调光器。TRIAC 调光器串联在交流电的进线端，FU 为 1.25A 熔丝管。R_T为 NTC 热敏电阻，在 T_A=25℃室温下的阻值为 50Ω，R_T可限制在启动电源时的电流冲击。

（2）EMI 滤波器及整流桥。EMI 滤波器中的 L_1为共模扼流圈，用来抑制共模干扰。VD_{Z1}采用一只双向瞬态电压抑制器（TVS）SMBJ130CA，其正、反向击穿电压均为 U_B=144V（最小值），能吸收从电源进线端引入的浪涌电压及瞬态干扰。L_2和 L_3为串模扼流圈，C_1~C_3为线间电容（X 电容），用来抑制串模干扰。BR 采用 1A/400V 的整流桥，整流桥的输出电压为 U_{BR}，它代表整流后的线路电压（以下简称为线电压）。但需要注意，由于整流桥后面还接填谷电路中的 33μF 大电容器，因此实际的 U_{BR}波形在一定程度上已被平滑处理。

（3）二阶填谷式 PFC 电路。二阶填谷式 PFC 电路由二极管 VD_2~VD_4、电解电容器 C_4、C_5和电阻器 R_1构成。VD_1为隔离二极管。C_4与 C_5均采用 33μF/200V 的电解电容器。R_1选用 4.7Ω、2W 的电阻器，可限制开机时的冲击电流。C_6的作用是滤除在 C_4、C_5充、放电过程中产生的纹波电压。

（4）线电压检测电路。线电压检测电路由 R_4、15V 稳压管 VD_{Z2}和 N 沟道 MOS 管 V_1组成，其作用是将 U_{BR}转换成一个合适的电压信号并被 LM3445 的 BLDR 引脚所检测。由于 V_1的源极是直接连到 BLDR 引脚，因此当 U_{BR}<15V 时，允许 BLDR 引脚上的电压随 U_{BR}而变化。R_5的作用是给 BLDR 引脚上所有的分布电容提供放电回路，并为调光器提供所需要的维持电流。由肖特基二极管 VD_5（MBR340，3A/40V）和电容器 C_9构成二极管-电容器网络，当 BLDR 引脚电压降低时可使 U_{CC}电压保持不变，确保 LM3445 仍能正常工作。

（5）TRIAC 导通角检测电路。该电路能产生与 TRIAC 调光器开启时间（即 TRIAC 导通角）相关联的直流电压信号。它首先通过 LM3445 内部的比较器来检测 BLDR 引脚的电压 U_{BLDR}（比较器的阈值电压为 7.2V），进而确定 TRIAC 是开启还是关闭。该比较器的输出经过 4μs 延迟线去控制一个泄放电路，再经过缓冲器从 ASNS 端输出（参见图 4-8-1），输出电压的摆幅为 0~4V。R_6、C_7构成低通滤波器。当 U_{BLDR}<7.2V 时，内部泄放电路中的 MOS 场效应管 V_1导通，将 230Ω 的小电阻串联到调光器上，此时调光器依次通过整流桥中的二极管→V_1→BLDR 引脚→芯片内部的 230Ω 小电阻→GND（地），所提供的电流能使 TRIAC 维持在导通状态。当 U_{BLDR}>7.2V 时，内部泄放电路不工作。

（6）TRIAC 调光电路。从 ASNS 端输出的电压，通过 R_6接至 FLTR1 引脚内部斜坡比较器的反相输入端，与加在同相输入端的由锯齿波发生器产生的 5.88kHz、幅度为 1~3V 的锯齿波进行比较，斜坡比较器的输出电压分成 3 路：第一路直接从 DIM 端输出调光信号，可作为从电源的同步调光信号；第二路经过内部的 MOS 场效应管 V_2和 370kΩ 电阻接至 FLTR2 端，C_8为 FLTR2 端的滤波电容器；第三路经过内部的 V_2送至 PWM 比较器。

芯片内部的调光译码器可输出0~750mV的直流电压，所对应的TRIAC调光器占空比变化范围是25%~75%，TRIAC导通角变化范围是45°~135°，能直接控制LED的峰值电流从满载到低于0.5mA，获得0~100%的调光范围。当TRIAC的导通角超过135°时，调光译码器将不再控制调光。此时TRIAC处于最小开启时间，使LED的亮度为最低。

（7）降压式DC/DC变换器电路。LM3445属于降压式（Buck）变换器，它采用固定关断时间的方法来使LED灯串的电流保持恒定。当功率开关管V_2导通时，通过电感L_4和LED灯串的电流就线性地增大。R_7为LED灯串的电流检测电阻，并将转换成的电压信号送至PWM比较器的同相输入端，与加在反相输入端的FLTR2引脚电压进行比较；当二者相等时，通过内部控制器及输出电路使V_2关断。VD_6为LED灯串的续流二极管。C_{10}用于滤除电感形成的纹波电流。R_8、C_{11}和晶体管VT能根据输出电压来改变线性电流的斜率，以设定开关控制器的关断时间。

二、TRIAC调光LED驱动电源的设计实例

交流输入电压范围$u=90\sim135V$，其最小值$u_{min}=90V$，最大值$u_{max}=135V$；串联LED的数量为7只；每只LED的正向压降$U_F=3.6V$；LED灯串的电压$U_{LED}=7\times3.6V=25.2V$。

已知参数：额定开关频率的目标值为$f=250kHz$；LED的平均电流为$I_{LED(AVG)}=400mA$；电感L_4的纹波电流$\Delta i=30\% I_{LED(AVG)}=30\%\times400mA=120mA$；填谷电路的阶数（2或3），选择二阶填谷电路；TRIAC的最大导通角为135°；电源效率的最小值为$\eta=80\%=0.8$。

计算步骤如下：

（1）计算整流桥输出电压的最小值$U_{BR(min)}$

$$U_{BR(min)}=\frac{u_{min}\sqrt{2}\sin135°}{2} \tag{4-8-1}$$

$$U_{BR(min)}=\frac{90V\times\sqrt{2}\sin135°}{2}=45V$$

（2）计算整流桥输出电压的最大值$U_{BR(max)}$

$$U_{BR(max)}=\sqrt{2}u_{max}=1.414\times135V=190V$$

（3）计算在额定线电压时的关断时间t_{OFF}

$$t_{OFF}=\frac{1-\frac{1}{\eta}\cdot\frac{U_{LED}}{U_{BR}}}{f} \tag{4-8-2}$$

$$t_{OFF}=\frac{1-\frac{1}{0.8}\times\frac{25.2V}{115V\times\sqrt{2}}}{250kHz}=3.23\mu s$$

（4）当线电压为最大值时计算导通时间 $t_{ON(min)}$

$$t_{ON(min)}=\frac{\frac{1}{\eta}\cdot\frac{U_{LED}}{U_{BR(max)}}}{1-\frac{1}{\eta}\cdot\frac{U_{LED}}{U_{BR(max)}}}\times t_{OFF} \tag{4-8-3}$$

$$t_{ON(min)}=\frac{\frac{1}{0.8}\times\frac{25.2V}{135V\times\sqrt{2}}}{1-\frac{1}{0.8}\times\frac{25.2V}{135V\times\sqrt{2}}}\times 3.23\mu s=638ns$$

要求 $t_{ON(min)}>200ns$。

（5）计算 R_8。通过 VT 的电流 I_{COLL} 允许范围是 50~100μA，选择 $I_{COLL}=62.5\mu A$。

$$R_8=\frac{U_{LED}}{I_{COLL}} \tag{4-8-4}$$

$$R_8=\frac{22.5V}{62.5\mu A}=360k\Omega$$

（6）计算 C_{11}

$$C_{11}=I_{COLL}\cdot\frac{t_{OFF}}{1.276} \tag{4-8-5}$$

$$C_{11}=62.5\mu A\times\frac{3.23\mu s}{1.276}=158pF$$

取标称值 120pF。

（7）计算 L_4 的电感量。已知 L_4 上的纹波电流 $\Delta i=120mA$。

$$L_4=\frac{U_{LED}\left[1-\frac{1}{\eta}\cdot\frac{U_{LED}}{(U_{BR(max)}+U_{BR(min)})/2}\right]}{f\Delta i} \tag{4-8-6}$$

$$L_4=\frac{25.2V\times\left[1-\frac{1}{0.8}\times\frac{25.2V}{(135V+90V)\sqrt{2}/2}\right]}{250kHz\times 120mA}=600\mu H$$

取标称值 580μH。

（8）计算通过 L_4 的平均电流

$$i=\frac{P_O}{U_{BR(min)}} \tag{4-8-7}$$

$$i=\frac{10W}{45V}=222mA$$

（9）计算填谷电路中 C_4、C_5 的电容量。当 $u_{min}=90V$ 且满载时，若假定 $U_{LED(min)}$ 从 25.2V 跌落到 $dU=20V$ 时，持续时间为 $dt=2.77ms$，则 C_4、C_5 的电容量由下式确定

$$C_4=C_5=\frac{\mathrm{d}U}{i\mathrm{d}t} \tag{4-8-8}$$

$$C_4=C_5=\frac{20\mathrm{V}}{222\mathrm{mA}\times 2.77\mathrm{ms}}=32.5\mu\mathrm{F}$$

取标称值 33μF。

（10）计算额定开关频率值 f

$$f=\frac{1-\frac{1}{\eta}\cdot\frac{U_{\mathrm{LED}}}{(U_{\mathrm{BR(max)}}+U_{\mathrm{BR(min)}})/2}}{t_{\mathrm{OFF}}} \tag{4-8-9}$$

$$f=\frac{1-\frac{1}{0.8}\times\frac{25.2\mathrm{V}}{(135\mathrm{V}+90\mathrm{V})\sqrt{2}/2}}{3.23\mu\mathrm{s}}=255\mathrm{kHz}$$

额定开关频率值为 255kHz，与设计目标值 250kHz 非常接近，符合设计要求。

第九节　大功率 LED 温度补偿电路设计与应用实例

大功率 LED 照明灯一般采用恒流驱动器，其输出电流不随输入电压、负载及环境温度的改变而变化。但是当 LED 所处环境温度高于安全工作点温度时，LED 的正向电流就会超出安全区，使 LED 的寿命大为降低甚至损坏。这正是恒流驱动器的缺点，因为维持输出电流不变只会促使 LED 的温度进一步升高。解决方法是利用温度补偿电路来不断减小 LED 的正向电流值，避免 LED 因温度过高而损坏。

一、大功率 LED 温度补偿的基本原理

解决大功率 LED 的过热问题，常用以下三种设计方案：

方案之一：通过合适的散热器将 LED 芯片产生的热量及时散发掉，使芯片的结温降低。但该方案是在设计 LED 灯具时预先采取的一种解决办法，并且必须给散热能力留出足够余量，在实际工作中很难保证达到既理想又经济的效果。

方案之二：利用 LED 驱动芯片内部的过热保护电路关断 LED 驱动器的输出，迫使 LED 熄灭，达到降温目的。该方案只是在极端情况下 LED 驱动芯片被迫采取的过热保护措施，无法保证 LED 长期稳定的工作。

方案之三：采用恒压/恒流式（CV/CC）LED 驱动器，其特点是当输出电流达到规定值时通过电流控制环使 I_{O} 维持恒定。此方案属于被动的间接式过热保护措施，因为恒压/恒流控制电路是通过检测输出电流来启动电流环的，与 LED 所处的环境温度并没有直接关系，所以它不能根据 LED 的温度来实时地调节输出电流的大小。

综上所述，如何最有效地保护高温条件下工作的大功率 LED，是目前国内外急需解决的一个技术难题，这对延长大功率 LED 的使用寿命至关重要。分析可知，给 LED 驱

动器增加温度补偿功能是一种简便易行的解决方案。温度补偿的基本原理是一旦出现异常情况使 LED 温度过高时，LED 驱动器能根据热敏电阻器检测到的温度，自动降低输出电流值，确保 LED 工作在安全区域之内，这就从根本上解决了 LED 过热损坏或使用寿命降低的难题，从而大大提高了 LED 灯具的可靠性与安全性；当温度降低到安全区域时，LED 驱动器的输出电流能自动回升到正常值。显然，这种带温度补偿功能的 LED 驱动器芯片属于具有自动实时控制的“智能化”芯片，它不仅代表了高端 LED 驱动器的发展方向，而且具有重要的实用价值。

在不加散热器的情况下，大功率 LED 典型产品的最大允许正向电流 [$I_{LED(max)}$]、LED 所处的环境温度（T_A）和芯片总热阻（$R_{\theta JA}$）的关系曲线如图 4-9-1 所示，$R_{\theta JA}$ 表示从结到 LED 外壳的总热阻。图中分别示出 $R_{\theta JA}$ = 10、15、25℃/W 和 35℃/W 的 4 条 LED 最大允许正向电流 $I_{LED(max)}$ 与 T_A 的关系曲线，T_1 ~ T_4 依次为上述 4 条曲线的安全工作点温度，且 $T_4 > T_3 > T_2 > T_1$。安全工作点温度亦称拐点温度，它是导致曲线斜率变化的关键点。由图可见，当 T_A 低于安全工作点温度时，$I_{LED(max)}$ 基本保持在 700mA 不变；当 T_A 超过安全工作点温度时，$I_{LED(max)}$ 就随 T_A 的升高而按照一定的斜率迅速降低，图中的斜线即为降额曲线（亦称斜率曲线）。为确保 LED 的寿命不受影响，必须确保 LED 工作在由恒流线段、降额曲线、x 轴和 y 轴所包围的安全区以内。

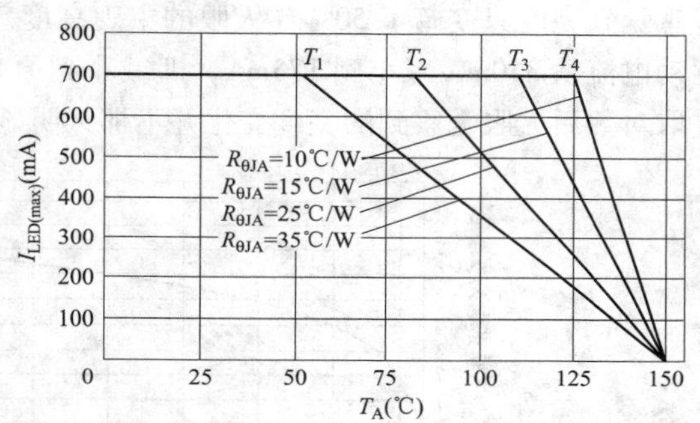

图 4-9-1 大功率 LED 的 $I_{LED(max)}$、T_A 和 $R_{\theta JA}$ 的关系曲线

最近问世的带温度补偿的 LED 驱动器可圆满解决上述技术难题。其工作特点是当 LED 所处境温度低于安全工作点温度时，LED 驱动器工作在恒流区；一旦超过安全工作点温度，就立即进入温度补偿区，此时 LED 驱动器不仅能根据温升自动调低输出电流，还可通过电阻预先设定好安全工作点温度和曲线的斜率。这种带温度补偿的大功率 LED 驱动器输出电流（I_O）与 LED 所处环境温度（T_A）的关系曲线如图 4-9-2 所示。这也是高端 LED 驱动器的一个显著特点。美国矽恩（SI-EN）微电子有限公司于 2009 年在世界上率先推出带温度补偿的 LED

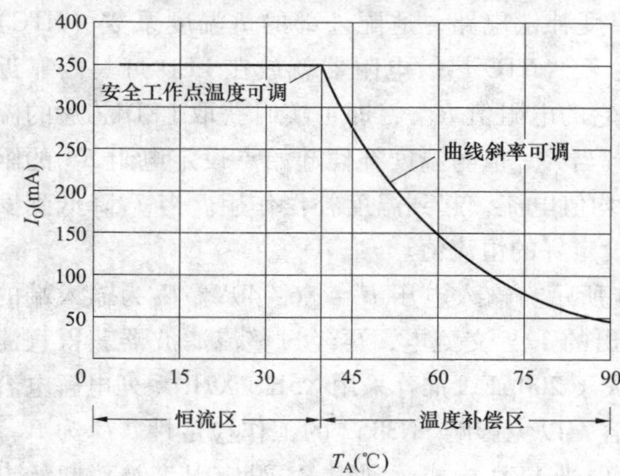

图 4-9-2 带温度补偿的 LED 驱动器输出电流与 LED 所处环境温度的关系曲线

驱动器 SN3352，其同类产品还有交/直流两用的带温度补偿可调光式 HB-LED 驱动控制器 SN3910（需配外部功率开关管 MOSFET），为实现大功率 LED 的温度补偿提供了便利条件。

那么，LED 正向电流的减小是否会导致 LED 的亮度显著降低？这种疑虑通常是不必要的。根据韦伯-费赫涅尔定律（Weber-Fechner），人眼的主观亮度感觉与客观亮度的变化量（可等效于白纸面上照度的变化量）呈对数关系，二者的关系曲线如图 4-9-3 所示。由图可见，当纸面上的照度从 1000lx 降低到 100lx，即减小到原来的 10% 时，人眼感觉到亮度只变暗了 50%（人眼的主观亮度感觉从 8 降至 4）。举例说明，即使 LED 驱动电流从 350mA 减小到 175mA，即减小到原来的 50%，这会使客观亮度降低，但经过取对数后人眼觉察到的亮度变化并不那么明显。

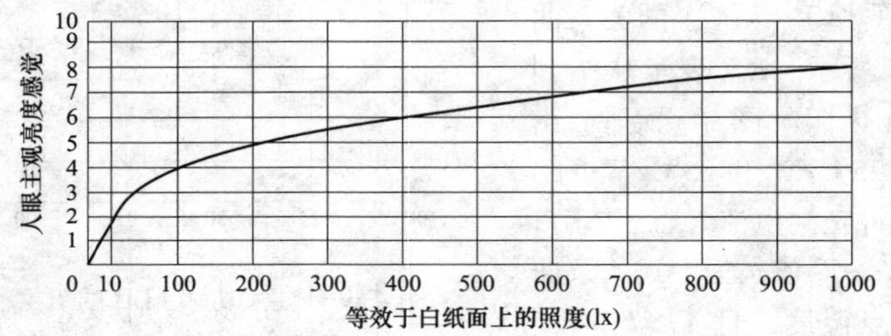

图 4-9-3　人眼的主观亮度感觉和等效于白纸面上照度的变化量呈对数曲线

二、带温度补偿可调光式大功率 LED 驱动器的原理与应用

SN3352 属于带温度补偿功能的高端 LED 驱动芯片，它兼有恒流驱动、温度补偿、可调光、LED 开路保护和关断模式这 5 种功能，能显著提高 LED 的可靠性，大大延长 LED 的使用寿命。SN3352 内部集成了温度补偿电路，适配外部的负温度系数（NTC）热敏电阻器来检测 LED 所处的环境温度 T_A，NTC 热敏电阻器就放在 LED 灯具内靠近 LED 的位置上。SN3352 通过不断地测量它的电阻值 R_{NTC}，即可实时获取 LED 芯片的温度信息。R_{NTC} 值随 T_A 的升高而逐渐减小，当 R_{NTC} 值与温度补偿起始点设定电阻 R_{TH} 的阻值相等时，SN3352 就开始减小输出的平均值电流，起到温度补偿作用。当 T_A 降低到安全值时，平均值电流又自动恢复成预先设定好的恒流值。

SN3352 的典型应用电路如图 4-9-4 所示。输入电压 $U_I=+6\sim40V$。C_1 为输入端的旁路电容器。假如前级为电源变压器输出的 12V 交流电，再经过整流滤波器获得直流电压，由于纹波电压较大，C_1 的容量应大于 200μF，推荐采用 X5R、X7R 系列电解电容器，普通电解电容器不适合用作退耦电容，以免影响 SN3352 的工作稳定性。C_2 为 R_{NTC} 端的消噪电容器。LED 灯串由 10 只 1W 白光 LED 构成。利用 R_{TH} 设定温度补偿起始点 T_{TH}。R_{NTC} 为 NTC 热敏电阻器，它在 $T_A=25℃$ 时的电阻值为 100kΩ。L 为 47μH 电感量，允许范围是 47～220μH。当输入电压较高、输出电流较小时，需要增大电感量，以降低输出纹波，提高电源效率。电感器的磁饱和电流应大于SN3352的峰值输出电流，电感的平均电流 $I_{L(AVG)}$ 应大于 $I_{O(AVG)}$ 值。当 $I_{O(AVG)}=700mA$ 时电感器的磁饱和电流应大于1.2A；$I_{O(AVG)}=350mA$ 时，磁饱和电流应大于500mA。电感器应尽量靠近SN3352，以减小引线电阻。为提高1MHz驱动器的效率，整流管VD必须采用反向恢复时间极短、低压降、反向漏电流很小的肖特基二极管，不得用普通硅整流管代替。

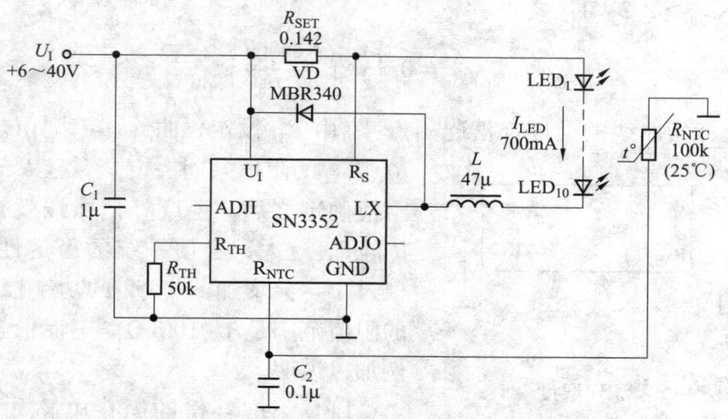

图4-9-4　SN3352的典型应用电路

设定输出平均值电流的公式为

$$I_{O(AVG)}=\frac{0.1V}{R_{SET}} \tag{4-9-1}$$

当 $R_{SET}=0.142\Omega$ 时，所设定的 $I_{O(AVG)}=I_{LED}=0.1V/0.142\Omega=700mA$。当 R_{SET} 分别为0.13、0.27、0.30Ω时，$I_{O(AVG)}$ 依次为769、370、333mA。但最大输出平均电流 $I_{OM(AVG)}$ 不得超过750mA，这就要求 $R_{SET}\geqslant 0.133\Omega$。在选择模拟调光时，允许使用不同的 R_{SET} 值。

需要说明两点：第一，为改善NTC热敏电阻的非线性，可在 R_{NTC} 上串联一只固定电阻 R；第二，若需减小输出纹波电流，还可在LED灯串的两端并联一只旁路电容器 C_3。当 $C_3=1\mu F$ 时，可将输出纹波电流大约减小到原来的1/3。进一步增加 C_3 值，纹波电流会相应地减小。C_3 不会影响驱动器的频率及效率，但会延长软启动时间。

三、大功率LED温度补偿电路应用实例

对大功率LED驱动器的输出电流进行温度补偿，能提高LED工作的稳定性和使用寿命。将NTC热敏电阻器放在靠近LED的位置上，SN3352通过温度检测电路来控制输出平均值电流 $I_{O(AVG)}$。当LED所处环境温度 T_A 升高时，使 $I_{O(AVG)}$ 减小；反之亦然。温度补偿曲线是由 R 和NTC热敏电阻器 R_{NTC}、温度补偿起始点设定电阻 R_{TH} 共同决定的，R 是用于改善NTC热敏电阻器非线性的固定电阻器。当LED所处环境温度上升时，R_{NTC}

的阻值开始减小。当$(R+R_{NTC})=R_{TH}$时，温度补偿电路开始工作。温度补偿过程中计算$I_{O(AVG)}$的公式如下：

（1）当$0.3V<U_{ADJI}<1.2V$时

$$I'_{O(AVG)}=0.083\times U_{ADJI}\left(\frac{R_{NTC}+R}{R_{TH}R_{SET}}\right) \tag{4-9-2}$$

（2）当$U_{ADJI}\geqslant 1.2V$时

$$I'_{O(AVG)}=0.1V\times\left(\frac{R_{NTC}+R}{R_{TH}R_{SET}}\right) \tag{4-9-3}$$

LED温度补偿曲线的温度补偿起始点T_{TH}由R_{TH}设定，曲线斜率则由热敏指数B和R、R_{NTC}的阻值共同决定。一旦R、R_{NTC}和R_{TH}的阻值确定之后，温度补偿曲线就被确定。选择R_{TH}阻值过大，会使系统的稳定性变差；R_{TH}阻值过小，会增加SN3352的功率损耗。推荐R_{TH}的阻值范围是1～100kΩ。下面通过几个设计实例加以说明。

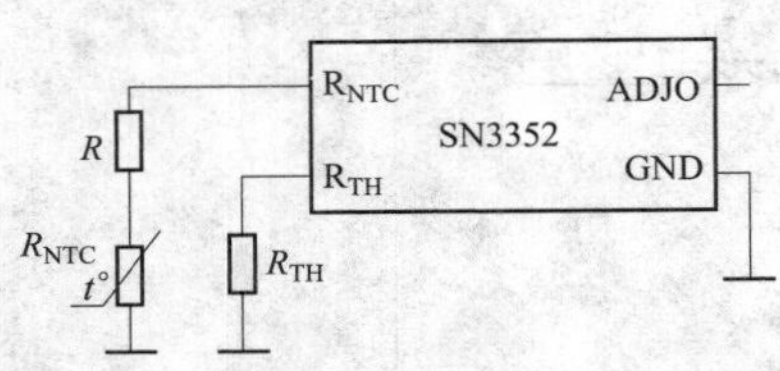

图4-9-5　LED温度补偿的简化电路

LED温度补偿的简化电路如图4-9-5所示。已知$U_I=12V$，$L=47\mu H$，$U_{LED}=3.4V$，$R_{SET}=0.30\Omega$，当$R=0$时所设定的$I_{O(AVG)}=0.1V/R_{SET}=333mA$（最大值）。

设计条件1：$B=4485$，$R=0$，$R_{NTC}=100k\Omega$，$R_{TH}=48.6k\Omega$；

设计条件2：$B=4485$，$R=0$，$R_{NTC}=100k\Omega$，$R_{TH}=20.6k\Omega$；

设计条件3：$B=4485$，$R=0$，$R_{NTC}=220k\Omega$，$R_{TH}=22.1k\Omega$；

设计条件4：$B=4485$，$R=10k\Omega$，$R_{NTC}=100k\Omega$，$R_{TH}=58.6k\Omega$。

满足上述条件所得到的4种温度补偿曲线分别如图4-9-6（a）～（d）所示，R_{NTC}可采用贴片式热敏电阻器。由图可见，选定热敏指数B之后，R_{TH}的阻值越小，补偿起始点温度值越高；当$R=0$时，斜率只取决于R_{NTC}值；$R\neq 0$时，R与R_{NTC}的总电阻值越大，温度补偿曲线越陡，斜率越大。

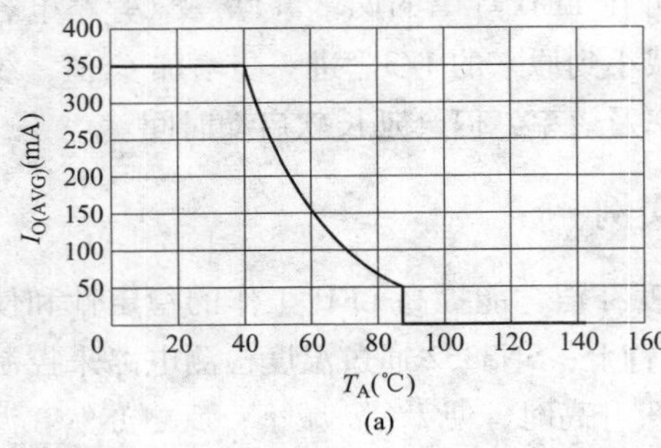

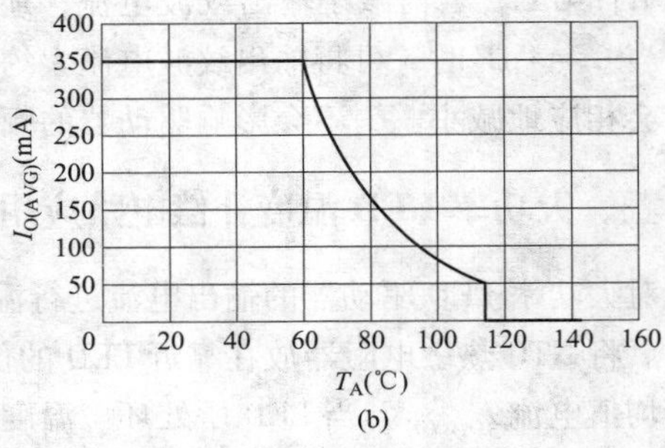

图4-9-6　4种温度补偿曲线（一）

（a）$B=4485$，$R=0$，$R_{NTC}=100k\Omega$，$R_{TH}=48.6k\Omega$；（b）$B=4485$，$R=0$，$R_{NTC}=100k\Omega$，$R_{TH}=20.6k\Omega$

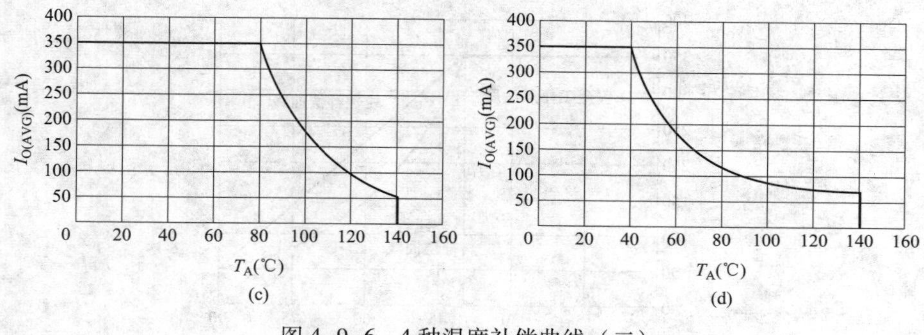

图 4-9-6　4 种温度补偿曲线（二）

（c）$B=4485$，$R=0$，$R_{NTC}=220k\Omega$，$R_{TH}=22.1k\Omega$；

（d）$B=4485$，$R=10k\Omega$，$R_{NTC}=100k\Omega$，$R_{TH}=58.6k\Omega$

第十节　大功率 LED 线性化温度补偿电路的设计❶

一、大功率 LED 线性化温度补偿的基本原理

大功率 LED 温度补偿的基本原理是一旦出现异常情况使 LED 温度过高时，LED 驱动器能根据热敏电阻检测到的温度，自动降低输出电流值，确保 LED 工作在安全区域之内，这就从根本上解决了 LED 过热损坏或使用寿命降低的难题，从而大大提高了 LED 灯具的可靠性与安全性；当温度降低到安全区域时，LED 驱动器的输出电流能自动回升到正常值。这种带温度补偿功能的 LED 驱动器代表了高端 LED 驱动器的发展方向，具有重要的实用价值。

基于温度补偿的大功率 LED 驱动器输出电流（I_O）与 LED 所处环境温度（T_A）的关系曲线如图 4-10-1 所示。其工作特点是当 LED 所处环境温度低于安全工作点温度 T_K 时，LED 驱动器工作在恒流区；一旦超过 T_K，就立即进入温度补偿区，此时 LED 驱动器能按照线性或非线性的规律来自动调低输出电流，实现线性/非线性温度补偿。当 $T_A<T_K$ 时，又返回恒流区。

线性温度补偿的特点是能与线性度良好的 PWM 调制器进行匹配，当 $T_A>T_K$ 时，大功率 LED 驱动器的输出电流按照线性规律减小，LED 的亮度均匀地降低，使人眼感觉亮度变化柔和；而非线性温度补偿的特点是能迅速调低 LED 的亮度，快速达到过热保护作用，但在此过程中可能出现亮度骤降或闪烁现象，这是其不足之处。总之，二者各具特色，用户可根据需要进行选择。

---

❶　由沙占友等发明的“一种 LED 照明灯温度补偿式调光电路及其调光方法”，已获国家发明专利。发明专利号为 ZL201210095266.X，发明专利证书号为 1426246。发明授权公告日期为 2014 年 6 月 25 日。

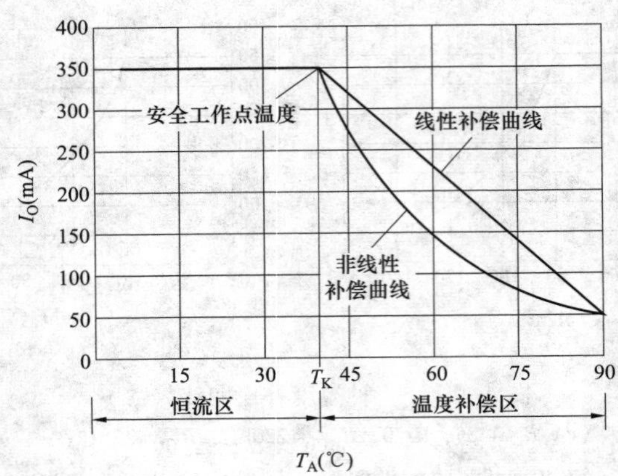

图 4-10-1　带温度补偿的 LED 驱动器输出电流与 LED 所处环境温度的关系曲线

二、大功率 LED 线性化温度补偿的电路设计

1. NTCR 的线性化

负温度系数热敏电阻简称 NTCR，其电阻值（R_T）与热力学温度（T）有关，当温度升高时 R_T 迅速减小。由于 NTCR 具有电阻温度系数高、测温范围宽、价格低廉等优点，因此可广泛用于 LED 驱动器的温度补偿。NTCR 与温度呈非线性关系，为提高测温精度，需要进行线性化处理。具体方法是首先给 R_T 上串联一只合适的外部电阻 R，然后测量 R 上的电压，即可在所选温度范围内将 NTCR 的非线性减至最小。NTCR 的线性化电路如图 4-10-2（a）所示。U_{REF} 为基准电压，可取自 LED 驱动器芯片的基准电压输出端，或配外部基准电压源。将 R_T 与 R 相串联，输出电压 U_T 的表达式为

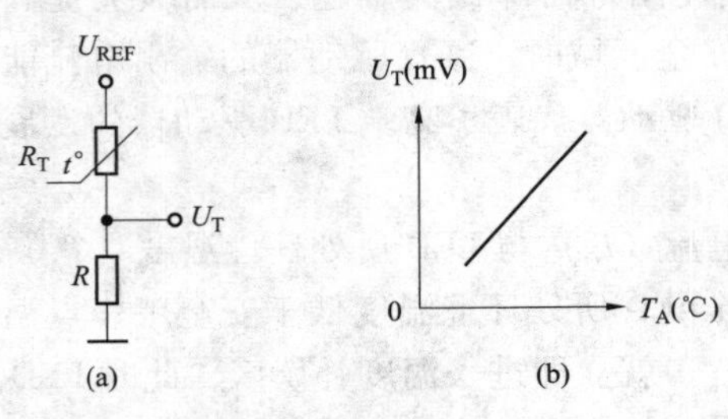

图 4-10-2　NTCR 的线性化电路及特性曲线

（a）线性化电路；（b）特性曲线

$$U_T=\frac{R}{R+R_T}\cdot U_{REF}=\frac{1}{1+R_T/R}\cdot U_{REF} \tag{4-10-1}$$

由图 4-10-2（b）可见，在指定温度范围内 U_T（单位是 mV）与 LED 所处环境温度 T_A（单位是℃）呈线性关系：$T_A\uparrow\rightarrow R_T\downarrow\rightarrow U_T\uparrow$；反之，$T_A\downarrow\rightarrow R_T\uparrow\rightarrow U_T\downarrow$。

计算 R 的步骤如下：

（1）确定工作温度范围（设温度下限为 T_L，温度上限为 T_H）。

（2）NTCR 在温度下限 T_L 的电阻值为 R_{TL}、在温度上限 T_H 的电阻值为 R_{TH}，在中间温度值 T_M 的电阻值为 R_{TM}。

(3) 最后，利用下式计算出 R 值

$$R=\frac{R_{TM}\ (R_{TH}+R_{TL})\ -2R_{TH}R_{TL}}{R_{TH}+R_{TL}-2R_{TM}} \tag{4-10-2}$$

利用式（4-10-1）还可求出输出端的电压灵敏度为

$$S_V=\frac{\Delta U_T}{\Delta T}=\frac{\frac{R}{R+R_L}\cdot U_{REF}-\frac{R}{R+R_H}\cdot U_{REF}}{T_H-T_L}=\frac{R(R_{TL}-R_{TH})}{(R+R_{TL})(R+R_{TH})(T_H-T_L)}\cdot U_{REF} \tag{4-10-3}$$

电压灵敏度的单位是 mV/℃。

以 10K3A1IA 型 10kΩ（25℃）的 NTCR 为例，假定工作温度范围是 0~70℃。从生产厂家提供的产品资料中可以查出，在 $T_H=70℃$ 时 $R_{TH}=1751.6\Omega$，在 $T_L=0℃$ 时 $R_{TL}=32\,650.8\Omega$；在 $T_M=35℃$ 时 $R_{TM}=6530.1\Omega$，一并代入式（4-10-2）计算出 R 的最佳电阻值为 5166.7Ω。代入式（4-10-3）计算出 $S_V=8.717U_{REF}$（mV/℃）。当温度范围改变时，应重新确定 R 值。NTCR 在 25℃时的标称值可选 10kΩ、50kΩ、100kΩ，为降低功耗，建议采用 100kΩ（25℃）的 NTCR。

2. LED 驱动器的线性化温度补偿

线性化温度补偿的技术方案包含下述内容：① 在整个温度范围内对 NTCR 进行线性化，该温度范围涵盖下限温度 T_L，上限温度 T_H（将 T_H作为安全工作点温度 T_K）和最高极限温度 T_{max}；② 当 $T_A>T_H$时，通过外部控制电路使大功率 LED 驱动器的输出电流 I_O按线性规律减小，进而使 LED 的亮度均匀降低。

LED 驱动器线性化温度补偿电路如图 4-10-3 所示。主要包括 LED 驱动器、调光信号的获取方式、NTCR 的线性化电路和温度补偿电路。

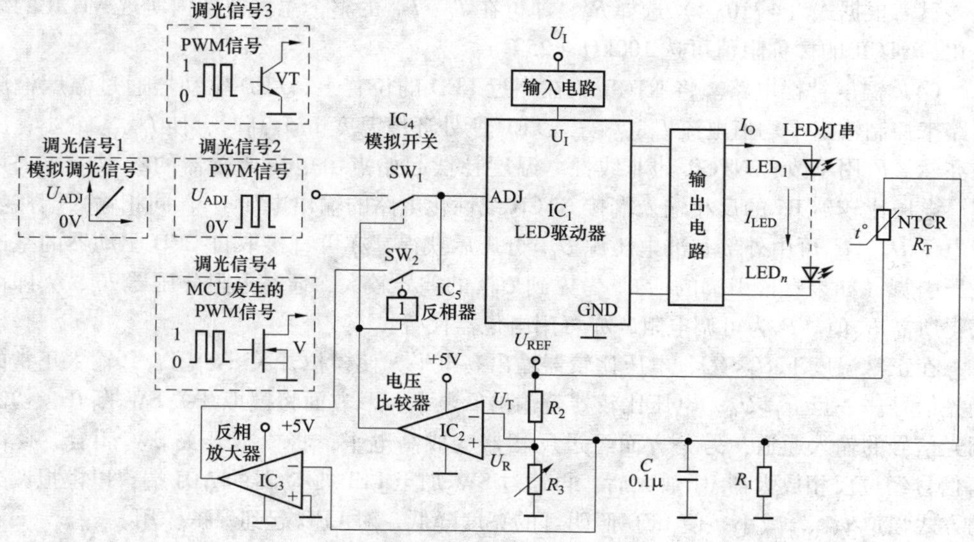

图 4-10-3 LED 驱动器线性化温度补偿电路

（1）LED 驱动器。可选任一款具有模拟调光/PWM 调光功能的 DC/DC 式 LED 驱动器芯片（IC_1），亦可配 AC/DC 式 LED 驱动器芯片。模拟调光的范围较窄，调光比最高仅为几十倍；远低于 PWM 的调光比，后者可达几百至几千倍。

（2）调光信号的获取。调光信号有以下 4 种获取方法：

调光信号 1：将模拟调光信号直接加至 LED 驱动器的调光输入端 ADJ，该电压的变化幅度为 0V→U_{ADJ}，U_{ADJ}为 LED 驱动器所允许的最高模拟调光电压。

调光信号 2：将 PWM 调光信号直接输入到 LED 驱动器的调光输入端 ADJ，PWM 信号的幅度为 U_{ADJ}，PWM 调光频率一般为 200Hz（低频调光）~20kHz 以上（高频调光），只要 PWM 调光频率高于 100Hz，人眼就观察不到 LED 的闪烁现象。显然，PWM 调光能提供更宽的调光范围和更好的线性度。

调光信号 3：PWM 调光信号经过晶体管 VT 接调光输入端 ADJ，利用高、低电平（高电平为 1，低电平为 0）进行调光。

调光信号 4：由微控制器 MCU（含微处理器 μP 和单片机 μC）产生的 PWM 调光信号，经过场效应管 V 接调光输入端 ADJ，利用高、低电平（高电平为 1，低电平为 0）进行调光。

（3）NTCR 的线性化电路。NTCR 的线性化电路由 NTCR、固定电阻 R_1 构成，R_1 的阻值可用式（4-10-4）算出。电容器 C 用来滤除干扰信号，典型值可取 0.1μF。令 NTCR 在温度下限 T_L时的电阻值为 R_{TL}、在最高极限温度 T_{max} 的电阻值为 R_{Tmax}，在中间温度值 T_M =（T_L+T_{max}）/2 时的电阻值为 R_{TM}，有公式

$$R_1=\frac{R_{TM}(R_{Tmax}+R_{TL})-2R_{Tmax}R_{TL}}{R_{Tmax}+R_{TL}-2R_{TM}} \tag{4-10-4}$$

只需根据式（4-10-4）选择 R_1，即可在 T_L ~ T_{max} 的整个温度范围内实现 NTCR 的线性化。NTCR 的标称阻值可选 100kΩ（25℃）。

（4）温度补偿电路。将 NTCR 放在靠近 LED 的位置上，LED 驱动器通过温度检测电路来控制输出平均值电流 $I_{O(AVG)}$。当 LED 所处环境温度 T_A升高时，使 $I_{O(AVG)}$减小；反之亦然。R_1用于改善 NTCR 的非线性。温度补偿起始点由电压比较器的参考电压来设定。电压比较器 IC_2的反相输入端接 NTCR 线性化电路的输出电压 U_T，同相输入端接参考电压 U_R，U_R可由外部基准电压源 U_{REF}分压后获得，亦可直接取自 LED 驱动器的基准电压引脚（如果有该引脚的话）。考虑到 U_{REF}的差异较大，通过电阻分压器 R_2、R_3即可获得所需 U_R值。R_3为可调电阻，亦可用电位器代替。

在正常温度下 U_T<U_R，电压比较器输出高电平，使模拟开关 SW_1闭合，输入正常的调光信号。一旦 U_T>U_R，电压比较器就输出低电平，一方面将模拟开关 SW_1断开，切断调光信号的输入通道；另一方面经过反相器变成高电平，将模拟开关 SW_2闭合，此时 U_T信号经过反相放大器 IC_3放大后，再通过 SW_2加至 LED 驱动器的 ADJ 端，以模拟调光的方式强迫 $I_{O(AVG)}$减小，使 LED 照明灯的亮度降低，对 LED 起到保护作用。

模拟开关 SW_1、SW_2可公用一片 CD4066 型 4 路双向模拟开关 IC_4（现仅用其中两个

双向模拟开关)，反相器可采用 CD4069 型 6 反相器 IC_5（现仅用其中一个反相器）。反相放大器的作用是调节 U_T，使之满足 LED 驱动器的要求。

若因某种原因（例如散热器松脱或接触不良）致使 LED 大幅度升温，I_0迅速减小，则会出现 LED 亮度骤然降低现象。但随着 I_0迅速减小，LED 的发热量也随之减小，NTCR 的阻值变大，通过控制电路可在一定程度上限制 I_0的变化。

第十一节　无源 LED 驱动电源 PFC 电路的设计

为避免因使用 LED 灯具而导致功率因数下降并对电网造成谐波污染，在设计大功率 LED 驱动电源时必须考虑功率因数校正的问题。功率因数校正（器）的英文缩写为 PFC，习惯上“PFC”既可表示功率因数校正，也可表示功率因数校正器，应视具体情况而定。PFC 的作用是使交流输入电流与交流输入电压保持同相位并滤除电流谐波，使设备的功率因数提高到接近于 1 的某一预定值。按照工作方式来划分，PFC 可分为无源 PFC（亦称被动式 PFC）、有源 PFC（亦称主动式 PFC）两种类型。

一、功率因数与总谐波失真

功率因数的英文缩写为 PF（Power Factor），其国标符号为 λ。功率因数定义为有功功率与视在功率的比值，有公式

$$\lambda=\frac{P}{S}=\frac{UI\cos\varphi}{UI}=\cos\varphi \tag{4-11-1}$$

式中：U、I 均为有效值；φ 为电流与电压的相位差。

造成功率因数降低的原因有两个：一是交流输入电流波形的相位失真，二是交流输入电流波形存在失真。相位失真通常是由电源的负载性质（感性或容性）而引起的，这种情况下对功率因数的分析相对简单，一般可用公式 $\cos\varphi=P/(UI)$ 来计算。但当交流输入电流波形不是正弦波时（例如全波整流后的电流波形），就包含大量的谐波成分，式（4-11-1）不再适用，此时

$$i(t)=\sqrt{2}I_1\cos(\omega t-\varphi_1)+\sum I_n\cos(\omega t-\varphi_n) \tag{4-11-2}$$

式中：I_1为基波电流；I_n为 n 次谐波的电流，$\sum I_n=\sqrt{I_0^2+I_1^2+I_2^2+\cdots+I_n^2}$，$I_0$为电流中的直流成分，对于纯交流电源，$I_0=0$。重新定义的功率因数应为

$$\lambda=\frac{I_1}{I_n}\cos\varphi_1=\frac{I_1}{\sqrt{I_0^2+I_1^2+I_2^2+\cdots+I_n^2}}\cos\varphi_1 \tag{4-11-3}$$

其中，$\cos\varphi_1$为相移功率因数（Displacement Power Factor，DPF，亦称位移功率因数或基波功率因数）。电流失真成分为 $I_{dis}=\sqrt{I^2-I_1^2}$。

采用 AC/DC 变换器的开关电源均通过整流电路与电网相连接。其输入整流滤波器一般由桥式整流器和滤波电容器构成，二者均属于非线性元器件，使开关电源对电网电

源表现为非线性阻抗。由于大容量滤波电容器的存在，使得整流二极管的导通角变得很窄，仅在交流输入电压的峰值附近才能导通，导致交流输入电流产生严重失真，变成尖峰脉冲。这种电流波形中包含了大量的谐波分量，不仅对电网造成污染，还导致无功功率增大，功率因数大幅度降低。

未采用 PFC 的开关电源，功率因数仅为 0.5~0.6。必须提高其功率因数才能降低电网中的无功功率，减少谐波污染，提高电网的供电质量。例如，未经过 PFC 的某开关电源，实测其交流输入电压与输入电流的典型波形如图 4-11-1（a）所示。图 4-11-1（b）为对严重失真的交流输入电流波形所做的谐波分析，这里将基波幅度定位 100%，3、5、…、21 次高次谐波（均为奇次谐波）的幅度则表示为与基波幅度的百分比。由于是偶次谐波对称波形，因此几乎观察不到。

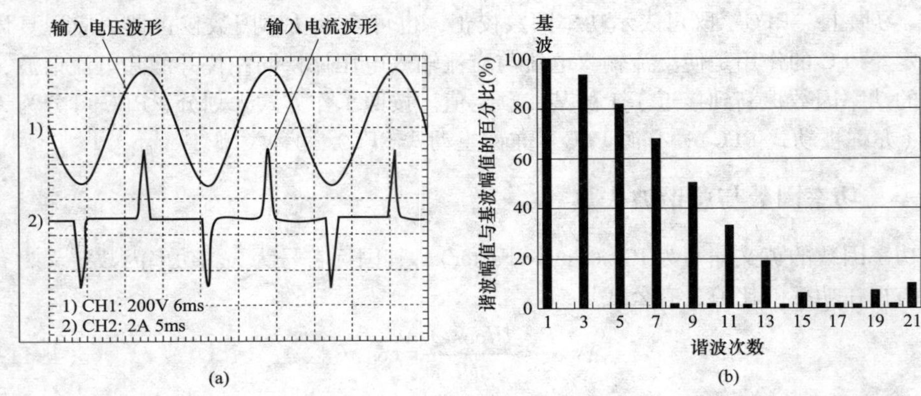

图 4-11-1　未经 PFC 的开关电源交流输入波形

（a）输入电压与输入电流的典型波形；（b）谐波分析图

总谐波失真是指用信号源输入时，输出信号（谐波及其倍频成分）比输入信号多出的谐波成分，一般用百分数表示。功率因数（λ）与总谐波失真（THD）存在下述关系

$$\lambda=\frac{1}{\sqrt{1+(\mathrm{THD})^2}}\cos\varphi \quad 或 \quad \lambda=\frac{1}{\sqrt{1+(\mathrm{THD})^2}}\cos\varphi_1 \tag{4-11-4}$$

当交流输入电流与电压保持同相位，即 $\cos\varphi=1$ 时，式（4-11-4）可简化为

$$\lambda=\frac{1}{\sqrt{1+(\mathrm{THD})^2}} \tag{4-11-5}$$

二、无源 PFC 电路的基本原理

无源 PFC 电路一般采用无源元件——电感进行校正，来减小交流输入的基波电流与电压之间相位差，以提高功率因数。一种 250W PC 电源使用的无源 PFC 输入电路如图 4-11-2 所示。S 为交流 110、220V 选择开关。当 S 拨至 220V 位置时，PFC 电感绕组的左、右两部分都使用，并采用全桥整流模式，整流桥的输出电压为 311V 直流脉动电

压（未经过稳压），送至正激式变换器。当 S 拨至 110V 位置时，只使用 PFC 电感绕组中的左半部分以及整流桥的左半部分，电路改为半波倍压整流模式。

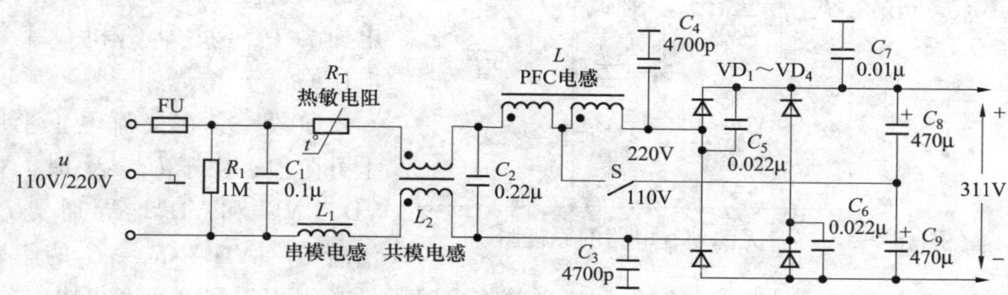

图 4-11-2　一种 250W PC 电源使用的无源 PFC 输入电路

尽管无源 PFC 电路简单，成本低廉。但存在以下缺点：第一，需要使用体积笨重的 PFC 电感，从而大大限制了它的实际应用；第二，无源 PFC 电路只能将功率因数提高到 70% 左右；第三，为了能在全球范围内通用，必须增加转换开关 S，容易因误操作（将开关拨错位置）而给电源及负载带来严重危害。

三、二阶无源填谷式 PFC 电路的设计

“填谷电路”（Valley Fill Circuit）属于一种新型无源 PFC 电路，其特点是利用整流桥后面的填谷电路来大幅度增加整流管的导通时间，通过填平谷点，使输入电流从尖峰脉冲变为接近于正弦波的波形，将功率因数提高到 0.9 左右。与传统的电感式无源 PFC 电路相比，其优点是电路简单，提高功率因数效果显著，在输入电路中不需要使用体积笨重的大电感器。需要指出，填谷电路会增加电源的损耗，仅适用于 20W 以下低成本的 LED 驱动电源。此外，填谷电路的总谐波失真较大，无法满足欧洲 EN61000-3-2 等标准对谐波的要求。它所产生的谐波频率远高于 150Hz，不会对 LED 电源造成影响，但容易对其他电子设备形成干扰。

1. 二阶无源填谷电路的工作原理

二阶无源填谷电路（Two Stage Valley Fill Circuit）的原理图如图 4-11-3 所示，电路中使用了两只电容器，亦称二电容填谷电路。该电路是全部采用无源元器件，不用 PFC 电感。由 VD_1 ~ VD_4 构成整流桥。无源填谷电路仅需使用 3 只二极管（VD_6 ~ VD_8）、两只电解电容器（C_1、C_2）和一只电阻器（R_1）。VD_6 ~ VD_8 采用 1N4007 型硅整流管。C_1 与 C_2 的容量必须相等，例如均采用 22μF/200V 的电解电容器。R_1 选用 4.7Ω、2W 的电阻器，开机时可限制 C_1、C_2 上的冲击电流，还能抑制自激振荡，但 R_1 上也会消耗一定的功率。填谷电路的特点是 C_1 和 C_2 以串联方式充电，而以并联方式进行放电，通过有效地延长交流输入电流的持续时间，使整流管的导通时间显著增大。VD_5 为隔离二极管，可将整流桥与填谷电路隔离开。C_3 用于滤除高频干扰。

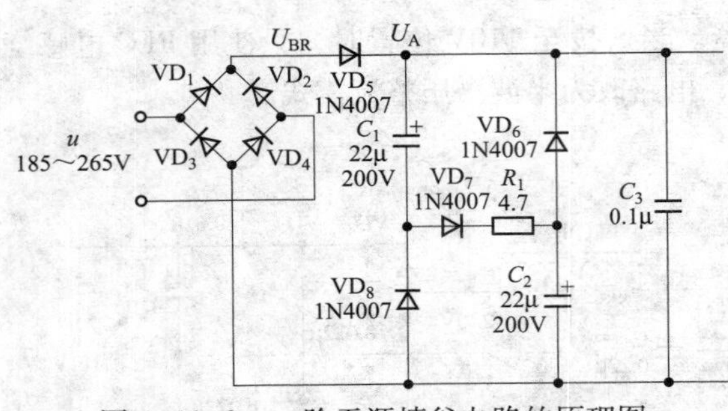

图 4-11-3　二阶无源填谷电路的原理图

设交流输入电压的有效值为 u，峰值电压为 U_P，整流桥输出的脉动直流电压为 U_{BR}，VD_5右端电压为 U_A（此即 C_1和 C_2上的总电压）。

阶段一：在交流电正半周的上升阶段，由于 $U_{BR}>U_A$时，VD_1、VD_4、VD_5和 VD_7均导通，U_{BR}就沿着 $C_1\rightarrow VD_7\rightarrow R_1\rightarrow C_2$的串联电路给 C_1和 C_2充电，同时向负载提供电流。其充电时间常数很小，充电速度很快。

阶段二：当 U_A达到 U_P时，C_1、C_2上的总电压 $U_A=U_P$；因 C_1、C_2的容量相等，故二者的压降均为 $U_P/2$。此时 VD_7导通，而 VD_6和 VD_8被反向偏置而截止。

阶段三：当 U_A从 U_P开始下降时，VD_7截止，立即停止对 C_1和 C_2充电。

阶段四：当 U_A降至 $U_P/2$ 时，VD_5、VD_7均截止，VD_6、VD_8被正向偏置而变成导通状态，C_1、C_2上的电荷分别通过 VD_6、VD_8构成的并联电路进行放电，维持负载上的电流不变。

不难看出，从阶段一到阶段三，都是由电网供电，除了向负载提供电流，还在阶段一至阶段二给 C_1和 C_2充电；仅在阶段四由 C_1、C_2上储存的电荷给负载供电，从而大大缩短了 C_1和 C_2的放电时间。进入负半周后，在 VD_5导通之前，C_1、C_2仍可对负载进行并联放电，使负载电流基本保持恒定。对于 VD_2、VD_3和 VD_5导通后的情况，读者可参照上文自行分析。

综上所述，二阶无源填谷电路是通过缩短 C_1和 C_2的放电时间，来大大延长整流管导通时间的，使之在正半周的导通范围扩展到 30°～150°（30°恰好对应于 $U_A=U_P\sin30°=U_P/2$，150°对应于 $U_A=U_P\sin150°=U_P/2$）。同理，负半周时的导通范围扩展为 210°～330°。这样，波形就从窄脉冲变为比较接近于正弦波。这相当于把尖峰脉冲电流波形中的谷点区域“填平”了很大一部分，故称之为填谷电路。交流输入电压 u、交流输入电流 i 及 U_A点的时序波形对照如图 4-11-4 所示。

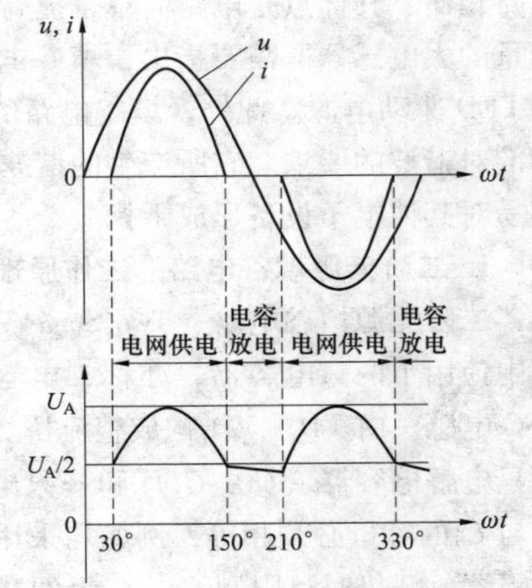

图 4-11-4　交流输入电压 u、交流输入电流 i 及 U_A点的时序波形

开关电源输入交流电流的谐波分量很大，总谐波失真可高达 100%～150%。不用填谷电路时的功率因数假定为 $\lambda=0.550$，代入式(4-11-5)中计算出输入交流电流的总谐波失真 THD = 151%。增加填谷电路后，开关电源的功率因数

可提高到 $\lambda=0.92\sim0.965$，所对应的 THD = 42.5% ~ 27.2%，证明总谐波失真在一定程度上也得到了改善。

2. 二阶无源填谷电路的设计

设计二阶无源填谷电路的关键是计算填谷电容 C_1、C_2的容量。由于 C_1、C_2仅在 U_{BR} 低于 $U_P/2$ 时给负载提供能量。C_1、C_2的容量应根据放电周期的允许压降和输出电流而定。设 C_1、C_2 充电后的总电荷为 Q，由于在放电期间电容放电电流固定为负载电流 I_{LED}，因此当 $C_1=C_2=C$ 时，C 在放电时间 t_d内的压差为 $\Delta U_C=Q/(C_1//C_2)=I_{LED}t_d/2C$，因此

$$C=\frac{I_{LED}t_D}{2\Delta U_C} \tag{4-11-6}$$

这表明每只电容器的压差（ΔU_C）与 C 成反比例关系。C 的容量还与交流电压的有效值和 LED 灯串的总电压 U_{LED}有关。

考虑到交流电的频率为 50Hz，周期 T= 10ms，半个周期所对应的相位角是 180°，持续时间为 10ms。在每半个周期的 30°和 150°时刻，交流电压恰好等于 $U_P/2$。从这个周期的 150°开始到 210°为止，就是电容的放电时间。因此 $t_d=T$（210°-150°）/180° $=T/3=3.33$（ms）。例如，实际取 $\Delta U_C=11$V，与 $I_{LED}=150$mA、$t_d=3.33$ms 一并代入式(4-11-6)中得到，C= 22.7μF，可取标称值 22μF。C 的耐压值应大于 $U_P/2$，即大于$\sqrt{2}/2\times220\text{V}=155.5\text{V}$，此例中 C_1、C_2均选 200V，总耐压值为 400V。

四、三阶无源填谷式 PFC 电路的设计

三阶填谷电路（Three Stage Valley Fill Circuit），亦称“三电容填谷电路”（Three Capacitor Valley Fill Circuit），电路中使用 3 只电容器。三阶填谷电路如图 4-11-5 所示，VD_5为隔离二极管。其特点是 C_1、C_2和 C_3以串联方式充电，充电回路为 $U_{BR}\to VD_5\to U_A\to C_1\to VD_7\to C_2\to VD_{10}\to R\to C_3$。由于 $C_1\sim C_3$的容量相等，故三者的压降均为 $U_P/3$。3 路并联放电回路分别为 C_1→填谷电路负载→VD_6；$C_2\to VD_8$→填谷电路负载→VD_9；$C_3\to VD_{11}$→填谷电路负载。三阶填谷电路可大大延长整流管的导通时间。

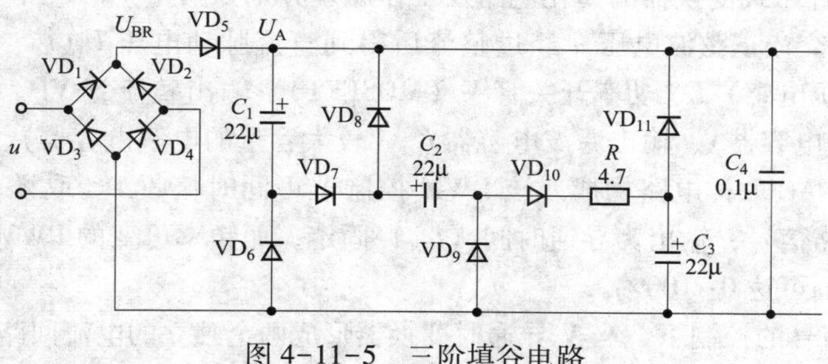

图 4-11-5　三阶填谷电路

最后需要说明几点：

（1）二阶填谷电路需要使用两只电容器和 4 只二极管（包含隔离二极管，但不包

括整流桥中的 4 只二极管，下同）。若采用三阶填谷电路则需要使用 3 只电容器和 7 只二极管。

（2）尽管填谷电路的阶数越高，改善功率因数的效果越明显，但电路越复杂，使用元件越多。另外，采用三阶填谷电路时并联放电电压会降低到 $U_P/3$，该电压必须高于 PWM 控制器或 LED 驱动电源的最低电源电压，否则电源无法正常工作。

（3）填谷电路能提高线路电流的利用率，却会使负载上的纹波电流增大。但考虑到 LED 灯的亮度仅取决于平均电流，因此一般可忽略纹波电流的影响。

（4）填谷电路对提高功率因数确有明显效果，但其总谐波失真仍然较大，无法满足 EN6100032 国际标准对 20W 以上照明设备的谐波要求，尽管它所产生的谐波频率远高于 150Hz，不会对 LED 电源造成影响，但容易对其他电子设备形成干扰。

（5）由于填谷电路会增加电源的损耗，因此仅适用于 20W 以下低成本的 LED 驱动电源。

第十二节　有源 PFC 变换器的设计原理

有源 PFC 电路是在输入整流桥与输出滤波电容之间插入一个功率变换电路，将输入电流校正为与输入电压相位相同且不失真的正弦波，使功率因数接近于 1。需要指出的是随着 PFC 技术的应用日益普及，目前国内外通常把“有源 PFC”也简称作 PFC。

一、有源 PFC 变换器的基本原理

从理论上来讲，采用任何一种拓扑结构的变换器都可用来提高功率因数，但升压式变换器是目前最常用的方式，主要原因有 3 个：第一，升压式变换器所需元件最少；第二，PFC 电感位于整流桥与功率开关管（MOSFET）之间，可降低输入电流的上升率 di/dt，从而减小了输入电路产生的纹波及噪声，不仅能减少输出滤波电容器的容量，还能简化 EMI 滤波器的设计；第三，功率开关管的源极接地，便于驱动。

有源 PFC 升压式变换器的简化电路及工作原理分别如图 4-12-1、图 4-12-2 所示。BR 为整流桥，交流正弦波电压 u 经过整流后得到直流脉动电压 $U_I(t)$。控制环由 PFC 电感（亦称升压电感）L、功率开关管 V（MOSFET）、输出整流管 VD、输入电容器 C_I（小容量的陶瓷电容器）、输出滤波电容器 C_O（较大容量的电解电容器）、PWM 控制器、DC 取样电路和 AC 取样电路构成。该 PWM 控制器可同时接收 DC 取样电路、AC 取样电路传来的两路信号，输出为导通时间（t_{ON}）固定，而频率可变的 PWM 信号，输出占空比的调节范围可达 0～100%。

在 PWM 信号的控制下，当 V 导通时变换器形成两个独立的电流回路，如图 4-12-2（a）所示。第一个电流回路是 $U_I(t)$通过 L 和 V 返回，并在 L 上储存电能，电压极性是左端为正、右端为负，使 VD 截止；第二个电流回路是 C_O对后级负载放电，维持输出电压 U_O不变。在 V 导通期间（t_{ON}），电感电流 $i_L(t)$从零开始线性地增加到峰值 $i_{L(PK)}$。

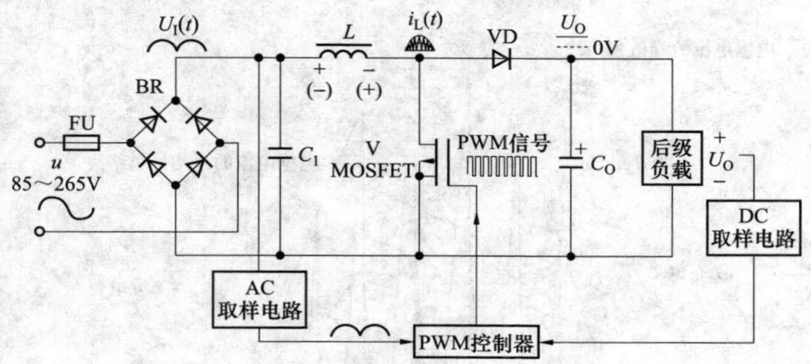

图 4-12-1 有源 PFC 升压式变换器的简化电路

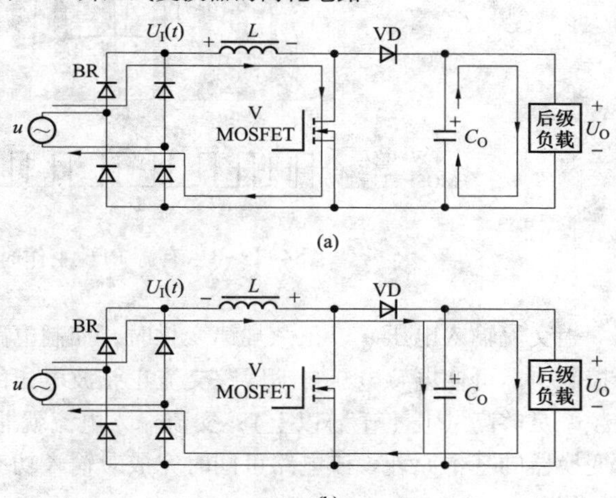

图 4-12-2 有源 PFC 升压式变换器的工作原理

(a) 当 V 导通时；(b) 当 V 关断时

当 V 关断时，在 L 上产生反向电动势的极性是左端为负、右端为正，它与 $U_I(t)$ 叠加后即可达到升压目的，使 VD 导通，如图 4-12-2 (b) 所示。L 上储存的电能通过 VD 之后，一路给负载供电，另一路对 C_O 进行充电。在 V 关断期间 (t_{OFF})，L 上的电流从 $i_{L(PK)}$ 线性地减小到零。

令交流输入电压 $u(t)=U_I\sin\omega t$，T 为开关周期，f 为开关频率，D 为占空比，由图 4-12-2 (a) 可得到电感峰值电流波形的表达式为

$$i_{L(PK)}=\frac{u(t)t_{ON}}{L}=\frac{U_IDT}{L}\sin\omega t=\frac{U_ID}{Lf}\sin\omega t \tag{4-12-1}$$

由式 (4-12-1) 可以得到，电感峰值电流的最大值 I_P 为

$$I_P=\frac{U_It_{ON}}{L}\sin\left(\frac{\pi}{2}\right)=\frac{U_It_{ON}}{L}\sin90°=\frac{U_It_{ON}}{L} \tag{4-12-2}$$

由式 (4-12-1) 和式 (4-12-2) 可知，在一个开关周期内，只要功率开关管 V 的导通时间保持固定，电感峰值电流的波形就是 $I_P\sin\omega t$ 的包络线，从而使开关电源的输入电流与输入电压为同相位，达到提高功率因数之目的。

有源 PFC 工作时的电流波形如图 4-12-3 所示。由图可见，电感电流 $i_{L(\omega t)}$ 呈三角波，且与 PWM 信号严格保持同步。每个三角波中包括 L 充电过程和放电过程，一般情况下 L 的充、放电时间并不相等。图中还分别示出了电感电流峰值及平均值的包络线，此时整流桥电流的平均值已非常接近于正弦波。

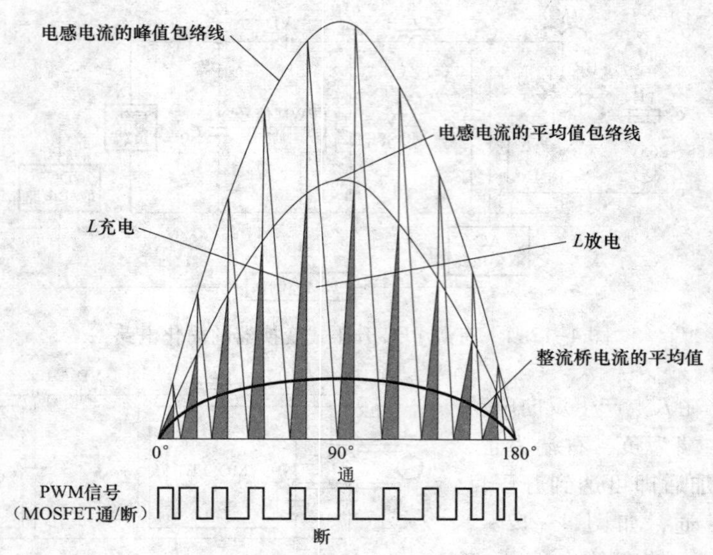

图 4-12-3　有源 PFC 工作时的电流波形

当交流输入电压 u 以正弦规律变化时，控制电路只需以 PWM 方式对 V 的通、断进行控制，即可使电感电流自动跟踪交流正弦波电压的变化，并与之保持同相位。只要开关频率足够高（几十千赫以上），交流输入电流就非常接近于正弦波。这就是 PFC 升压式变换器的基本原理。该电路可同时完成对输入功率因数进行校正和提升输出电压这两项功能。

需要说明几点：

（1）PFC 升压式变换器主要有以下 3 种类型：① 连续导通模式（CCM），它属于固定开关频率、占空比可变的 PWM 方式；② 不连续导通模式（DCM），其特点是开关频率可变，但每个开关周期内 MOSFET 的通、断时间相等；③ 介于二者之间的临界导通模式（CRM），其特点是 MOSFET 的导通时间 t_{ON}为固定，开关频率随线电压和负载而变化，电感电流在相邻开关周期的临界点时衰减为零，其控制电路简单，成本较低，所需 PWM 信号是由直流斜波电压去调制锯齿波电压而获得的。但无论采用哪种类型，都要求直流输出电压必须高于交流输入电压的峰值。例如 $u=85\sim265$V 时，要求 $U_O \geq 265\times\sqrt{2}=374.8$V，通常取 U_O为+380V 或+400V。其缺点是输入与输出端未隔离，线电压上的浪涌电压会影响到输出端。

（2）输入电容器 C_1是专用于滤除电磁干扰的，其容量很小，对整流桥的导通角不会造成影响；因 VD 有隔离作用，故整流桥的电流波形不受后级较大容量滤波电容器 C_O 的影响。

（3）临界导通模式的有源 PFC 电路简单，功率因数补偿效果显著（功率因数可大于 0.95），输出直流电压的纹波很小，后级不需要使用很大容量的滤波电容器。

（4）令电源效率为 η，交流输入电压的最小值为 $u_{\min}$，开关频率为 f，电源最大输出功率为 P_{OM}。因 $U_{I(\min)}=\sqrt{2}u_{\min}$，故 PFC 电感的计算公式如下（单位是 H）

$$L\approx\frac{\eta U_{I(\min)}^2}{4fP_{OM}}=\frac{\eta(\sqrt{2}u_{\min})^2}{4fP_{OM}}=\frac{\eta u_{\min}^2}{2fP_{OM}} \tag{4-12-3}$$

举例说明，当 $u_{\min}=140V$、$f=100kHz$、$P_{OM}=150W$、$\eta=90\%$ 时，代入式（4-12-3）中得到，$L\approx588\mu H$，实取 $580\mu H$。

二、PFC 类型、级数及工作模式的选择

1. PFC 类型的选择

LED 驱动电源可分成不带 PFC、带无源 PFC 和带有源 PFC 这 3 种类型。按照美国“能源之星”的认证标准，5W 以上 LED 驱动电源必须加 PFC。另外，国际电工委员会 IEC1000-3-2 标准对电源的输入谐波提出严格限制，它涉及个人电脑、电视机和监视器在内的 D 类设备。应根据对 LED 驱动电源的功率、功率因数及总谐波失真的要求，来选择 PFC 的类型。

实测一种 250W 开关电源在不带 PFC、带无源 PFC 和带有源 PFC 这 3 种情况下，输入谐波幅度与 EN1000-3-2 国际标准的比较如图 4-12-4 所示。从中不难看出，无 PFC 时的 3~15 次谐波幅度均高于 EN1000-3-2 的限制水平。使用无源或有源 PFC 时，各次谐波幅度均低于EN1000-3-2 的限制水平，并且采用有源 PFC 时的 3~20 次谐波幅度明显低于无源 PFC。

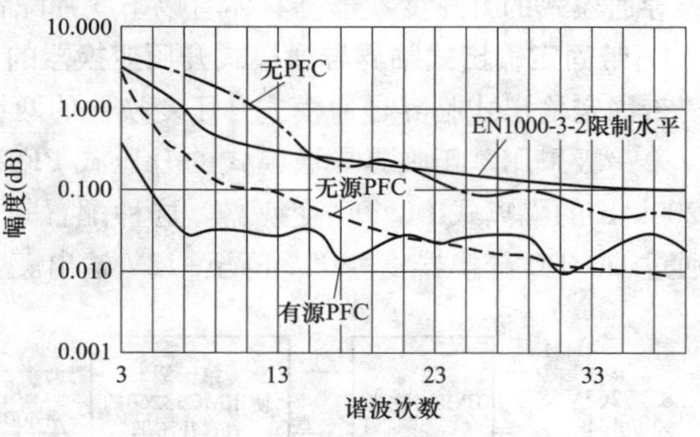

图 4-12-4　一种 250W 开关电源的输入谐波幅度与 EN1000-3-2 国际标准的比较

2. PFC 电源级数的选择

（1）单级式（Single-stage，亦称单段式）PFC 电源。它是将 PFC 功能与 DC/DC 功能合并成一级，制成 PFC+LED 驱动器的单片集成电路，适用于 40~100W 的大、中功率 LED 驱动电源。

（2）两级式（亦称两段式）PFC 电源。两级式 PFC 是目前常用的 PFC 电源类型，其第一级为 PFC，第二级为 DC/DC 变换器。这种电源抑制谐波的效果较好，可达到较高的功率因数。由于具有独立的 PFC 级，还可对 DC/DC 级的直流输入电压进行预调节，因此 PFC 的输出电压比较精确；带负载能力强，适用于大、中功率 LED 驱动电源。缺点是所需元器件较多，成本较高；功率密度低，损耗较大。

（3）三级式（亦称三段式）PFC 电源。它包括 PFC、LLC 谐振式变换器和 DC/DC 变换器这三级单元电路，适用于 100W 以上的大功率 LED 驱动电源。若将 PFC、LLC 集成在

一个芯片中（例如 PFC+LLC 控制器 PLC810PG），则属于单级式 PFC 电源。

3. PFC 工作模式的选择

在连续导通模式（CCM）下工作的升压变换器，其特点是 PFC 电感上的电流处于连续状态，因此输出功率大，适用于 200W 以上的 LED 驱动电源。在临界导通模式（CRM）下工作的升压变换器，其特点是 PFC 电感的电流处于连续导通与不连续导通的边界，可采用价格低廉的芯片，电路简单，便于设计，并且没有功率开关管的导通损耗，适用于 100W 以下的 LED 驱动电源。

对于 100~200W 的 LED 驱动电源，可根据整个电源系统的综合指标来确定究竟采用连续导通模式，还是临界导通模式。

三、PFC 电源的配置方案

下面通过一个实例来介绍 PFC 电源的几种配置方案。开关电源的主要设计指标如下：交流输入电压范围 $u=85\sim265$V(50/60Hz)，交流输入功率 $P_I=150$W，额定直流输出功率 $P_O=120$W，开关频率 $f=25\sim476$kHz，PFC 级的输出电压 $U_{O1}=+400$V（允许变化±8%）；DC/DC 变换级的输出电压 $U_{O2}=+12$V，输出电流 $I_O=10$A。电源效率 $\eta=80\%$。

分析可知，当 $P_O=120$W 时，PFC 既可采用连续导通模式的升压变换器，亦可选择临界导通模式的升压变换器。具体有以下 5 种配置方案。

1. 带固定输出式临界导通模式升压变换器的两级 PFC 电源

带固定输出式临界导通模式升压变换器的两级 PFC 电源的结构框图如图 4-12-5 所示。第一级采用基于临界导通模式的升压式 PFC 芯片 MC33260。第二级选用开关频率为 200kHz 的隔离式 DC/DC 变换器。这种配置是首先由 PFC 输出+400V 固定电压，然后通过 DC/DC 变换器将+400V 降至+12V 输出。

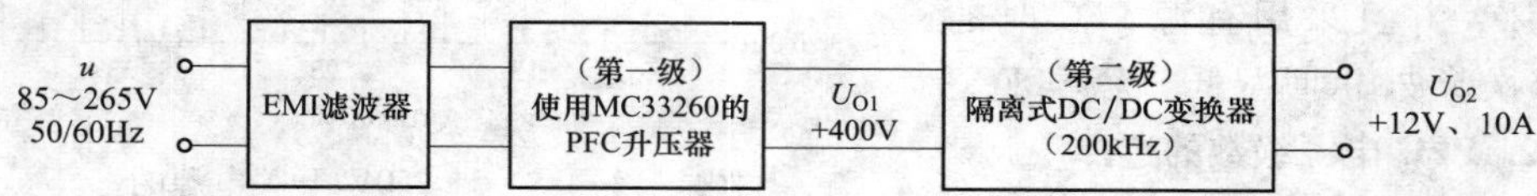

图 4-12-5　带固定输出式临界导通模式升压变换器的两级 PFC 电源的结构框图

2. 带可调输出式临界导通模式升压变换器的两级 PFC 电源

带可调输出式临界导通模式升压变换器的两级 PFC 电源的结构框图如图 4-12-6 所示。它与图 4-12-5 的区别只是 PFC 的输出改为+200~400V 可调电压。

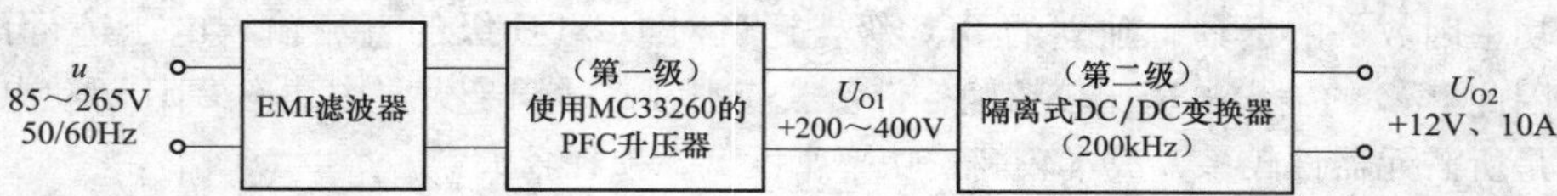

图 4-12-6　带可调输出式临界导通模式升压变换器的两级 PFC 电源的结构框图

3. 带固定输出式连续导通模式升压变换器的两级 PFC 电源

带固定输出式连续导通模式升压变换器的两级 PFC 电源的结构框图如图 4-12-7 所示。它采用基于连续导通模式的升压式 PFC 芯片 NCP1650，其开关频率为 100kHz。其他部分与图 4-12-5 相同。

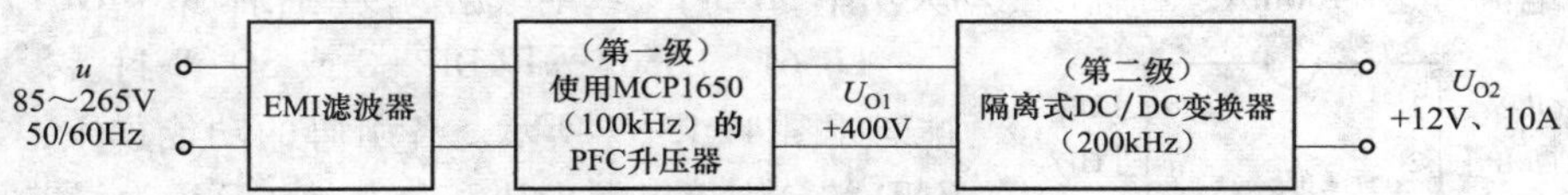

图 4-12-7 带固定输出式连续导通模式升压变换器的两级 PFC 电源的结构框图

4. 带临界导通模式反激变换器的单级式 PFC 电源

带临界导通模式反激变换器的单级式 PFC 电源的结构框图如图 4-12-8 所示。NCP165l 是一种适用于反激式变换器的单级 PFC 控制芯片，内含 PFC 与 DC/DC 变换器，适合构成输出功率为 50～200W 的大、中功率 PFC 电源。

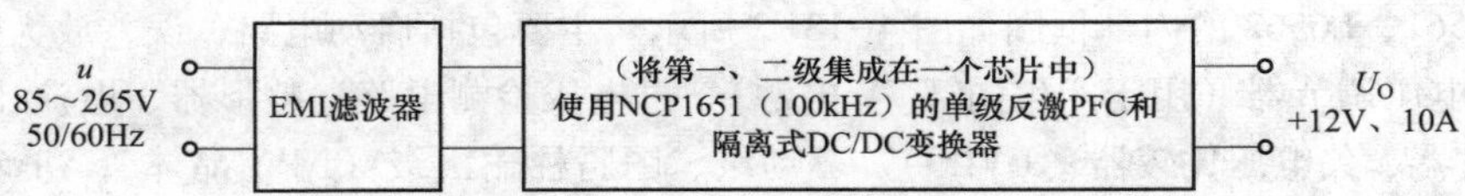

图 4-12-8 带临界导通模式反激变换器的单级式 PFC 电源的结构框图

5. 连续导通模式升压式大功率单级式 PFC 电源

美国 PI 公司推出的 HiperPFS 系列连续导通模式（CCM）、非隔离升压式大功率单级 PFC 芯片（PFS723EG～PFS729EG），最大连续输出功率高达 255～900W，峰值输出功率可达 280～1000W。

第十三节 带 PFC 的 LED 驱动电源设计实例

一、L6561、L6562 型有源 PFC 变换器的工作原理

L6561、L6562 是意法半导体公司（ST）生产的两种 PFC 专用芯片，二者的引脚排列及功能相同，区别只是 L6562 内部乘法器的后级增加了总谐波失真修正功能。L6561、L6562 适用于具有高功率因数的 LED 镇流器、开关电源和 AC/DC 式电源适配器。

L6561、L6562 的主要特点如下：

（1）L6561、L6562 能在交流 85～265V 的宽输入电压范围内工作，功率因数最高可达 0.99，电源效率可达 90% 以上。

（2）内置启动电路和零电流检测电路，以保证 PFC 变换器工作在临界导通模式。

（3）具有过电压检测、欠电压迟滞锁死、电流检测、禁用等功能。暂时不用开关

电源时可从外部关断输出，将电源功耗降至最低。

（4）内部基准电压的精度高达1%。启动电流低至50μA（典型值），电源电流仅为4mA（典型值）。

（5）采用高性能图腾柱输出，推挽输出级由NPN晶体管和N沟道MOSFET组成，输出电流可达±400mA，可直接驱动大功率MOSFET或绝缘栅双极型晶体管（IGBT）。

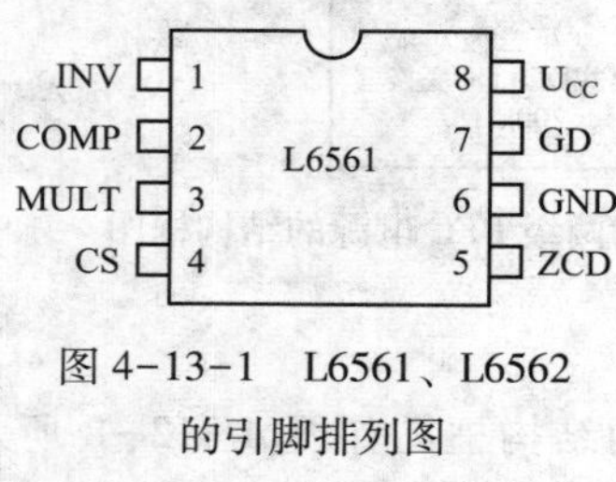

图4-13-1　L6561、L6562的引脚排列图

L6561、L6562采用DIP-8或SO-8封装，引脚排列如图4-13-1所示。各引脚的功能如下：U_{CC}、GND端分别接电源电压和公共地。INV为误差放大器的反相输入端，输出电压U_O经电阻分压器接INV端，以提供反馈电压。COMP为误差放大器的输出端，接外部RC型补偿网络。MULT为内部乘法器的输入端，整流桥的输出电压经过电阻分压器接MULT端，使该端的电压信号与整流桥输出电压呈比例关系。CS为外部功率MOSFET的峰值电流检测端。ZCD为零电流检测电路的输入端。GD为驱动外部MOSFET栅极的引脚。

L6561、L6562的内部框图如图4-13-2所示。主要包括启动电路、误差放大器、乘法器、电压调节器（用于产生内部7V电源）、过电压检测电路、整形器、电流比较器、RS触发器、欠电压比较器（UVLO）、驱动级、图腾柱输出级（NPN晶体管VT和N沟道MOSFET）、零电流检测比较器、禁用电路和门电路。

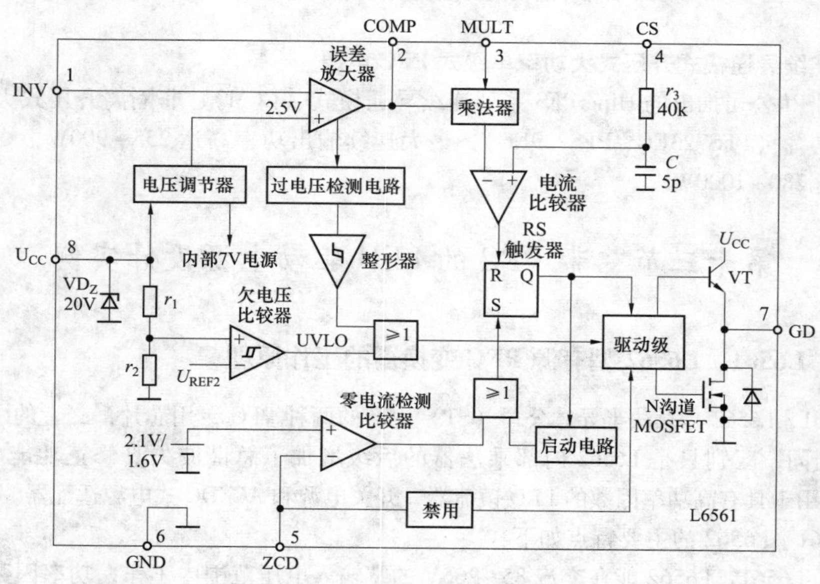

图4-13-2　L6561、L6562的内部框图

L6561、L6562的基本工作原理如图4-13-3所示。PFC控制电路采用双环反馈控制

法，一方面控制输入电流为正弦波，获得高功率因数；另一方面控制输出电压保持稳定。内环反馈是将桥式整流输出的线电压（半周期的正弦波电压）通过 R_3、R_4分压后输入到乘法器的输入端 MULT，作为正弦波电压基准，使输入电流能实时地跟踪线电压的变化。乘法器的输出电压 U_M作为电流比较器的参考电压，与 MOSFET 漏极峰值电流的取样电压进行比较，对 MOSFET 每个周期内的峰值电流进行控制。电流比较器的输出接 PWM 控制器。外环反馈用于控制 PFC 变换器的直流输出电压 U_O。U_O经过 R_1、R_2分压后接误差放大器的反相输入端 INV，与同相输入端的 2.5V 基准电压进行比较后产生误差电压 U_r，送至乘法器，使乘法器的输出电压 U_M与 U_O成正比，进而实现稳压目的。

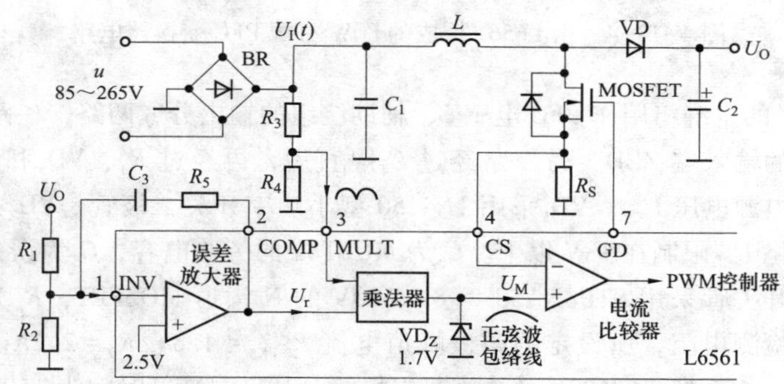

图 4-13-3 L6561、L6562 的基本工作原理

临界导通模式是一种固定导通时间的功率因数校正方法。在功率 MOSFET 导通期间，电感电流 i_L沿固定斜率上升，一旦达到阈值电流，电流比较器就翻转，使功率 MOSFET 截止，i_L沿可变斜率下降。一旦零电流检测电路检测到 $i_L=0$，立即使功率 MOSFET 导通，进入下一个开关周期。由于在 i_L回零后不存在死区时间，因此输入电流仍是连续的，并按正弦规律跟踪交流输入电压 u 的瞬时变化轨迹，从而使功率因数趋近于 1。

二、L6561、L6562 型有源 PFC 变换器的典型应用

1. 由 L6561 构成的 80W 有源 PFC 变换器

由 L6561 构成的 80W 有源 PFC 变换器电路如图 4-13-4 所示。该电源的交流输入电压范围是 85～265V，输出电压 $U_O=+400V$，输出电流 $I_O=0.2A$，功率因数可达 0.98 以上。刚上电时 $U_I(t)$经过 R_3给芯片提供启动电压。由于 C_1的容量很小，因此对 $U_I(t)$波形的影响可忽略不计。R_T为负温度系数热敏电阻器，在启动电源时可起到限流作用。

交流输入电压经过桥式整流和 R_1、R_2分压后，给 L6561 内部乘法器的 MULT 端输入一个正弦波电压信号。输出电压经 R_7、R_8分压后，送至内部误差放大器的反相输入端

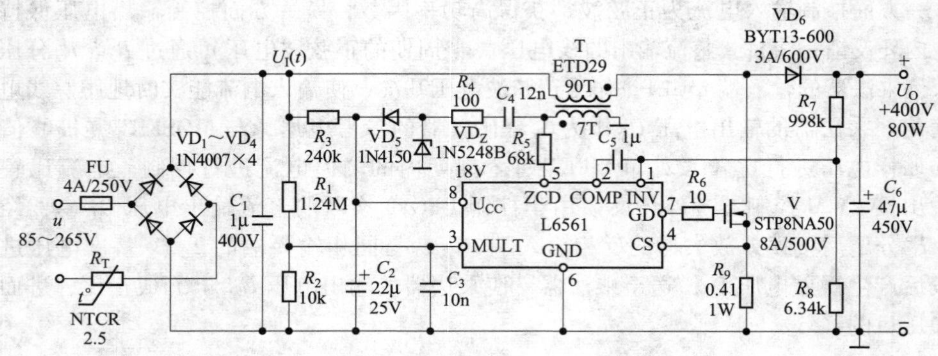

图 4-13-4　由 L6561 构成的 80W 有源 PFC 变换器电路

INV。变压器 T 的主绕组用作 PFC 电感 L，辅助绕组的输出分成两路，一路经过 R_5 接零电流检测电路的输入端 ZCD，另一路经过 C_4 隔直后，再经过 R_4、VD_5 和 C_2 整流滤波，给 L6561 提供电源电压 U_{CC}。VD_5 采用 1N4150 型小功率开关二极管。VD_Z 采用 1N5248B 型稳压管，可将 U_{CC} 限制在 18V 以下。C_3 为 MULT 端的旁路电容，C_5 为误差放大器的补偿电容。功率开关管采用 STP8NA50 型 8A/500V 的 N 沟道 MOSFET，R_6 为栅极限流电阻，R_9 为电流检测电阻，所设定的漏极峰值电流 $I_{D(PK)}=1.8V/R_9=2.2A$。输出整流管 VD_6 选用 BYT13-600 型 3A/600V 的快恢复二极管，其反向恢复时间为 150ns。输出电容器 C_6（47μF）的耐压值应为 450V。

变压器采用 ETD29 型铁氧体磁心，主绕组采用 10 股 ϕ0.20mm 漆包线并绕 90 匝，辅助绕组采用 ϕ0.15mm 漆包线绕 7 匝。主绕组的电感量为 0.8mH（允许有±10%的误差，下同）。

2. 由 L6562 构成的 80W 有源 PFC 变换器

由 L6562 构成的 80W 有源 PFC 变换器电路如图 4-13-5 所示。该电路与图 4-13-4 主要有以下区别：

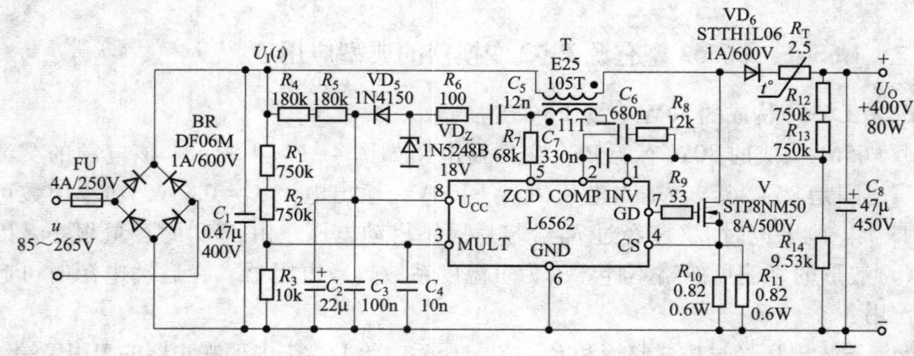

图 4-13-5　由 L6562 构成的 80W 有源 PFC 变换器电路

（1）用 DF06M 型整流桥来代替 4 只 1N4007 型硅整流管。

（2）误差放大器的补偿电路由 R_8 和 C_6 构成。

（3）将负温度系数热敏电阻器 R_T 移至输出整流管的后边。

（4）为降低单个电阻器上的功耗，用 R_1 和 R_2、R_4 和 R_5、R_{12} 和 R_{13} 分别代替图 4-13-4 中的 R_1、R_3 和 R_7。

（5）变压器采用 E25 型铁氧体磁心，主绕组采用 20 股 ϕ 0. 10mm 漆包线并绕 105 匝，辅助绕组采用 ϕ 0. 10mm 漆包线绕 11 匝。主绕组的电感量为 0. 7mH。

三、带 PFC 的 LED 驱动电源设计实例

带 PFC 的 LED 驱动电源的结构图如图 4-13-6 所示。采用一片 L6561 构成 PFC 变换器，再通过高频变压器和输出整流滤波器获得低压输出，接 LED 驱动电源（即 DC/DC 变换器）。晶体管 VT 的基极接电平信号，为高电平时禁止 L6561 输出，为低电平时允许输出。

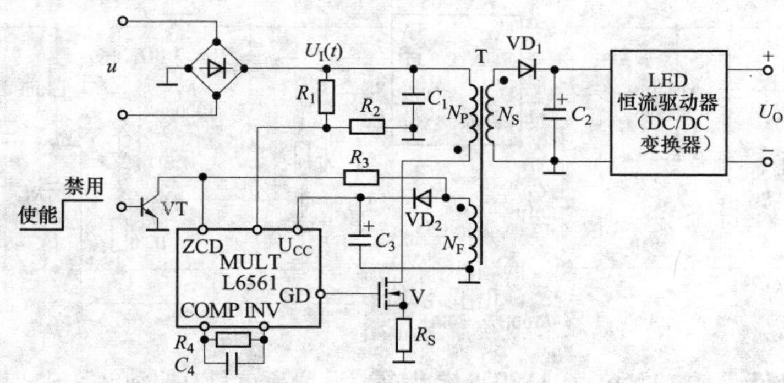

图 4-13-6　带 PFC 的 LED 驱动电源的结构图

由 L6561 和 AX2005 构成 AC/DC 隔离式 LED 驱动电源的总电路如图 4-13-7 所示。AX2005 属于具有过电压保护（OVP）功能的大电流 LED 驱动器，其工作原理详见第八章第六节。PFC 变换器的输出直流电压 $U_{O1}=+40V$，AX2005 的输出直流电压 $U_{O2}=+35V$，输出恒定电流为 1000mA，可驱动由 10 只白光 LED 构成的灯串。

高频变压器采用 E25 型铁氧体磁心，一次绕组采用 ϕ 0. 37mm 漆包线绕 39 匝，二次绕组采用 3 股 ϕ 0. 40mm 漆包线并绕 22 匝，辅助绕组用 ϕ 0. 23mm 漆包线绕 14 匝。一次侧电感量 $L_P=0.72mH$。

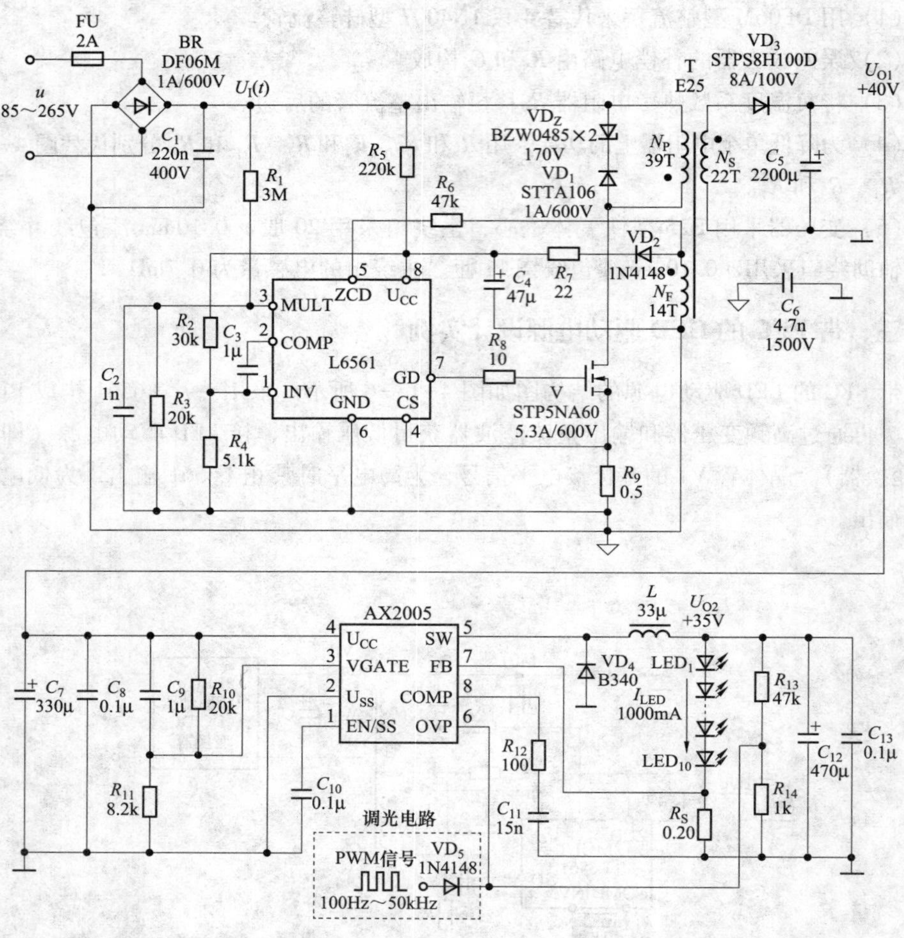

图 4-13-7　由 L6561 和 AX2005 构成 AC/DC 隔离式 LED 驱动电源的总电路

第十四节　带 PFC 和 TRIAC 调光的 LED 驱动电源设计实例

美国 PI 公司最新推出的 LinkSwitch-PH 系列单片隔离式带 PFC 及 TRIAC 调光的 LED 恒流驱动电源集成电路，能满足 85~305V 宽范围交流输入电压的条件，具有 PFC、精确恒流（CC）控制、TRIAC 调光、远程通/断控制等功能。其最大输出功率为 50W，功率因数大于 0.9，电源效率可超过 85%，适用于中、小功率的高性能隔离式 LED 驱动电源。

一、带PFC和TRIAC调光的LED驱动电源设计实例

1. 整机工作原理

14W隔离式单级PFC及TRIAC调光式LED驱动电源的总电路如图4-14-1所示，它属于反激式变换器。该电源的交流输入电压范围是90~265V，驱动LED灯串的电压典型值 $U_{LED}=+28V$（允许变化范围是+25~32V）。通过LED的恒定电流 $I_{LED}=500mA\pm5\%$，TRIAC调光的最小电流为0.5mA，因此调光比可达1000∶1（500mA∶0.5mA）。输出功率 $P_0=14W$，功率因数 $\lambda>0.9$，电源效率 $\eta>85\%$。具有LED负载开路保护、过载保护、输出短路保护、输入过电压及欠电压保护功能。

该电源使用一片LinkSwitch-PH系列中的LNK406EG。将LNK406EG配置成带PFC的隔离式TRIAC调光、连续模式变换器，不仅能减小一次侧的峰值电流及有效值电流。还能简化EMI滤波器设计，提高电源效率。

图4-14-1中，压敏电阻器 R_V 用于吸收电网的串模浪涌电压，确保LNK406EG的漏极峰值电压低于725V。BR为2KBP06M型2A/600V整流桥。EMI滤波器由 L_1~L_3、C_1、R_1、R_2 以及安全电容 C_{10} 构成，安全电容亦称Y电容。C_{10} 跨接在一次侧与二次侧之间，能滤除由一、二次绕组间分布电容产生的噪声电压。R_1、R_2 为阻尼电阻，能防止 L_1、L_2 和 C_1 形成自激振荡。C_1 为线间电容器，亦称X电容。C_2 采用0.1μF较小容量的电容器，可为一次侧的开关电流提供低阻抗源。为保证功率因数高于0.9，C_1 和 C_2 的容量不宜过大。

为了给LNK406EG提供线电压的峰值信息，输入整流桥的峰值电压就通过峰值检波器（VD_1、C_3）和 R_3、R_4，接LNK406EG的电压监控端（V）。流过 R_3、R_4 的电流就作为峰值取样电流。R_3、R_4 的总阻值为4MΩ。R_6 可为 C_3 提供放电回路，放电时间常数（$\tau=R_6C_3$）必须大于整流桥的放电时间，以免在线电压上形成纹波。

利用电压监测端的峰值取样电流和反馈端的输入电流，即可控制输出到LED的平均电流值。选择TRIAC相位调光模式时，在基准电压的输出端（R）与源极（S）之间接49.9kΩ的电阻 R_9，并通过 R_3、R_4 使输入电压与输出电流保持线性关系，从而使调光范围最大。R_9 还用于设定线路欠电压、过电压的阈值。

一次侧钳位电路由1.5KE200A型瞬态电压抑制器 VD_{Z1}（TVS）、阻塞二极管 VD_2（超快恢复二极管UF4007）组成，可将漏感产生的尖峰电压限制在700V以下。VD_3 用来防止反向电流通过LNK406EG。

二次绕组的输出电压经过 VD_6 整流，再经过 C_7 和 C_8 滤波后获得直流输出电压 U_{LED}。VD_6 采用MBRS4201T3G型肖特基二极管，其额定整流电流 $I_d=4A$，最高反向工作电压 $U_{RM}=200V$。R_{13} 为假负载，可限制空载时的输出电压。

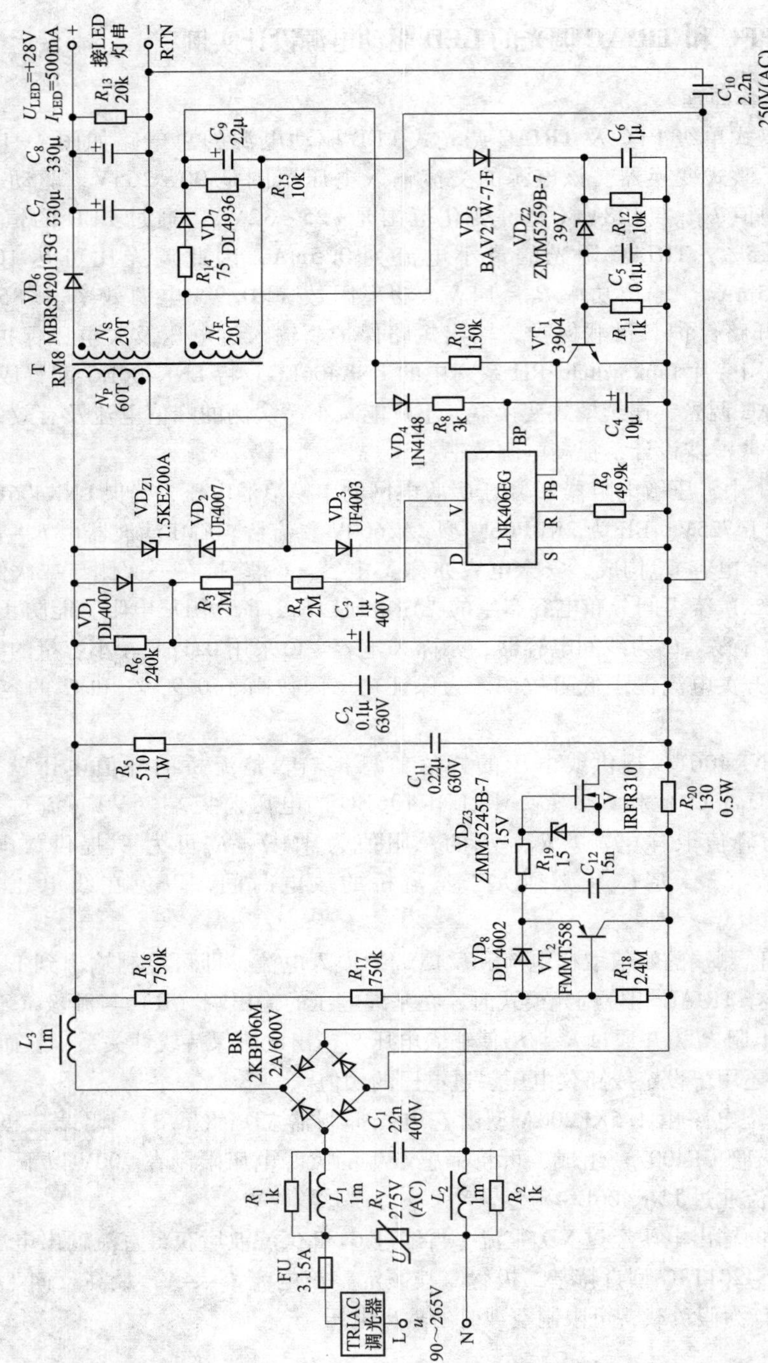

图4－14－1　14W隔离式单级PFC及TRIAC调光式LED驱动电源的总电路

反馈绕组的输出电压经过 VD_7、C_9 整流滤波后分成两路，一路经过 VD_4 和 R_8 给 LNK406EG 的旁路端（BP）提供偏置电压 U_{BP}，另一路经过 R_{10} 给反馈端（FB）提供反馈电压 U_{FB}。R_{15} 为反馈电源的假负载。C_4 为 LNK406EG 的旁路电容，改变 C_4 的容量，可设定不同的极限电流值。由于偏置绕组电压是与输出电压成比例的，因此通过偏置绕组电压即可监控输出电压，不需要二次侧反馈电路（含光耦合器及二次侧恒流控制环），从而大大简化了电路。电阻 R_{10} 的作用是将偏置电压转换为反馈电流，流入 LNK406EG 的反馈端（FB）。LNK406EG 内部控制电路能根据反馈端电流、电压监测端电流和漏极电流的综合信息，来提供恒定的输出电流。

空载时的过电压保护电路由 VD_5、C_6、R_{12}、VD_{Z2}、C_5、VT_1 和 R_{11} 构成。空载时偏置电压将会升高，直至 39V 稳压管 VD_{Z2} 被反向击穿而导通，进而使 NPN 晶体管 VT_1（3904）导通，对反馈电流起到旁路作用，使反馈电流减小。当反馈电流低于 20μA 时，LNK406EG 进入自动重启动模式，将输出关断 800ms，迫使输出电压和偏置电压降低。

2. TRIAC 无闪烁调光电路的工作原理

有源阻尼电路由 R_{16} ~ R_{20}、VD_8、晶体管 VT_2（FMMT558）、C_{12}、15V 稳压管 VD_{Z3}（ZMM5245B-7）、N 沟道 MOS 场效应管 V（IRFR310，1.7A/400V）及阻尼电阻 R_{20} 构成的，IRFR310 与 R_{20} 相并联。该电路类似于一个延时开关，可限制在 TRIAC 调光器对 C_2 充电瞬间的浪涌电流，对振铃的形成起到阻尼作用。当 TRIAC 刚开始导通时，利用 130Ω 电阻 R_{20} 对浪涌电流起到阻尼作用，可大大降低浪涌电流的上升率(di/dt)。随着 U_I 对 C_2 充电，使 IRFR310 的栅极电位不断升高，大约经过 1ms 时间，IRFR310 才导通并将 R_{20} 短路，使 R_{20} 上的功耗为最低，此时 IRFR310 允许更大的浪涌电流通过。在 TRIAC 开始导通后，由 R_{16} ~ R_{18} 和 C_{12} 构成 1ms 延迟电路。晶体管 VT_2 的作用是在 TRIAC 关断时给 C_{12} 放电。利用稳压管 VD_{Z3}，可将 IRFR310 的栅极电压钳位到 15V。

无源泄放电路由无源的阻容元件 R_5 和 C_{11} 构成，其作用是使电源输入电流始终大于 TRIAC 的维持电流，以便 TRIAC 被触发后能够维持在导通状态。

3. 高频变压器的主要参数

高频变压器采用 RM8 型铁氧体磁心，这种磁心的中间为圆柱形，两端有棱角，在电路板上可节省大量空间，适用于低噪声的中、小功率开关电源。一次绕组采用 ϕ0.23mm 漆包线绕 60 匝，二次绕组采用 ϕ0.45mm 三层绝缘线绕 20 匝，偏置绕组用 ϕ0.25mm漆包线绕 20 匝。一次侧电感量 L_P = 1.15mH（允许有 ±10% 的误差），最大漏感量 L_{P0} = 20μH。高频变压器的谐振频率超过 570kHz。

二、带 PFC 和 TRIAC 调光的 LED 驱动电源设计要点

1. TRIAC 调光电路的工作波形

TRIAC 调光器分两种，一种为用前沿（上升沿）触发的相位控制 TRIAC 调光器，简称前沿切相 TRIAC 调光器；另一种是后沿（下降沿）触发的相位控制 TRIAC 调光器，简称后沿切相 TRIAC 调光器。

普通调光器通过关断 TRIAC 来隔断一部分交流正弦波电压，使输入电压有效值降低，进而调节白炽灯亮度的，称之为自然调光。选择基准电压输出端的外部电阻为 49.9kΩ 时，可将 LinkSwitch-PH 器件配置成自然调光模式，使之更接近于白炽灯的调光特性。前沿 TRIAC 调光器的交流输入电压、电流典型波形如图 4-14-2（a）所示，图 4-14-2（b）给出了整流桥的输出电压、电流典型波形。此例中，TRIAC 的导通角 $\theta=90°$。

后沿 TRIAC 调光器的交流输出电压及电流的典型波形如图 4-14-3 所示。此例中，TRIAC 的导通角 θ 仍为 90°。

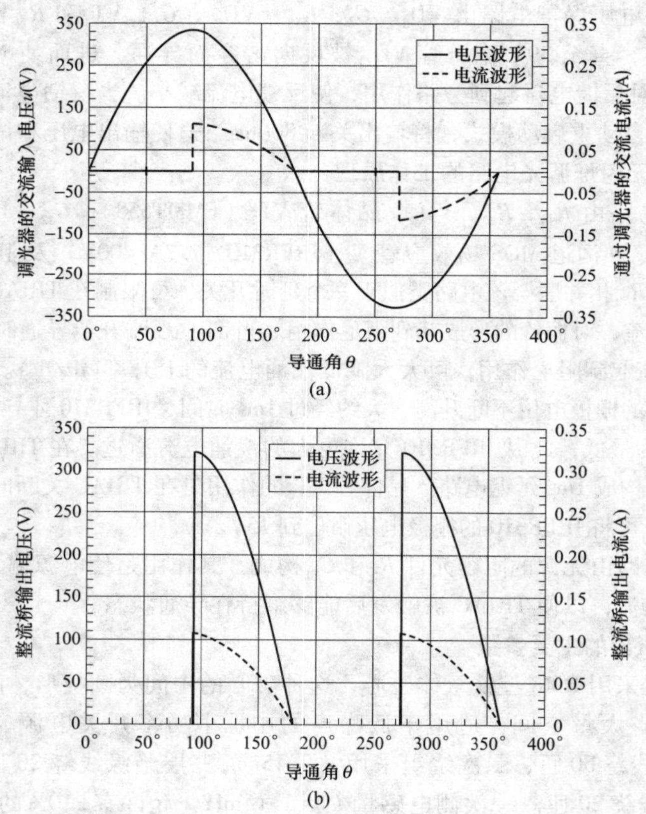

图 4-14-2　前沿 TRIAC 调光器及整流桥的典型波形

（a）前沿触发式 TRIAC 调光器的交流输入电压、电流波形；

（b）整流桥的输出电压、电流波形

如果所用 TRIAC 调光器本身带过零检测电路，能使浪涌电流和线电压上的振铃最小化，即可省去有源阻尼电路和无源泄放电路。

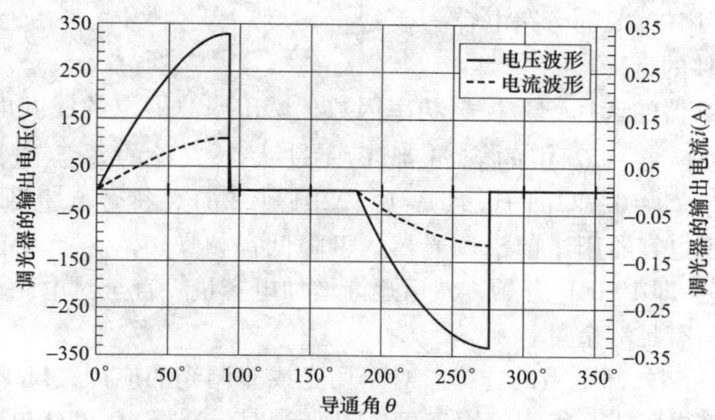

图 4-14-3　后沿 TRIAC 调光器的交流输出电压及电流的典型波形

2. TRIAC 调光电路的调试方法

（1）调试电路时首先用一只 510Ω/1W 的电阻和一只 0.44μF 电容器串联后，代替图 4-14-1 中的无源泄放电路元件 R_5 和 C_{11}。然后在维持 TRIAC 导通的前提下，将 0.44μF 的电容量减至最小以降低损耗，提高电压效率。

（2）如果无源泄放电路不能维持 TRIAC 导通，就需要增加一个由 R_{16} ~ R_{19}、VD_8、VT_2、C_{12}、VD_{Z3}、N 沟道场 MOSFET（V）及 R_7 构成的有源阻尼电路。必要时还可调整 R_{16}、R_{17} 和 C_{12} 的元件值，以改变 TRIAC 的控制角，直到 TRIAC 能正常工作。

3. 使用前沿 TRIAC 调光器的注意事项

（1）调光噪声主要是由输入电容、EMI 滤波器中的串模电感和高频变压器产生的。输入电容及串模电感要承受很高的电流上升率（di/dt）和电压上升率（du/dt），在每个交流电的半周期内，当 TRIAC 被触发以及浪涌电流给输入电容器充电时，都会产生噪声。选择薄膜电容器或陶瓷电容器、减小输入电容器的容量、减小电感器的尺寸并设计成短而宽的外形，可使噪声降至最低。

（2）高频变压器也是一个噪声源，在磁通密度相同的情况下，选择 RM 型磁心要比 EE 型磁心的噪声小。降低磁心的磁通密度也能降低噪声。将最大磁通密度（B_M）减小到 0.15T，通常情况下能消除各种音频噪声。

（3）温度对 LED 寿命的影响。随着照明用的密封式 LED 驱动电源输出功率不断增大，所面临环境温度的挑战也更加严峻。因为环境温度直接影响 LED 驱动电源及 LED 灯的寿命。与白炽灯的环境温度相比，LED 驱动电源的局部环境温度更高，散热空间更小。国外实验表明，环境温度每升高 10℃，LED 驱动电源及 LED 灯的使用寿命就会缩短一半。因此，正确设计散热器至关重要。为提高输出电流的精度，LinkSwitch-PH 器件的结温应低于 100℃。

（4）使用 LinkSwitch-PH 器件设计密封式 LED 驱动电源模块时，应选择 10μF 的旁路电容以获得更低的电流极限，从而降低功率开关管的导通损耗。对于敞开式 LED 驱动电源，建议采用100μF的旁路电容。

4. 关键元器件的选择

（1）输入电容器的选择。为提高功率因数，EMI滤波器上的线间电容器（C_1）及整流后的滤波电容器（C_2）的容量都不宜过大。二者的总容量应小于0.2μF。图4-14-1中，$C_1+C_2=0.022\mu F+0.1\mu F=0.122\mu F<0.2\mu F$，符合上述要求。与陶瓷电容器相比，采用薄膜电容器用于前沿调光器，可降低音频噪声。选择EMI滤波器中电容器时可从0.01μF（即10nF）开始，然后逐渐增加电容量，直至对电磁干扰的抑制能力达到规定要求并留有足够余量。

（2）基准电压端外部电阻的选择。对于调光或非调光的应用，LinkSwitch-PH可通过基准电压端外部电阻进行编程。用于TRIAC调光时，选择49.9kΩ电阻可获得最大的调光范围；非调光时应选24.9kΩ的电阻。

（3）峰值电压监测器监控端总电阻的选择。为使交流相位角调光范围最宽，应使线电压峰值检波器的总电阻$R_3+R_4=4$（MΩ）（参见图4-14-1）。但要想获得最佳电压调整特性，实际总电阻应选3.909MΩ。为了提高调节精度，必须采用误差不超过±1%的精密金属膜电阻。

（4）一次侧钳位电路及感应电压（U_{OR}）的选择。为限制漏极尖峰电压，必须使用一次侧钳位电路。选择钳位电路的原则为使用最少的元器件且达到最高的效率。图4-14-1中选用TVS、VD型钳位电路，必要时亦可采用R、C、VD型钳位电路，或VD_Z、R、C、VD型钳位电路。具体电路参见图3-5-2。

一次侧感应电压（U_{OR}）亦称二次侧反射电压。为提高电源效率，钳位电压U_B至少应等于$1.5U_{OR}$。85~265V交流宽范围输入时，U_{OR}应低于135V；220V±15%交流固定输入时，U_{OR}的典型值应在60~100V之间。

（5）线电压峰值检波器中电容器C_3的选择。LinkSwitch-PH器件是通过检测线路峰值电压来调节输出功率的。推荐C_3使用1~4.7μF的电容值来滤除纹波。C_3的容量过小，会降低功率因数并增加输入电流的失真。

5. 快速校验方法

（1）检测LinkSwitch-PH器件的最大漏-源极电压U_{DS}，在任何情况下（包括启动阶段和出现故障情况）都不得超过725V。

（2）检测最大漏极电流I_D，应低于产品手册中规定的最大允许值。

（3）在最大输出功率、最低和最高输入电压时，分别检查LinkSwitch-PH芯片、高频变压器、输出整流管、输出电容器及漏极钳位器件，不得出现过热现象。

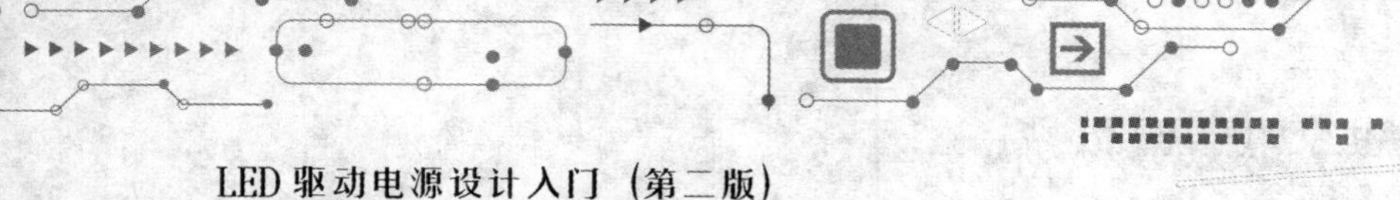

第五章

LED 驱动电源应用指南

本章首先介绍提高 LED 驱动电源效率、降低空载及待机功耗的方法，然后阐述 LED 驱动电源的布局、布线、印制板设计及特种 LED 驱动电源的电路设计，并介绍了 LED 驱动电源的测试技术，最后对 LED 驱动电源的常见故障进行了分析。

第一节　提高 LED 驱动电源效率的方法

影响 LED 驱动电源效率的因素很多，例如器件型号及封装形式的选择、散热器的设计、高频变压器的设计与制造工艺、整流管的导通压降等。下面首先阐述开关电源功率损耗的成因，然后介绍设计高效率 LED 驱动电源的原则，最后详细介绍提高效率的方法。

一、开关电源功率损耗的成因

开关电源的功率损耗包括 3 部分：传输损耗、开关损耗和其他损耗。

1. 传输损耗

传输损耗由两部分组成。第一部分是由 MOSFET 的通态电阻 $R_{DS(ON)}$ 而引起的传输损耗，例如早期开关电源芯片 TOP227Y 的 $R_{DS(ON)} = 2.6\Omega$（典型值，下同），而新产品 TOP262 的 $R_{DS(ON)} \leqslant 0.90\Omega$；通态电阻越小，传输损耗就越低。第二部分是电流检测电阻 R_S 上的损耗。

2. 开关损耗

开关损耗包括 MOSFET 的电容损耗和开关交叠损耗。这里讲的电容损耗亦称 CU^2f 损耗，是指储存在 MOSFET 输出电容和高频变压器分布电容上的电能，在每个开关周期开始时泄放掉而产生的损耗。MOSFET 栅-漏极之间的米勒电容（Miller Capacitance）越小，MOSFET 的开关速度越快，开关损耗越小。

交叠损耗是由于 MOSFET 存在开关时间而产生的。在 MOSFET 的通、断过程中，由于有效的电压和电流同时作用于 MOSFET，致使 MOSFET 的开关交叠时间较长而造成损耗。

3. 其他损耗

（1）启动电路的损耗。LED 驱动电源内部有启动电路，当芯片被启动后即自行关断，因此在转入正常工作之后就没有损耗。PWM 控制器需接外部启动电路，会导致一定的功耗。

（2）PWM 控制器的损耗。PWM 控制器的损耗，包括控制电路本身的损耗以及控制驱动 MOSFET 的功耗。

（3）输入整流桥的损耗约占开关电源总功耗的 2%。低压大电流输出时，输出整流管的损耗可占开关电源总功耗的 10% 以上。

（4）漏极钳位保护电路的损耗约为 1~1.2W。

（5）高频变压器的磁心损耗（随开关频率升高而增大），绕组导线的集肤效应损耗。

（6）其他电路的损耗。包括 EMI 滤波器中的限流电阻（NTCR）和 X 电容器的泄放电阻、输入整流桥、输入滤波器、输出滤波器、反馈电路的损耗之和。

二、设计高效率 LED 驱动电源的原则

1. 普遍原则

（1）所设计的 LED 驱动电源应尽量工作在最大占空比 D_{max} 的情况下。

（2）对于交流 85~265V 宽范围输入，一次绕组的感应电压 U_{OR} 应尽量高，可在 100~135V 范围内选择，以保证在交流输入电压为 85V 时高频变压器也能传输足够大的能量。

2. 具体原则

（1）一次侧电路。

1）增加一次绕组的电感量（L_P），可使高频变压器工作在连续模式。此时功率开关管和高频变压器的功率损耗均较低。

2）在输入端串联一只负温度系数热敏电阻（NTCR），刚通电时起到限流作用，启动电源之后就工作在热态（即低阻态），可减小限流电阻的功耗。整流桥的指标要留出足够的余量，其标称整流电流必须大于额定电流值，才能减小能量损耗。

3）要正确估算输入滤波电容的容量，在交流 85~265V 输入时，每瓦输出功率对应于 3μF 的容量，即比例系数为 3μF/W。在交流 230V 固定输入时比例系数为 1μF/W。

4）为提高电源效率和降低成本，应挑选最合适的 PWM 调制器或 LED 驱动电源集成电路。

（2）高频变压器。

1）选择低损耗的磁心材料、合适的形状及正确的绕线方法，将漏感降至最低限度。在安装空间允许的条件下，选择较大尺寸的磁心有助于降低磁心损耗。

2）为减小绕组导线上因集肤效应而产生的损耗，推荐采用多股线并绕的方式来绕制二次绕组。适当增加二次绕组的线径，可降低导线的铜损耗。

（3）二次侧电路。

1）所选输出整流管的标称电流至少为连续输出电流典型值的 3 倍。大电流输出时，

推荐采用正向导通电压低、反向恢复时间（t_{rr}）极短的肖特基二极管。

2）输出铝电解滤波电容器的等效串联电阻（ESR）应尽量低。

三、提高 LED 驱动电源效率的方法

1. 适当增大一次绕组的电感量 L_P

适当增加高频变压器的一次侧电感量，使开关电源工作在连续电流模式，能提高电源效率。这是因为增大 L_P 之后，可减小一次侧的峰值电流 I_P 和有效值电流 I_{RMS}，使输出整流管和滤波电容上的损耗也随之降低。此外，还能减小储存在高频变压器漏感 L_{P0} 上的能量，该能量与 $I_P{}^2$ 成正比，并且在一次侧钳位电路的每个开关周期内被消耗掉。

2. 选择合适的 D_{max} 和 U_{OR} 参数

以 TOPSwitch-GX 系列单片开关电源为例，它在直流输入电压为最小值（U_{Imin}）时，负载电路所取得的最大占空比（D_{max}）直接影响到一次侧、二次侧之间的功率损耗分配。但这里讲的 D_{max}，并非 TOPSwitch-GX 本身的占空比上限值，而是要由外部设定的一个极限值。它不仅与 U_{Imin}、U_O、输出整流管的正向导通压降 U_{F1} 有关，还取决于一次绕组对二次绕组的匝数比（$n=N_P/N_S$）。有公式

$$D_{max}=\frac{U_O+U_{F1}}{U_{Imin}/n+U_O+U_{F1}} \tag{5-1-1}$$

不难看出，增加匝数比可提高最大占空比。式（5-1-1）还可改写成匝数比的表达式

$$n=\frac{N_P}{N_S}=\frac{D_{max}U_{Imin}}{(1-D_{max})(U_O+U_{F1})} \tag{5-1-2}$$

匝数比还能决定在功率 MOSFET 关断期间一次侧的感应电压 U_{OR}（亦称二次侧的反射电压），计算公式为

$$U_{OR}=n(U_O+U_{F1}) \tag{5-1-3}$$

此时漏极电压等于一次侧直流电压 U_I、感应电压 U_{OR}、由漏感引起的尖峰电压这三者的总和。由于该总电压对高频变压器的变压比起到限制作用，因此也就限制了 LED 驱动电源的最大占空比。这种限制作用可反映到 U_{OR} 的最大推荐值上，U_{OR} 一般允许为 80~140V，最大推荐值可选 135V。设计步骤为 $n\rightarrow U_{OR}\rightarrow D_{max}$。通过设计高频变压器的匝数比，可使 U_{OR} 达到推荐值，自动地将 D_{max} 设定到最大推荐值上。

3. 降低输入整流桥的损耗

由二极管构成的整流桥，其标称电流应大于在 $u=u_{min}$ 时的 I_{RMS} 值。I_{RMS} 的计算公式为

$$I_{RMS}=\frac{P_O}{\eta u\cos\varphi} \tag{5-1-4}$$

式中：输入电路的功率因数 $\cos\varphi$ 为 0.6~0.8。选择较大容量的整流桥，使之工作在较小电流下，可减小整流桥的压降和功率损耗。

4. 降低功率 MOSFET 的损耗

对功率 MOSFET 的基本要求是漏极电流要足够大，漏-源极击穿电压应足够高，漏-源极通态电阻［$R_{DS(ON)}$］和输出电容（C_O）应尽量小。$R_{DS(ON)}$和 C_O值越小，传输损耗越低。

对于交流 220V 输入电压，分立式功率 MOSFET 的耐压值应选择 1000V，而不得用耐压 600V 的管子，以免被击穿。

5. 减小高频变压器的损耗

高频变压器是能量储存与传输的重要部件，它对电源效率有较大影响。

（1）直流损耗。高频变压器的直流损耗是由绕组的铜损而造成的。为提高效率，导线的电流密度一般选 $J=4\sim6\text{A/mm}^2$，在散热良好的条件下最高可达 10A/mm^2。

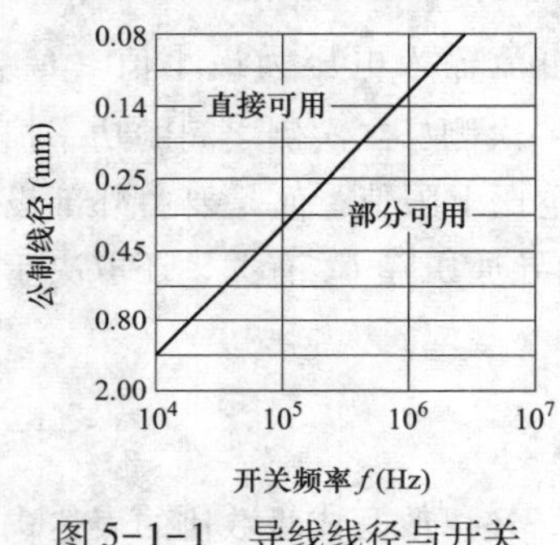

图 5-1-1　导线线径与开关频率的关系曲线

（2）交流损耗。高频变压器的交流损耗是由集肤效应和磁心损耗而造成的。集肤效应会使导线的交流等效阻抗远高于铜电阻。高频电流对导体的穿透能力与开关频率的平方成正比，为减小交流铜损耗，导线半径不得超过高频电流可达深度的两倍。可供选用的导线公制线径与开关频率的关系曲线如图 5-1-1 所示。举例说明，当 $f=132\text{kHz}$ 时，导线直径理论上可取ϕ 0.4mm。但为减小集肤效应，实际上常用比ϕ 0.4mm 更细的导线多股并绕，而不用一根粗导线绕制。

高频变压器的磁心损耗也使得电源效率降低。其交流磁通密度可利用下式进行估算

$$B_{AC}=\frac{0.4\pi\ N_P I_P K_{RP}}{2\delta} \tag{5-1-5}$$

式中：N_P为一次绕组的匝数；I_P为一次侧峰值电流；K_{RP}为一次侧脉动电流与峰值电流之比；δ为磁心的气隙宽度，mm。式（5-1-5）用“安匝”来表示磁通量的单位，铁氧体磁心在 132kHz 时的损耗应低于 50mW/cm^3。

（3）泄漏电感。泄漏电感简称漏感。在设计低损耗的高频变压器时，必须把漏感减至最小。因为漏感愈大，产生的尖峰电压幅度愈高，一次侧钳位电路的损耗就愈大，这必然导致电源效率降低。减小漏感有以下几种措施：① 减小一次绕组的匝数；② 增大绕组的宽度；③ 增加绕组尺寸的高度与宽度之比（简称高、宽比）；④ 减小绕组之间的绝缘层；⑤ 增加绕组之间的耦合程度。高频变压器的优化设计是采用普通高强度漆包线绕制一次绕组和偏置绕组，再用三层绝缘线绕制二次绕组。这样可使漏感量大为减小。

（4）绕组排列。为减小漏感，绕组应按同心方式排列，如图 5-1-2 所示。图 5-1-2（a）中二次侧采用三层绝缘线；图 5-1-2（b）中全部用漆包线，但要留出安全边距，且在二次侧与偏置绕组之间增加强化绝缘层。对于多路输出式电源，输出功

率最大的那个二次绕组应靠近一次侧，以减少磁场泄漏。当二次侧匝数很少时，宜采用多股线平行并绕方式分散在整个骨架上，以增加覆盖面积。

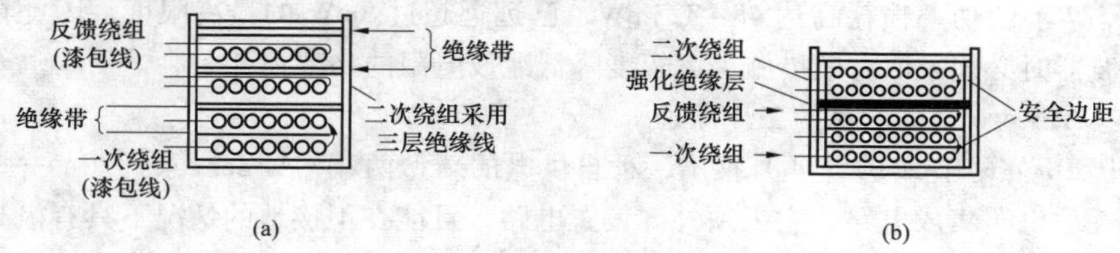

图 5-1-2 绕组的排列方式

（a）二次侧用三层绝缘线；（b）全部用漆包线

6. 减小输出整流管的损耗

输出整流管是导致电源效率下降的重要原因之一。其损耗约占全部损耗的 1/4～1/5。进行低压、大电流整流时，应选择肖特基整流管；高压整流时可选快恢复二极管。两种管子的效率与交流输入电压的关系曲线如图 5-1-3 所示。不难看出，当交流电压 $u=220$V 时，二者的效率分别为 85%、83.4%。

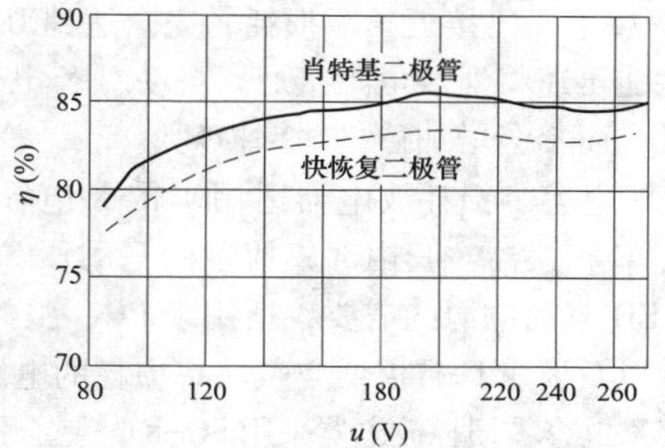

图 5-1-3 两种整流管的效率与交流输入电压的关系

第二节 降低 LED 驱动电源空载及待机功耗的方法

LED 驱动电源的空载功耗是指电源负载开路且不执行任何功能时所消耗的电能。待机功耗则是指电源处于待机（备用）状态所消耗的电能，此时电源进入休眠模式，停止给负载供电，仅在特殊情况下允许向小负载（如电视机中的 CPU）提供很少量的电能。按照国际电工委员会制定的 IEC 16301 标准（第 4.5 款），LED 驱动电源的空载功耗和待机功耗均应低于 5mW，这就给设计 LED 驱动电源提出了更严格的条件。

LED 驱动电源的能效就等于额定输出功率 P_O 与空载功耗 P_K 之比

$$K=\frac{P_O}{P_K}\times 100\% \tag{5-2-1}$$

一、开机后消除泄放电阻功率损耗的方法

EMI 滤波器中的串模电容亦称 X 电容，它位于电源的两个输入端之间，用于滤除电源噪声。由于 X 电容在交流断电后仍储存高压电荷，一旦用户误触电源插头时会构成安全威胁。解决方法是在 X 电容并联上并联一只泄放电阻对其放电，以满足安全性

要求。但该方案的缺点是当LED驱动电源正常工作时，泄放电阻会产生恒定的功率损耗，导致电源效率降低。泄放电阻 R 的阻值范围通常为150kΩ～1.5MΩ，对应于220V交流电，R 上的功率损耗高达48～323mW，已远远超过5mW的最高限度。因此在设计EMI滤波器时必须采取有效措施，大幅度降低泄放电阻的功率损耗。

1. CAPZero系列产品的工作原理

美国PI公司于2010年4月推出一种自供电的新型两端CAPZero系列产品——X电容零损耗放电器集成电路。它无须外部偏置电路，且能在不接地的情况下具有极高的抑制共模干扰、串模干扰能力。X电容零损耗放电器可等效于智能高压开关S，在LED驱动电源正常工作时它保持开路，通过切断泄放电阻上的电流，使电阻功率损耗接近于零。即使考虑到MOSFET的关断电阻并非无穷大，也能使泄放电阻的功率损耗降至5mW以下，已接近于零损耗，完全达到IEC16301国际标准的规定。当交流断电后，该器件能迅速将泄放电阻接通，自动对X电容进行安全放电，并且允许使用更大容量的X电容，而不会增加待机功率损耗。

X电容零损耗放电器适用于带X电容（大于100nF）并要求待机功率损耗极低的AC/DC转换器。其内部集成了两只耐压825V（或1000V）的MOSFET，可满足设计各种LED驱动电源的需要，适用于PC、服务器、电视机、打印机和笔记本电脑的开关电源，以及要求具有极低空载功率损耗的电源适配器。

X电容零损耗放电器采用SO-8封装，引脚排列和内部框图分别如图5-2-1（a）、（b）所示。D_1和D_2为两个引出端，其余均为空脚（NC）。芯片内部主要包括交流电压检测电路、自偏置供电电路、控制及驱动电路，两只互补型场效应管（MOSFET）V_1、V_2。芯片能自动检测交流输入电压，适时控制V_1、V_2的通、断，可等效于如图5-2-1（c）所示的智能开关S。其工作时的电源电流仅为21.7μA，最高环境温度可达+105℃。

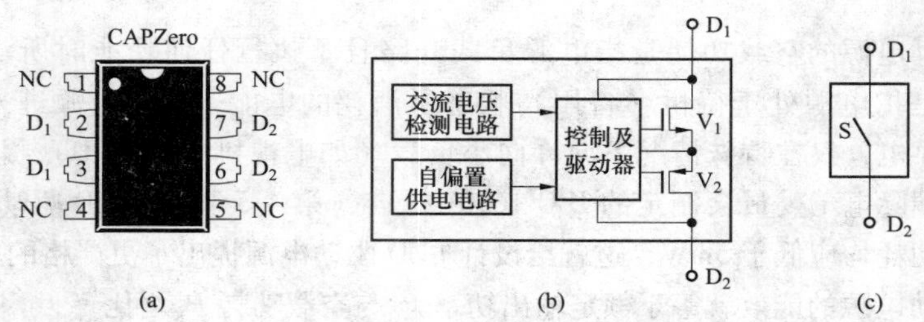

图5-2-1　X电容零损耗放电器的引脚排列和内部框图

（a）引脚排列；（b）内部框图；（c）等效电路

2. CAPZero系列产品的典型应用

X电容零损耗放电器在EMI滤波器中的典型应用如图5-2-2所示，图中省略了共模电容（亦称Y电容，用来抑制共模干扰）等元器件。R_1和R_2为外部泄放电阻，总阻值为R。C_1和C_2为X电容。X电容零损耗放电器置于EMI滤波器的前级、后级均可。

需要注意两点：第一，由于 X 电容零损耗放电器的导通电流仅为 0.25～2.5mA（最低保证值），因此不得将它直接并联到 X 电容两端，以免因通过大的泄放电流而烧毁；使用时必须串联限流电阻 R_1、R_2。第二，当串模浪涌电压超过 1kV 时，需增加压敏电阻器 R_V，用于吸收交流进线端的浪涌电压，如图中虚线所示；低于 1kV 时可省去 R_V。第三，当漏极峰值电压超过 950V 时，需在 D_1–D_2两端并联一只 33pF/1000V 的陶瓷电容器，对漏极峰值电压起到衰减作用，在交流输入为 230V、50Hz 时，由此增加的功率损耗不会超过 0.5mW。

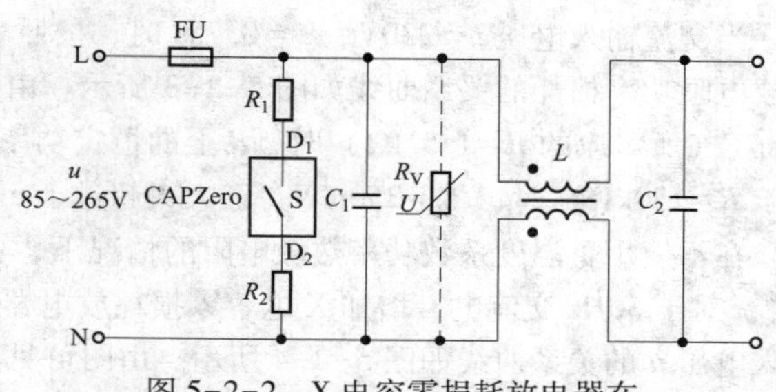

图 5-2-2 X 电容零损耗放电器在 EMI 滤波器中的典型应用

CAPZero 系列产品的选择见表 5-2-1。以图 5-2-2 为例，总 X 电容 $C=C_1+C_2$，总泄放电阻值 $R=R_1+R_2$。通常可取 $R_1=R_2$。设计时，由 R、C 所决定的时间常数 $\tau=RC=0.75\text{s}$，其最大值为 $\tau=1\text{s}$。

表 5-2-1 CAPZero 系列产品的选择

产品型号	D_1–D_2引脚之间的正、反向耐压值（V）	总 X 电容值 C（μF）	总泄放电阻值 R（MΩ）	时间常数 τ（s）
CAP002DG	825	0.50	1.500	0.75
CAP012DG	1000			
CAP003DG	825	0.75	1.000	0.75
CAP013DG	1000			
CAP004DG	825	1.0	0.750	0.75
CAP014DG	1000			
CAP005DG	825	1.5	0.480	0.72
CAP015DG	1000			
CAP06DG	825	2	0.360	0.72
CAP016DG	1000			
CAP007DG	825	2.5	0.300	0.75
CAP017DG	1000			
CAP008DG	825	3.5	0.200	0.70
CAP018DG	1000			
CAP009DG	825	5.0	0.150	0.75
CAP019DG	1000			

当交流输入电压 $u=230V$、$\tau=0.75s$ 时，按照表 5-2-1 所列数据绘制成 X 电容与泄放电阻功率损耗的关系曲线如图 5-2-3 所示。由表 5-2-1 和图 5-2-3 可见，当 $C=0.5\mu F$（所对应的 $R=1.5M\Omega$）时，R 上的恒定功率损耗为 $P_R=35mW$；当 $C=5\mu F$（对应于 $R=150k\Omega$）时，$P_R=350mW$，已大大超过了 5mW。

在不使用负温度系数功率热敏电阻的情况下，可将 P_R 视为 EMI 滤波器的功率损耗 P_{EMI}。对于 50Hz 交流电，增加 X 电容零损耗放电器之后 EMI 滤波器的功率损耗与交流输入电压 u 的关系曲线如图 5-2-4 所示。由图可见，当 $u=220V$ 时，$P_{EMI}=3.8mW$；在 $u=80\sim265V$ 的变化范围内，$P_{EMI}<5mW$。

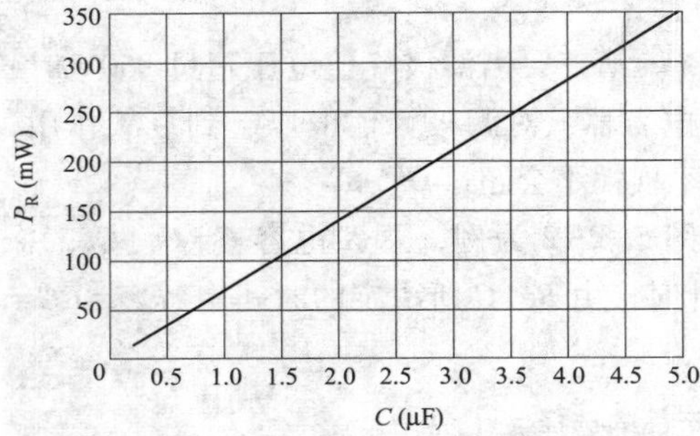

图 5-2-3　X 电容与泄放电阻功率损耗的关系曲线（$u=230V$、$\tau=0.75s$）

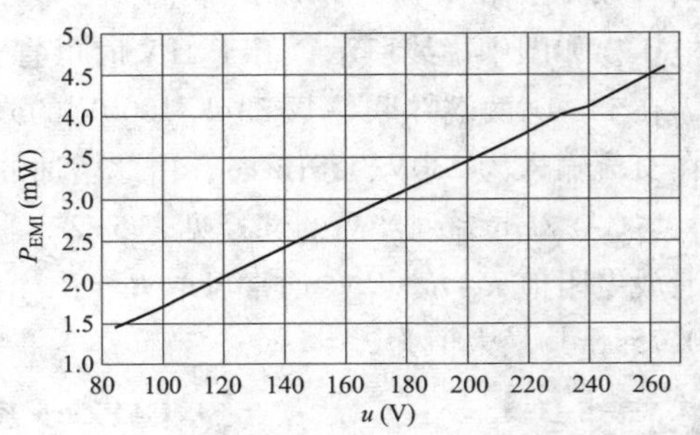

图 5-2-4　EMI 滤波器的功率损耗与交流输入电压的关系曲线

X 电容零损耗放电器在印制板（PCB）上的布局如图 5-2-5 所示。虚线框代表 X 电容。R_1 和 R_2 均采用表面贴装电阻器。

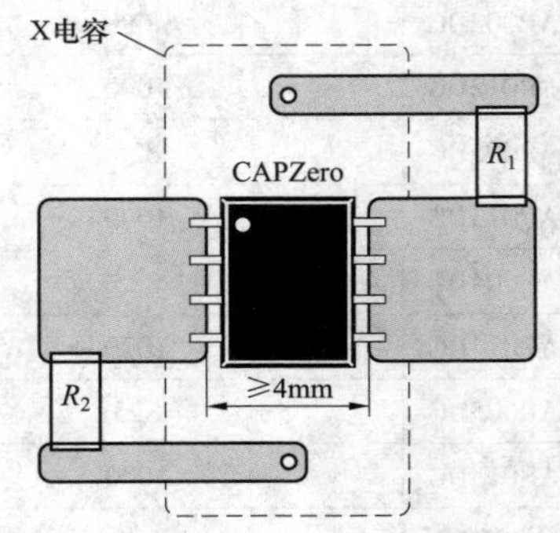

图 5-2-5　X 电容零损耗放电器在印制板上的布局

二、开机后消除热敏电阻功率损耗的方法

具有负温度系数的功率热敏电阻器在 LED 驱动电源通电时能起到瞬间限流保护作用。刚通电时因滤波电容上的压降不能突变，容抗趋于零，故瞬间充电电流很大，很容易损坏高压电解电容。为解决这一问题，通常选用功率热敏电阻器 R_T 代替普通限流电阻，并且限流值可选得稍高些。其工作特点是刚启动电源时 R_T 的阻值较高，瞬间限流效果好，随着电流通过 R_T 不断发出热量，其阻值迅速减小，功率损耗明显降低。但使用热敏电阻器仍会降低 LED 驱动电源的空载功率损耗。举例说明，某 LED 驱动电源的交流输入电压为 220V，最大输出功率为 150W，满载输出时的效率为 92%，采用常温下电阻值为 5Ω 的功率热敏电阻时，通过 R_T 的电流为 $(150W/92\%)/220V=0.74A$。假定受热后 R_T 的电阻降至 2.5Ω，所引起的功率损耗为 $(0.74A)^2\times2.5\Omega=1.37W$。因 $1.37W/(150W/92\%)\times100\%=0.84\%$，故可导致电源效率

降低 0.84%。

能消除开机后热敏电阻功率损耗的EMI电路如图5-2-6所示。由 C_1 和 C_2、C_5 和 C_6 分别构成两级共模电容，前级用来抑制30MHz以上的共模噪声，后级可抑制中频范围内的谐振峰值。共模电感 L 用来抑制1MHz以下的低频和中频干扰。C_3 和 C_4 为串模EMI滤波电容器。R_1 为泄放电阻，当交流电源断开时可将 C_3 和 C_4 上储存的电荷泄放掉，避免操作人员因触及电源插头而受到电击。

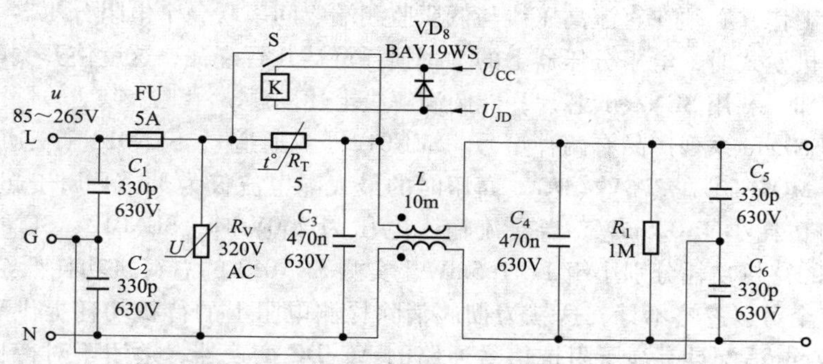

图5-2-6 能消除开机后热敏电阻功率损耗的EMI电路

当电源刚通电时，热敏电阻 R_T 可起到瞬间限流保护作用。当电源进入正常工作状态，通过继电器通/断控制线的输出电压 $U_{JD}=0V$，给继电器绕组接通电压（$U_{CC}-0V$），使触点S吸合，将 R_T 短路，使 R_T 上的功率损耗降至零。仅在启动电源时，通/断控制线开路，使继电器绕组断电而释放，触点S被断开。在继电器绕组两端并联一只续流二极管 VD_8，可为反电动势提供泄放回路，起到保护作用。

继电器通/断控制电路如图5-2-7所示。一旦 U_O 达到规定值（$U_O \geq 15V$），稳压管 VD_{Z1} 就被反向击穿，进而使集电极开路的晶体管 VT_3 导通，其集电极输出为0V，即 $U_{JD}=0V$，继电器绕组上有电流通过而使触点S吸合，将 R_T 短路，使 R_T 上的功率损耗降至零。仅在启动电源时，VT_3 截止，通/断控制线开路，使继电器绕组断电而释放，触点S被断开，使继电器绕组断电。若 U_O 低于15V，则应选稳压值较低的稳压管。采用这种设计方案，大约可使电源效率提高0.5%～1.5%。

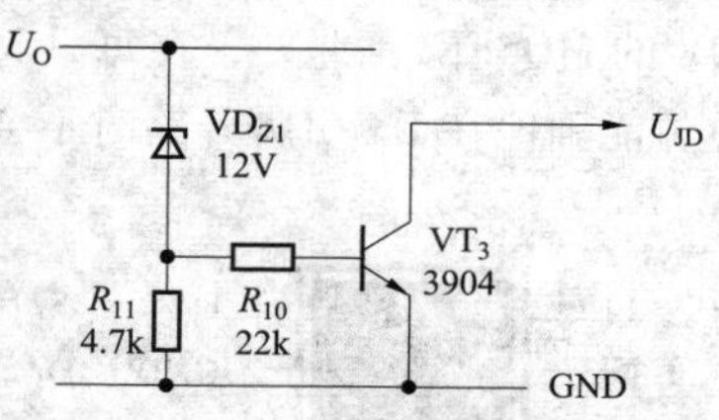

图5-2-7 继电器通/断控制电路

三、消除待机模式下检测电阻功率损耗的方法

1. SENZero 系列产品的工作原理

为了最大限度地降低开关电源在待机（或空载）模式下的功率损耗，美国PI公司于2010年8月最新推出的SENZero系列产品——零损耗高压检测信号断接集成电路，

能在待机、空载或远程关断的条件下将不需要的单元电路断开，特别是断开检测电阻与直流高压线的连接，从而消除检测电阻上的待机功耗并降低电源系统的总功耗，满足IEC 16301国际标准对待机功耗的严格要求。SENZero的应用非常简单，可添加到任何使用电阻来检测总线电压的电源中，达到节能目的。SENZero具有超低漏电流，不仅能最大限度地节省电能，还能提供引脚短路时的安全保护。

按照传统方法，LLC谐振变换器和其他电源控制器要通过监测输入直流高压U_I来控制电源的工作，必须在直流高压线与低压监测端之间串联一个电阻分压器。而当开关电源处于待机模式时，电阻分压器上的功率损耗可达几百毫瓦，这就使开关电源的待机功耗大为增加。利用SENZero芯片，能圆满解决上述问题。

目前SENZero系列产品有两种型号：SEN012（双通道）、SEN013（三通道）。它们内部集成的MOSFET在375V（DC）高压时的最大漏电流仅为1μA，属于超低漏电流。每个通道的功耗小于0.5mW。当交流输入电压为230V时，SEN012、SEN013在断开MOSFET时的待机功耗分别小于1、1.5mW。实测SEN013的总待机功耗低至0.79mW<1.5mW，完全可以忽略不计，这就为彻底消除检测电阻上的待机功耗提供了最佳解决方案。SENZero适配具有高压阻抗信号通路的AC/DC变换器，适用于对待机功耗或空载功耗有严格规定的电源系统中，还适用于激光打印机、家用电器、服务器及网络设备中。

SENZero采用小型化的SO-8封装，其引脚排列及内部框图分别如图5-2-8（a）~（c）所示。各引脚的功能如下：S_1~S_3为源极端，D_1~D_3为漏极端，GND为公共地，NC为空脚。U_{CC}端需接电源电压U_{CC}，该端的输入电流小于0.5mA。当$6V<U_{CC}<16V$时，内部MOSFET将完全导通；当$U_{CC}=0V$（地电位）时，内部MOSFET处于关断状态。SENZero内部主要包括偏置电路及驱动控制器，2~3只（视产品型号而定）耐压为650V的MOSFET。此外，在每只MOSFET的栅极上都有内部下拉电阻（图5-2-8中未画），能确保在U_{CC}引脚开路时不会损坏器件。

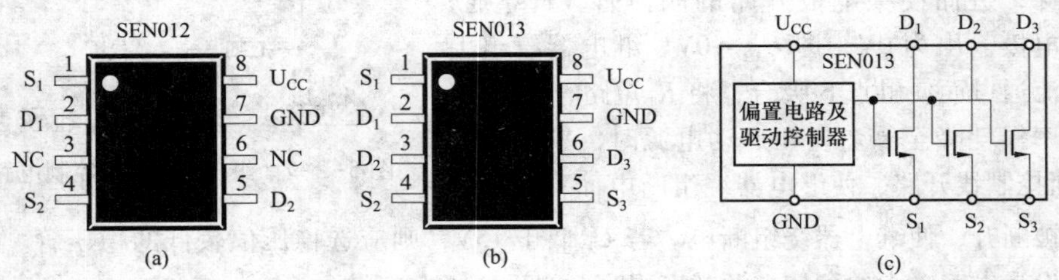

图5-2-8 SENZero的引脚排列及内部框图

（a）SEN012（双通道）；（b）SEN013（三通道）；（c）SEN013的内部框图

2. SENZero系列产品的典型应用

SEN013在两级式PFC电源中的典型应用电路如图5-2-9所示。这种电源的特点是第一级为PFC（输出为直流高压U_{O1}），第二级为DC/DC变换器（输出为直流低压

U_{O2}），常用作大功率 LED 驱动电源。SEN013 的电源端经过开关 S 接系统 U_{CC}，仅当接收到系统发来的待机信号时，才将 S 断开，使内部 MOSFET 处于关断状态。SEN013 内部的 3 路 MOSFET 分别串联在 PFC IC、PFC 的检测电阻（R_1、R_2），DC/DC IC 的检测电阻（R_3和 R_4）电路中。对 PFC IC 和 DC/DC IC 的控制是通过给 SEN013 供电的 U_{CC}来实现的，一旦 U_{CC}被断开，立即将 PFC IC 和 DC/DC IC 关断，与此同时两个检测电路也被切断。若在启动过程中重新加上 U_{CC}，则 PFC IC、DC/DC IC 和检测电路立即恢复正常工作。需要指出，SENZero 的 U_{CC}-GND 引脚之间最大允许电压为 16V，S-GND 引脚之间的最大允许电压为 6.5V，在室温条件下内部 MOSFET 的通态电阻约为 500Ω，因此它只能串联到高阻电路中使用。这样，其通态电阻在总串联电阻中只占很小一部分，不会影响原电路的正常工作。SEN013 的 U_{CC}引脚不需要接旁路电容。此外，SENZero 还可用于三级 PFC 电源中，这种电源通常包括下述三级：PFC、LLC 谐振变换器、DC/DC 变换器。

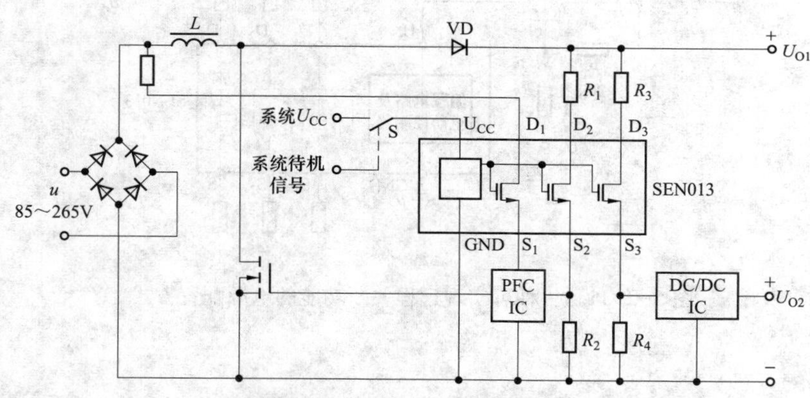

图 5-2-9　SEN013 在两级式 PFC 电源中的典型应用电路

3. SENZero 系列产品的电源配置方式及远程关断功能

SENZero 的一种电源配置方式如图 5-2-10 所示。开关电源偏置绕组上的电压经过整流滤波器后获得未经稳压的直流电压 U_I，首先送至由晶体管 VT（2N3904）、基极偏置电阻（R_B）和稳压管（VD_Z）构成的简易线性稳压器，获得稳压输出 U_{CC}，然后给 SENZero 提供电源。这种配置方式可在 U_I>16V 的情况下实现对 U_{CC}电压的控制。断电时，只要 U_I低于 VD_Z的稳压值 U_Z，就立即关断 SENZero。若偏置绕组电压经过了稳压，或 U_{CC}引脚上的电压能维持在 6V<U_{CC}<16V 范围内，即可省去线性稳压器（VT、R_B和 VD_Z）。

一种可实现远程关断功能的电源配置方式如图 5-2-11 所示，U_I通过 NPN 晶体管 VT 对 SENZero 供电。VT 不仅有预稳压的作用，还起到通/断控制作用，当控制信号 U_K为高电平时，VT 导通，允许 SENZero 工作；U_K为低电平时，VT 截止，禁用 SENZero。

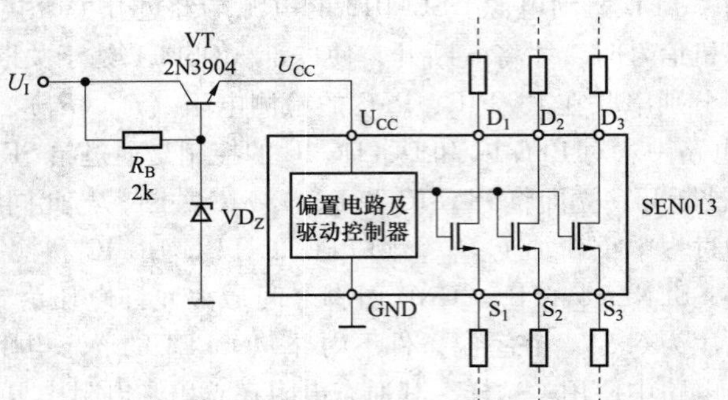

图 5-2-10　SENZero 的一种电源配置方式

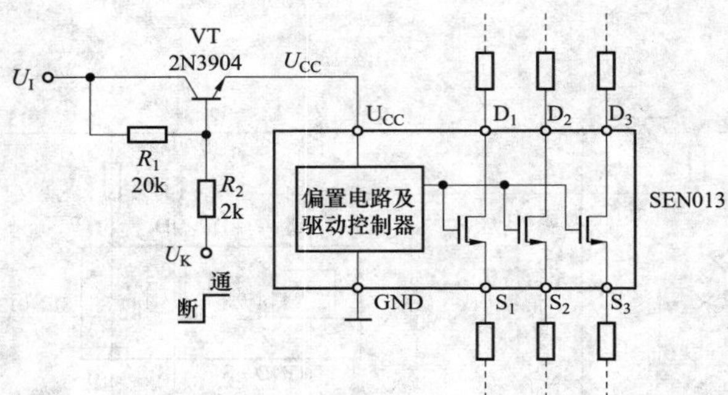

图 5-2-11　一种可实现远程关断功能的电源配置方式

第三节　LED 驱动电源的布局与布线

LED 驱动电源的正确布局对确保其长期稳定地工作并符合电磁干扰（EMI）和电磁兼容性（EMC）要求至关重要。目前 LED 驱动电源以印制电路板（简称印制板或 PCB）为主要装配方式。大量实践证明，即使电路设计正确，因布局或布线不合理，也会对 LED 驱动电源的可靠性产生不利影响。因此，在设计印制板时，应采用正确的方法。

一、LED 驱动电源布局与布线的一般原则

1. LED 驱动电源布局的一般原则

（1）对元器件进行布局时，首先要确定印制板（PCB）的尺寸及形状。由于隔离式 LED 驱动电源分输入、输出两侧，并且要求两侧实现电气隔离，通常将 PCB 设计成长方形。先将 PCB 中所有元器件的封装均匀排列成长方形，左边为一次侧元器件，右

边二次侧元器件，并预留 4 个安装孔位置，在禁止布线层画一个长方形，将所有元器件包围起来，留有一定的安全边界，PCB 尺寸大小也就基本确定了。

（2）布局一般从高频变压器开始。将高频变压器布置在印制板中间，左侧为一次侧，右边为二次侧。输入滤波电容器、一次绕组和功率开关管组成一个较大脉冲电流的回路。二次绕组、整流（或续流）二极管和输出滤波电容器构成另一个较大脉冲电流的回路。这两个回路要布局紧凑，引线短捷。以减小泄漏电感，从而降低吸收回路的损耗，提高电源的效率。在一次侧带高压的元器件之间应适当加大间距，并根据需要适当微调 PCB 的尺寸，最后完成印制板的整个布局。

（3）印制板尺寸要适中，过大时印制线条长，阻抗增加，不仅抗噪声能力下降，成本也提高；尺寸过小，会散热不好，还容易受相邻印制导线的干扰。

2. 关键元器件的布局

关键元器件的合理布局也非常重要。例如，输出端旁路电容器的接地端必须是低噪声参考地，再与仅通过小信号的模拟地（AGND）和取样电阻分压器的地端相连，并尽量远离有大电流通过的功率地（PGND）。这对实现低噪声参考地与高噪声功率地之间的隔离至关重要。这样布局可防止较大的开关电流通过模拟地的回路进入电池或电源，造成干扰。

控制器功率电路的两个电流途径如图 5-3-1（a）、（b）所示，这两个电流路径分别为输入回路和输出回路。图 5-3-1（a）表示当 MOSFET 导通时电流通过输入回路的路径。图 5-3-1（b）示出当 MOSFET 关断时，电流通过输出回路的路径。将这两个回路的元器件互相靠近布局，可将大电流限制在控制器的功率电路部分，远离低噪声元器件的地回路。C_I、L、MOSFET、VD 和 C_O 的位置应尽量靠近。采用短而宽的印制导线进行布线，能提高效率，降低振铃电压，避免对低噪声电路的干扰。

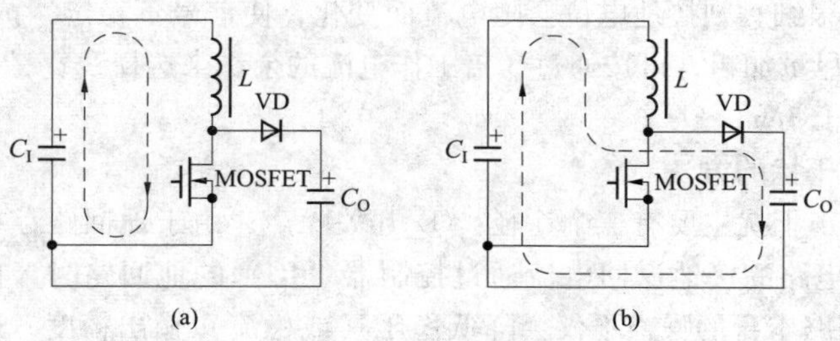

图 5-3-1　控制器功率电路的两个电流途径

（a）输入回路；（b）输出回路

在给上述两个电流回路布局时经常采用一些折中方案。若想要回路中哪些元器件就近安装，则需确定该元器件上是否有不连续的电流通过。就近安装元器件能最大限度地减少分布电感，而具有不连续电流的元器件位置对于减少分布电感非常重要。

3. LED 驱动电源布线的一般原则

（1）LED 驱动电源的布线，主要是考虑线宽的选择和绝缘间距的问题。特别要注意地线的布线和取样点的选择，这会直接影响电源的性能指标。布线时应优先考虑选择单面板，以降低印制板的制作成本，但布线难度会增大。必要时还要设计一些跨线，完成电路连接。

（2）印制板布线时如果两条细平行线靠得很近，就会形成信号波形的延迟，在传输线的终端形成反射噪声。

（3）选择合理的导线宽度。由于瞬变电流在印制线条上所产生的脉冲干扰主要是由印制导线的分布电感成分而造成的，因此应尽量减小印制导线的分布电感。印制导线的分布电感与其长度成正比，与其宽度成反比，采用短而宽的导线对抑制干扰是有利的。

（4）虽然采用平行走线可减小导线的分布电感，但导线之间的互感和分布电容会增加，还容易引起串模干扰。设计较复杂的电源系统时，可采用井字形的网状布线结构，具体方法是在印制板的一面横向布线，另一面纵向布线，然后在交叉孔处用金属化孔相连。

二、LED 驱动电源的布局与布线注意事项

1. LED 驱动电源的接地

（1）在电子设备中，接地是控制干扰的有效方法。将接地与屏蔽结合起来使用往往能事半功倍，解决大部分干扰问题。电源系统中的地线大致可分为一次侧地、二次侧地、模拟地（亦称信号地）、功率地、屏蔽地（接机壳）和系统地。

（2）应正确选择单点接地或多点接地。模拟地允许采用多点接地法，功率地应采用单点接地法（亦称开尔文接法）。

（3）若地线很细，则接地电位会随电流而变化，使信号不稳定，抗噪声性能变差。因此应将接地线尽量加粗，可按通过 3 倍工作电流的余量来选择线宽，一般情况下功率地线的宽度应大于 3mm。

2. 减小噪声干扰的方法

（1）产生噪声干扰主要有三个途径：① 开关噪声，由于地回路存在分布电阻和分布电感，当功率电路的接地返回电流通过控制器（IC）的地回路时，在地线上产生开关噪声。② 地回路本身的噪声不仅会降低稳压（或稳流）输出精度，还容易干扰同一印制板上其他敏感电路。③ 在电源或电池正端出现的开关噪声能耦合到用同一电源供电的其他元器件（包括控制器芯片），使基准电压发生波动。若发现输入旁路电容器两端电压不稳定，可在控制器的电源引脚前面增加一级 RC 型滤波器，这有助于稳定其供电电压。此外，交流电流通过的回路面积越大，所产生的磁场越强，形成干扰的可能性也大大增加。将输入端旁路电容器靠近功率电路能减小输入电流回路所包围的面积，可避免产生干扰。

（2）升压式变换器的典型电路结构如图 5-3-2 所示。图中的 A 点是由储能电感器（L）、输出整流管（VD）和功率开关管（MOSFET）形成的节点。当 MOSFET 导通时，A 点的电位 U_A接近于地电位；当 MOSFET 关断时，U_A上升到比 U_O高出一个二极管正向压降的电位。印制板的布线应使该节点的分布电容为最小。由于分布电容两端的压降不能发生突变，因此它能影响该节点电压的瞬态特性。该节点应采用短而宽的引线，以减小分布电容，降低电磁干扰。

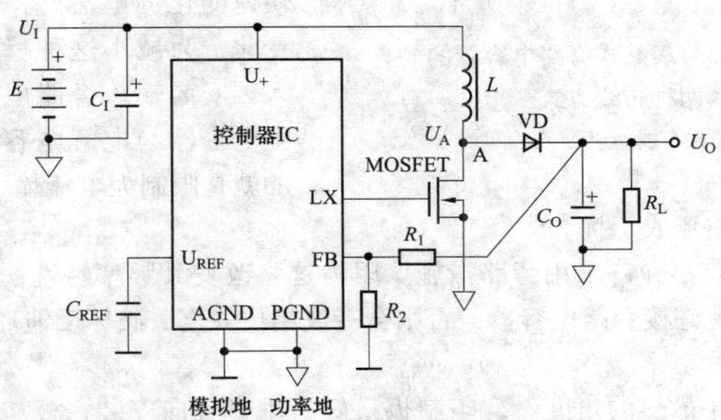

图 5-3-2 升压式变换器的典型电路结构

输出端取样电阻分压器（R_1、R_2）的中点、控制器反馈端（FB）的内部比较器输入端均为高阻抗，连接二者的引线很容易引入耦合噪声。输出端的两个取样电阻应靠近反馈端，务必使取样电阻分压器的中点到控制器的 FB 端引线为最短。控制器内部的基准电压端 U_{REF}必须经过紧靠它安装的旁路电容器 C_{REF}接地，以免基准电压的噪声直接影响输出电压。

（3）由于电感电流不能发生突变，当电感电流快速变化时，电感电压（U_L）会产生幅度很高的尖峰电压和振铃，不仅会形成电磁干扰。而且容易损坏电路中的元器件。必要时应增设 RC 吸收回路或钳位电路。

3. 旁路电容器的选择及接法

（1）如果发现某个节点对噪声特别敏感，利用旁路电容器可降低该节点对串模干扰的灵敏度。通常在节点与地之间，或节点与输入高压线之间加一只小容量电容器，即可起到旁路作用。选择旁路电容器时，要确保它在可能引起问题的频率范围内有足够低的阻抗。其等效串联电阻（ESR）和等效串联电感（ESL）会增加其高频阻抗，因此具有低 ESR 和 ESL 的陶瓷电容器特别适合做高频旁路电容。

（2）旁路电容器的安装位置也很重要。为抑制高频干扰，在给需要旁路的信号线进行布线时，可直接并联旁路电容器。表贴式旁路电容器的两种布线方式分别如图 5-3-3（a）、（b）所示，图 5-3-3（a）为错误布线，因为与旁路电容器相串联的那两段导线会增加旁路电容器的 ESR 和 ESL，进而使高频阻抗增大，高频旁路效果变

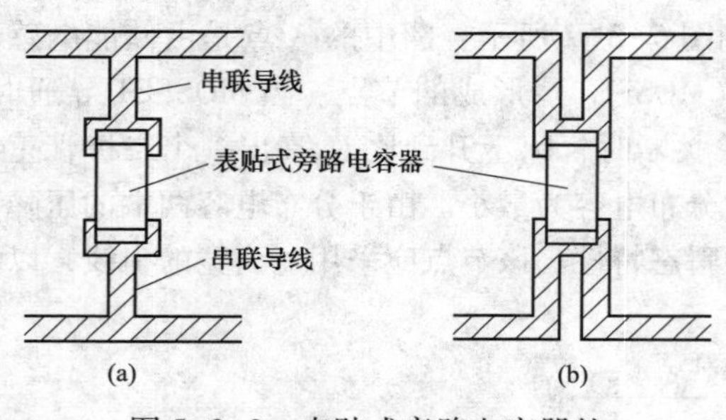

图 5-3-3 表贴式旁路电容器的两种布线方式
（a）错误布线；（b）正确布线

差。图 5-3-3（b）为正确布线，此时导线的分布参数能帮助旁路电容器更好地滤除高频干扰。

（3）无论采用电池还是用电源给 LED 驱动器供电，电源阻抗都不可能为零。这意味着当控制器从电源吸取快速变化的电流时，电源电压将发生变化。为减小这种瞬态变化，可在输入端安装输入旁路电容器，有时将陶瓷电容器与电解电容器并联使用，目的就是限制大电流输入到功率电路中，避免对低噪声电路形成干扰。

（4）某些节点不允许采用旁路措施，因为这将改变其频率特性，例如用于反馈的电阻分压器就不允许接旁路电容器，否则会造成相位失真，破坏反馈环路的稳定性。

4. 散热问题

（1）从有利于散热的角度看，印制板最好沿垂直方向安装，板与板之间的距离一般不小于 2cm。大功率器件尽量布置在印制板上方，以减少这些发热器件对其他元器件温度的影响。

（2）对温度较敏感的器件最好安置在低温区（如靠近印制板底部），不要安装在发热器件的正上方，印制板的散热主要靠空气流动，设计时应按照空气流动的途径来合理布局。

（3）散热器表面应光洁、平直，无翘曲或锈蚀，并紧固在器件上。器件尽量安装在散热板的中心处。若要求二者绝缘，需加云母衬垫和绝缘套筒。亦可选聚酯薄膜作绝缘衬垫。

（4）在大功率器件与散热器的接触面上应涂一层导热硅脂，使二者紧密贴合，将接触面的热阻降至最低，这不仅能改善散热条件，而且还能减小散热器的尺寸。

（5）散热器应尽量远离高频变压器、功率开关管、输出整流管等热源。

（6）采用成品散热器时可根据计算出的散热器最大允许热阻 $R_{\theta SA}$，选购合适的散热器。

第四节 LED 驱动电源的印制板设计

一、LED 驱动电源印制板设计实例

1. 升压式恒流输出 LED 驱动器的印制板设计

由 LM3410X 构成的升压式（Boost）恒流输出 LED 驱动器电路及印制板图分别如

图 5-4-1（a）~（c）所示。LM3410X 采用 PCB 散热器，外形呈“哑铃”形状，见图 5-4-1（c）。PCB 散热器是利用印制板上的铜箔制成专供表面贴片式集成电路使用的散热器。LED 驱动器的设计指标为 $U_I=+2.7\sim5.5V$，$U_O=16.5V$，$U_F=3.3V$，$I_{LED}=50mA$。有关 LM3410X 的工作原理，参见第二章第八节。

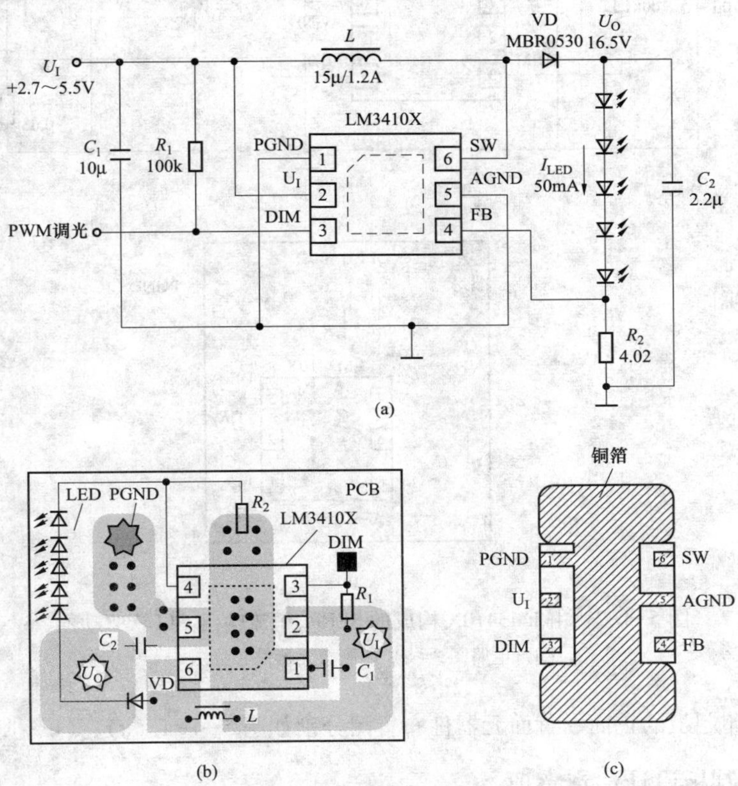

图 5-4-1　由 LM3410X 构成的升压式恒流输出 LED 驱动器

（a）电路图；（b）印制板元器件布置图；（c）外形呈“哑铃”形状的 PCB 散热器

2. SEPIC 恒流输出 OLED 驱动器的印制板设计示例

由 LM3410X 构成的 SEPIC 恒流输出 OLED 驱动器电路及印制板图分别如图 5-4-2（a）、（b）所示。OLED 为有机发光二极管的缩写。LED 驱动器的设计指标为 $U_I=+2.7\sim5.5V$，$U_F=3.5V$，$I_{LED}=301.5mA$。

3. 单级 PFC 及 TRIAC 调光式 LED 驱动电源的印制板设计示例

由 LNK403EG 构成的 7W 单级 PFC 及 TRIAC 调光式 LED 驱动电源的总电路如图 5-4-3 所示。交流输入电压范围是 90 ~ 265V，驱动 LED 灯串的电压典型值 $U_{LED}=+21V$（允许变化范围是 +18 ~ 24V），通过 LED 的恒定电流 $I_{LED}=330mA$，输出功率 $P_O=7W$，功率因数 $\lambda\geq0.90$，电源效率可达 83%。

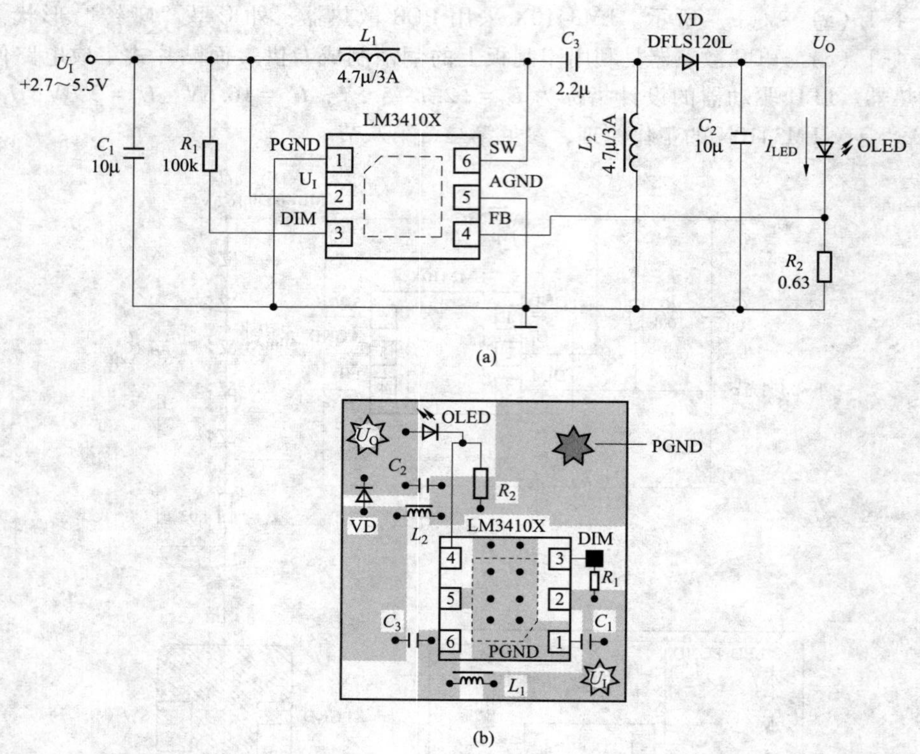

图 5-4-2　由 LM3410X 构成的 SEPIC 恒流输出 OLED 驱动器

（a）电路图；（b）印制板元器件布置图

该电源印制板的正面、背面元器件布置图分别如图 5-4-4（a）、（b）所示。

二、印制板设计注意事项

（1）模拟地（AGND）是控制器 IC 的模拟地引脚、取样电阻分压器的接地端和控制器任何特定引脚的旁路电容（输入旁路电容 C_I除外）的公共地端。模拟地可使用较宽的长引线，因其电流非常小且相对稳定，故不必考虑引线电阻和分布电感等因素。功率地（PGND）则包括输入电容器 C_I、输出电容器 C_O的接地端以及 MOSFET 的源极，功率地线必须采用短而宽的引线，以减小引线阻抗，提高电源效率。模拟地与功率地的 3 种连线方式如图 5-4-5（a）～（c）所示，可确保在模拟地线上面没有开关电流通过。

（2）设计多层印制板时，可将一个中间层作为屏蔽，功率元器件置于印制板的顶层，小功率的元器件放置在底层，这种布局能降低干扰。

（3）焊接 LED 时要防止 LED 印制板因受到机械应力而发生扭曲、弯折等变形，这可能导致 LED 损坏。

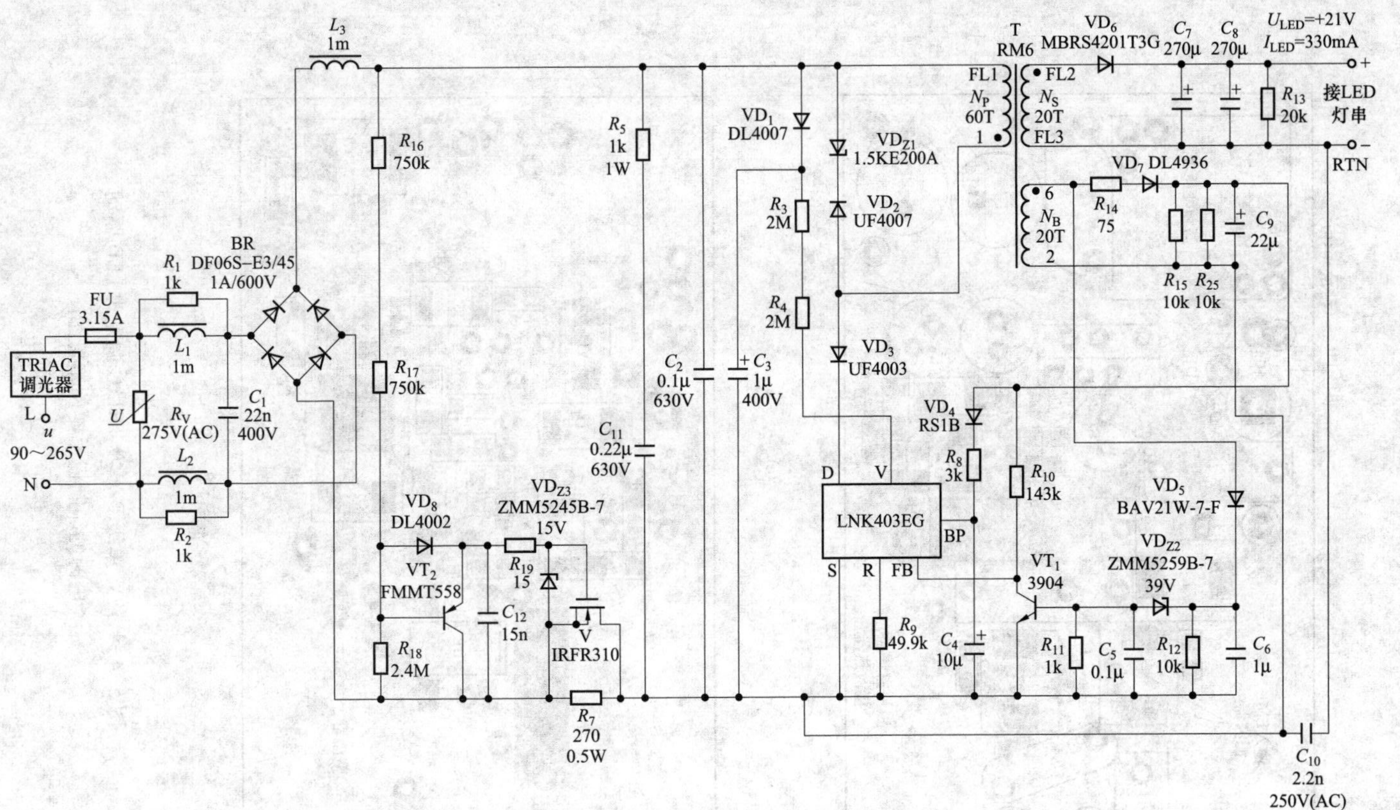

图5-4-3　7W单级PFC及TRIAC调光式LED驱动电源的总电路

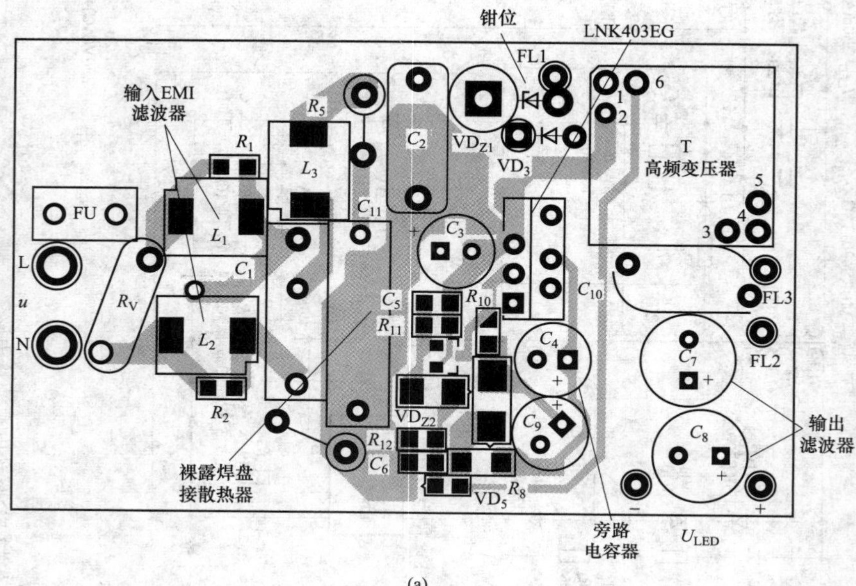

(a)

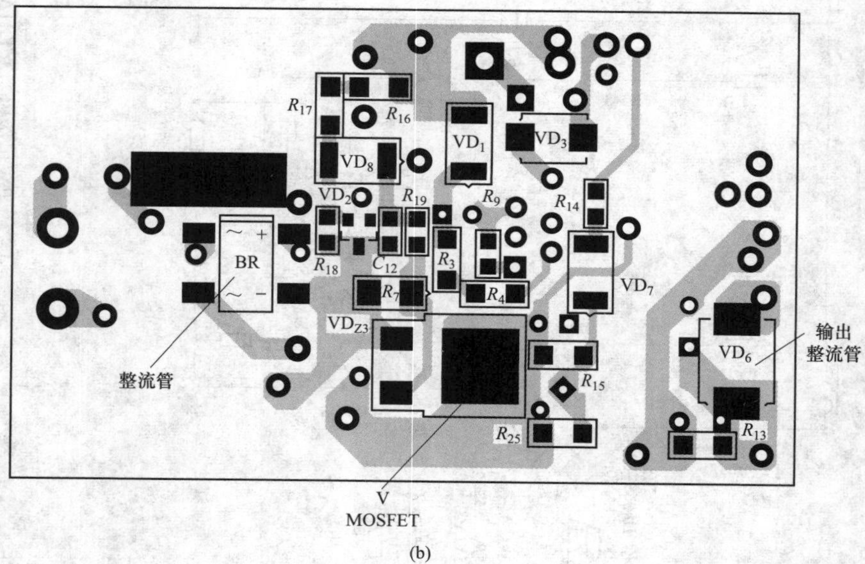

(b)

图 5-4-4　7W 单级 PFC 及 TRIAC 调光式 LED 驱动电源的印制板元器件布置图

（a）正面；（b）背面

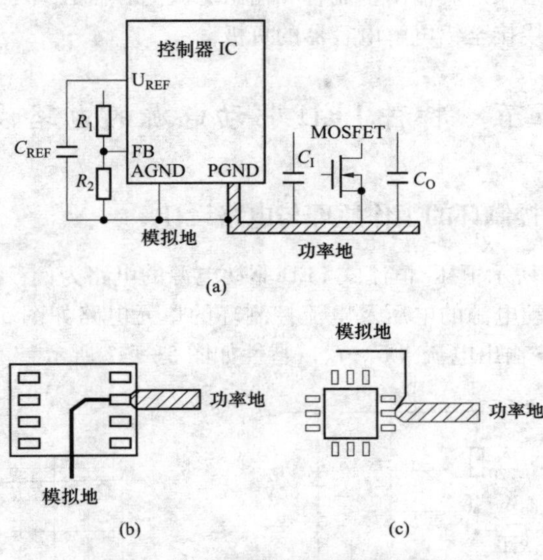

图 5-4-5　模拟地与功率地的 3 种连线方式

（a）方式之一；（b）方式之二；（c）方式之三

（4）严禁用手触摸 LED 表面，以免造成污染，影响其光学特性，如图 5-4-6（a）所示。焊接时禁止用镊子夹住 LED 的塑料透镜部分，这容易使 LED 芯片变形甚至断裂，见图 5-4-6（b）；正确方法是夹住陶瓷体部分，见图 5-4-6（c）。组装时不要把印制板堆叠放置在一起，以免塑料透镜受到划伤或磨损，见图 5-4-6（d）。

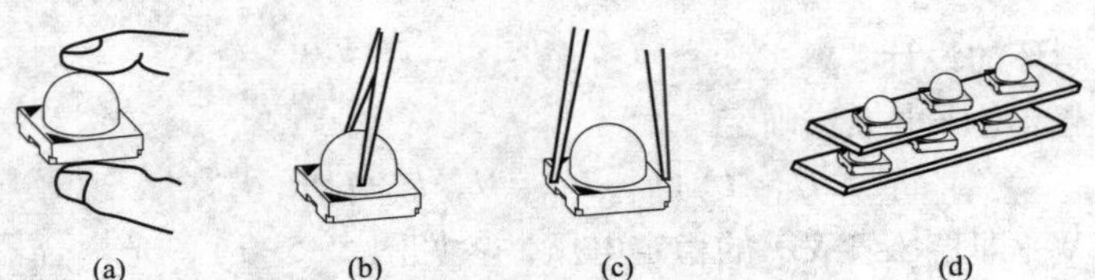

图 5-4-6　焊接 LED 时的注意事项

（a）严禁用手触摸 LED 表面；（b）不要用镊子夹住 LED 的塑料透镜部分；

（c）正确方法是夹住陶瓷体部分；（d）组装时不要把印制板堆叠放置

（5）由于静电放电很容易损坏 LED，因此应先戴好防静电手套，再去焊接 LED。所有焊接装置及设备应接地良好。

（6）利用 LNK403EG 设计单级 PFC 及 TRIAC 调光式 LED 驱动电源的印制板时，源极应采用单点接地法，亦称开尔文（Kelvin）接法。将输入滤波电容的负端和偏置电源的返回端一同接到 LNK403EG 的源极引脚 S。旁路电容必须靠近 BP 引脚，并且尽可能离近 S 引脚。当 LNK403EG 内部功率开关管（MOSFET）上的大电流通过长引线时，极易产生传导噪声和辐射噪声。输出整流管和输出滤波电容器必须尽量靠近。高频变压器的输出端需经过短引线接至铝电解电容器的负极。

第五节　特种 LED 驱动电源的电路设计

一、恒压/恒流控制环的工作原理与电路设计

下面以图 2-3-3 所示恒压/恒流式 LED 驱动电源的电路为例，介绍电压及电流控制环的电路设计。该驱动电源的电压及电流控制环的单元电路如图 5-5-1 所示，恒流精度为±8%。输出电压-输出电流（U_O-I_O）特性如图 5-5-2 所示。

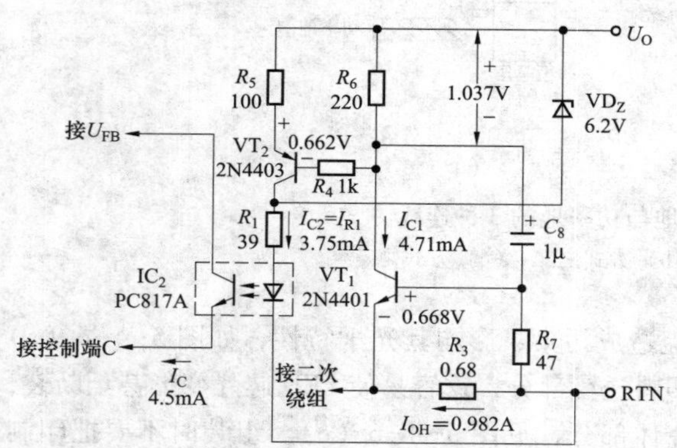

图 5-5-1　电压及电流控制环的单元电路

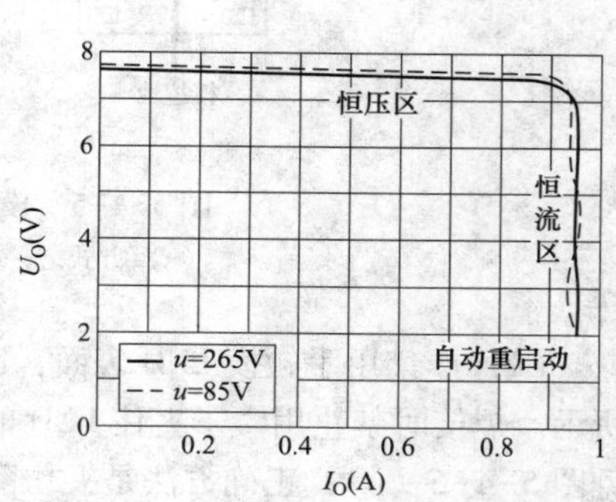

图 5-5-2　恒压/恒流源的输出特性

1. 电压控制环的设计

恒压源的输出电压由下式确定

$$U_O = U_Z + U_F + U_{R1} = U_Z + U_F + I_{R1}R_1 \quad (5-5-1)$$

其中，U_Z=6.2V（即稳压管 VD_Z的稳定电压，参见图 5-5-1），光耦合器 PC817A 中红外 LED 的正向压降 U_F=1.2V（典型值），需要确定的只是 R_1上的压降 U_{R1}。令 R_1上的电流为 I_{R1}，VT_2的集电极电流为 I_{C2}，光耦合器输入电流（即 LED 工作电流）为 I_F，显然 $I_{R1}=I_{C2}=I_F$，并且它们随 u、I_O和光耦合器的电流传输比 CTR 值而变化。已知单片 LED 驱动电源的控制端电流 I_C变化范围是 2.5mA（对应于最大占空比D_{max}）~6.5mA（对应于最小占空比 D_{min}），现取中间值 I_C=4.5mA。因 I_C是从光敏三极管的发射极流入控制端的，故有关系式

$$I_{R1} = \frac{I_C}{CTR} \quad (5-5-2)$$

采用线性光耦合器时，要求 CTR=80%~160%，可取中间值 120%。在 I_C和 CTR 值确定之后，很容易求出 I_{R1}。将 I_C = 4.5mA，CTR = 120% 代入式（5-5-2）中得到，I_{R1} =

3.75mA。令 $R_1=39\Omega$ 时，$U_{R1}=0.146V$。最后代入（5-5-1）式中计算出

$$U_O=U_Z+U_F+U_{R1}=6.2V+1.2V+0.146V=7.546V\approx7.5V$$

2. 电流控制环的设计

电流控制环由 VT_1、VT_2、R_1、$R_3\sim R_7$、C_8和 PC817A 等构成。下面要最终计算出恒定输出电流 I_{OH}的期望值。图 5-5-1 中，R_7为 VT_1的基极偏置电阻，因基极电流很小，而 R_3上的电流很大，故可认为 VT_1的发射结压降 U_{BE1}全部降落在 R_3上。有公式

$$I_{OH}=\frac{U_{BE1}}{R_3} \tag{5-5-3}$$

利用下面两式可估算出 VT_1、VT_2的发射结压降

$$U_{BE1}=\frac{kT}{q}\cdot\ln\left(\frac{I_{C1}}{I_S}\right) \tag{5-5-4}$$

$$U_{BE2}=\frac{kT}{q}\cdot\ln\left(\frac{I_{C2}}{I_S}\right) \tag{5-5-5}$$

式中：k 为波尔兹曼常数；T 为环境温度（用热力学温度表示）；q 是电子电量；当 $T_A=25℃$时，$T=298K$，$kT/q=0.0262$（V）；I_{C1}、I_{C2}分别为 VT_1、VT_2的集电极电流；I_S为晶体管的反向饱和电流，对于小功率管，$I_S=4\times10^{-14}A$。

因为前面已求出 $I_{R1}=I_F=I_{C2}=3.75mA$，所以

$$U_{BE2}=\frac{kT}{q}\cdot\ln\left(\frac{I_{C2}}{I_S}\right)=0.0262\ln\left(\frac{3.75mA}{4\times10^{-14}A}\right)=0.662V$$

又因 $I_{E2}\approx I_{C2}$，故 $U_{R5}=I_{C2}R_5=3.75mA\times100\Omega=0.375V$，由此推导出 $U_{R6}=U_{R5}+U_{BE2}=0.375V+0.662V=1.037V$。取 $R_6=220\Omega$ 时，$I_{R6}=I_{C1}=U_{R6}/R_6=4.71$（mA）。下面就用此值来估算 U_{BE1}，进而确定电流检测电阻 R_3的阻值

$$U_{BE1}=0.0262\ln\left(\frac{4.71mA}{4\times10^{-14}A}\right)=0.668V$$

$$R_3=\frac{U_{BE1}}{I_{OH}}=\frac{0.668V}{1.0A}=0.668\Omega$$

与之最接近的标称阻值为 0.68Ω。代入式（5-5-3）中求得

$$I_{OH}=\frac{0.668V}{0.68\Omega}=0.982A$$

考虑到 VT_1的发射结电压 U_{BE1}的温度系数 $\alpha_T\approx-21mV/℃$，当结温升高 25℃时，I_{OH}值降为

$$I'_{OH}=\frac{U_{BE1}-\alpha_T\Delta T}{R_3}=\frac{0.668V-(2.1mV/℃)\times25℃}{0.68\Omega}=0.905A$$

恒流精度为

$$\gamma=\frac{I'_{OH}-I_{OH}}{I_{OH}}\times100\%=\frac{0.905-0.982}{0.982}\times100\%=-7.8\%\approx-8\%$$

由此证明计算结果与设计指标相吻合。

二、精密恒压/恒流控制环的工作原理与电路设计

精密恒压/恒流控制环是采用低功耗的双运放和可调式精密并联稳压器，分别构成电压控制环和电流控制环的。与晶体管构成的控制环相比，它具有恒压与恒流精度高（恒流精度可达±3%）、外围电路简单、电流检测电阻的阻值很小、功耗低、能提高电源效率等优点。

1. 精密恒压/恒流控制环的工作原理

精密恒压/恒流控制环的单元电路如图 5-5-3 所示。IC_4为低功耗双运放 LM358，内部包括 IC_{4a}和 IC_{4b}两个运放。该电路具有以下特点：① 利用 IC_{4b}、取样电阻 R_3和 R_4、IC_3构成电压控制环，IC_{4a}则组成电流控制环；② 电压控制环与电流控制环按照逻辑“或门”的原理工作，即在任一时刻，输出为高电平的环路起控制作用。

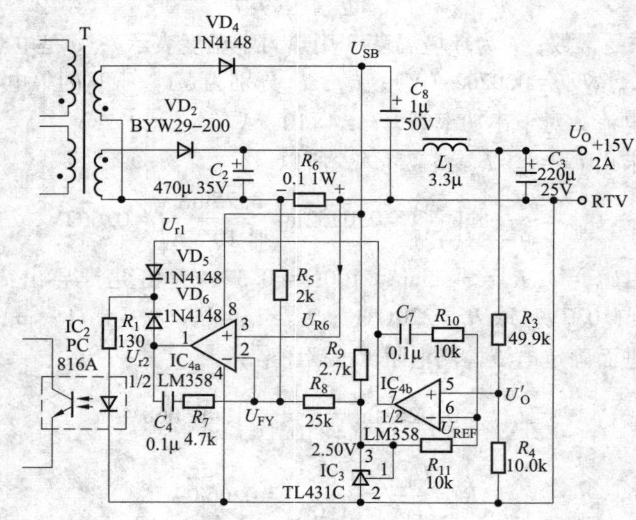

图 5-5-3 精密恒压/恒流控制环的单元电路

IC_{4a}为电流控制环中的电压比较器，其同相输入端接电流检测信号 U_{R6}，反相输入端接分压器电压 U_{FY}。分压器是由 R_5、R_8和 TL431C 构成的。IC_{4a}将 U_{R6}与 U_{FY}进行比较后，输出误差信号 U_{r2}，再通过 VD_6和 R_1变成电流信号，流入光耦合器中的 LED，进而控制 PWM 控制器的占空比，使电源输出电流 I_{OH}在恒流区内维持恒定。显然，VD_5和 VD_6就相当于一个“或门”。若电流控制环输出为高电平，电压控制环输出低电平，则电源工作在恒流输出状态；反之，电压控制环输出为高电平，电源就工作在恒压输出状态。

精密恒压/恒流源的输出特性如图 5-5-4 所示。图中的实线和虚线分别对应与u=

$u_{min}=85V$（AC）、$u=u_{max}=265V$（AC）这两种情况。由图可见，这两条曲线在恒压区内完全重合，在恒流区略有差异。

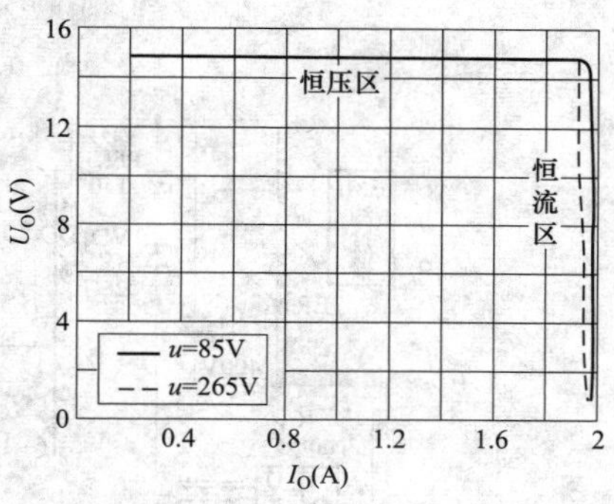

图 5-5-4　精密恒压/恒流源的输出特性

2. 精密恒压/恒流控制环的电路设计

（1）电压控制环的设计。该电源在恒压区内的输出电压依下式而定

$$U_O=U_{REF}\cdot\frac{R_3+R_4}{R_4}=2.50V\times\left(1+\frac{R_3}{R_4}\right) \quad (5-5-6)$$

R_3与R_4的串联总阻值应取得合适，阻值过大易产生噪声干扰，阻值过小会增加电路损耗。通常可取$R_4=10.0k\Omega$，代入式（5-5-6）中求出$R_3=50.1k\Omega$。与之最接近的 E196 系列标准阻值为 49.9kΩ。

（2）电流控制环的设计。该电源恒流输出的期望值I_{OH}由下式而定

$$I_{OH}=\frac{U_{REF}R_5}{R_6R_8} \quad (5-5-7)$$

选择R_5的阻值时，应当考虑负载对 TL431C 的影响以及 LM358 输入偏流所产生的误差。一般取$R_5=2k\Omega$。当$R_6=0.1\Omega$、$I_{OH}=2A$ 时，电流检测信号$U_{R6}=0.2V$。将$U_{REF}=2.50V$和R_5、R_6值一并代入式（5-5-7）中计算出$R_8=25k\Omega$。

三、截流型 LED 驱动电源的工作原理与电路设计

截流型 LED 驱动电源的特点是一旦发生过载，输出电流I_O会随着输出电压U_O的降低而迅速减小，即$U_O\downarrow\rightarrow I_O\downarrow$，可对电动机等负载起到保护作用。相比之下，恒流式 LED 驱动电源在$U_O\downarrow$时，I_O却维持恒定，二者的输出特性有着明显区别。利用晶体管构成的正反馈式截流控制环，可实现上述功能，过载时将I_O衰减到安全区域内。

1. 工作原理

12V 截流型 LED 驱动电源的电路如图 5-5-5 所示。该电路采用一片 TOP222Y 型单片开关电源。截流控制环由晶体管 VT_1、VT_2、$R_1\sim R_4$、IC_2所构成，其电路简单，成本低廉。VT_1和 VT_2可采用国产 3DK3D 型开关管（或国外 2N2222 型晶体管），要求这两只管子的参数具有良好的一致性，能构成镜像电流源。截流型 LED 驱动电源的输出特性如图 5-5-6 所示。由图可见，U_O-I_O特性曲线可划分成 3 个工作区：恒压区、截流区、自动重启动区。令输出极限电流为I_{LM}，下面对其输出特性进行分析。

（1）当$I_O<I_{LM}$时，VT_2截止，U_O处于恒压区，即$U_O=12V$基本不变。此时 VT_1工作在饱和区，VT_2呈截止状态，截流控制环不起作用，LED 驱动电源采用典型的带稳压管的光耦合器反馈电路。设稳压管 VD_{Z2}的稳定电压为U_{Z2}。当因某种原因导致输出电压U_O发生变化时，U_O经取样后就与U_{Z2}进行比较，产生误差电压，使光耦合器 IC_2中 LED 的

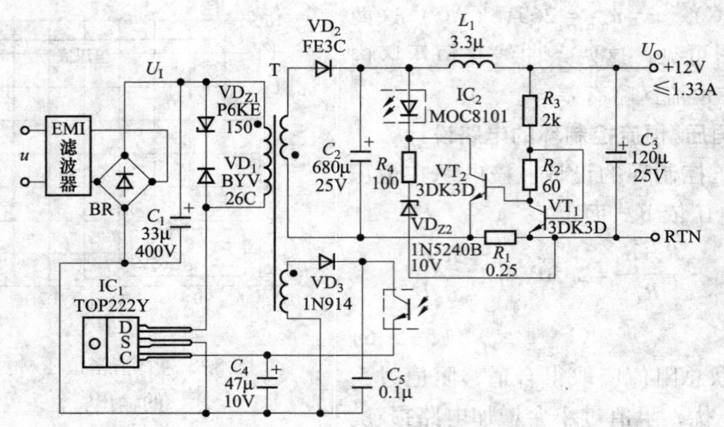

图 5-5-5　12V 截流型 LED 驱动电源电路

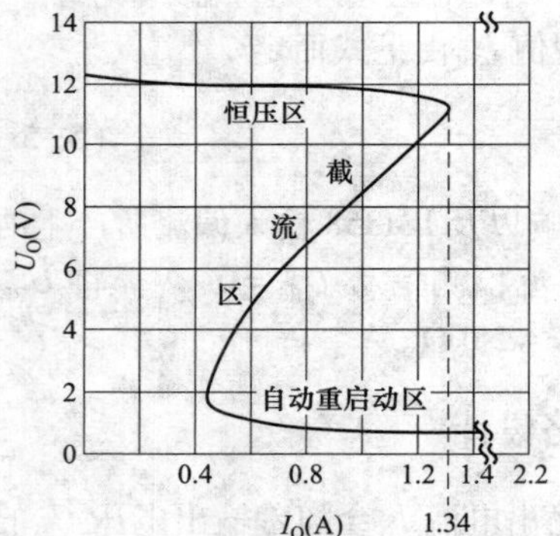

图 5-5-6　截流型 LED 驱动电源的输出特性

工作电流发生变化，再通过光耦合器去改变 TOP222Y 的控制端电流 I_C 的大小，通过调节占空比使 U_O 趋于稳定，达到稳压目的。电路中的 R_1 为电流检测电阻。VT_1 的接法比较特殊，因 R_2 阻值很小，可视为集电极与基极短路，故 VT_1 始终工作在饱和区，只是饱和深度及饱和压降 U_S 值可在一定范围内变化。此时 I_O 较小，R_1 上的压降 U_{R1} 较低，使 VT_2 的发射结压降 $U_{BE2}=U_{R1}+U_S<0.65V$，VT_2 呈截止状态，相当于集电极开路，它对光耦合器反馈电路无分流作用。VD_{Z2} 可选用 1N5240B 型 10V 稳压管。IC_2 采用 MOC8101 型光耦合器，电流传输比范围 CTR = 50% ~ 72%，典型值为 61%。VT_1 的发射结压降 $U_{BE1}=0.67V$，集电极电流 $I_{C1}=6mA$。

（2）当 $I_O \approx I_{LM}$ 时，截流控制环开始工作，并在正反馈过程中使 I_O 随着 U_O 的降低而迅速减小。此时 $U_{R1}\approx 0.3V$，$U_S \approx 0.57V$，由于 VT_2 的发射结压降 $U_{BE2}=U_{R1}+U_S>0.7V$，使 VT_2 立即导通，而 VD_{Z2} 因 U_O 的降低而退出稳压区变成截止状态。于是，光耦合器 LED 上的电流就通过 VT_2 分流。由于 VT_2 的导通电阻很小，因此 I_F 迅速增大，令 TOP222Y 的 $I_C\uparrow$，占空比 $D\downarrow$，$I_O\downarrow$，LED 驱动电源进入截流区。进一步分析可知，R_3 上的电流是与 U_O 成正比的，随着 U_O 的继续降低，$I_{R3}\downarrow\rightarrow U_S\uparrow\rightarrow U_{BE2}\uparrow\rightarrow I_F\uparrow\rightarrow I_C\uparrow\rightarrow D\downarrow\rightarrow I_O\downarrow$，这就形成了电流正反馈，其效果是让 I_O 进一步减小，对负载起到截流保护作用。

（3）当 $U_O\leqslant 1.5V$ 时，由于 VT_2 达到饱和状态，截流控制作用失效，改由 LED 的正向压降 $U_F=1.2V$ 进行限流。在负载短路时，短路电流 $I_{SS}\approx 2.2A$。

2. 电路设计

（1）R_1、R_2和R_3的取值。首先令I_{LM}的预期值为1.3A，$U_{R2}=U_{R1}=0.325V$，代入下式可计算出电流检测电阻R_1的阻值

$$R_1=\frac{U_{R1}}{I_{LM}}=\frac{0.325}{1.3}=0.25\ (\Omega)$$

进而计算出

$$R_3=\frac{U_O-U_{BE1}}{I_{C1}}=\frac{12-0.67}{0.006}=1.89(k\Omega)\approx 2k\Omega$$

最后求出

$$R_2=\frac{U_{R1}+0.007}{\frac{U_O-U_{BE1}}{R_3}}=\frac{0.325+0.007}{\frac{12-0.67}{2k}}=58.6(\Omega)\approx 60\Omega$$

（2）核算I_{LM}值

$$I_{LM}=\frac{R_2\left(\frac{U_O-U_{BE1}}{R_3}\right)-0.007}{R_1}=\frac{60\times\left(\frac{12-0.67}{2k}\right)-0.007}{0.25}=1.33\ (A)$$

（3）计算短路电流I_{SS}

$$I_{SS}=\frac{U_F}{R_1+R_{L1}+R_{SS}}=\frac{1.2}{0.25+0.1+0.2}=2.18(A)$$

式中：R_{L1}为输出滤波电感L_1的内阻；R_{SS}为短路时输出导线上的电阻。

四、恒功率输出型 LED 驱动电源的工作原理与电路设计

恒功率输出型 LED 驱动电源的特点是，当输出电压U_O降低时，输出电流I_O反而会增大，使二者乘积I_OU_O不变，输出功率P_O保持恒定。这种开关电源可用作高效、快速、安全的 LED 驱动电源。恒功率输出特性近似为一条双曲线。

1. 工作原理

由 TOP222Y 构成的 15V、15W 恒功率输出型 LED 驱动电源，电路如图 5-5-7 所示。TOP222Y 型单片开关电源在宽范围电压输入（u=85~265V，AC）时的最大输出功率为 30W。该电源工作在连续模式，并且是从二次侧来调节输出功率的，它不受一次侧电路的影响。当输出电压从 15V（即 100%U_O）降至 7.5V（即 50%U_O）时，恒功率精度可达±10%。85~265V 交流电压经过 BR、C_1整流滤波后，为一次侧回路提供直流高压。漏极钳位保护电路由 VD_{Z1} 和 VD_1 构成。反馈绕组电压经过 1N914、C_4整流滤波后，给光耦合器中的光敏三极管提供集电极电压。C_5为控制端的旁路电容。二次绕组的电压由 VD_2、C_2、L_1和C_3整流滤波。VD_2采用 FE3C 型 150V/4A 的超快恢复二极管。C_2需选择等效串联电阻（ESR）很低的电解电容器。标称输出电压U_O值，由光耦合器中 LED 的正向压降（U_F）与稳压管 VD_{Z2}的稳定电压（U_{Z2}）来设定。R_5起限流作用并能决

定电压控制环的增益。

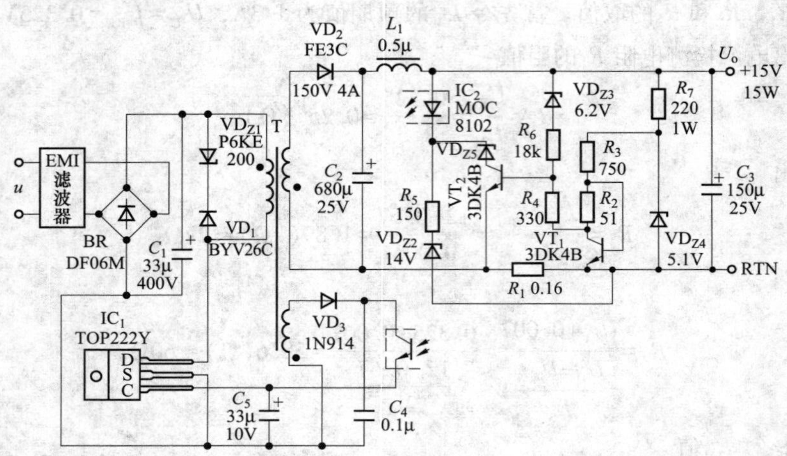

图 5-5-7　15W 恒功率输出型 LED 驱动电源的电路

恒功率控制电路由 VT_1、VT_2、VD_{Z3} ~ VD_{Z5}、R_1 ~ R_7构成。VT_1工作在饱和区。VT_1和VT_2应选参数一致性很好的 3DK4B 型开关管，亦可用国外 2N4401 型小功率硅晶体管代替。VD_{Z3}、VD_{Z4}的型号分别为 2CW242、2CW340。R_1为电流检测电阻，VT_2用来监视 R_1上的压降。该电路具有温度补偿特性，能对 VT_1、VT_2的偏压以及输出电压进行温度补偿。恒功率控制电路由 5 部分组成：① 恒流源电路（VD_{Z4}、R_7、R_3），给偏压电路提供恒定的集电极电流 I_{C1}；② 带温度补偿的偏压电路（VT_1、R_2），其作用是给 VT_2提供偏置电压 U_{B1}，它的发射结压降 U_{BE1}与 U_{BE2}相等且具有相同的温度系数；③ 电流检测电阻（R_1）；④ 电压补偿电路（VD_{Z2}、R_6、R_4）可对 VT_2的发射结电压 U_{BE2}进行补偿；⑤ 电压调节电路（IC_2、VD_{Z2}、R_5），利用带稳压管的光耦合器反馈电路使 U_O在恒压区内保持恒定。

当 I_O较小时 VT_2截止，而 VD_{Z2}处于稳压区，开关电源工作在恒压输出方式下，U_O = 15V；此时恒功率控制电路不工作。设 VT_2的基极偏压为 U_{B2}，仅当 $U_{B2}+U_{R1}=U_{BE2}$时，VT_2才开始导通，而 VD_{Z2}立即截止，电路就从恒压控制迅速转入恒功率控制，并按下述正反馈过程 $U_O\downarrow\rightarrow I_O\uparrow\rightarrow U_{R1}\uparrow\rightarrow I_F\downarrow\rightarrow I_C\downarrow\rightarrow D\uparrow\rightarrow I_O\uparrow$，使 P_O保持不变。

恒功率型开关电源的输出特性如图 5-5-8 所示，它近似于一条双曲线。从图中不难查出，当 U_O = 15V 时，I_O = 1.02A，P_{O1} = 15V × 1.02A = 15.3W；U_O = 7.5V 时 I_O = 2.07A，P_{O2} = 15.5W。显然，$P_{O1}\approx P_{O2}$，这就是恒功率输出的特点。实际情况下 U_O - I_O 的特性曲线，允许有±10%的偏差。

2. 电路设计

（1）集电极电流 I_{C1}。VT_1和 VT_2的参数应相同，二者的位置要尽量靠近，置于相同的温度环境中。温度补偿偏压经过 VT_1和 R_1加到 VT_2上，由 VD_{Z4}和 R_3给 VT_1提供恒定的

集电极电流 I_{C1}。有公式

$$I_{C1}=\frac{U_{Z4}-U_{BE1}}{R_3} \qquad (5-5-8)$$

将 $U_{Z4}=5.1V$、$U_{BE1}=0.67V$、$R_3=750\Omega$ 代入式（5-5-8）得，$I_{C1}=5.9mA$，近似取 6mA。I_{C2}亦等于此值。

（2）饱和压降 U_S。VT_1的饱和压降计算公式为

$$U_S=U_{BE1}-I_{C1}R_2 \qquad (5-5-9)$$

将 $U_{BE1}=0.67V$、$I_{C1}=6mA$、$R_2=51\Omega$ 代入式（5-5-9）中求出，$U_S=0.36V$。

（3）输出功率。输出的恒定功率值由下式确定

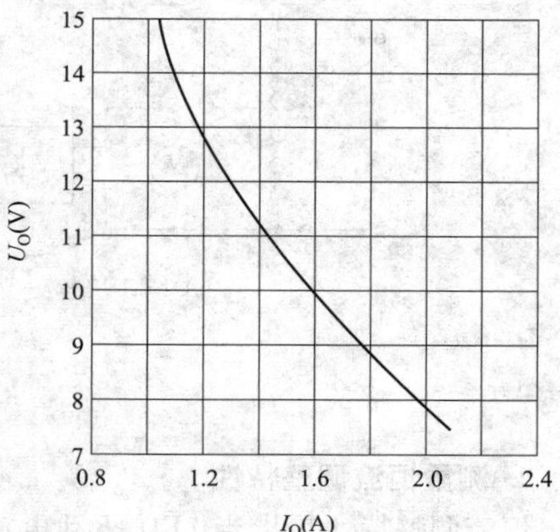

图 5-5-8　恒功率型开关电源的输出特性

$$P_O=U_O\cdot\frac{U_{BE2}-U_S-\frac{R_4}{R_4+R_6}\cdot(U_O-U_{Z3}-U_S)}{R_1} \qquad (5-5-10)$$

不难算出，当 $U_O=12V$、$U_{BE2}=0.67V$、$U_S=0.36V$、$U_{Z3}=6.2V$、$R_4=330\Omega$、$R_6=18k\Omega$、$R_1=0.16\Omega$ 时，额定输出功率 $P_O=15.2W$。

第六节　LED 驱动电源的测试技术

电源作为 LED 照明的供电装置，其性能优劣直接关系到 LED 灯具的质量与寿命。对 LED 驱动电源的测试，是评价其技术水平、工艺先进性和质量好坏的重要依据。下面介绍 LED 驱动电源测试技术，包括主要参数测试、性能测试、功率因数及总谐波失真的测试、利用示波器检测高频变压器磁饱和的方法和技巧。

一、LED 驱动电源主要参数的测试方法

LED 驱动电源的测试电路如图 5-6-1 所示。图中，T 为自耦变压器，S 是做空载试验用的开关，R_L为可调负载。电路中使用标准交流电压表、直流电压表、直流电流表（安培表或毫安表）各一块。为提高测量精度，亦可用经过校准的数字电压表和数字电流表来代替。

1. 测量输出电流的精度

输出电流的精度亦称准确度，它表示实际输出电流与标称输出电流的相对误差。给 LED 驱动电源加上标称输入电压和额定负载，用直流电流表测出实际输出电流 I'_O，再与标称输出电流 I_O进行比较，按下式计算输出电流的精度

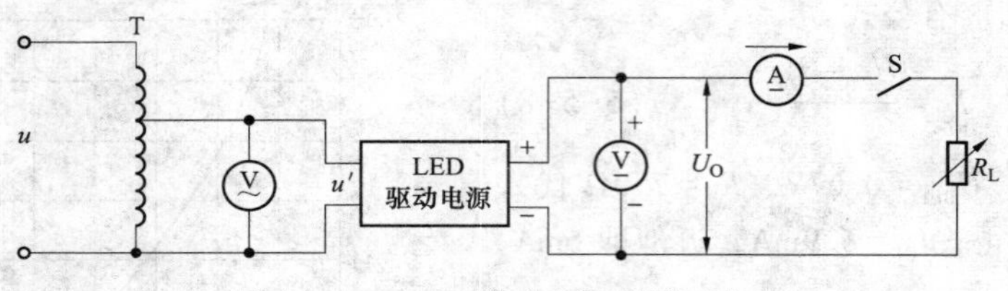

图 5-6-1　LED 驱动电源的测试电路

$$\gamma_I=\frac{I'_O-I_O}{I_O}\times100\% \tag{5-6-1}$$

2. 测量恒流调整特性

恒流调整特性是指当 LED 驱动电源的输出电流保持恒定的一种能力，可分两步测量：

（1）负载保持不变，当输入电压从最小为 U_1变化到最大为 U_2时分别测出所对应的负载电流值 I_1、I_2，再代入下式中计算恒流调整特性

$$S_I=\frac{I_2-I_1}{I_O}\times100\% \tag{5-6-2}$$

（2）将输入电压调至标称值，分别测出当负载电压从 50%（或 70%，视产品指标而定）变化到 100% 时的输出电流值 I_1、I_2，再代入式（5-6-2）计算恒流调整特性。

3. 测量输出电阻

LED 驱动电源的输出电阻亦称等效内阻，它等于在额定电网电压下，输出电压的变化量 ΔU_O与负载电流的变化量 ΔI_L的比值（取绝对值），计算公式为

$$R_O=|\Delta U_O/\Delta I_L| \tag{5-6-3}$$

4. 测量输出纹波

（1）输出纹波电压及纹波电流。输出纹波电压是出现在输出端之间并与电网频率和开关频率保持同步的脉动电压。LED 驱动电源的输出纹波电压通常用峰-峰值来表示，而不采用平均值。这是因为它属于高频窄脉冲，当峰-峰值较高时（例如 ±60mV），而平均值可能仅为几毫伏，所以峰-峰值更具有代表性。

需要指出，LED 驱动电源输出的纹波电流就相当于开关稳压电源输出的纹波电压，通常对纹波电流要求不如像纹波电压那么严格。这是因为纹波频率很高，人眼无法觉察到，而 LED 的亮度取决于平均电流的缘故。因此，即使纹波电流达到平均电流的 10%～40% 也是可以接受的。但对于工业检测、彩色 LED 背光等应用领域，纹波电流不得超过平均电流的 10%。

（2）输出噪声电压。出现在输出端之间随机变化的噪声电压，也用峰-峰值表示。

（3）输出纹波噪声电压。在额定输出电压和负载电流下，输出纹波电压与噪声电压的总和，亦称最大纹波电压。测量包含高频分量的纹波电压时，推荐使用 20MHz 带宽的示波器来观察峰-峰值。为避免从示波器探头的地线夹上引入 LED 驱动电源发出的

辐射噪声，建议用屏蔽线或双绞线作中间连线，使示波器尽量远离 LED 驱动电源。

（4）纹波系数。在额定负载电流下，输出纹波电压的有效值 U_{RMS} 与输出直流电压 U_O 的百分比，计算公式为

$$\gamma=\frac{U_{RMS}}{U_O}\times 100\% \tag{5-6-4}$$

（5）纹波抑制比。在规定的纹波频率（例如 50Hz）下，输入纹波电压的峰-峰 U_{RI} 与输出纹波电压峰-峰 U_{RO} 之比（用常用对数表示），计算公式为

$$\mathrm{PSRR}=20\lg(U_{RI}/U_{RO}) \tag{5-6-5}$$

5. 测量功率及功率损耗

为计算与分析 LED 驱动电源的效率，必须准确测量各种功率参数，包括交流输入功率、各元器件上的功率损耗、总功耗。但普通交流有效值仪表不适合测量 LED 驱动电源的功率参数。因为此类仪表仅适合测量不失真的正弦波信号，而 LED 驱动电源中有多种高频非正弦波和瞬态干扰存在。例如 PWM 波、锯齿波、开关失真波形、交流纹波、高次谐波，此外还有尖峰电压、振铃电压、音频噪声、从电网引入的瞬态电压等电磁干扰信号。非正弦波的波峰因数均大于 1.414（正弦波的波峰因数）。

利用功率表能直接测量交流输入功率以及各种功率损耗。对于波峰因数 $K_P\geqslant 3$ 的非正弦波（例如窄脉冲），功率表也适用。利用功率表测量输入功率时，需按图 5-6-2（b）所示接好电路。测电压时尽可能地跨接在 LED 驱动电源的交流输入端。否则，电源引线上的压降也会造成 1%～2% 的测量误差，见图 5-6-2（a）。假如没有功率表，亦可用直流高压来代替交流输入电压 u，直接加到交流输入端，这样即可使用普通的直流电压表和电流表来测量直流输入功率。大多数 LED 驱动电源在交、直流两种输入方式下均能正常工作。但是当交流电源线上还并联有电风扇、电源变压器时，必须先把电风扇等断开，然后加直流高压。否则在输入直流高压时，电风扇或变压器绕组上会形成很大的短路电流，极易将电风扇、变压器烧毁。此外，用直流输入代替交流输入时，所测得的功率值会偏高 1%～2%。原因之一是直流输入时元器件上产生的压降较低；原因之二是此时滤波电容上不存在电网频率的波动，其功耗也低于正常值。这表明，用直流输入法只能获得电源效率的近似值。

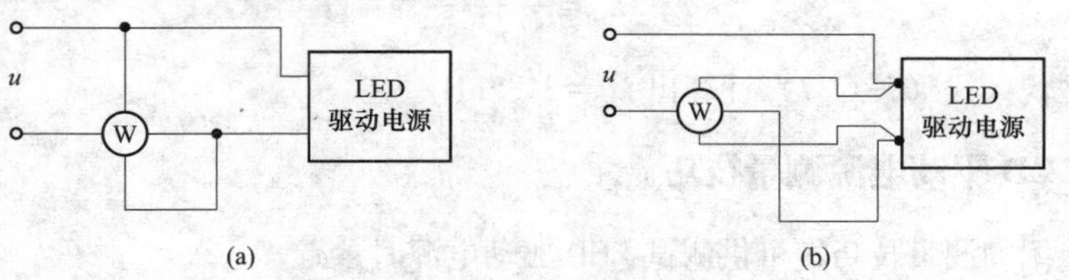

图 5-6-2 利用功率表测量输入功率

（a）错误接法；（b）正确接法

倘若手头无现成的直流高压可用，亦可采用简单的桥式整流、滤波的方法，将交流

电变成直流高压。例如，对 220V 交流电直接进行整流滤波，可获得约 300V 的直流高压。在测量过程中需要注意两点：第一，交流电的波动应尽量小；第二，此法未采用工频变压器与电网隔离，必须注意安全。

二、高频变压器的电气性能测试方法

1. 耐压性能测试

在高频变压器的一次绕组、反馈绕组与二次绕组之间，分别加上 3000V、50Hz 的高压电，持续时间为 1min，不得发生电弧放电或击穿现象。

2. 测量一次绕组的电感量

将二次绕组和反馈绕组开路，用数字电感表测量一次绕组两端的电感量 L_P，允许有 10% 的误差。适当增加一次侧电感量，能够提高 LED 驱动电源的效率。

3. 测量一次绕组的泄漏电感量

将二次绕组短路，测量一次绕组两端的漏感量 L_{P0}，应小于几十微亨。

4. 测量印制板上的二次侧泄漏电感量和一次侧总漏感

印制板上的二次侧泄漏电感（L_{S0}）亦称二次侧跟踪电感，其电感量约为 20~40nH。尽管 L_{S0}值很小，但它按照匝数比的平方（n^2）关系反射到一次侧电路，使一次侧总漏感增加到

$$L_{PS0}=L_{P0}+n^2L_{S0} \tag{5-6-6}$$

要测量 LED 驱动电源的一次侧总漏感 L_{PS0}，必须把高频变压器焊在印制板上，进行在线测量。此时不能直接把二次绕组短路，而是首先要用两根粗导线分别将输出整流管（VD_2）和输出滤波电容（C_2）短路，然后去测量一次绕组两端的漏感量，这才是总的在线等效漏感 L_{PS0}。下面通过一个例子来说明计算 L_{S0}的方法。

利用 TOP245 设计一个交流 85~265V 宽范围输入、输出为 5V、45W 的 LED 驱动电源。已知一次绕组、二次绕组的匝数比 $n=25$。单独测量高频变压器的 $L_{P0}=17\mu H$。在印制板上焊接高频变压器并且短路 VD_2和 C_2之后，测得 $L_{PS0}=36.7\mu H$。根据式(5-6-6)可得

$$L_{S0}=\frac{L_{PS0}-L_{P0}}{n^2} \tag{5-6-7}$$

将数据代入式（5-6-7）计算出 $L_{S0}=31.5nH$。

三、LED 驱动电源测量技巧

下面介绍的测量技巧，可供测试 LED 驱动电源时参考。

1. 准确测量输出纹波电压的方法

对 LED 驱动电源而言，输出纹波电压的大小是一个参考指标，但要想准确测量输出纹波电压值却并不容易。这是因为 LED 驱动电源中的高速开关电路会产生尖峰脉冲电压，这种共模干扰信号叠加在输出纹波电压上并具有很大的能量，所以必须消除这种

噪声。下面介绍一种能消除共模噪声干扰的测量方法。

在用示波器观察输出电压 U_0 的波形时，可采用差分输入法准确测量输出纹波电压，电路如图 5-6-3 所示。示波器的 A、B 两个交流（AC）输入通道经过探头匹配装置分别接探头①和探头②。其中，探头①接 U_0 的正端，探头②接 U_0 的负端，两个探头的接地线分别用导线③、④表示。

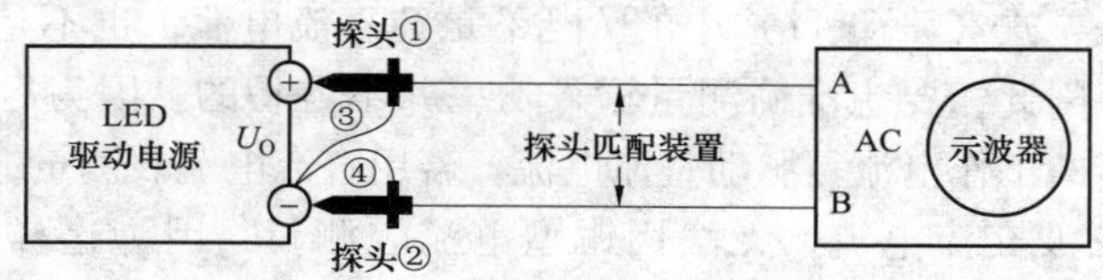

图 5-6-3　用差分输入法准确测量输出纹波电压

使用该方法时，探头①和探头②用来拾取纹波电压，而在接地线③、④上可分别获得尖峰脉冲电压。由于采用差分输入法，只要两个探头匹配的好，在③和④上所得到的尖峰脉冲电压就大小相等、相位相反，二者互相抵消后，从示波器观察到的就是消除共模干扰后的输出纹波电压波形。

如果需要测量输出纹波电压的有效值，可在示波器的输入端接一块交流数字电压表。为了在测量中扣除噪声电压，首先将交流数字电压表的正输入端接 U_0 的负端，并记下读数 1；然后再接 U_0 的正端，记下读数 2，这两个读数的差值就是输出纹波电压的有效值。

测量时必须注意以下事项：

（1）由于输出纹波电压的波形是非正弦波，因此不能采用平均值响应的交流数字电压表，必须使用真有效值数字电压表。普通数字万用表的交流电压挡属于平均值仪表，是按照正弦波有效值与平均值的确定关系（$U_{RMS}=1.111\overline{U}$）而设计的。因此仅适合测量不失真的正弦波，无法测量严重失真的正弦波，更不能测量方波、矩形波、锯齿波、噪声等非正弦波。利用真有效值仪表可以准确、实时地测量各种波形的有效值电压。所谓真有效值是“真正有效值”之意，其英文缩写为 TRMS（True Root Mean Square），亦称真均方根值。因为它是基于有效值定义式而计算出的，故称之为真有效值。真有效值数字电压表具有精度高、响应速度快、测量面广的特点。

（2）交流数字电压表的-3dB 带宽至少应为被测信号带宽的 3 倍。

2. 测量 LED 驱动器效率的方法

LED 驱动器（即 DC/DC 变换器）的总功率 P 就等于输出功率 P_O 与总功耗 P_D 之和

$$P=P_O+P_D \tag{5-6-8}$$

因此，开关稳压器的转换效率为

$$\eta=\frac{P_O}{P_O+P_D}=\frac{P_O}{P}\times100\% \tag{5-6-9}$$

为确定转换效率，需要测量输出功率和总功率。因输出电压和输出电流都是直流，故测量输出功率（即负载功率）的方法非常简单。其计算公式为

$$P_O = U_O I_O \tag{5-6-10}$$

若令直流输入电压为 U_I，输入电流 I_I，则总功率为

$$P = U_I I_I \tag{5-6-11}$$

需要注意的是，式（5-6-11）中的 I_I 既不是纯直流电流，也不是正弦波电流，而是指平均值电流。因此，要想准确测量输入功率并不容易的。因为尽管输入电压为直流，但开关稳压器的工作电流是脉动直流电流，若用直流电流表测量，会产生较大的误差；它也不是正弦波交流电流，无法用钳型电流表测量，因为这样测量的结果毫无意义。

（1）估算输入功率的方法。估算输入功率的方法是在输入电流波形上画一条水平线，用于估算输入电流的平均值。首先将示波器的宽带电流探头串联在开关稳压器的输入端，在示波器上显示出输入电流的波形；然后在电流波形图上画一条水平线，使水平线以上的波形面积（A）等于水平线以下所“缺少的”波形面积（B），如图 5-6-4 所示。通过取“平均”以后的电流就与能产生同样输入功率的直流电流相等。

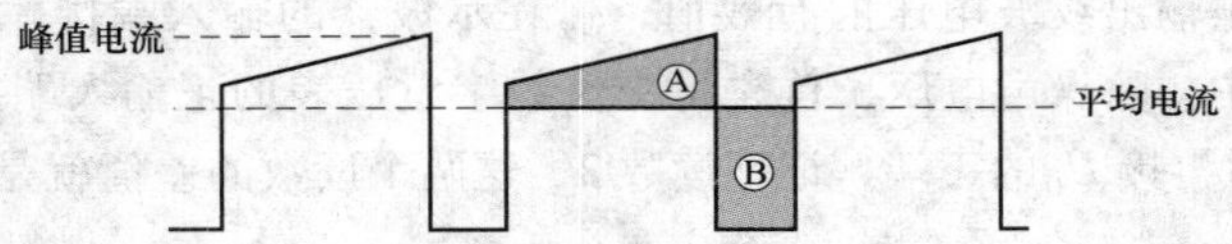

图 5-6-4　对输入电流波形取平均值的方法

（2）精确测量输入功率的方法。为精确测量输入功率，需要在直流电源与开关稳压器之间插入由 L_1、C_1、L_2 和 C_2 构成的 LC 型滤波器，如图 5-6-5 所示。因为在直流电源和开关稳压器之间没有高频开关器件，所以只要滤波元件选得合适，直流电源输出的直流电流就是开关稳压器输入电流的平均值 I_I，用直流电流表Ⓐ即可准确测量出 I_I。将数字电压表（DVM）接在开关稳压器的输入端测量出 U_I 值，进而计算出输入功率及转换效率。需要指出，从开关稳压器的角度来看，由于 LC 型滤波器对开关稳压器输入端的开关电流呈现高阻抗，因此这些开关电流并不直接取自直流电源的输出端，而是由 C_I 提供的。C_I 应选择大容量、低 ESR 的电容器。

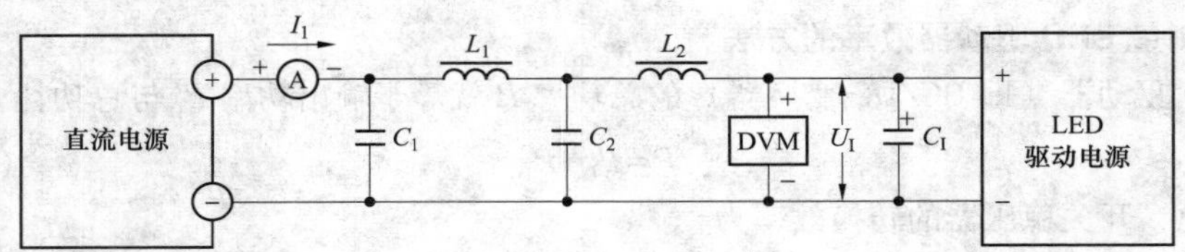

图 5-6-5　在直流电源与开关稳压器之间插入 LC 型滤波器

3. 测量隔离式 LED 驱动电源输入功率的简便方法

受功率因数的影响，要想准确测量交流电源的总功率将非常困难。在隔离式 LED 驱动电源（即隔离式 AC/DC 变换器）中，输入滤波电容 C_I 是导致输入电流为非正弦波的原因。单相交流电源供电时的功率因数典型值约为 0.6，三相电源供电时的功率因数约为 0.9。由于功率因数的降低，对给定的实际功率而言，交流电网必须增加所提供的输入电流有效值。

测量隔离式 LED 驱动电源输入功率的一种简便方法如图 5-6-6 所示。它是借助于整流桥和输入滤波电容，获得未经稳压的直流电压，以便测量隔离式 LED 驱动电源的实际功率。由于是在输入整流桥和输入滤波电容的后面测量输入功率的，从 C_I 流出的电流为脉动直流（图中用 I_{DC} 表示），因此很容易用直流电流表来测量电流的平均值。U_I 可用数字电压表（DVM）测量。隔离式 LED 驱动电源的总功率就等于 C_I 所提供的功率（$U_I I_{DC}$）与整流桥功耗（P_Q）之和，有关系式

$$P_1 = U_I I_{DC} + P_Q \tag{5-6-12}$$

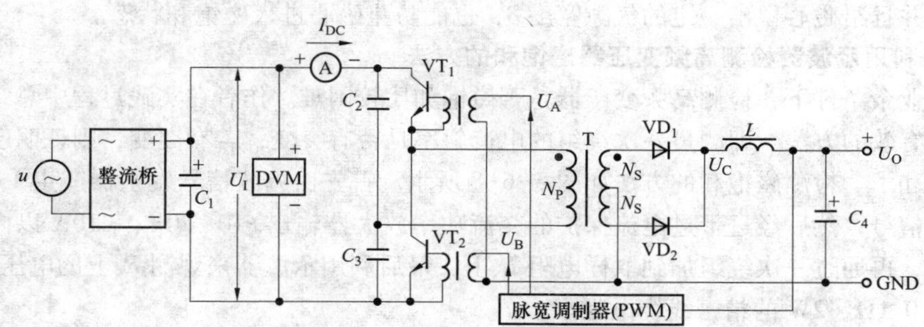

图 5-6-6　测量隔离式 LED 驱动电源输入功率的一种简便方法

由于整流桥功耗所占比例很小，一般可忽略不计。

四、利用示波器检测高频变压器磁饱和的方法

高频变压器的设计是隔离式开关电源及 LED 驱动电源的一项关键技术。在实际应用中，经常因为高频变压器设计不合理或制作工艺不佳而损坏电源。究其原因，高频变压器磁饱和是造成故障的重要原因。下面介绍利用示波器检测高频变压器磁饱和的简便方法，可供读者参考。

1. 高频变压器的磁饱和特性及其危害

在铁磁性材料被磁化的过程中，磁感应强度 B 首先随外部磁场强度 H 的增加而不断增强，但是当 H 超过一定数值时，磁感应强度 B 就趋近于某一个固定值，达到磁饱和状态。典型的磁化曲线如图 5-6-7 所示，当 $B \approx B_P$ 时就进入临界饱和区，当 $B \approx B_0$ 时就到达磁饱和区。

对开关电源而言，当高频变压器内的磁通量（$\Phi = BS$）不随外界磁场强度的增大而

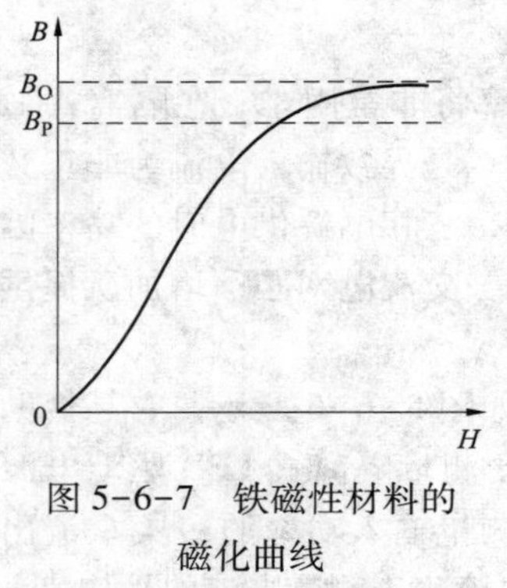

图 5-6-7　铁磁性材料的磁化曲线

显著变化时，称之为磁饱和状态。因磁场强度 H 变化时磁感应强度 B 变化很小，故磁导率显著降低，磁导率 $\mu=\Delta B/\Delta H$。此时一次绕组的电感量 L_P 也明显降低。由图 5-6-7 可见，磁导率就等于磁化曲线的斜率，但由于磁化曲线是非线性的，因此 μ 并不是一个常数。一旦发生磁饱和，对 LED 驱动电源的危害性极大，轻则使元器件过热，重则会损坏元器件。在磁饱和时，一次绕组的电感量 L_P 明显降低，以至于一次绕组的直流电阻（铜阻）和功率开关管 MOSFET 的功耗迅速增加，导致一次侧电流急剧增大，限流电路还来不及保护，MOSFET 就已经损坏。发生磁饱和故障时主要表现在：① 高频变压器很烫，MOSFET 过热；② 当负载加重时输出电压迅速跌落，达不到设计输出功率。防止高频变压器磁饱和的方法很多，主要是适当减小一次绕组的匝数。此外，尽量选择尺寸较大的磁心并且给磁心留出一定的气隙宽度 δ，也能防止磁心进入磁饱和状态。

2. 利用示波器检测高频变压器磁饱和的方法

在业余条件下，检测高频变压器是否磁饱和比较困难。作者在实践过程中总结出一种简便有效的方法，即测量一次绕组的电流斜率是否有突变，若有突变，则证明已经发生磁饱和了。检测磁饱和的方法如图 5-6-8 所示。首先由方波信号发生器产生 1～3kHz 的方波信号，然后经过带过电流保护的交流功率放大器输出±10～20V、±10A 以内的功率信号，再通过一次绕组加到取样电阻 R_S 上，最后利用示波器来观测 R_S 上的电压波形。R_S 可选 0.1Ω、2W 的精密线绕电阻。

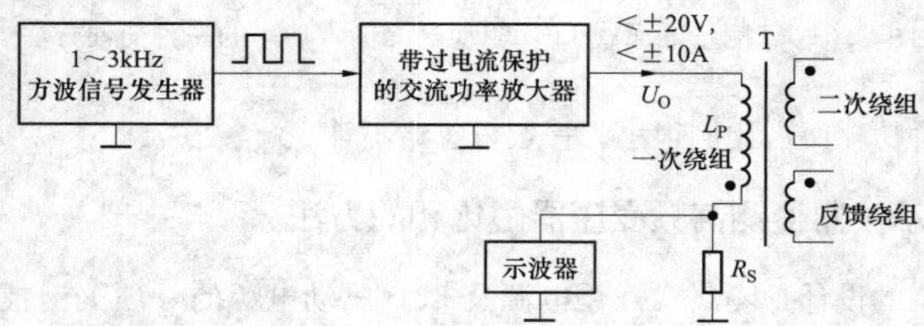

图 5-6-8　检测磁饱和的方法

对于一个理想电感，当施加固定的直流电压时，其电流 i 随时间 t 变化的波形如图 5-6-9（a）所示。在小电流情况下，可认为 i 是线性变化的。图 5-6-9（b）则是给电感施加方波电压 U_0 时所对应的电流波形。当方波输出为正半周时（例如在 $t_2 \to t_3$ 阶段，这对应于功率开关管的导通阶段），电感电流线性地上升到 A 点；当方波输出为负半周时（例如在 $t_3 \to t_4$ 阶段，这对应于功率开关管的关断阶段），电感电流线性地下降到 B 点。由于在降低过程和升高过程中电流波形的斜率是相同的，因此最终形成了对称的三角波。

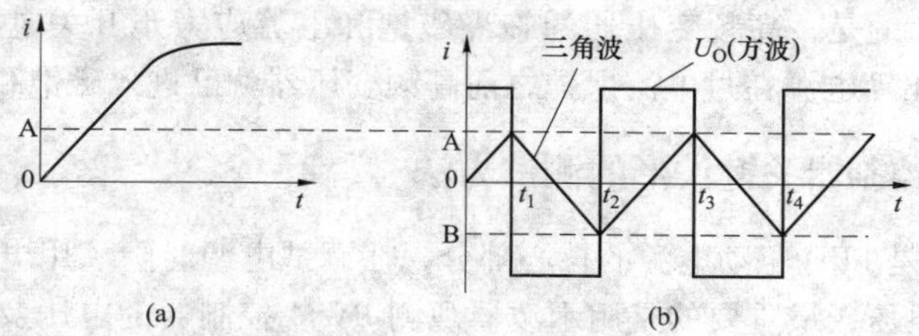

图 5-6-9 两种波形的对应关系

（a）施加固定的直流电压时理想电感的电流波形；

（b）施加方波电压时电感的电流波形

未发生磁饱和时，利用示波器从 R_S 上观察到的电压波形 U_{RS} 应为三角波电压。若观察到的 U_{RS} 波形在顶端出现很小的尖峰电压，则证明一次绕组的电流斜率开始发生突变，由此判断高频变压器达到临界磁饱和区。若尖峰电压较高，就意味着电流斜率发生明显的突变，高频变压器已进入磁饱和区。未发生磁饱和时的波形、临界磁饱和波形和磁饱和波形的比较，如图 5-6-10 所示。

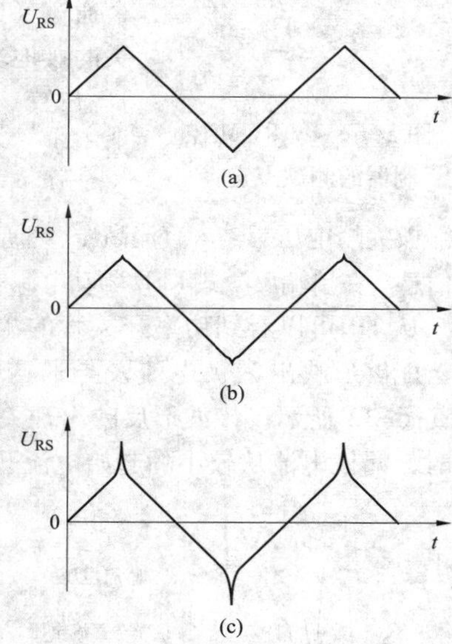

图 5-6-10 3 种波形的比较

（a）未发生磁饱和时的波形；

（b）临界磁饱和波形；

（c）磁饱和波形

上述方法具有以下特点：① 能够模拟高频变压器是否发生磁饱和；② 利用低压、大电流来检测临界磁饱和点，功率放大器输出能自动限定最大输出功率；③ 高频变压器不需要接任何外围元器件，操作简便，安全性好；④ 一次侧电流 i 的上升速率较低，便于进行观察与操作。作者曾实测过某开关电源的临界磁饱和电流，测试数据详见表 5-6-1。从中可总结出以下规律：第一，使用同一型号的磁心时，一次绕组的匝数愈少，其电感量愈小，临界磁饱和电流愈大；这是因为磁场强度（H）与一次绕组的匝数和一次侧峰值电流的乘积（$N_P I_P$）成正比，所以当 I_P 不变时，$N_P\downarrow \rightarrow H\downarrow$，就不容易引起磁心饱和。第二，在同样的输出功率下，选择尺寸较大的磁心能获得较大的临界磁饱和电流。

表 5-6-1　　测试临界磁饱和电流的数据

磁心型号	E30		E33		E40	EI25	EI40
一次绕组的匝数（T）	65	45	56	33	51	177	34
临界磁饱和电流（A）	1.92	2.9	2.25	4.0	5.21	1.04	7.5

最后需要指出的是，高频变压器的临界磁饱和电流应大于开关电源的电流极限值 I_{LIMIT}，以免 LED 驱动电源在过电流保护之前高频变压器就已进入磁饱和状态。

五、PWM 控制器关键波形的测试方法

PWM 控制器是 LED 驱动电源的核心部分，在调试电源时除了用电压表测量控制电路中各测试点的电压，最重要的是用示波器观测 PWM 控制器的电压及电流波形，以便及时判断电源是否正常工作。

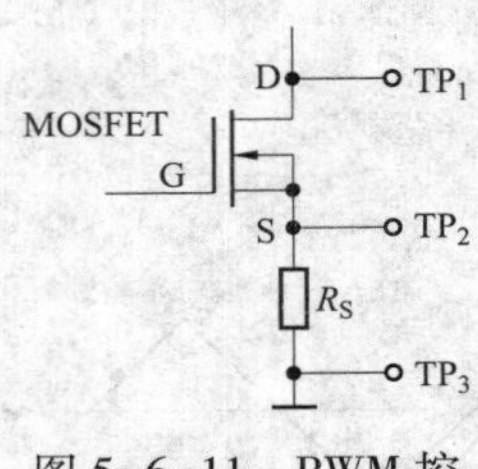

图 5-6-11　PWM 控制器的测试点选择

PWM 控制器的测试点选择如图 5-6-11 所示。TP_1 为功率开关管（MOSFET）的漏极，TP_2 为功率开关管的源极，R_S 为电流取样电阻。可将这两个测试点连接到双踪示波器的两个通道（CH1 和 CH2），同时观察两点的波形。此时两个探头的接地端要同时接到一次侧直流输入高压的负端，即图中 TP_3 位置。实际测量时，可将探头的接地夹直接夹在 R_S 的接地引脚。

从 TP_1 可以看到功率开关管的漏极电压波形，该波形能反映漏极尖峰电压、输入直流高压、感应电压、功率开关管导通压降及其导通时间、截止时间等信息。在单端反激式 LED 驱动电源中，功率开关管的漏极电压波形如图 5-6-12 所示。

从 TP_2 可以看到功率开关管的源极电压波形，这个波形是取样电阻 R_S 上的电压波形，能够反映出漏极电流及导通与截止时间等信息。功率开关管的漏极电流波形如图 5-6-13 所示。该波形反映出开关电源工作在电流连续模式。每个周期中，开关管导通时，漏极电流从较小的起始电流开始上升。开关管关断前，漏极电流达到峰值。

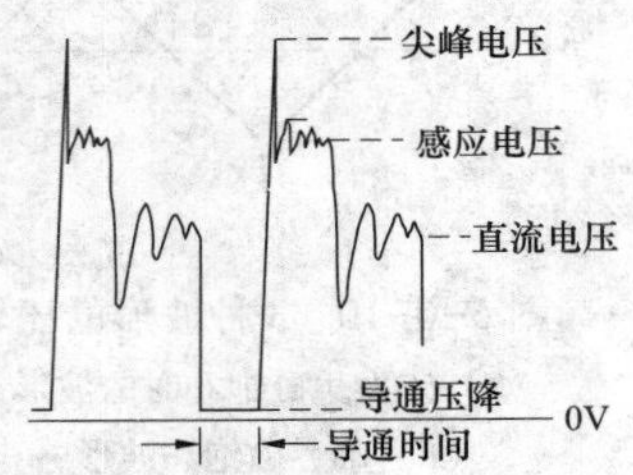

图 5-6-12　功率开关管的漏极电压波形

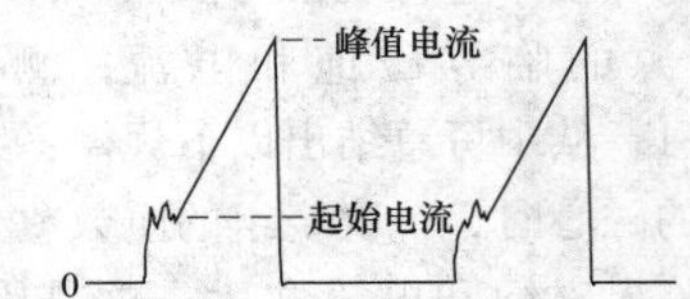

图 5-6-13　功率开关管的漏极电流波形

TP_1 和 TP_2 是两个关键测试点，它们基本能反映出 LED 驱动电源的工作状态和有无故障。在调试过程中，需要特别关注这两个测试点的波形。在逐渐升高输入电压时，一旦发现峰值电压或峰值电流超过设计范围，就应立刻关闭电源，查找出故障，避免将功率开关管损坏。

六、快速测量 LED 结温的方法

采用正向电压法可快速测量 LED 在工作时的结温。其测量原理是当正向电流 I_F 流

过芯片时，芯片的温升 ΔT_j 与正向压降的变化量 ΔU_F 呈线性关系。有公式

$$\Delta T_j = |\Delta U_F/\alpha_T| \tag{5-6-13}$$

因 LED 的电压温度系数 α_T 为负值（单位是 mV/℃），故式（5-6-13）中应取绝对值。例如 Cree 公司的 Xlamp 7090 XR－E 封装白光 LED 产品数据表中给出的 $\alpha_T=-4.0$mV/℃，最高结温 $T_{jM}=+150$℃。当 $I_F=700$mA 时，$U_F=3.5$V（均为典型值）。

快速测量 LED 工作时结温的电路如图 5-6-14 所示，I_{F1}、I_{F2} 均为精密可调式恒流源，S 为转换开关。预先给 LED 安装好散热器，将测量速率快的高精度数字电压表（DVM）并联在 LED 两端。数字温度计的探头接在 LED 引脚的根部，仅用于测量 LED 结温的初始值。

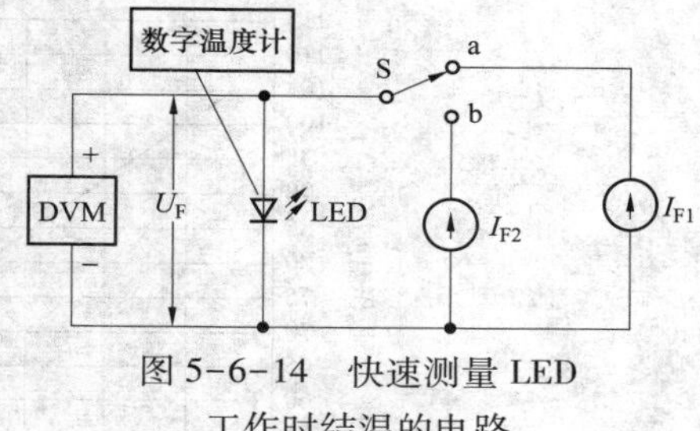

图 5-6-14　快速测量 LED 工作时结温的电路

测量步骤如下：

（1）首先将转换开关 S 拨至“a”挡，给被测 LED 输入较小的恒定电流 I_{F1}，测出其正向压降 U_{F1}，同时用数字温度计测出 LED 结温的初始值 T_{j1}。

（2）然后立即将 S 拨至“b”挡，给被测 LED 输入较大的恒定电流 I_{F2}，使其结温迅速升高。经过一定时间后，再将 S 快速切换到“a”挡，测出正向压降 U_{F2}。分别计算出正向压降的变化量 $\Delta U_F=|U_{F2}-U_{F1}|$。因 $U_{F2}<U_{F1}$，故取绝对值。

（3）最后代入下式计算 LED 的结温 T_j。

$$T_j = |\Delta U_F/\alpha_T| + T_{j1} \tag{5-6-14}$$

注意，该方法只测量初始结温 T_{j1}，并没有实际测量 ΔT_j，而是利用式（5-6-13）将 ΔT_j 转换成 $|\Delta U_F/\alpha_T|$。这是因为当 LED 工作在大电流 I_{F2} 时，芯片温度迅速升高，这能反映到 U_F 的变化上。但要准确测量 ΔT_j 值将非常困难，因为当 LED 芯片温度迅速升高时，它与引脚温度之间存在一定的温差。测量初始结温则不同，因为 I_{F1} 很小，T_{j1} 略高于室温，所以经过一段时间后芯片温度容易与引脚温度实现热平衡。

举例说明，已知 $\alpha_T=-4.0$mV/℃，$\Delta U_F=|3.30\text{V}-3.52\text{V}|=0.22$V，$T_{j1}=35$℃，代入式（5-6-14）中计算出：$T_j=|[0.22\text{V}/(-4.0\text{mV/℃})]|+T_{j1}=55℃+35℃=90℃$。

最后需要说明两点：第一，若 T_j 值接近于 100℃，则应减小 I_{F2} 后再次进行测试，直到满足要求为止；第二，以上介绍的是测量 LED 结温的基本原理和方法，在实际测量中还有一些复杂因素需要考虑。例如，如何对 LED 进行隔热，是否用脉冲电流代替 I_{F2}，是否配计算机对转换开关进行控制并完成数据处理，是否选用红外温度测量仪非接触测温等问题。

七、估算铝电解电容器内部中心温度的方法

铝电解电容器的使用寿命随工作温度（即壳内温度）升高而急剧下降。普通铝电解电容器在连续工作条件下的寿命估算曲线如图 5-6-15 所示。由图可见，当工作温度

为75℃时寿命约为16000h，85℃时降至8000h，95℃时只有4000h，100℃时约为2000h。而安装在LED路灯中的驱动电源，由于散热条件差，夏季炎热天气的地面温度可能高达60~70℃，致使驱动电源内铝电解电容器的温度很可能接近100℃，使其实际寿命大为缩短，严重影响整个灯具的寿命。铝电解电容器的最高工作温度一般为105℃，必要时可选高温铝电解电容器，后者能承受140℃的高温。

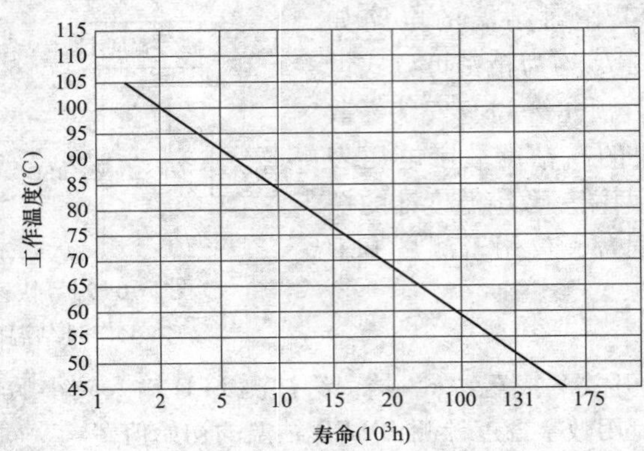

图5-6-15　普通铝电解电容器在连续工作条件下的寿命估算曲线

由于很难直接测量铝电解电容器内部的中心温度，可根据表5-6-2提供的铝电解电容器表面温度与内部中心温度的换算关系进行推算。举例说明，某铝电解电容器的外径为ϕ22mm，实测表面温度为73℃，从表中查到其中心温度与表面温度的比例系数k=1.3，则中心温度应为73℃×1.3=94.9℃。余者类推。

表5-6-2　　铝电解电容器表面温度与内部中心温度的换算关系

铝电解电容器外径ϕ（mm）	8~12	12.5~16	18	22	25	30	35
中心温度与表面温度的比例系数k	1.1	1.2	1.25	1.3	1.4	1.6	1.65

若选择固态电容器（全称为固态铝质电解电容器），则上述问题可迎刃而解。固态电容器的性能远优于电解电容器，最高可承受260℃的高温，具有寿命长（75℃时寿命为60 000h）、等效串联电阻极低、使用安全（不会漏液或爆炸）、节能、环保等优良特性，特别适用于LED路灯的驱动电源。

第七节　LED驱动电源常见故障分析

LED驱动电源芯片是将MOSFET功率开关管和多种保护电路也集成在芯片中，使外围电路更加简单。下面以AC/DC式单片LED驱动电源为例，对其主要的11个发热元器件常见故障做逐一分析，并给出相应的解决措施，详见表5-7-1，可供读者在设计散热器时参考。

表 5-7-1　　单片 LED 驱动电源主要发热元器件的常见故障分析

发热元器件名称	故障原因	解决措施
1. LED 驱动器芯片过热	散热不良	1）适当增大外部铝散热器的尺寸 2）表面封装的 LED 驱动电源，一般采用 PCB 散热器，应改变印制板布局，增加源极覆铜区的面积 3）选择覆铜箔较厚的覆铜板，以降低芯片温度 4）选择能使用外部散热器的封装形式，或选择功率较大的 LED 驱动电源芯片 5）在芯片与外部散热器之间薄薄地涂一层导热硅脂，涂敷层较厚，会影响热传导 6）将芯片表面紧贴着散热器表面，并拧紧固定螺丝
2. LED 驱动控制器芯片过热	外部功率 MOSFET 的通态电阻较大，LED 驱动控制器的开关频率选得太高	1）选择通态电阻 $R_{DS(ON)}$ 很低的外部功率 MOSFET，以降低由 $R_{DS(ON)}$ 引起的传输损耗 2）适当降低开关频率，以减小开关损耗
3. 输出整流管过热	输出整流管选型不符合要求或散热不良	1）应采用超快速恢复二极管或肖特基二极管作为输出整流管，不得用普通硅整流管来代替 2）适当增大散热器的尺寸 3）选用额定电流较大的整流管，可减小其内阻，降低整流管的温度 4）在原整流管上再并联一只相同型号的整流管，使整流管的温度降低 5）选用合适的肖特基对管，来代替原有的超快速恢复二极管
4. 高频变压器过热	（1）磁心损耗过大 （2）磁心尺寸太小 （3）磁心已进入临界磁饱和区 （4）设计不合理	1）应采用正规厂家生产的高质量磁心 2）选择尺寸较大的磁心 3）适当降低一次侧电感量，增加磁心的气隙，防止出现磁饱和 4）利用 PI Expert 7.5 等计算机辅助设计软件，重新设计高频变压器
5. 输入电容器过热	（1）整流桥输出的纹波电流过大 （2）输入电容器容量较小 （3）输入电容器的等效串联电阻器（ESR）过大	1）整流桥中某一只二极管损坏，发生开路故障，使整流桥从全波整流变成半波整流，造成输入电容器上的纹波电流显著增大 2）增大输入电容器的容量 3）选用低 ESR 的电解电容器
6. 输出电容器过热	（1）输出电容器的等效串联电阻过大 （2）输出电容器性能变差	1）采用低 ESR 的电解电容器或选择固态电容器；亦可将多只电容器并联使用，以减小 R_{ESR} 值。在将多只电容器并联使用时，应使每只电容器的布线长度相同，以确保纹波电流能平均分配到所有电容器上；若布线长度不相等，则其中某个电容器的工作温度可能高于其他电容器，需调整印制板的布局 2）更换输出电容器

续表

发热元器件名称	故障原因	解决措施
7. 压敏电阻器过热	（1）所用压敏电阻器的规格不符合要求 （2）压敏电阻器在经受多次浪涌电压后性能下降，其电压额定值降低并导致功耗增大	1）压敏电阻器是专用来吸收浪涌电压的，应选标称交流电压为275V或320V的压敏电阻器 2）更换相同规格的压敏电阻器
8. 熔断电阻器过热	（1）驱动电源的输出功率较大，不宜采用熔断电阻器 （2）熔断电阻器性能不良	1）熔断电阻器属于耗散型元件，一般适用于10W以下的开关电源，大于10W时应采用熔丝管 2）更换熔断电阻器
9. NTC热敏电阻器过热	（1）NTC热敏电阻器的额定功率太小 （2）所用NTC热敏电阻器的阻值过大 （3）NTC热敏电阻器性能不良	1）NTC热敏电阻器的作用是在驱动电源通电时起到瞬间限流保护作用，避免损坏输入电容器，应选择额定功率较大的NTC热敏电阻器 2）选择阻值较小的NTC热敏电阻器，以降低功耗 3）更换NTC热敏电阻器
10. 共模扼流圈或串模电感过热	（1）绕组的直流电阻过大 （2）与高温元器件（如热敏电阻器）靠的太近	1）换用额定电流较大的电感，通过增大线径，降低其直流电阻 2）重新调整印制板布局，将高温元器件移到较远位置
11. 电流检测电阻过热	（1）电流检测电阻的功率太低 （2）电流检测电阻散热不良	1）电流控制环中的电流检测电阻用于检测负载（即LED灯串）电流，由晶体管电路构成的电流控制环，检测电压通常为0.3～0.7V；由光耦电路构成的电流控制环，检测电压一般为50～100mV。应使用额定功率较大的电流检测电阻，并将它垂直安装到印制板上，并增大电阻器与周围空气的接触面积及引线长度，以利于散热 2）将电流检测电阻改由多只电阻器并联而成 3）将晶体管电路改为光耦电路，以降低电流检测电阻上的压降

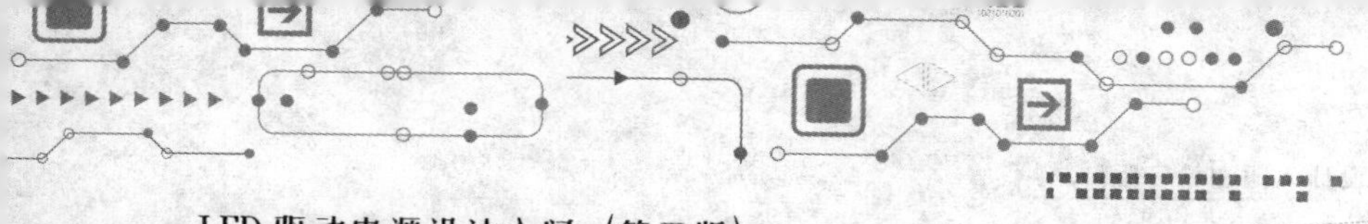

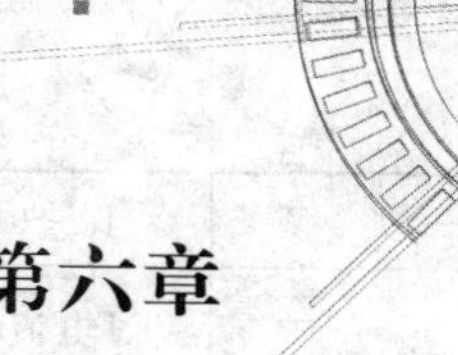

第六章

LED 灯具保护电路的设计

LED 灯具保护器件的种类很多，主要包括 LED 驱动器保护，LED 的开路保护，过电压、过电流、浪涌电流及静电放电的保护，LED 驱动电源、大功率 LED 和大功率 LED 的散热器设计。本章详细介绍了各种保护电路的工作原理及电路设计。

第一节　LED 灯具常用保护器件的选择

LED 灯具的保护电路可分成三大类。第一类是 LED 驱动芯片内部的保护电路，例如过电流保护电路、过热保护电路、关断/自动重启动电路、前沿消隐电路等；第二类是 LED 驱动芯片的外部保护电路，主要包括输入欠电压保护电路、输出过电压保护电路、过电流保护装置（如熔丝管、自恢复熔丝管、熔断电阻器等）、启动限流保护电路、电磁干扰（EMI）滤波器、漏极钳位保护电路（或 R、C、VD 吸收电路）、软启动电路、散热装置等；第三类是 LED 照明灯的保护电路。

一、LED 驱动芯片保护电路的分类及保护功能

LED 驱动芯片保护电路的分类及保护功能，详见表 6-1-1。其中，内部保护电路是由芯片厂家设计的，外部保护电路则需用户自行设计。

表 6-1-1　　LED 驱动芯片保护电路的分类及功能

类　型	保护电路名称	保护功能
内部保护电路	过电流保护电路	限定功率开关管的极限电流 I_{LIMIT}
	过热保护电路	当芯片温度超过芯片的最高结温时，就关断输出级
	关断/自动重启动电路	一旦调节失控，能重新启动电路，使开关电源恢复正常工作
	欠电压锁定电路	在正常输出之前，使芯片做好准备工作
	LED 开路/短路故障自检电路	防止因 LED 开路或短路而损坏器件
	可编程状态控制器	通过手动控制、微控制器操作、数字电路控制、禁止操作等方式，实现工作状态与备用状态的互相转换

续表

类　型	保护电路名称	保　护　功　能
外部保护电路	过电流保护装置（如熔丝管、自恢复熔丝管、熔断电阻器）	当输入电流超过额定值时，切断输入电路
	EMI 滤波器	滤除从电网引入的电磁干扰，并抑制开关电源所产生的干扰通过电源线向外部传输
	ESD 保护电路	防止因人体静电放电（ESD）而损坏关键元器件
	启动限流保护电路	利用软启动功率元件限制输入滤波电容的瞬间充电电流
	漏极钳位保护电路	吸收由漏感产生的尖峰电压，对 MOSFET 功率开关管的漏-源极电压起到钳位作用，避免损坏功率开关管
	瞬态过电压保护电路	利用单向、双向瞬态电压抑制器（TVS），对直流或交流电路进行保护
	输出过电压保护电路	利用晶闸管（SCR）或稳压管限制输出电压
	输入欠电压保护电路	利用光耦合器或反馈绕组进行反馈控制，输入电压过低时实现欠电压保护
	软启动电路	刚上电时利用软启动电容使输出电压平滑地升高
	散热器（含散热板）	给芯片和输出整流管加装合适的散热器，防止出现过热保护或因长期过热而损坏芯片

二、LED 保护电路的分类及保护功能

LED 保护电路的分类及保护功能见表 6-1-2。

表 6-1-2　　LED 保护电路的分类及功能

保护电路名称	保　护　功　能
LED 开路保护电路	当某只 LED 突然损坏而开路时，与之并联的 LED 开路保护器就由关断状态变成导通状态，起到旁路作用，使灯串上其余的 LED 能继续工作
LED 过电压保护电路	在 LED 灯串两端并联一只双向瞬态电压抑制器（TVS），对过电压起到钳位保护作用
LED 过电流保护电路	在 LED 灯串上串联一只正温度系数热敏电阻器（PTCR），对过电流起到限流保护作用
LED 浪涌电流保护电路	在 LED 灯串上串联一只负温度系数电阻器（NTCR）。当输入电压发生瞬间变化而产生高达上千伏电压或带电插拔 LED 时，都会在输出端形成浪涌电流；利用 NTCR 可保护 LED 免受浪涌电流的损坏；上电后 NTCR 变为低阻值，可忽略不计

续表

保护电路名称	保护功能
LED浪涌电压保护电路	在LED灯串两端并联一只压敏电阻器（VSR），对浪涌电压起到钳位作用
LED静电放电（ESD）保护电路	利用ESD二极管、ESD矩阵、TVS、气体放电管等保护器件，避免因人体静电放电而损坏LED
共享式防静电保护电路	在LED显示屏中，由多只LED共享一个保护二极管，以较低的成本和较小的空间对全部LED进行了有效地静电防护，具有占用空间小、成本低、易于实现等优点

第二节　LED驱动器保护电路的设计

一、LED驱动器的输出过电压保护（OVP）电路

1. 输出过电压保护电路之一

过电压保护简称OVP（Over Voltage Protection），LED驱动器内部一般没有输出过电压保护电路。为防止因输出过电压而损坏电路，可增设过电压保护电路。MC3423是安森美公司生产的专供驱动晶闸管的集成过电压检测电路，它具有过电压阈值可编程、触发延迟时间可编程、带指示输出端、可远程控制通/断、抗干扰能力强等特点。MC3423的电源电压范围是+4.5~40V，输出电流可达300mA，上升速率为400mA/μs。

由MC3423构成的输出过电压保护电路如图6-2-1所示。被监测电压U_{CC}经过R_1、R_2分压后，接至第2脚（Sense1）。第3脚（Sense2）应与电流源输出端（第4脚）短接，再经过电容器C接地，C为延时电容器。不使用远程通/断控制端（第5脚）时，该端应接U_{EE}端（第7脚）。R_3为指示输出端（第6脚）的上拉电阻。从驱动输出端（第8脚）输出的驱动信号经过R_G接晶闸管（SCR）的门极。图中的U_{CC}即被监测LED驱动器的输出电压（U_O），它也是MC3423的电源电压。U_{CF}为MC3423输出的触发脉冲，用于驱动晶闸管的门极。U_{I0}为过电压指示端的输出电压，触发晶闸管时的延迟时间由延时电容器C设定。利用这段延迟时间可防止噪声干扰将晶闸管误触发。计算延迟时间t_D的公式为

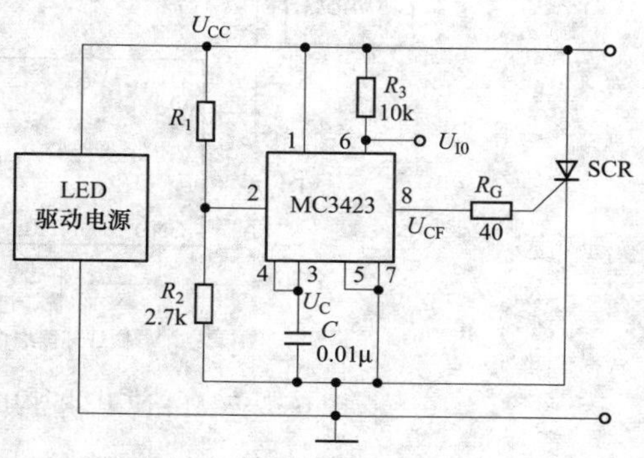

图6-2-1　由MC3423构成的输出过电压保护电路

$$t_D = \frac{U_{REF}}{I_S} C \qquad (6-2-1)$$

式中：I_S 为内部电流源的输出电流，典型值为 0.2mA；C 为延时电容器，μF。将 U_{REF} = 2.5V、I_S = 0.2mA 和 C = 0.01μF 一并代入式（6-2-1）中得到，t_D = 0.125ms。在此时间内可使噪声干扰不起作用。

设过电压阈值为 $U_{CC(OVP)}$，R_1、R_2 的阻值由下式确定

$$\frac{R_1}{R_2} = \frac{U_{CC(OVP)}}{U_{REF}} - 1 \qquad (6-2-2)$$

其中，R_2 = 2.7kΩ（典型值）。一旦 $U_{CC} \geqslant U_{CC(OVP)}$，MC3423 即可触发晶闸管。显然，通过改变 R_1、R_2 的电阻比来设定 $U_{CC(OVP)}$ 值，可完成一次“编程”。

2. 输出过电压保护电路之二

NCP345 是美国安森美半导体（ON Semiconducto）公司推出的新型过电压保护集成电路。它采用先进的 Bi-CMOS 制造工艺，可承受 30V 的瞬态电压。它能在小于 1μs 的时间内迅速关断 P 沟道 MOSFET，确保负载不受损坏。

由 NCP345 构成的输出过电压保护电路如图 6-2-2 所示。P 沟道 MOSFET 起到开关作用，选内部带保护二极管的 MGSF3441 型 MOSFET 作为开关器件。其主要参数如下：漏-源电压 U_{DS} = 20V，栅-源电压 U_{GS} = 8.0V，漏极电流 I_D = 1A，最大漏极电流 I_{DM} = 20A，最大功耗 P_{DM} = 950mW，导通电阻 $R_{DS(ON)}$ = 78mΩ。VD 采用低压降的 MBRM120（1A/20V）型肖特基二极管，当 I_F = 1A、T_A = 25℃时的导通压降仅为 0.34V，它与 MOSFET 串联成一体，能防止 LED 驱动电源短路。利用 NCP345 可监视输入电压，仅在安全条件下才能开启 MOSFET。稳压二极管 VD_{Z1}、VD_{Z2} 分别并联在输入端和负载端，起到过电压二次保护作用。

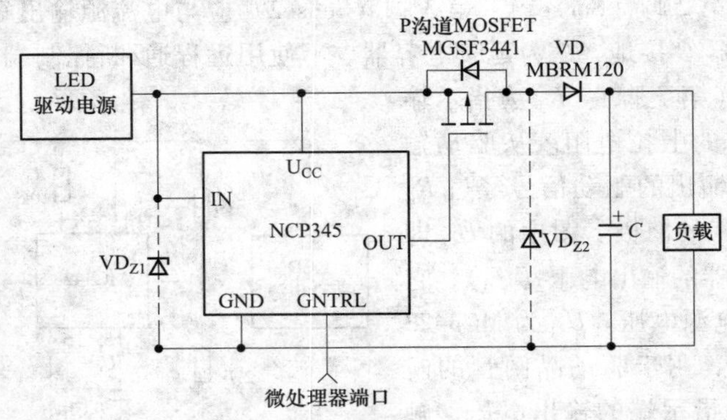

图 6-2-2　由 NCP345 构成的输出过电压保护电路

3. 输出过电压保护电路之三

MAX4843 系列包括 MAX4843、MAX4844、MAX4845、MAX4846 共 4 种型号，输入

电压范围是+1.2~28V，过电压阈值（U_{OVLO}）分别为7.4、6.35、5.8V和4.65V。当输入电压$U_{IN}>U_{OVLO}$时，利用内部电荷泵驱动器将外部N沟道MOSFET关断，避免被保护器件损坏。内部电荷泵不需要接外部电容。

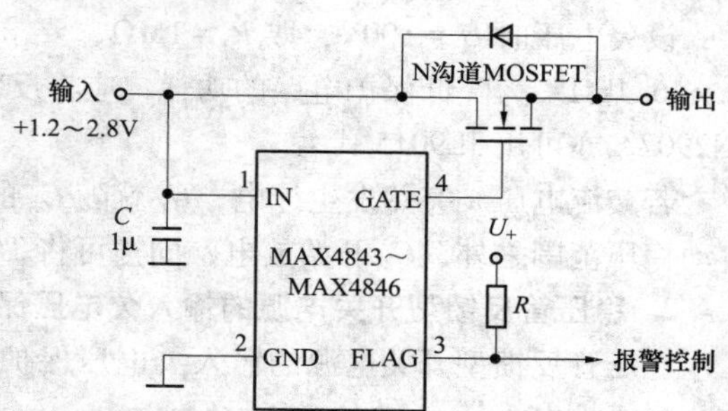

图 6-2-3　由 MAX4843 系列构成的输出过电压保护电路

由MAX4843系列构成的输出过电压保护电路如图6-2-3所示。被监测的输入电压范围是+1.2~28V。C为输入端旁路电容，推荐采用1μF的陶瓷电容。R为故障报警输出端的上拉电阻。GATE端既可以驱动一只的N沟道MOSFET，也可驱动两只N沟道MOSFET。另外，在输入端加上电阻分压器，还可改变主系统的过电压、欠电压阈值。

二、LED 驱动器的输入欠电压保护（UVP）电路

1. 光耦反馈型开关电源的输入欠电压保护电路

欠电压保护简称UVP（Under Voltage Protection）。光耦反馈型开关电源的输入欠电压保护电路如图6-2-4所示。当直流输入电压U_I低于下限值时，经R_1、R_2分压后，使VT的基极电位U_B<4.7V，于是VT和VD_4均导通，控制端电压U_C也就低于4.7V，立即将TOPSwitch关断。不难看出

$$U_B=\frac{U_IR_2}{R_1+R_2} \tag{6-2-3}$$

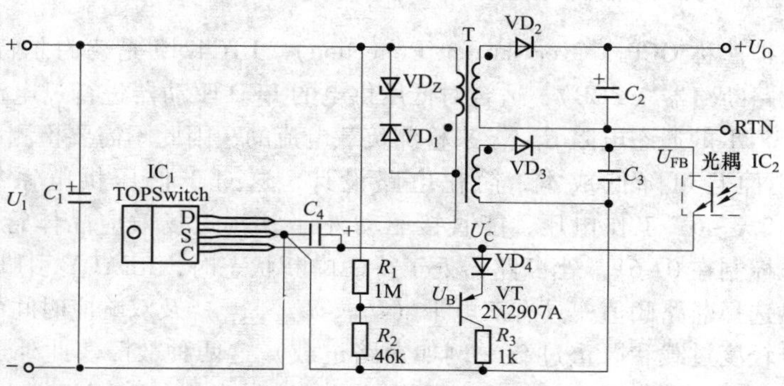

图 6-2-4　光耦反馈型开关电源的输入欠电压保护电路

从中解出

$$R_2=\frac{U_B}{U_I-U_B}R_1 \tag{6-2-4}$$

设欠电压时 $U_I=100V$，取 $R_1=1M\Omega$，要求 $U_B=4.4V$，代入式（6-2-4）中计算出 $R_2=46.4k\Omega$。为降低保护电路的功耗，应将反馈电压 U_{FB}设计为 12V。PNP 型硅晶体管 2N2907A 亦可用 JE9015 代替。

若交流电压 u 突然发生掉电，U_I 就随 C_1 的放电而衰减，使 U_O 降低。一旦 U_O 降到自动稳压范围之外，C_4 开始放电，同样可将 TOPSwitch 关断。

2. 稳压管反馈型开关电源的输入欠电压保护电路

稳压管反馈型开关电源的输入欠电压保护电路如图 6-2-5 所示。当 U_I 欠电压时，晶体管 VT 导通，U_C呈低电平而将 TOPSwitch 关断。当 U_I 又恢复正常时，VD_4 和 VT 均截止，TOPSwitch 转入正常工作。该电路还能防止 TOPSwitch 的误启动，仅当 U_I 高于欠电压值时才允许重新启动。VD_4 能限制 VT 的反向发射结电压不至于过高。同样，当交流电源突然掉电时，该电路也能起到保护作用。

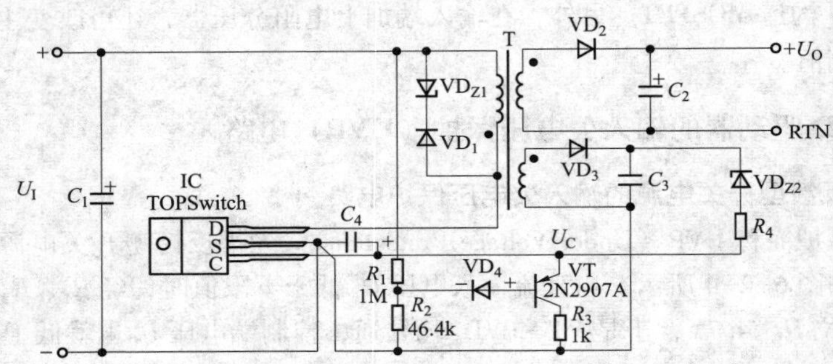

图 6-2-5　稳压管反馈型开关电源的输入欠电压保护电路

三、LED 驱动器的输出过电流保护（OCP）电路

过电流保护简称 OCP（Over Current Protection）。LTC4213 是凌力尔特（LT）公司推出的电子电路断路器（ECB），适合对低压供电的 LED 驱动器进行过电流保护。它是通过外部 MOSFET 的通态电阻 $R_{DS(ON)}$来检测负载电流的，因此不需要检测电阻。这不仅能降低功耗，而且可降低成本，简化电路设计，这对于低压供电系统尤为重要。LTC4213 采用 2.3~6V 工作电压，能直接驱动外部 N 沟道场效应晶体管（MOSFET），可将负载电压控制在 0~6V。当断路器处于待命中断状态时，READY 引脚可发出信号。它有三种可供选择断路阈值，具有双电平（U_{CB}、$U_{CB(FAST)}$）及双响应时间的过电流保护功能，能区分轻度过载和严重过载（例如短路过载）这两种故障。此外还具有欠电压闭锁功能，当电源电压低于 2.07V（典型值）时，通过内部欠电压闭锁电路断开负载；当电源电压高于 2.07V 时，LTC4213 又恢复正常工作。

由 LTC4213 构成的输出过电流保护电路如图 6-2-6 所示。U_I 通过 MOSFET 接负载 R_L。C_1、C_2 分别为输入端、输出端的旁路电容。当 ON 端接高电平时，LTC4213 正常工作。电路中采用 Si4410DY 型场效应晶体管，$R_{DS(ON)}=0.015\Omega$（典型值）。当 I_{SEL} 端接

GND时，$U_{CB}=25mV$。不难算出，轻度过载时电流阈值为 $I_{LIMIT}=U_{CB}/R_{DS(ON)}=25mV/0.015\Omega=1.67A$。严重过载时电流阈值为 $I'_{LIMIT}=U_{CB(FAST)}/R_{DS(ON)}=100mV/0.015\Omega=6.67A$。负载电流的正常值为1A。$R$ 为READY端的上拉电阻。

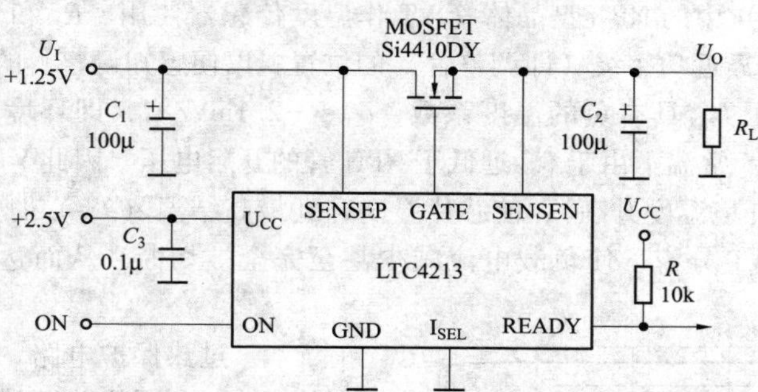

图6-2-6 由LTC4213构成的输出过电流保护电路

四、LED驱动器的过热保护（OTP）电路

过热保护简称OTP（Overheat Protection）。户外LED照明灯经常在高温环境下工作，会严重影响LED的性能并缩短其寿命。采用过热保护电路能监控LED散热器的温度，若温度大幅度升高，则通过温控电路适当调低LED驱动电源的输出电流，使LED亮度降低，避免LED过热损坏，进而提高了LED照明灯的工作寿命。过热保护电路可由智能温度传感器构成。

过热保护电路的基本原理如图6-2-7（a）所示。这里的稳压管 VD_Z 实际上是利用

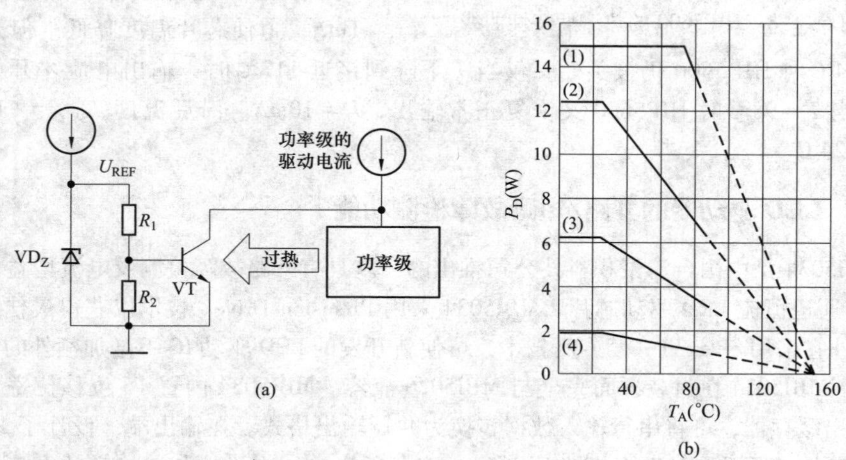

图6-2-7 过热保护电路的基本原理

（a）过热保护电路的基本原理图；（b）稳压器功耗 P_D 与环境温度 T_A 的关系曲线

硅晶体管发射结（E-B）的反向击穿电压作基准电压 U_{REF} 的。此法能获得 5.8~7V 基准电压值，该基准电压具有正的温漂，发射结反向击穿电压的温度系数 $\beta_T \approx +3.5mV/℃$，即环境温度每升高 1℃，U_{REF} 大约增加 3.5mV。

图 6-2-7（a）中的 NPN 型晶体管 VT 作温度传感器使用。R_1 和 R_2 为基极偏置电阻，将 VT 放置在靠近功率级（即调整管）的位置，以便感知调整管的温度。NPN 型晶体管的发射结电压 U_{BE} 具有负的温度系数，$\alpha_T \approx -2.1mV/℃$，即环境温度每升高 1℃，$U_{BE}$ 就下降 2.1mV。常温下由于 U_{BE} 远低于 NPN 管的开启电压，因此 VT 截止。若由于某种原因（过载或环境温度升高），使芯片温度升到最高结温（T_{jM}）时，VT 导通，功率级驱动电流就被 VT 分流，使负载电流减少甚至完全被切断，从而达到了过热保护之目的。

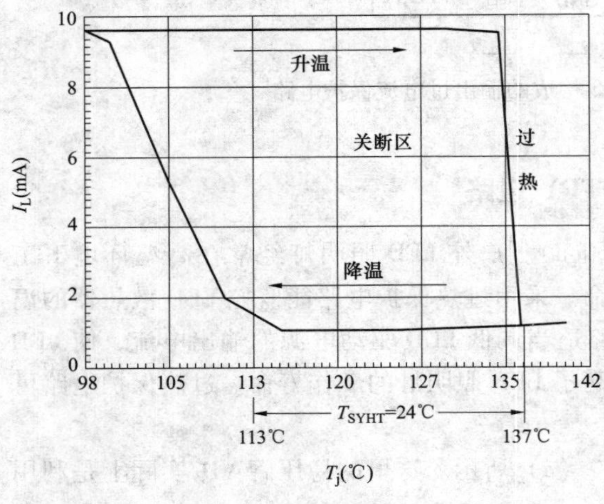

图 6-2-8 HIP5600 的热滞后特性曲线

过热保护电路一般都具有热滞后特性。利用热关断滞后特性，可防止当 $T_j = T_{TS}$ 时因结温发生波动而使过热保护电路频繁地动作，大大提高保护电路的可靠性。LED 驱动器典型产品的热滞后特性曲线如图 6-2-8 所示。热关断温度 $T_{TS} = +137℃$，但它还有大约 24℃ 的滞后温度 T_{SYHT}。由图可见，在升温过程中，当结温 $T_j = 134℃$ 时进入过热状态，一旦 $T_j = T_{TS} = +137℃$，过热保护电路就立刻使 HIP5600 处于关断状态，此时最小负载电流仅为 1mA，迫使芯片温度降低。但是当 T_j 降至 134℃ 时 HIP5600 仍被关断，仅当 T_j 下降到接近 113℃ 时，输出电流才开始逐渐增大，当 $T_j = 98℃$ 时 HIP5600 又恢复正常输出，$I_L = 10mA$。滞后温度 $T_{SYHT} = +137℃ - 113℃ = 24℃$。

五、LED 驱动器的开路/短路故障检测功能

MBI5034 是中国台湾聚积科技公司推出的一款具有开路故障检测及电流增益调整功能的 16 通道恒流 LED 驱动芯片。MBI5034 采用 Precision Drive™ 技术以获得最佳电气特性。另外它采用 Share-I-O™ 专利技术，可使新开发的 LED 驱动 IC 不增加额外的引脚即可使用。MBI5034 在封装方面完全与 MBI5026 兼容。MBI5034 内置 16 位移位寄存器及 16 位输出缓存器，可将串行输入数据转换为并行输出格式。在输出端，设计了 16 个稳定的电流源，可不受 LED 负载电压（U_F）变化的影响，提供均匀、稳定的电流以驱动 LED。将 MBI5034 用于大屏幕 LED 显示屏时，可通过外接电阻（R_{EXT}）调整输出电流，电流输出范围为 3~45mA，可控制 LED 的亮度。MBI5034 具有可编程的 64 级电流增益

控制功能，增益调节范围是 12.5%~200%。MBI5034 的最大输出电压为 17V，并可提供 30MHz 的时钟频率，以满足系统传送大量数据的需求。

MBI5034 具有强制性的开路/短路故障检测功能，在不需要其他电路的情况下即可进行 LED 开路或短路故障检测。检测时由于输出通道的开启时间和电流均很小，因此人眼不会察觉到闪烁现象，也不会影响影像质量。进行检测时无论输入数据为 0 或 1，皆会对所有的输出通道进行检测。

MBI5034 的内部框图如图 6-2-9 所示，包括 16 位串入/并出移位寄存器、16 位输出缓存器、16 位输出驱动器、LED 开路/短路检测电路、16 位控制状态寄存器、控制逻辑和输出电流增益调整电路。

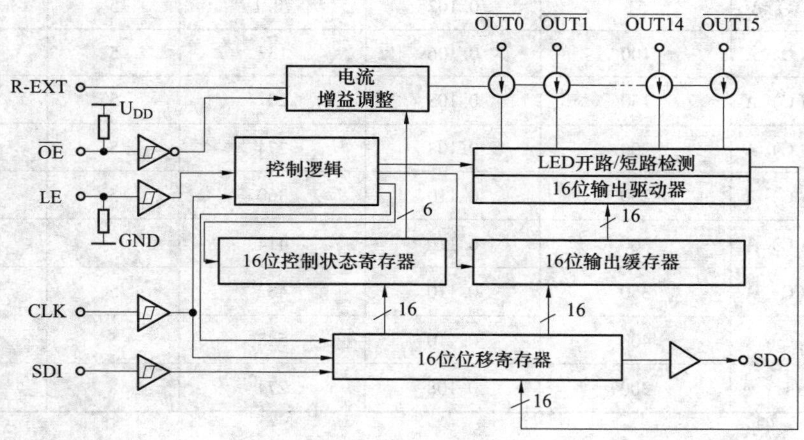

图 6-2-9 MBI5034 内部框图

第三节 LED 驱动电源的瞬态过电压保护电路

一、瞬态电压抑制器（TVS）的工作原理

瞬态电压抑制器亦称瞬变电压抑制二极管，其英文缩写为 TVS（Transient Voltage Suppressor），是一种新型过电压保护器件。由于它的响应速度极快、钳位电压稳定、能承受很大的峰值脉冲功率、体积小、价格低，因此可用作 LED 瞬态过电压保护器件。TVS 器件分单向瞬态电压抑制器（简称单向 TVS）、双向瞬态电压抑制器（简称双向 TVS）两种类型。目前国外研制的 TVS 器件，峰值脉冲功率已达 60kW，钳位电压从 0.7V 到 3kV。在 LED 驱动电源和 LED 灯串中常用 TVS 的主要性能指标见表 6-3-1，表中所列参数是在 25℃ 室温下测得的。稳态功率一般为 5W。峰值脉冲功率分为 500、

600、1500、5000、15 000W 等规格，与干扰脉冲的占空比（D）及环境温度（T_A）有关。U_{BM}是指在高温、大电流条件下钳位电压的最大值。

表 6-3-1　　常用 TVS 的主要性能指标

产品型号	室温下钳位电压的典型值 U_B（V）	钳位电压的温度系数 α_T（%/℃）	钳位电压的最大值 U_{BM}（V）	反向漏电流 I_R（μA）	峰值脉冲电流 I_P（A）
P6KE5（C）A	5	0.057	9.6	5	62.5
P6KE10（C）A	10	0.073	15.0	5	40
P6KE20（C）A	20	0.090	27.7	5	28
P6KE51（C）A	51	0.102	70.1	5	22
P6KE100（C）A	100	0.106	137	5	4.4
P6KE150（C）A	150	0.108	207	5	2.9
P6KE200（C）A	200	0.108	274	5	2.2
P6KE250（C）A	250	0.110	360	5	1.67
P6KE300（C）A	300	0.110	414	5	1.45
P6KE350（C）A	350	0.110	482	5	1.25
P6KE400（C）A	400	0.110	548	5	1.10
1.5KE200（C）A	200	0.108	274	5	5.5

以 P6KE 系列为例，表 6-3-1 中 P6KE200（C）A 所对应的型号总共有 4 种：P6KE200、P6KE200A、6KE200C、P6KE200CA。型号中尾缀不带 C 的为单向 TVS（如 P6KE200、P6KE200A），尾缀带 C 的为双向 TVS（如 P6KE200C、P6KE200CA），尾缀 A 表示钳位电压的允许公差为±5%（如 P6KE200A），尾缀不带 A 的表示钳位电压的允许公差为±10%（如 P6KE200）。单向 TVS 的钳位响应时间仅为 1ps，双向 TVS 的钳位响应时间为 1ns。对于 P6KE 系列，靠近白色环的引脚为正极。TVS 也可串联或并联使用，以提高峰值脉冲功率，但在并联时各器件的 U_B值应相等。

单向瞬态电压抑制器的外形、符号及伏安特性曲线如图 6-3-1（a）～（c）所示。图 6-3-1（c）中的 U_{RM}为关断时的工作电压，U_{BR}为导通前加在器件上的最大额定电压，U_B为钳位电压，有关系式 $U_{BR}=0.8U_B$。I_R为峰值漏电流，一般小于 10μA。I_{PP}为 TVS 可承受的最大峰值电流。单向瞬态电压抑制器只能同时抑制一种极性的干扰信号，适用于直流电路。

双向瞬态电压抑制器的符号及伏安特性曲线分别如图 6-3-2（a）、（b）所示。这类器件能同时抑制正向、负向两种极性的干扰信号，适用于交流电路。

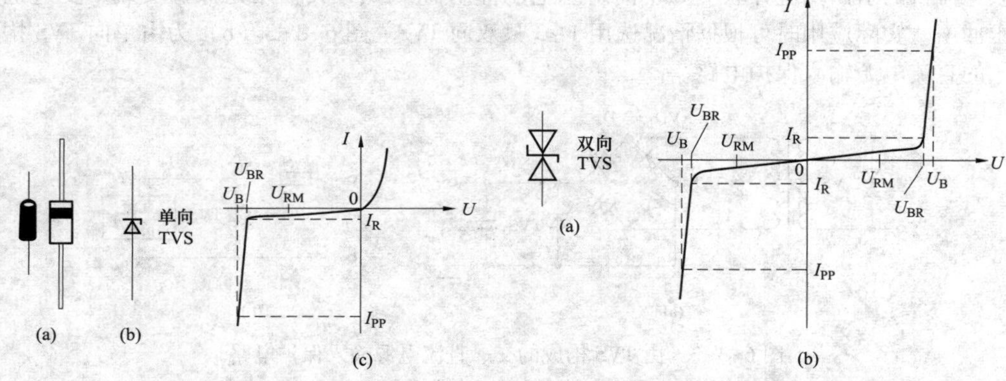

图 6-3-1　单向瞬态电压抑制器

（a）外形；（b）符号；（c）伏安特性曲线

图 6-3-2　双向瞬态电压抑制器

（a）符号；（b）伏安特性曲线

二、瞬态电压抑制器的选择及典型应用

1. 瞬态过电压保护电路的选择方法

（1）TVS 的钳位电压 U_B应大于被保护电路的最大工作电压 U_{max}，一般应比 U_{max} 高出 10%~20%。若 U_B选得不合适，不仅起不到保护作用，还可能损坏 TVS。

（2）直流保护一般选用单向 TVS，例如功率 MOSFET 的漏极钳位保护电路。交流保护一般选用双向 TVS。多线保护可选用 TVS 阵列。

（3）不同峰值脉冲功率所对应的 TVS 系列产品如下：500W（SA 系列）、600W（P6KE、SMBJ 系列）、1500W（1.5KE 系列）、5000W（5KP 系列）、15 000W（15KP 系列）。

（4）TVS 所能承受的瞬时脉冲必须是不重复脉冲。但在实际应用中电路可能出现重复性脉冲，TVS 器件的脉冲重复率（脉冲持续时间与间歇时间之比）规定为 0.01%，否则可能烧毁 TVS。TVS 非常可靠，即使长期承受不重复、大脉冲的高能量冲击，也不会出现“老化”问题。

（5）在规定的脉冲持续时间内，TVS 的最大峰值脉冲功率必须大于被保护电路中可能出现的峰值脉冲功率，其峰值脉冲电流应大于瞬态浪涌电流。

（6）TVS 的工作温度范围一般为-55～+150℃。最高结温为+175℃，此时可用的峰值脉冲功率和峰值脉冲电流均降至零。

2. 瞬态过电压保护电路的典型应用

（1）交、直流电源的输入保护电路。由 TVS 构成的交、直流电源输入保护电路分别如图 6-3-3（a）、（b）所示。图 6-3-3（a）是在隔离变压器的进线、出线端分别并联双向瞬态电压抑制器 TVS_1 和 TVS_2，它们可在正、负两个方向吸收瞬时大脉冲的能量，将电路电压箝制在允许范围内，起到过电压保护作用。因整流桥输出为直流电压，故整流桥的引出端应并联一只单向瞬态电压抑制器 TVS_3，其作用是保护负载不受过电压冲击。实际应用时可根据情况选用 1~3 只双向 TVS。图 6-3-3（b）为由单向 TVS 构成的直流电源输入保护电路。

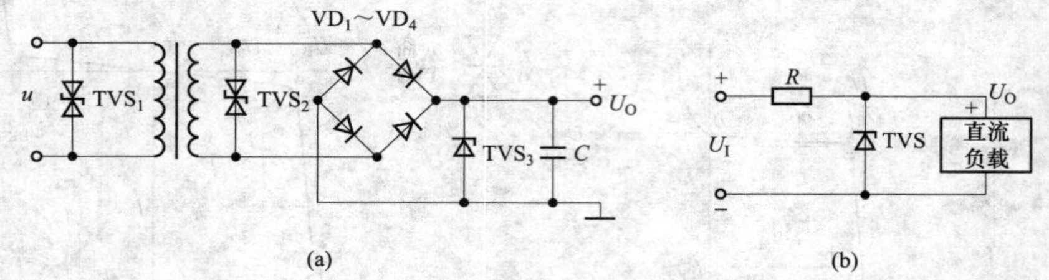

图 6-3-3　由 TVS 构成的交、直流电源输入保护电路

（a）交流电源输入保护电路；（b）直流电源输入保护电路

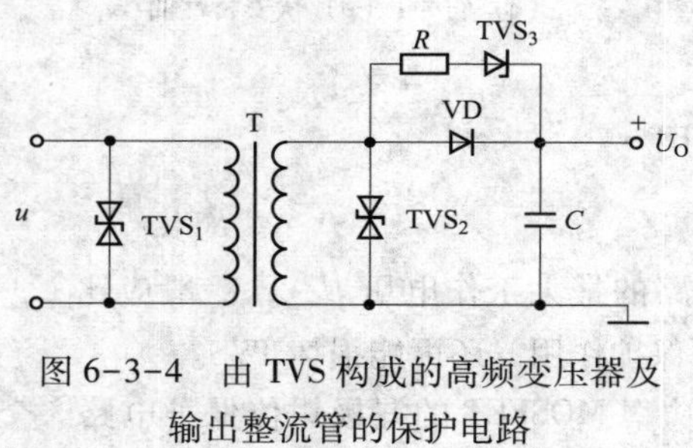

图 6-3-4　由 TVS 构成的高频变压器及输出整流管的保护电路

（2）高频变压器及输出整流管的保护电路。由 TVS 构成的高频变压器（T）及输出整流管的保护电路如图 6-3-4 所示。例如，当交流输入电压 $u=230V$ 时，TVS_1 可选 1.5KE440CA 型双向 TVS，钳位电压为 ±440V（典型值）。当二次绕组的输出电压为 15V（AC）时，TVS_2 可选 1.5KE24CA，钳位电压为±24V（典型值）。单向瞬态电压抑制器 TVS_3 和限流电阻 R 并联在输出整流管 VD 的两端，用于保护 VD 不被反向瞬时脉冲高压所击穿。

三、气体放电管的选择及典型应用

气体放电管的英文缩写为 GDT（Gas Discharge Tubes），它是一种可广泛用于防雷击和瞬态过电压的保护器件。

1. 气体放电管的性能特点

气体放电管是采用玻璃或陶瓷封装的内部充有氩气、氖气等惰性气体的短路型保护器。其基本工作原理为气体放电。当外加电压超过气体的绝缘强度时，引起两极之间的间隙放电，形成电弧使气体电离，产生“负阻特性”，气体放电管就由原来的绝缘状态迅速转变为导通状态（近似于短路），导通后气体放电管两极之间的电压维持在残压水平（一般为 20~50V），从而限制了极间电压，使得与气体放电管相并联的电路得到保护。

气体放电管的图形符号和结构示意图如图 6-3-5 所示。气体放电管可视为一个极间电容很小（小于几皮法）的对称开关，它在使用中没有正、负极性。气体放电管的伏安特性曲线具有对称性，如图 6-3-6（a）所示。图中，U_B为击穿电压；U_G为辉光电压；U_A为弧光电压；U_{IA}为息弧电压。当浪涌电压上升到U_B时气体放电管并无电流流过，但在着火之后电压迅速降至辉光电压U_G（为70~150V，电流为几百毫安至1.5A，依管型而定）。随着电流进一步增大，电压下降到弧光电压U_A（U_A一般为10~35V）。随着浪涌电压继续降低，通过放电管的电流小于维持弧光状态所需的最小值（10~100mA，视管型而定），使弧光放电停止，通过辉光状态后，放电管在电压降至U_{IA}处熄灭。

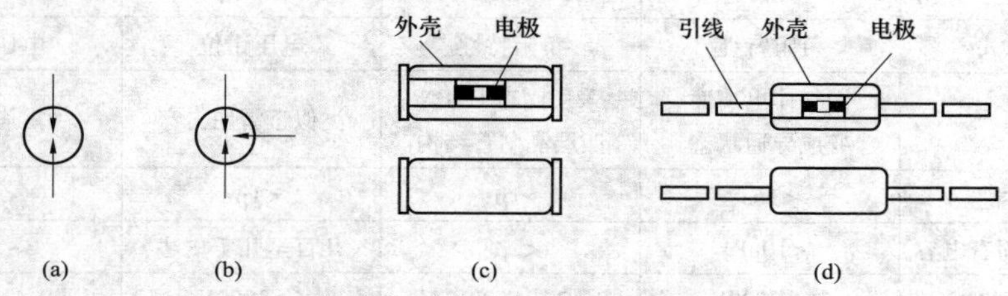

图 6-3-5　气体放电管的图形符号和结构示意图

（a）两极气体放电管的符号；（b）三极气体放电管的符号；（c）无引线结构；（d）带引线结构

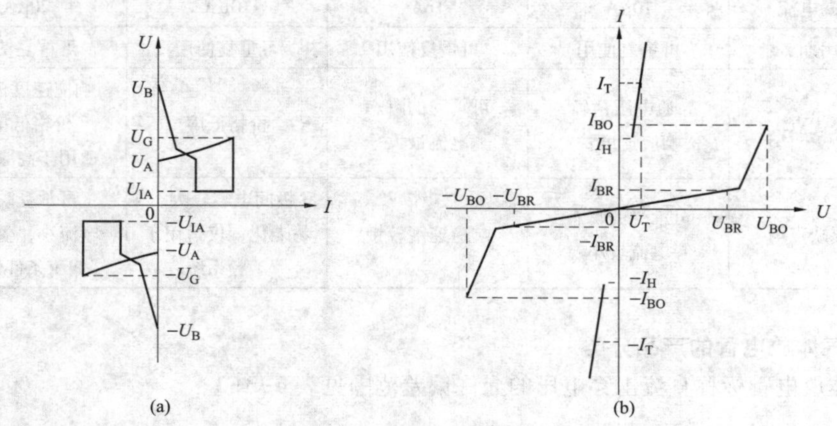

图 6-3-6　气体放电管和半导体放电管的伏安特性曲线

（a）气体放电管的伏安特性曲线；（b）半导体放电管的伏安特性曲线

气体放电管主要有3种类型：玻璃气体放电管；陶瓷气体放电管；半导体放电管（亦称固体放电管）。半导体放电管的伏安特性曲线如图6-3-6（b）所示。图中，U_{BO}、I_{BO}分别为最高极限电压及所对应的电流；U_{BR}、I_{BR}分别为标称导通电压和电流；U_T、I_T分别为导通后的残电压、残电流；I_H为维持电流。需要指出，图6-3-6（b）与（a）的坐标位置不同。

气体放电管可等效于开关器件，当无浪涌电压时开关断开，浪涌电压到来时开关闭合，一旦浪涌电压消失，又迅速恢复关断状态。当浪涌电压超过开关电源的耐压强度时，气体放电管被击穿而发生弧光放电现象，由于弧光电压仅为几十伏，可在短时间内限制浪涌电压的升高，从而对电路起过电压保护作用。气体放电管、半导体放电管、压敏电阻器和瞬态电压抑制器的性能比较参见表6-3-2。

表6-3-2　　气体放电管、半导体放电管、压敏电阻器和瞬态电压抑制器的性能比较

器件类型	气体放电管（GDT）	半导体放电管（SDT）	压敏电阻器（VSR）	瞬态电压抑制器（TVS）
保护方式	负阻特性	负阻特性	电压钳位	电压钳位
原理	因气体电离而变成导通状态	采用固态PNPN四层晶闸管结构	类似于雪崩击穿	雪崩击穿
响应时间	<1ns	>1μs	<1μs	<1ps
极间电容（固有电容）	<10pF	<2pF	几百至几千皮法	3~50pF
电压规格	75~3500V	75~5500V	6~3000V	9.1~400V
最大瞬态电流（8/200μs）	3000A	10000A	10000A	200A
最大漏电流	10μA	1pA	10μA	20μA
使用期	可重复使用	可重复使用	可重复使用	可重复使用
主要优点	导通电压精确，响应速度快	可承受的瞬态电流最大	价格低廉	响应速度极快，价格低廉，适用于高频系统
主要缺点	可承受的瞬态电流较小	响应速度较慢	极间电容较大、易老化，仅适用于工频系统	可承受瞬态电流小，仅适合低压条件使用

2. 气体放电管的产品分类

气体放电管标称直流击穿电压的允许偏差范围见表6-3-3。

表6-3-3　　气体放电管标称直流击穿电压的允许偏差范围

标称直流击穿电压规格（V）	允许偏差范围（%）
75　90　150	25
230　250　300　350　470　600　800　1600　2500　3600　5500	20

国产中功率陶瓷放电管典型产品的主要技术指标见表6-3-4。该系列产品的外型尺寸为ϕ8mm×6mm，分无引线和有引线两种。表中的直流放电电压是指在上升速率低于100V/s的电压作用下，陶瓷放电管开始放电的平均值电压，称之为直流放电电压。由于放电存在分散性，因此直流电压一般允许有±20%的误差。脉冲放电电压是指在规定上升速率的脉冲电压作用下，陶瓷放电管开始放电的电压值。

表 6-3-4　　国产中功率陶瓷放电管典型产品的主要技术指标

型　号	直流放电电压（V）	脉冲放电电压（V）	耐冲击电流能力（kA）	耐交流电流能力（A）	极间绝缘电阻（Ω）	极间电容（pF）
测试条件	直流电压上升率为 100V/s	脉冲电压上升率为 1kV/μs	在 8/20μs 的规定时间内通过 10 次的冲击电流	在 15~62Hz 的规定频率范围内通过 10 次的交流电流	—	测试频率为 1kHz
2R70TC	70±18	<600	10	10	$>10^9$	<2
2R90TC	90±20	<700	10	10	$>10^9$	<2
2R120TC	120±25	<700	10	10	$>10^9$	<2
2R150TC	150±30	<700	10	10	$>10^9$	<2
2R230TC	230±40	<800	10	10	$>10^9$	<2
2R250TC	250±50	<800	10	10	$>10^9$	<2
2R350TC	350±70	<800	10	10	$>10^9$	<2
2R470TC	470±80	<900	10	10	$>10^9$	<2
2R600TC	600±100	<1200	10	10	$>10^9$	<2
2R800TC	800±150	<1400	10	10	$>10^9$	<2
2R1000TC	1000±180	<1800	10	10	$>10^9$	<2
2R1200TC	1200±230	<2500	10	10	$>10^9$	<2
2R1600TC	1600±300	<2800	10	10	$>10^9$	<2

3. 气体放电管的典型应用

由气体放电管（GDT）、压敏电阻器（VSR）和双向瞬态电压抑制器（双向 TVS）构成的多级过电压保护电路如图 6-3-7 所示。该电路的第一级浪涌保护器为气体放电管，它可承受大的浪涌电流；第二级保护器为压敏电阻器，它对浪涌电压的响应时间在 μs 级；第三级保护器为双向瞬态电压抑制器，它对浪涌电压的响应时间在 ps 级。当浪涌电压到来时，双向 TVS 首先钳位，将瞬态过电压限制在一定幅度。若浪涌电流较大，则 VSR 击穿后会泄放一定的浪涌电流，使气体放电管两端的电压升高，进而使气体放电管放电，将大电流泄放到地。

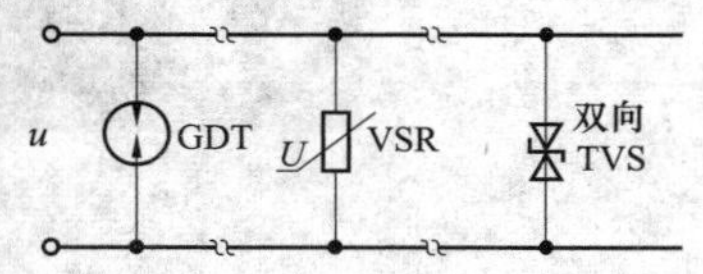

图 6-3-7　多级过电压保护电路

使用气体放电管时需注意以下事项：

（1）气体放电管的直流放电电压必须高于线路正常工作时的最大电压，以免影响线路的正常工作。

（2）气体放电管的脉冲放电电压必须低于线路所能承受的最高瞬时电压值，才能保证在瞬间过电压时气体放电管能比线路的响应速度更快，提前将过电压限制在安全值。

（3）气体放电管的保持电压应尽可能高，一旦过电压消失，气体放电管能及时熄灭，不影响线路的正常工作。

（4）接地线应尽量短，并且足够粗，以便于泄放瞬态大电流。

（5）若过电压持续时间过长，则气体放电管会产生很多热量。为防止因过热而造成被保护设备的损坏，应给气体放电管配上失效保护卡装置。目前，有些气体放电管新产品中，就带失效保护卡。

第四节　LED 开路保护电路

LED 灯串中只要有一只 LED 开路，整个灯串就会熄灭。为防止发生上述故障，应采用 LED 开路保护器来提高 LED 灯具的可靠性。LED 开路保护器的典型产品有安森美半导体公司生产的 NUD4700，中国台湾地区芯瑞科技有限公司生产的 SMD602，中国台湾地区广鹏科技公司生产的 AMC7169 和 A716。LED 开路保护器可安装在 LED 的铝散热板上。

一、NUD4700 型 LED 开路保护器

造成大功率 LED 开路的主要原因是受到过电流冲击，故障现象有两种：一是 LED 芯片内部的焊接线损毁或烧断，如图 6-4-1（a）所示；二是芯片本体靠近焊盘的位置受损，如图 6-4-1（b）所示。因此，LED 照明灯应采取开路保护措施。

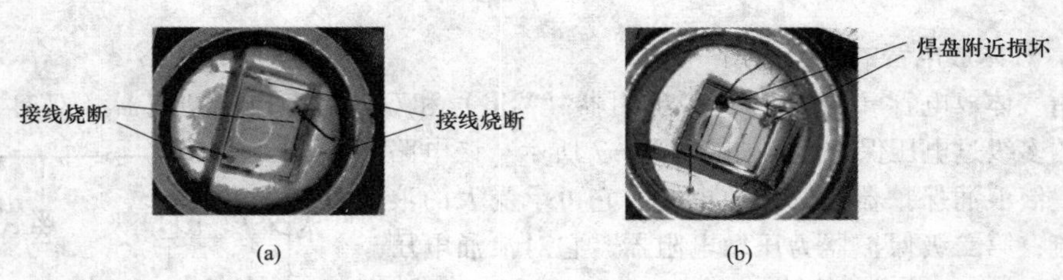

图 6-4-1　大功率 LED 的开路故障

（a）LED 芯片内部的焊接线损毁或烧断；（b）芯片本体靠近焊盘的位置受损

NUD4700 属于晶闸管型 LED 开路保护器，内部包括晶闸管（SCR）和控制电路，两个引脚分别为阳极 A、阴极 K，使用时应与被保护的 LED 相并联。NUD4700 的主要参数为：开启电压（亦称击穿电压）$U_{(BR)}$ = 5.5~7.5V，I_{LED} = 350mA 时的通态电压 U_T = 1V（典型值，下同），关断电流 I_L = 35mA，维持电流 I_H = 6mA，关断后的漏电流 I_{LEAK} =

100μA。它采用2mm×2.1mm贴片式封装，工作温度范围是-40~+150℃。

NUD4700的典型应用电路如图6-4-2所示。85~265V通用范围的交流电经过AC/DC变换器变成直流电压，再通过可编程恒流驱动器NUD4001，驱动由5只1W大功率LED组成的灯串，R_{SET}为恒流设定电阻。当$R_{SET}=2.0\Omega$时，$I_{LED}=350mA$。有关NUD4001的原理与应用详见第二章第二节。

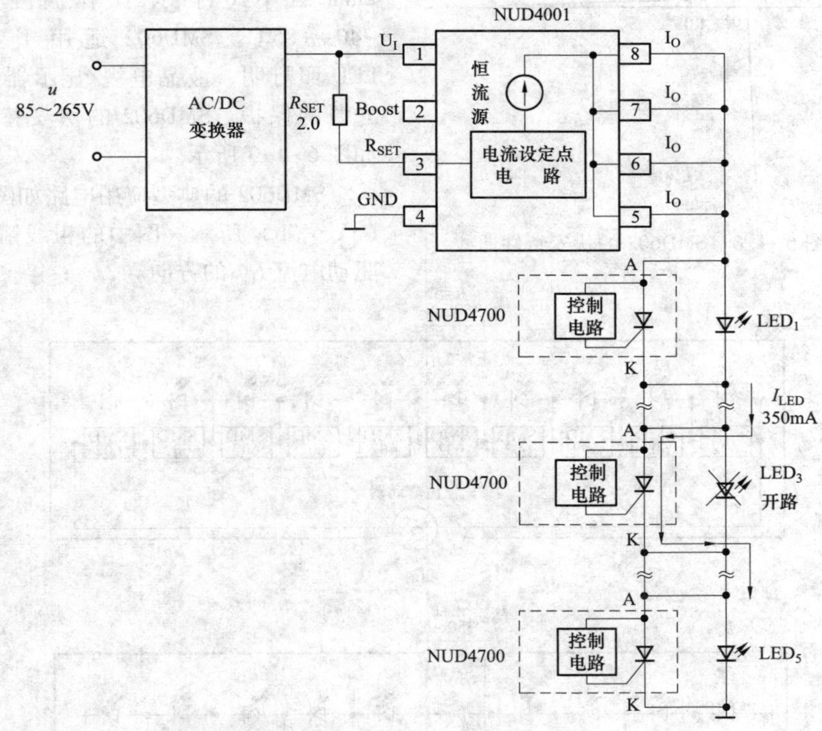

图6-4-2 NUD4700的典型应用电路

当LED未开路时，由于大功率LED的正向压降U_F一般为2.9~3.6V，最高不超过4V，比晶闸管的开启电压$U_{(BR)}$（5.5~7.5V）低许多，因此NUD4700处于关断状态，只有大约100μA的漏电流通过，这相当于NUD4700开路，不会影响LED灯串的正常工作。假如LED_3突然损坏而开路，此时与LED_3并联的NUD4700的A、K极之间的电压已超过启动电压$U_{(BR)}$，该NUD4700就由关断状态变成导通状态，将A、K之间的电压钳位在1V。显然，NUD4700起到旁路的作用，使其余4只LED仍继续工作，尽管亮度会降低些，但不会引起恒定电流I_{LED}发生变化。

二、SMD602型LED开路保护器

SMD602也属于两端LED保护器，其工作原理与NUD4700相同，但二者的技术指

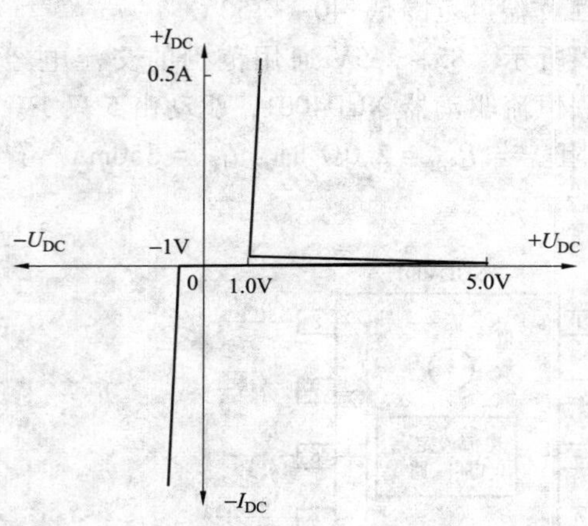

图 6-4-3　SMD602 的伏安特性曲线

标有差异。SMD602 的开启电压 $U_{(BR)}$ = 5V（典型值，下同），I_{LED} = 350mA 时的通态电压 U_T = 1V，最大旁路电流为 500mA，关断后的漏电流 I_{LEAK} = 100μA，能提供 8kV 的 ESD 保护。它采用 2mm×2mm 贴片式封装，工作温度范围是 -40～+85℃。SMD602 适用于大功率 LED 照灯明、液晶电视/显示器 LED 背光源的保护。SMD602 的伏安特性曲线如图 6-4-3 所示。

SMD602 的典型应用电路如图 6-4-4（a）、（b）所示。图中的粗线箭头表示驱动电流 I_{LED} 的方向。

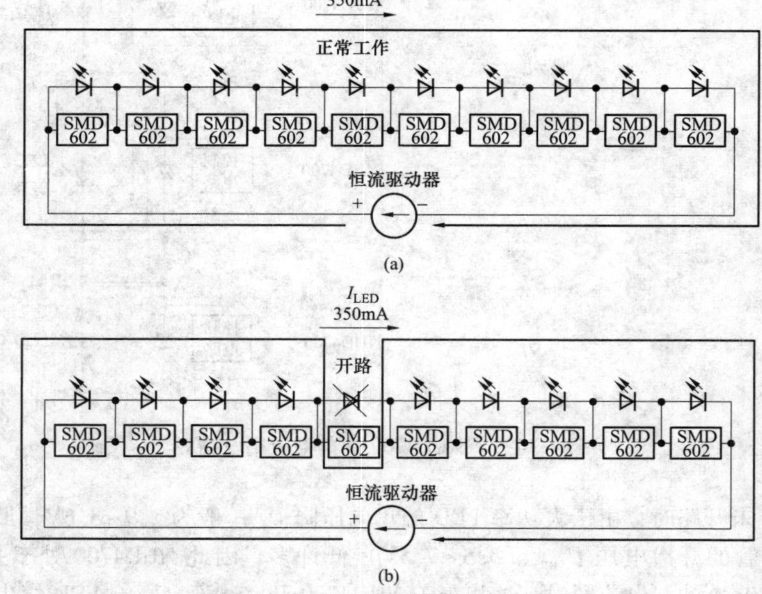

图 6-4-4　SMD602 的典型应用电路

（a）正常工作时的电流途径；（b）中间有一只 LED 开路时的电流途径

三、AMC7169 型 LED 开路保护器

AMC7169 是中国台湾地区广鹏科技公司生产的 LED 开路保护 IC（同类产品还有 A716）。它属于内置晶闸管和反向二极管的两端器件，被触发后的压降仅为 1V，可提供 500mA 的正向、反向旁路电流以及 8kV 的 ESD 保护。AMC7169 的外型尺寸为 2mm×

2mm，适用于 LED 照明、液晶电视/显示器背光和大功率 LED 的开路保护。被保护 LED 的功率应小于 2W。

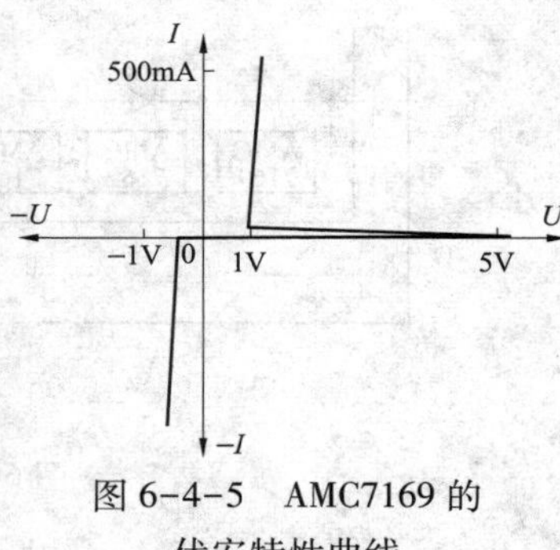

图 6-4-5　AMC7169 的伏安特性曲线

AMC7169 的伏安特性曲线如图 6-4-5 所示。AMC7169 有以下 3 种工作模式：

（1）监测模式（Monitoring Mode）。在监测模式下 AMC7169 仅消耗 100μA 的电流，并不影响被保护 LED 的正常工作。监测模式保护电路如图 6-4-6 所示。由于 AMC7169 的触发电压为 5.0V，因此要求每只 LED 的正向压降（U_F）不大于 4V。

（2）触发模式（Triggered Mode）。当灯串中某只 LED 开路损坏或引线突然断开时，与之相并联的 AMC7169 就因端电压超过 5V 而立即被触发，使端电压降至 1V，LED 灯串的电流 I_{LED} 就通过该 AMC7169 流入下一只 LED，确保其余 LED 灯仍能继续工作。触发模式保护电路如图 6-4-7 所示。

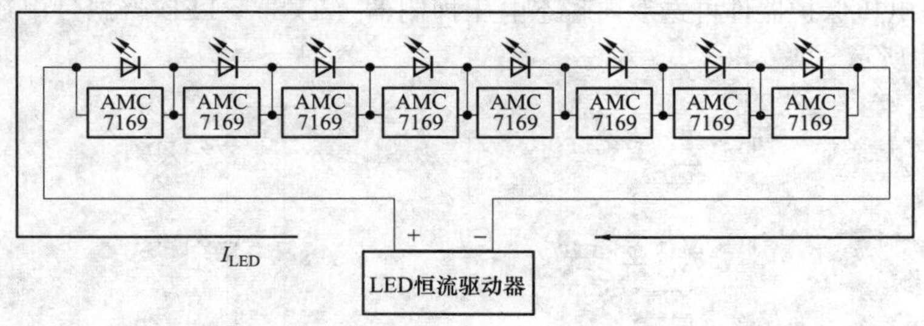

图 6-4-6　监测模式保护电路

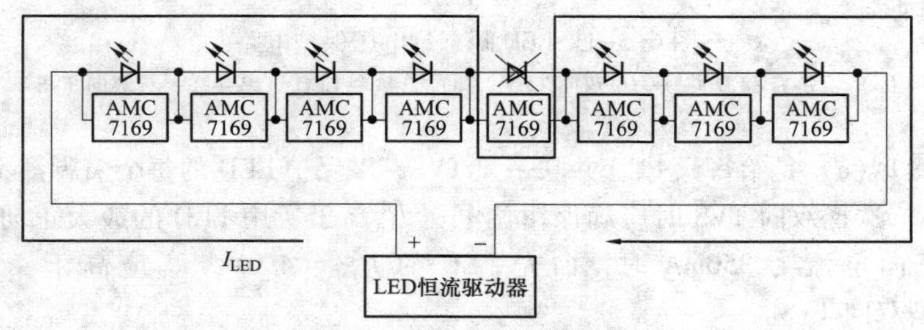

图 6-4-7　触发模式保护电路

（3）反转模式（Reverse Mode）。当 LED 灯串与驱动器的极性接反时，AMC7169 内部的反向保护二极管可为反向电流提供通路，使 LED 的反向电压降低，可避免损坏 LED。反转模式保护电路如图 6-4-8 所示。

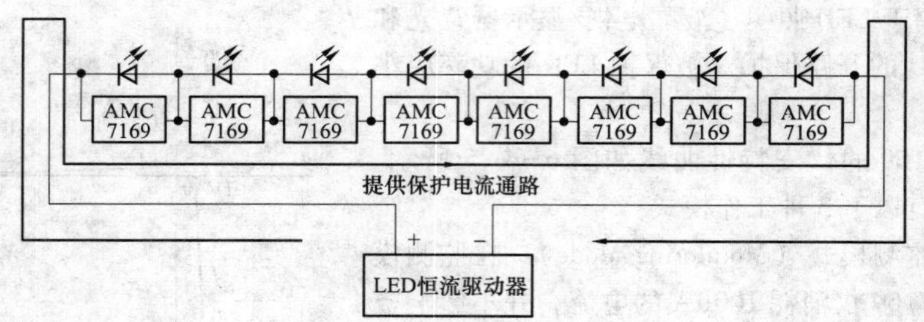

图 6-4-8　反转模式保护电路

第五节　LED 瞬态过电压、过电流和浪涌电流保护电路的设计

一、LED 瞬态过电压保护电路的设计

瞬态过电压保护器件可选双向瞬态电压抑制器（TVS）。LED 瞬态过电压保护电路如图 6-5-1 所示。

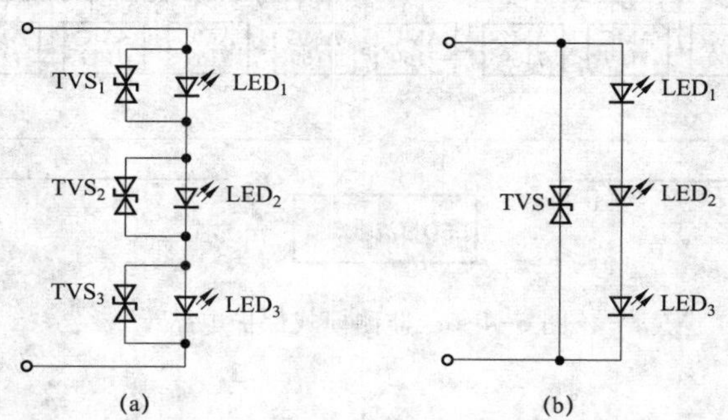

图 6-5-1　LED 瞬态过电压保护电路

（a）给每只 LED 并联一只双向 TVS；（b）给整个 LED 灯串并联一只双向 TVS

图 6-5-1（a）是给每只 LED 并联一只 TVS，以保护 LED 的每个引脚都不会因瞬态高压而损坏。选择双向 TVS 时应确保钳位电压 U_B 高于所用 LED 的最大正向电压 U_{FM}。例如，当正向电流为 350mA 时，白光 LED 的 $U_{FM}=4.0V$，U_B 应高于 4.0V，可选 P6KE5CA 型双向 TVS。

图 6-5-1（b）是给整个 LED 灯串并联一只双向 TVS。由于 TVS 保护的是整个 LED 灯串，并非某一只 LED，因此所选 TVS 的钳位电压必须高于所用 LED 灯串的最大正向电压 $U_{LED(max)}$。举例说明，由 3 只白光 LED 连接而成的灯串，在正向电流为 350mA 时的最大电压为 3×4.0V=12.0V，可选 P6KE15CA 或 P6KE16CA 型双向 TVS。

二、LED 过电流保护电路的设计

正温度系数热敏电阻器简称 PTCR（Positive Temperature Coefficient Resistor），其特点是在工作温度范围之内具有正的电阻温度系数。开关型 PTC 是以钛酸钡（$BaTiO_3$）为主要材料，掺入微量稀土元素（锶、钛、锆等），用电子陶瓷工艺制成的。PTCR 在室温下的电阻率为 10～$10^3\Omega\cdot cm$ 范围内。在铁电介质中，介质常数（现指电阻率）出现峰值的温度，称作居里点温度。当温度低于居里点温度 T_C（一般为 120～165℃）时，PTCR 略呈负阻特性，但电阻值基本不变。当温度达到并超过居里点温度时，电阻率发生突变，可增大 3～4 个数量级，达到 10^6～$10^7\Omega\cdot cm$，此时电阻温度系数高达+(10～60)%/℃。设 $T_1<T_C$，$T_2\geqslant T_C$，它们分别对应于电阻值 R_{T1}、R_{T2}，则 $R_{T2}\gg R_{T1}$。PTCR 的电路符号和电阻率-温度特性曲线分别如图 6-5-2（a）、（b）所示。

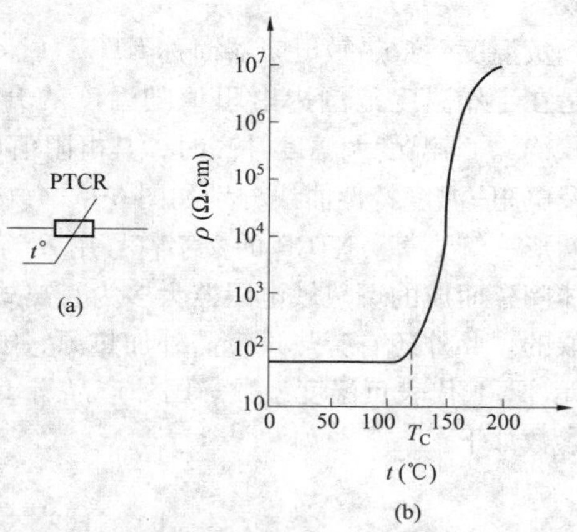

图 6-5-2　PTCR 的电路符号和电阻率-温度特性曲线

（a）电路符号；（b）电阻率-温度特性曲线

由 PTCR 构成的 LED 过电流保护电路如图 6-5-3 所示。当出现过电流情况时，随着温度的升高，PTCR 的电阻值迅速增大，可使与之串联的 LED 上的电流立即减小。应根据 LED 灯串的最大电压、最大电流和最高环境温度来选择合适的 PTCR 产品。PTCR 必须经过预热才能提供过电流保护，要达到过电流保护的要求，可能需要几百毫秒至几秒的时间。这表明，当 LED 的正常工作电流 I_F 明显低于最大电流 I_{FM} 时，用 PTCR 提供过电流保护最合适。但应选择开关型 PTCR，并且 PTCR 的零功率电阻值（即冷态电阻）应尽量小，以免降低电源效率。举例说明，设 LED 灯串的驱动电压为 70V，该灯串包含 20 只白光 LED，正向电流为 350mA，每只 LED 的正向压降为 3.5V。不难算出，灯串的总内阻为 200Ω。若选零功率电阻为 20Ω 的 PTCR，则 PTCR 上的功率损耗仅为 LED 灯串功耗的 1/10。

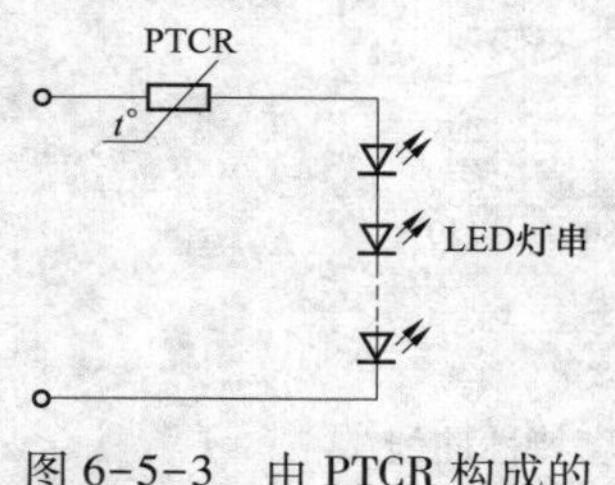

图 6-5-3　由 PTCR 构成的 LED 过电流保护电路

三、LED 浪涌电流保护电路的设计

1. LED 浪涌电流保护电路的工作原理

众所周知，LED 驱动电源需要多个时钟周期才能完成一次脉宽调制（PWM）。如果

电源输入端突然受到上千伏的瞬间高压，因其持续时间很短，LED 驱动电源根本没有时间去调整，所以瞬间高压就传导到输出端，在 LED 灯串上形成浪涌电流。此外，在电源刚上电或带电插拔 LED 灯串时，都会使 LED 灯串受到过电流冲击，导致 LED 灯具失效。

负温度系数热敏电阻器简称 NTCR（Negative Temperature Coefficient Resistor），其特点是在工作温度范围内电阻值随温度的升高而降低，电阻温度系数 α_T 一般为-（1~6)%/℃。当温度大幅度升高时，其电阻值可降低 3~5 个数量级。典型 NTCR 的电路符号及电阻-温度特性曲线分别如图 6-5-4（a）、（b）所示。常见的热敏电阻器有圆形、垫圈形、管形等。NTCR 的文字符号用 R_T 表示。NTCR 是由锰、钴、镍的氧化物烧成半导体陶瓷而成的。热敏电阻器大多为直热式，即热源是从电阻器本身通过电流时发热而获取的。此外还有旁热式，需外加热源。国产 NTCR 有 MF 系列产品，其中的 M 表示敏感元件，F 代表负温度系数。国外产品有 10K3A1IA、SB-1、D22A 等型号。NTCR 的主要参数如下：

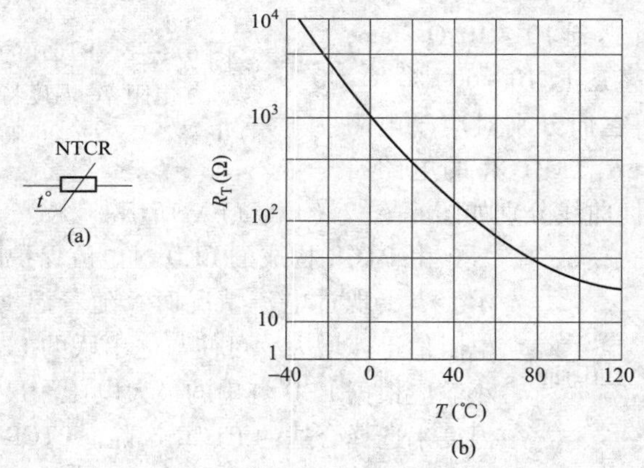

图 6-5-4　NTCR 的电路符号及典型电阻-温度特性曲线

（a）电路符号；（b）电阻-温度特性曲线

R_T——零功率电阻值。“零功率”的含义是指不存在热效应（或由热效应所引起的测量误差可忽略不计）。R_T 通常是在 25℃环境温度下测得的阻值，即热敏电阻器上所标出的阻值。

α_T——零功率电阻温度系数，表示在零功率条件下，温度每变化 1℃所引起的电阻值的相对变化量，单位是%/℃。

δ——耗散系数，是指热敏电阻器每变化 1℃所消耗的功率相对变化量。有公式：$\delta=\Delta P/\Delta t$。δ 的单位是 mW/℃。

低阻值的 NTCR 适用于浪涌电流保护。例如在电源带电插拔或初始通电时，NTCR 的阻值迅速增大，可限制 LED 灯串的电流上升率（di/dt），保护 LED 灯串免受浪涌电流的损坏。一旦浪涌电流过后，NTCR 又恢复到低阻态，其电阻可忽略不计，使 LED 灯串能正常发光。

由 NTCR 构成的 LED 浪涌电流保护电路如图 6-5-5（a）所示。有 NTCR 保护和没有 NTCR 保护时的浪涌电流对比见图 6-5-5（b）。

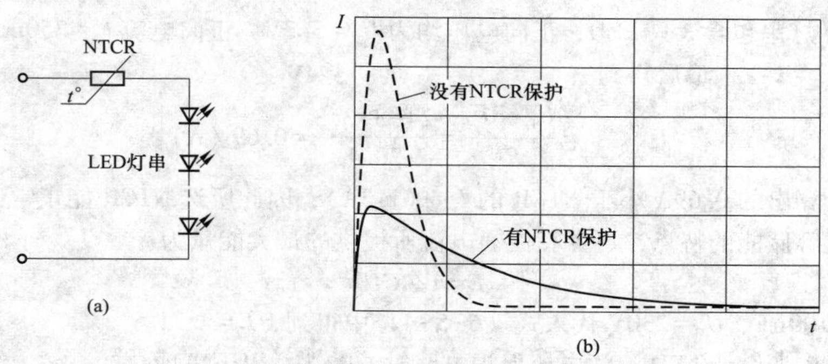

图 6-5-5　由 NTCR 构成的 LED 浪涌电流保护电路

（a）由 NTCR 构成的 LED 浪涌电流保护电路；（b）有 NTCR 保护和没有 NTCR 保护时的浪涌电流对比

2. LED 浪涌电流保护电路的设计

要选择最合适 NTCR，首先需要了解 LED 驱动电源的最大输出电压和 LED 灯串在正常工作电流下的典型电压值。令 NTCR 的初始峰值电流为 $I_{NTCR(PK)}$，LED 驱动电源的最大输出电压为 U_{OM}，灯串由 n 只 LED 串联而成，每只 LED 的正向压降为 U_F，NTCR 在 25℃环境温度下的电阻值为 R_{T0}，有公式

$$I_{NTCR(PK)}=(U_{OM}-nU_F)/R_{T0} \tag{6-5-1}$$

考虑到在一般情况下环境温度远高于 25℃，应将 R_{T0} 修正为 R_T

$$R_T=R_{T0}e^{B\left(\frac{T_0-T}{T_0T}\right)} \tag{6-5-2}$$

式中：B 为热敏指数，它被定义为在两个温度下电阻值的自然对数之比与这两个温度的倒数之差的比值。有公式

$$B=\frac{1}{\frac{1}{T_1}-\frac{1}{T_2}}\cdot\ln\frac{R_1}{R_2}=\frac{T_1T_2}{T_2-T_1}\cdot\ln\frac{R_1}{R_2} \tag{6-5-3}$$

式中：R_1 为温度 T_1 时的电阻值；R_2 为温度 T_2 时的电阻值；T_1、T_2 均应换算成热力学温度 K；B 的单位也为 K。在更换 NTC 热敏电阻器时，必须与原来的标称电阻值和 B 值相同，才能保证 R_T 与 T 的关系曲线不变。

设计示例：

假设 LED 灯串的标准环境温度 $T_0=25℃=298.15\text{K}$，在此温度下 NTCR 的电阻值 $R_{T0}=33\Omega$，实际环境温度 $T=40℃=313.15\text{K}$，NTCR 的最大允许电流 $I_{max}=1.3\text{A}$，$B=3000\text{K}$。在测试时可以给 LED 灯串并联一只 100μF 的电容器，该电容器预先在 230V 直

流电源上充好电，使电容电压 $U_C=+230V$，用来模拟带电拔插 LED 灯串时产生的浪涌电流。

所用 NTCR 在环境温度为 40℃下的电阻值为

$$R_T=R_{T0}e^{B\left(\frac{T_0-T}{T_0T}\right)}=33\times e^{3000\times\left(\frac{298.15-313.15}{298.15\times313.15}\right)}=20.4(\Omega)$$

设 LED 灯串包含 3 只 LED，正向电压均为 $U_F=3.3V$，正向电流 $I_F=350mA$，驱动灯串的电压 $U_O=24V$，最后得到

$$I_{NTCR(PK)}=\frac{U_O-3U_F}{R_T}=\frac{24-3\times3.3}{20.4}=0.69\ (A)$$

因为计算出的 0.69A 小于 NTCR 的 I_{max}（1.3A），因此所选 NTCR 能正常工作。

利用电容储能的特点，可计算浪涌电流所提供的最大能量为

$$E=1/2CU_C^2 \tag{6-5-4}$$

将 $C=100\mu F$、$U_C=230V$ 代入式（6-5-4）中得到，$E=2.7J$。

用 NTCR 来设计 LED 浪涌电流保护电路时，需注意以下事项：

（1）当 LED 灯具断电时，经过一段时间（通常为 2~30s）NTCR 即可冷却下来，它限制浪涌电流的能力也随之下降。因此，若预期的下一次浪涌电流大约在 1min 后发生，则 NTCR 无法提供有效的过电流保护。

（2）NTCR 的功耗会降低 LED 灯具的效率。NTCR 的功耗取决于环境温度和 LED 驱动电流。要求 LED 灯串的最高驱动电压不得超过灯串的最大正向电压 U_{LED}。

第六节　LED 静电放电保护电路的设计

“静电放电”简称 ESD（Electro-Static Discharge）。近年来随着科学技术的飞速发展，微电子技术的广泛应用及电磁环境日益复杂，人们对静电放电的防护及 ESD 设计也愈来愈重视。静电放电很容易损坏高亮度 LED 照明灯，在运输、装配过程中都可能因静电放电而损伤，而且这很难凭眼睛识别出来。因此必须采取防静电放电的措施，例如安装人员需佩戴防静电手腕等。

一、人体静电放电（ESD）模型及测试方法

当物体之间互相摩擦、碰撞或发生电场感应时，都会引起物体表面的电荷积聚，产生静电。当外界条件适宜时，这种积聚电荷还会产生静电放电，使元器件局部损坏或击穿，甚至造成火灾、爆炸等严重后果。特别是随着高分子材料的广泛使用，更容易产生静电现象，而电子元器件微型化的趋势，使得静电的危害日趋严重。

目前国际上对静电放电定义了 4 种模型：人体静电放电模型（HBM，Humanbody Model）、机器模型（MM）、器件充电模型（CDM）、电场感应模型（FIM）。由于人体与电子元器件及设备的接触机会最多，因此人体静电放电出现的比例也最大，人体静电放电模型是指人体在地上行走、摩擦或受其他因素影响而在身体上积累了静电，静电电

压可达几千伏甚至上万伏，当人体接触电子元器件或设备时，人体静电就会通过被接触物体对地放电。此放电过程极短（几百纳秒），所产生的放电电流很大，很容易损坏元器件。

人体静电放电模型可等效于 1.5kΩ 的人体电阻与 100pF 的人体电容的串联电路。测试人体静电放电的方法如图 6-6-1 所示。图中，R_C为充电时的限流电阻，R_D 为人体电阻，C_S 为人体电容。测试过程是首先闭合 S_1，断开 S_2，由直流高压源经过 R_C 对 C_S 进行充电；然后断开 S_1，闭合 S_2，C_S 经过 R_D 对被测器件或设备进行放电。考虑到静电电压很高，难于测试，而电流比较容易测试，因此一般采用测试静电放电电流的方法。人体在静电放电时的电流波形如图 6-6-2 所示，图中的 I_P 代表峰值放电电流，t_1 表示 I_P 从 10% 上升到最大电流的 90% 所需时间，t_2 为 I_P 从 90% 升至 100% 所需时间，t_3 为 I_P 从 100% 降至 36.8% 所需时间。对应于不同的人体静电电压所产生的放电电流与时间的关系见表 6-6-1。

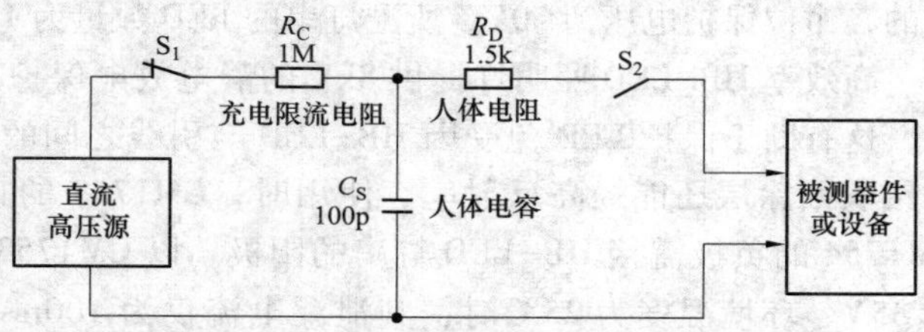

图 6-6-1 测试人体静电放电的方法

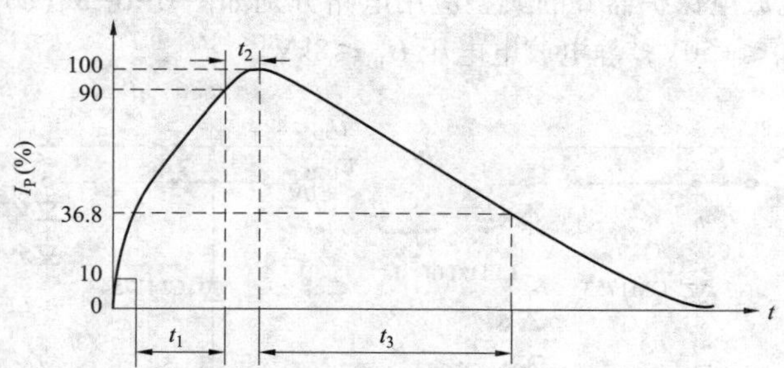

图 6-6-2 人体在静电放电时的电流波形

表 6-6-1 人体静电放电电流与时间的关系

峰值静电电压（kV）	上升时间 t_1（ns）	下降时间 t_3（ns）	峰值静电电流 I_P（A）	I_P 的变化量（%）
0.1	2.0~10	130~170	0.060~0.073	15
0.25			0.15~0.19	
0.5			0.30~0.36	
1			0.60~0.73	
2			1.20~1.46	
4			2.40~2.94	
8			4.80~5.86	

二、HB-LED灯串的静电放电保护电路

目前，大功率高亮度LED（HB-LED）已被广泛用于住宅和商业照明、汽车、智能标识等领域。基于对更高亮度的需求，灯串中使用的HB-LED数量也越来越多。HB-LED灯串较理想的钳位保护电压为50V。

CM1753和CM1754是美国加利福尼亚微设备公司（California Micro Devices，简称CMD公司）于2010年1月最新推出的两种高亮度LED（HB-LED）静电放电保护器件。CM1753、CM1754是分别采用N型、P型半导体掺杂的硅片、顶垫和背面镀金的工艺制成的，钳位保护电压为50V，所配灯串的LED数量为1~15只，能以低输入电容为大功率、高效率HB-LED照明灯提供8kV的静电放电保护。CM1753/1754采用侧面贴装方式，这有助于保护LED免受因HB-LED与引线之间的热膨胀系数差异而造成的压力，其铝表面涂层还能提高反射率。使用时，CM1753的正极应接HB-LED灯串的阴极，CM1754的负极需接HB-LED灯串的阳极。以CM1753为例，当HB-LED灯串的电压为35V、环境温度为25℃时，其泄漏电流仅为100nA，当环境温度为25℃时可承受±8kV的静电放电电压，符合MIL-STD-883安全规范。其外型尺寸仅为0.25mm×0.25mm。

HB-LED静电放电保护器件的典型应用电路分别如图6-6-3（a）、（b）所示。图中，驱动电压$U_{LED}\leqslant+50V$，静电放电电压$U_{JD}\leqslant 8kV$。

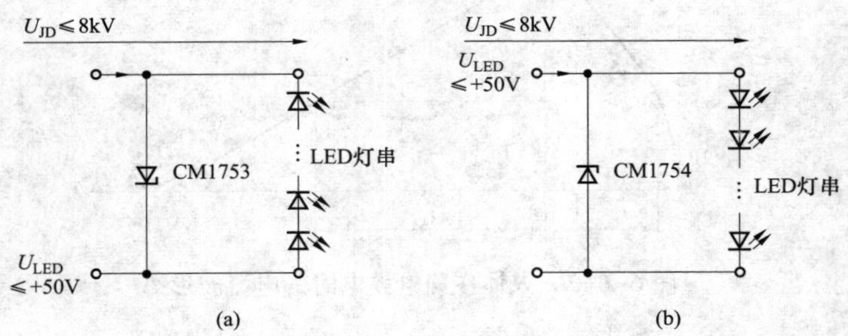

图6-6-3　HB-LED静电放电保护器件的典型应用电路

（a）CM1753的典型应用电路；（b）CM1754的典型应用电路

三、ESD保护器件的原理与应用

ESD保护二极管是一种新型集成化的静电放电保护器件。典型产品有MAXIM公司生产的单路ESD保护二极管DS9502，它可等效于7.5V的齐纳稳压二极管，当输入电压超过其9V触发电压时就被嵌位到7.6V上。只要输入电压不低于5.5V，就能维持在反向击穿状态。DS9502的泄漏电流仅为30nA，最大峰值电流可达2.0A。最高可承受27kV的瞬态电压。此外，还有四路高速ESD保护集成电路MAX3208E等产品。

MAX3208E 的电源电压范围是 0.9~5.5V，电源电流仅为 1nA（典型值）。工作温度范围是-40~+125℃。内部 TVS 的正向压降约为 0.8V（典型值），能将正向或反向瞬态电压钳位到规定值。可将±15kV 的人体放电时的峰值电压限制在±25V，将接触放电时±8kV 的峰值电压限制在±60V，把气隙放电时±15kV 的峰值电压限制在±100V。它能承受各种 ESD 脉冲，包括人体静电放电电压、接触放电电压和气隙放电电压。MAX3208E 的内部结构如图 6-6-4 所示。芯片中包含±15kV 的 ESD 保护二极管阵列和瞬态电压抑制器（TVS）。每个通道都包含一对 ESD 保护二极管，可将 ESD 电流脉冲引到电源端（U_{CC}）或地（GND）。瞬态电压抑制器起到钳位作用。

MAX3208E 的典型应用如图 6-6-5 所示。MAX3208E 就并联在被保护电路的I/O口线与地之间。在设计印制板时应注意以下事项：① 尽量减小 I/O 口线的引线长度；② 电源与地线单独布线，以减小分布电感；③ 尽量减小电源与地的回路；④ 勿将关键的信号线布置在印制板边缘处；⑤ C_1 和 C_2 应尽量靠近 U_{CC}端。

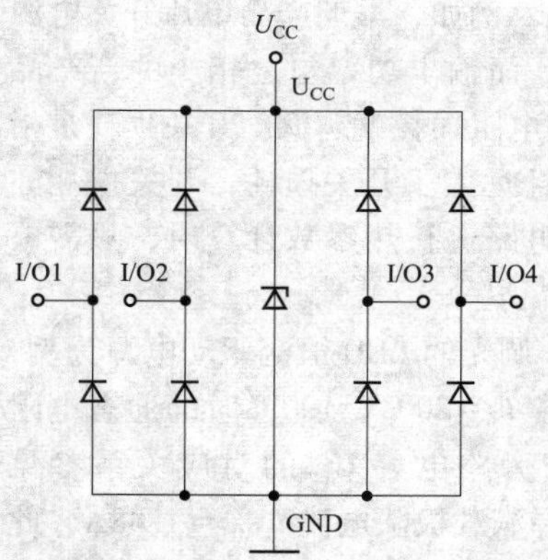

图 6-6-4 MAX3208E 的内部结构

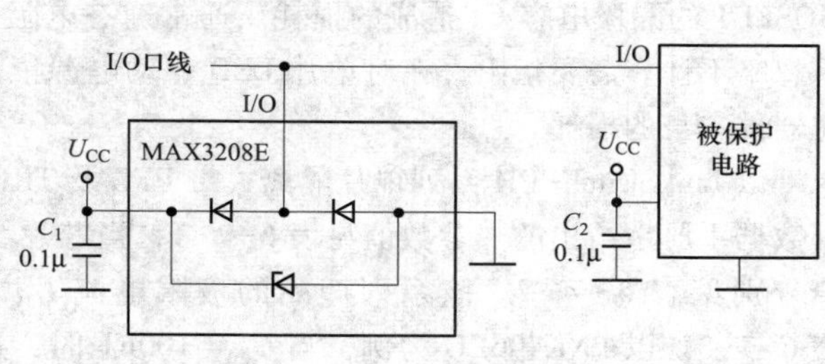

图 6-6-5 MAX3208E 的典型应用

为简化电路，还可采用低成本的瞬态电压抑制器，例如可选安森美公司生产的瞬态电压抑制器 1SMA5.0AT3，其峰值功耗 $P_{PK}=400W$，75℃时的直流功耗 $P_D=1.5W$，工作时的反向峰值电压 $U_{RWM}=5V$（高于 LED 灯的正向压降），反向击穿电压 $U_{BR}=6.7V$，钳位电压 $U_B=9.2V$，最大漏电流 $I_R=400\mu A$，最大反向峰值脉冲电流 $I_{PP}=43.5A$，响应时间仅为 1ns。1SMA5.0AT3 的伏安特性曲线如图 6-6-6 所示。

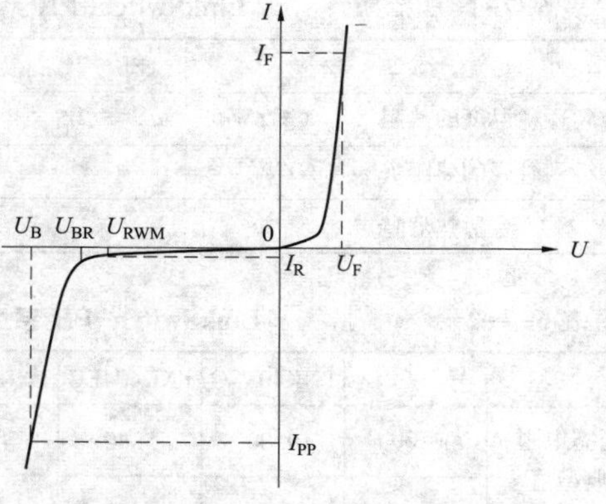

图 6-6-6 1SMA5.0AT3 的伏安特性曲线

第七节　LED 驱动电源散热器的设计

一、单片 LED 驱动电源的散热器设计方法

根据厂家提供的原始图表，可通过计算芯片的平均功耗$\overline{P_D}$来完成单片 LED 驱动电源集成电路的散热器设计。该方法简便实用，具有推广应用价值。

单片 LED 驱动电源集成电路的功耗主要由内部功率开关管（MOSFET）产生的，芯片中其他单元电路的功耗一般情况下可忽略不计，在低压、大电流输出时还需考虑输出整流管的功耗。开关电源与线性稳压电源的重要区别就是功率开关管工作在高频开关状态，由于功率损耗 P_D 在开关周期内是不断变化的，因此很难准确计算 P_D 值。

分析可知，单片 LED 驱动电源的功率损耗主要包括两部分：传导损耗，开关损耗。传导损耗是由 MOSFET 的通态电阻 $R_{DS(ON)}$ 而引起的损耗。例如，早期产品单片开关电源 TOP227Y 的 $R_{DS(ON)}=4.3\Omega$（100℃时的典型值，下同），而输出功率与之相当的新产品型号 TOP258 的 $R_{DS(ON)}$ 降至 2.5Ω；通态电阻越小，通态电阻损耗就越低。开关损耗是指 MOSFET 的漏极电容 C_D 造成的损耗。通常通态电阻损耗远大于开关损耗，开关损耗亦可忽略不计。需要指出，在对单片 LED 驱动电源集成电路进行热参数计算时，只需考虑器件本身的损耗。

以 LinkSwitch-PH 系列单片隔离式带 PFC 及 TRIAC 调光的 LED 恒流驱动电源为例，其数据手册中给出的热参数值见表 6-7-1，当芯片结温 $T_J=20℃$、100℃时的通态电阻值分别见表 6-7-2。该系列产品的极限电流 I_{LIMIT} 与旁路电容 C_{BP} 的对应关系参见表 6-7-3。以 LNK406EG 为例，当 $C_{BP}=100\mu F$ 时，选择满载极限电流 $I_{LIMIT}=1.48A$，此时允许 LED 驱动电源输出最大功率；当 $C_{BP}=10\mu F$ 时，选择较低的极限电流 $I_{LIMIT-}=1.19A$，此时能降低功率 MOSFET 的损耗，提高 LED 驱动电源的效率。

表 6-7-1　　LinkSwitch-PH 系列产品的热参数值

热　参　数	eSIP-7C 封装	说　明
结到环境温度的热阻 $R_{\theta JA}$（℃/W）	105	不装散热器
结到管壳的热阻 $R_{\theta JC}$（℃/W）	2	结到器件背面小散热板（即裸露焊盘）的热阻
散热器特点	采用 PCB 散热器	

表 6-7-2　　LinkSwitch-PH 系列产品的通态电阻值

型　号		LNK403EG	LNK404EG	LNK405EG	LNK406EG	LNK407EG	LNK408EG	LNK409EG
通态电阻典型值 $R_{DS(ON)}(\Omega)$	$T_J=20℃$	9.00	5.40	4.10	2.80	2.00	1.60	1.40
	$T_J=100℃$	13.50	8.35	6.30	4.10	3.10	2.40	2.10

表 6-7-3 极限电流 I_{LIMIT} 与旁路电容 C_{BP} 的对应关系

C_{BP}(μF)	产品型号	LNK403EG	LNK404EG	LNK405EG	LNK406EG	LNK407EG	LNK408EG	LNK409EG
100	满载极限电流 I_{LIMIT}（A）	—	1.00	1.24	1.48	1.76	2.37	3.12
10	较低功率极限电流 I_{LIMIT-}（A）	0.75	0.81	1.00	1.19	1.42	1.73	2.35

对 LinkSwitch-PH 系列产品而言，当 MOSFET 导通时漏-源极导通电流（$I_{DS(ON)}$）与漏-源极导通电压（$U_{DS(ON)}$）的归一化曲线如图 6-7-1 所示，此时 MOSFET 的漏-源极导通电压一般只有几伏。图 6-7-1 中的比例系数 k 与芯片型号有关。

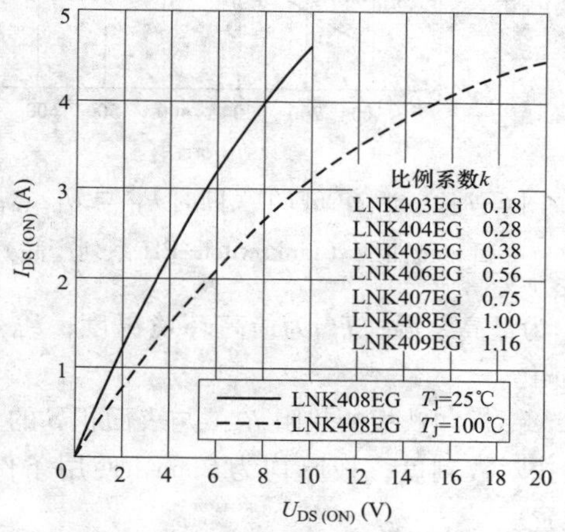

图 6-7-1 当 MOSFET 导通时 $I_{DS(ON)}$ 与 $U_{DS(ON)}$ 的归一化曲线（LinkSwitch-PH 系列产品）

说明：

（1）定义 $R_{DS(ON)} = U_{DS(ON)}/I_{DS(ON)}$。

（2）图 6-7-1 是以 LN408EG 为参考，此时 $k=1.00$。

（3）求漏-源极导通电流时应乘以 k，求漏-源极通态电阻时应除以 k，即乘以 $1/k$。

（4）k 值所代表的就是 LinkSwitch-PH 系列中不同型号芯片的通态电阻比值，它近似等于极限电流的比值。例如当 $T_J = 100$℃时，LN409EG 的 $R_{DS(ON)} = 2.10\Omega$（典型值，下同），LN408EG 的 $R_{DS(ON)} = 2.40\Omega$。对 LN409EG 而言，比例系数 $k = 1/(2.10\Omega/2.40\Omega) = 1.143$，而 LN409EG 的实际比例系数 $k=1.16$，二者基本相符。当 $C_{BP} = 100\mu F$ 时，LN409EG、LN408EG 的 I_{LIMIT} 分别为 3.12、2.37A（典型值），$1/(2.37A/3.12A) = 1.31$，与 1.16 比较接近。

（5）在相同输出功率下，$I_{DS(ON)}$ 可视为恒定值，而芯片的功耗随所选 LinkSwitch-PH 系列产品中具体型号的增大而减小，随型号的减小而增大。因此选择较大的型号 LN409EG，其功耗要比 LN408EG 更低。

当 MOSFET 关断时，漏极功耗 P_D 与漏-源极关断电压 $U_{DS(OFF)}$ 的归一化曲线如图 6-7-2 所示，此时 $U_{DS(OFF)}$ 可高达几百伏。

说明：MOSFET 在关断时的损耗很小（只有几百毫瓦），大多数情况下可忽略不计。

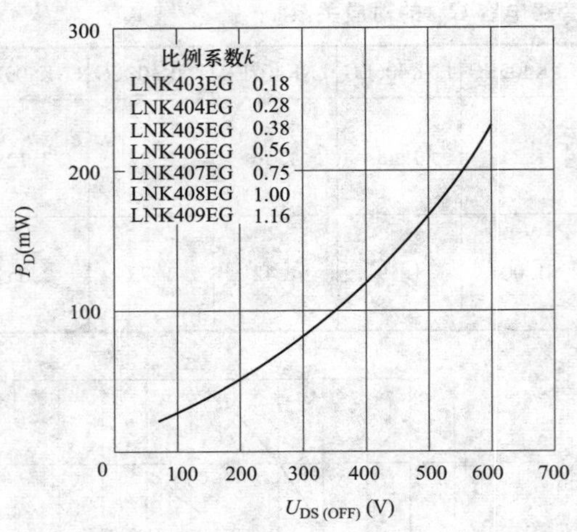

图 6-7-2 当 MOSFET 关断时 P_D 与 $U_{DS(OFF)}$ 的归一化曲线（LinkSwitch-PH 系列产品）

设计散热器的方法是首先计算所选产品型号（例如 LNK406EG）的平均功耗$\overline{P_D}$

$$\overline{P_D}=(\overline{I_{DS(ON)}})^2R_{DS(ON)}D_{max}$$
$$=(I_{DS(ON)}/2)^2R_{DS(ON)}D_{max} \tag{6-7-1}$$

然后根据封装形式查出 $R_{\theta CS}$ 值，再与$\overline{P_D}$值一并代入式中求出 $R_{\theta SA}$ 值

$$R_{\theta SA}=\frac{T_{JM}-T_{AM}}{P_D}-R_{\theta JS} \tag{6-7-2}$$

式中：$R_{\theta SA}$为散热板到周围空气的热阻（简称散热器热阻），由它可确定铝散热板（或 PCB 散热器）的表面积，亦可根据 $R_{\theta SA}$ 值直接选购成品散热器；T_{JM}为最高结温；T_{AM}为最高环境温度；P_D 为器件的功耗；$R_{\theta JS}$ 为从结到散热器表面的热阻。

铝板和铁板的热阻 $R_{\theta SA}$ 与表面积 S 的关系曲线如图 6-7-3 所示，注意其 x、y 坐标均按对数刻度，板厚均为 2mm，使用条件是散热板垂直放置，器件装在散热板中心位置。

PCB 散热器的热阻（$R_{\theta SA}$）与散热铜箔面积（S）的关系曲线如图 6-7-4 中的实线所示，这里假定为没有气流。虚线是在散热器表面涂有黑漆、气流速度为 1.3m/s 的条件下测得的，这接近于散热器的最佳工作状态。

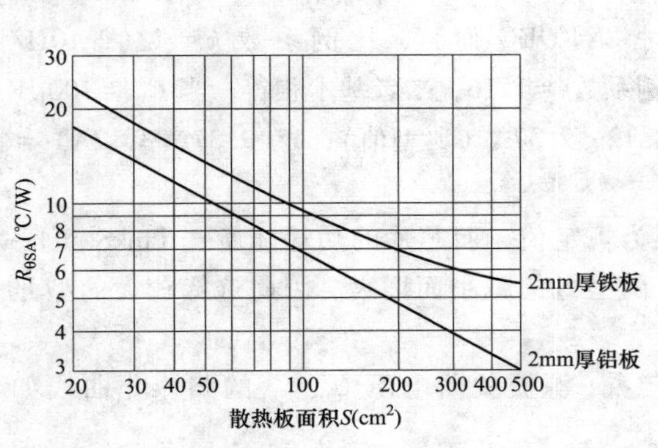

图 6-7-3 铝板与铁板 $R_{\theta SA}$-S 关系曲线

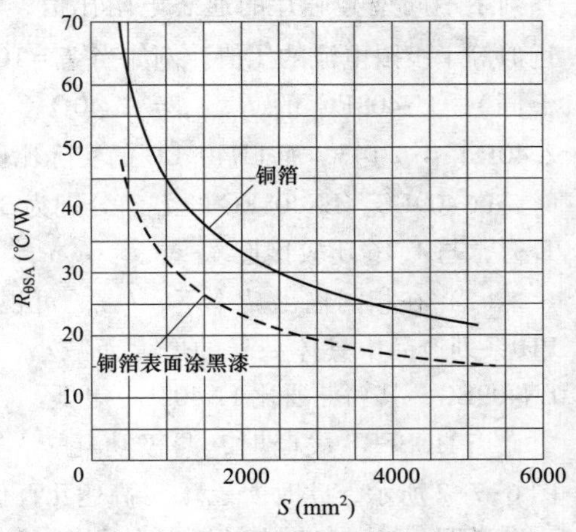

图 6-7-4 PCB 散热器的热阻与散热铜箔面积的关系曲线

二、单片 LED 驱动电源 PCB 散热器设计实例

选择 eSIP-7C 封装的 LNK406EG 型单片隔离式带 PFC 及 TRIAC 调光的 LED 恒流驱动电源集成电路，设计一个 14W 单级 PFC 及 TRIAC 调光式 LED 驱动电源，该电源的总电路参见图 4-14-1。LED 灯串电压为+28V（典型值，允许变化范围是+25～32V），通过 LED 灯串的电流为 500mA±5%。已知芯片的最高结温 $T_{JM}=125℃$、最高环境温度 $T_{AM}=40℃$，试确定 PCB 散热器的表面积。

考虑到最不利的情况下，芯片的工作结温 T_J 可按 100℃计算。从表 6-7-2 中查到当 $T_J=100℃$ 时 LNK406EG 的 $R_{DS(ON)}=4.10\Omega$（典型值），又从表 6-7-3 中查到 $C_{BP}=100\mu F$ 时的满载极限电流 $I_{LIMIT}=1.48A$（典型值）。由于芯片总是降额使用的，实际可取 $I_{DS(ON)}=0.8I_{LIMIT}=1.18A$。LINK406EG 的最大占空比 $D_{max}=99.9\%\approx100\%$，令 $K_{RP}=1$（不连续模式）。由于 $I_{DS(ON)}$ 在一个开关周期内是近似按照线性规律从零增加到最大值的（参见图 6-7-1），因此应取平均值，即 $\overline{I_{DS(ON)}}=(0+I_{DS(ON)})/2=(0+1.18A)/2=0.59A$。对 LNK406EG 而言，比例系数 $k=0.56$。不难算出

$$\overline{P_D}=(\overline{I_{DS(ON)}})^2R_{DS(ON)}D_{max}=(\overline{I_{DS(ON)}})^2R_{DS(ON)}\times100\%=(0.56A)^2\times4.10\Omega=1.29W$$

从图 6-7-1 中的虚线（$T_J=100℃$）上查出 $\overline{I_{DS(ON)}}=0.59A$ 时所对应的 $U_{DS(ON)}\approx1.8V$。若根据 $U_{DS(ON)}$ 值计算，则 $\overline{P_D}=\overline{I_{DS(ON)}}\cdot U_{DS(ON)}=0.59A\times1.8V=1.06W$，比前面算出的 1.29W 略低些。其原因有两个：一是因为图 6-7-1 所示关系曲线呈非线性，致使后者的数值略微偏低；二是以上仅计算了 MOSFET 的导通损耗，未计算 MOSFET 的关断损耗。若考虑到 MOSFET 的关断损耗，并令 $U_{DS(OFF)}=600V$，从图 6-7-2 中可查出 $P_D=230mW=0.23W$。假定占空比为 50%，在计算平均功耗时应将关断损耗除以 2。因此 $\overline{P_D}=1.06W+0.23W/2=1.175W$，该结果就与 1.29W 比较接近。以下就按 $\overline{P_D}=1.29W$ 来计算热参数值。

由于表 6-7-1 中仅给出结到管壳的热阻 $R_{\theta JC}=2℃/W$，厂家未提供器件从外壳到散热器表面的热阻 $R_{\theta CS}$ 值，但对于大多数封装而言，当器件的小散热片与外部散热板之间涂一层导热硅脂时，$R_{\theta CS}$ 为 1℃/W。将 $\overline{P_D}=1.28W$、$T_{JM}=125℃$、$T_{AM}=40℃$、$R_{\theta JC}=2℃/W$ 和 $R_{\theta CS}=1℃/W$ 一并代入式（6-7-2）中，得到

$$R_{\theta SA}=\frac{125℃-40℃}{1.29W}-(2℃/W+1℃/W)=64.9℃/W$$

从表 6-7-1 中查出，不装散热器时，LinkSwitch-PH 系列产品从结到环境温度的热阻 $R_{\theta JA}=105℃/W$，装散热器后 $R_{\theta JA}$ 一般应降至 60℃/W。由于 LNK406EG 背面的裸露焊盘（小散热片）是直接焊到 PCB 散热器上的，因此 $R_{\theta CS}=0$，$R_{\theta SA}=R_{\theta JA}-(R_{\theta JC}+R_{\theta CS})=R_{\theta JA}-R_{\theta JC}=64.9℃/W-2℃/W=62.9℃/W$。从图 6-7-4 所示的实线曲线上查出 $S\approx480mm^2$。将铜箔面积取得稍大些，有助于改善散热条件，提高 LED 驱动电源长期连续工作的可靠性。

不安装散热器时，8 种表贴式 LED 驱动芯片典型产品的 $R_{\theta JA}$ 值见表 6-7-4，可供参考。

表 6-7-4　　8 种表贴式 LED 驱动芯片典型产品的 $R_{\theta JA}$ 典型值

封装形式	SOT-23	TSSOP-8	SOT-89	μMAX-8、Micro-8	SO-8	D-PAK	D2-PAK
$R_{\theta JA}$(℃/W)	75	45	35	35	25	3	2

第八节　功率开关管（MOSFET）散热器的设计

一、功率开关管散热器的设计方法

LED 驱动电源可通过 PWM 控制器来驱动功率开关管（以下简称 MOSFET）。MOSFET 是 LED 驱动电源中最主要的功率器件，它的功耗（P_D）由两部分构成：传导损耗（Conduction Losses）和开关损耗（Switching Losses）。传导损耗用 P_{DR} 表示，是由 MOSFET 的通态电阻 $R_{DS(ON)}$ 而引起的损耗，亦称电阻损耗。开关损耗用 P_{DK} 表示，是指储存在 MOSFET 输出电容上的电能，在每个开关周期开始时泄放掉而产生的损耗。

开关损耗包括 MOSFET 的电容损耗和开关交叠损耗。这里讲的电容损耗亦称 CU^2f 损耗，主要是由 MOSFET 的分布电容造成的损耗。有关系式

$$P_D = P_{DR} + P_{DK} \tag{6-8-1}$$

下面介绍设计 MOSFET 功率开关管散热器的方法与步骤。

（1）计算 MOSFET 的通态电阻 $R_{DS(ON)}$。MOSFET 通态电阻的温度系数为 $\alpha_{TR}=(0.35\sim0.85\%)/℃$，一般情况下可近似取 $\alpha_{TR}=0.5\%/℃$。令室温（$T_A=25℃$）下的通态电阻为 $R_{DS(ON)A}$，当结温升至 T_J 时通态电阻变为

$$R_{DS(ON)} = R_{DS(ON)A}[1+0.5\%(T_J-T_A)] \tag{6-8-2}$$

（2）计算 MOSFET 传导损耗 P_{DR}

$$P_{DR} = I_O^2 R_{DS(ON)} D_{max} = I_O^2 R_{DS(ON)} \cdot \frac{U_O}{U_I} \tag{6-8-3}$$

（3）计算 MOSFET 的开关损耗 P_{DK}。MOSFET 的极间分布电容包括漏-源极电容 C_{GD}、栅-源极电容 C_{GS} 和漏-源极电容 C_{DS}。通常 $C_{GD} \gg C_{DS}$、$C_{GD} \gg C_{GS}$。栅-源极电容 C_{GD} 就等效于跨接在输入与输出端之间的电容，亦称密勒电容（Miller Capacitance），它对形成密勒效应（Miller Effect）和开关损耗的影响最大。因此漏-源极输出电容 $C_{OSS} \approx C_{GD}$，计算开关损耗的公式可简化为

$$P_{DK} = \frac{I_O U_I^2 f C_{GD}}{I_{GATE}} \tag{6-8-4}$$

式中：f 为开关频率；I_{GATE} 为 MOSFET 临界导通时的栅极电流，可从产品数据表中查到。

（4）计算MOSFET的总功耗P_D

$$P_D = P_{DR} + P_{DK} = I_O^2 R_{DS(ON)} \cdot \frac{U_O}{U_I} + \frac{I_O U_I^2 f C_{GD}}{I_{GATE}} \tag{6-8-5}$$

（5）计算散热器热阻$R_{\theta SA}$

$$R_{\theta SA} = \frac{T_J - T_{AM}}{P_D} - R_{\theta JS} \tag{6-8-6}$$

式中：T_{AM}为实际的最高环境温度；$R_{\theta JS}$为从结到散热器表面的热阻（可从产品数据表中查到）。

（6）根据$R_{\theta SA}$值，即可自制或选购成品散热器。

最后需要说明几点：

1）早期开关电源使用的MOSFET器件，其通态电阻较大（$R_{DS(ON)}$可达几欧姆甚至十几欧姆），并且开关频率只有几十千赫兹，这就使传导损耗远大于开关损耗，即$P_{DR} \gg P_{DK}$，式（6-8-5）中的第二项往往可忽略不计。近年来生产的新型MOSFET，$R_{DS(ON)}$仅为几毫欧至几十毫欧，例如美国国际整流器公司（IR）最新开发的MOSFET，$R_{DS(ON)}$仅为2.6mΩ，可承受40~100V的电压及240A电流。与此同时，由于开关电源的开关频率也提高到几百千赫兹，因此传导损耗大为降低，而开关损耗在总功耗中所占的份额显著增加，甚至已超过传导损耗，式（6-8-5）中的第二项就不容忽略。

2）若输入电压U_I是变化的，则需要在最高输入电压$U_{I(max)}$和最低输入电压$U_{I(min)}$下，分别计算开关MOSFET的功耗。MOSFET的最大功耗P_{DM}可能出现在最低或最高输入电压下。这是因为当$U_I = U_{I(min)}$时，占空比为最大值，P_{DR}可达到最大值；而当$U_I = U_{I(max)}$时，受式（6-8-5）中"U_I^2"的影响，P_{DR}也可能达到最大值。合理的设计应当是在$U_{I(max)}$和$U_{I(min)}$这两个极端情况下，使P_{DM}基本保持不变。

3）若P_{DM}在$U_I = U_{I(min)}$时明显偏高，则传导损耗起主导作用。此时可选用功率更大的MOSFET，以降低$R_{DS(ON)}$值。若在$U_I = U_{I(max)}$时功耗显著增大，则应考虑选择功率较小的MOSFET，以提高其开关速度。

4）必要时还可适当降低开关频率以减小开关损耗。

二、功率开关管散热器的设计实例

LED驱动器的输入电压$U_I = +10V$，输出为$U_O = +5V$，$I_O = 10A$，开关频率$f = 100kHz$。外部功率开关管采用美国国际整流器公司（IR）生产的IRF6631型N沟道大功率MOSFET，其外形如图6-8-1所示，内部带保护二极管。主要参数为：$T_A = 25℃$下的通态电阻$R_{DS(ON)A} = 6.0m\Omega$；$C_{GD} = 1450pF$，$C_{GS} = 170pF$，$C_{DS} = 310pF$，$I_{GATE} = 0.14A$。芯片最高结温$T_{JM} = 150℃$，为安全起见，取最高工作结温$T_J = 125℃$。最高环境温度$T_{AM} = 40℃$。

给IRF6631设计散热器的步骤如下：

（1）将$R_{DS(ON)A} = 6.0m\Omega$、$T_J = 125℃$和$T_A = 25℃$代入式（6-8-2）中，得到

$$R_{DS(ON)} = R_{DS(ON)A}[1+0.5\%(T_J - T_A)] = 6.0m\Omega \times [1+0.5\%(125℃ - 25℃)] = 9.0m\Omega$$

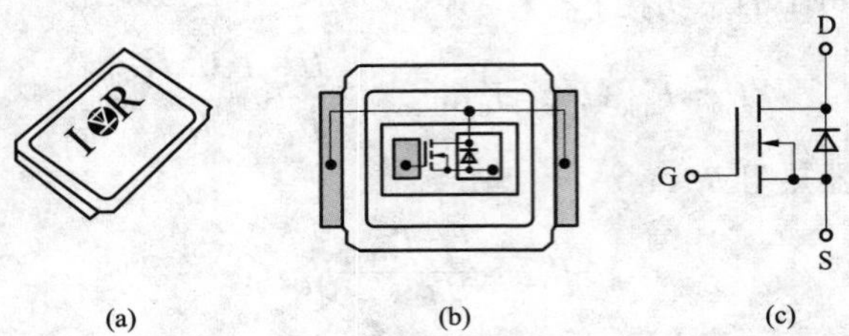

图 6-8-1　IRF6631 型 N 沟道大功率 MOSFET 的外形及结构

（a）外形；（b）内部结构；（c）电路符号

（2）将 $I_O=10A$、$R_{DS(ON)}=9.0m\Omega$、$U_O=5V$ 和 $U_I=10V$ 一并代入式（6-8-3）中，MOSFET 传导损耗为

$$P_{DR}=I_O^2R_{DS(ON)}\cdot\frac{U_O}{U_I}=(10A)^2\times 9.0m\Omega\times\frac{5V}{10V}=0.45W$$

（3）将 $I_O=10A$、$U_I=10V$、$f=100kHz$、$C_{GD}=1450pF$ 和 $I_{GATE}=0.14A$ 代入式(6-8-4)中计算出，MOSFET 的开关损耗为

$$P_{DK}=\frac{I_OU_I^2fC_{GD}}{I_{GATE}}=\frac{10A\times(10V)^2\times 100kHz\times 1450pF}{0.14A}=1.04W$$

（4）MOSFET 的总功耗为

$$P_D=P_{DR}+P_{DK}=0.45W+1.04W=1.49W$$

（5）再将 $T_J=125℃$、$T_{AM}=40℃$、$P_D=1.5W$ 和 $R_{\theta JS}=1.4℃/W$ 一并代入式(6-8-6)中得到，散热器热阻为

$$R_{\theta SA}=\frac{T_j-T_{AM}}{P_D}-R_{\theta JS}=\frac{125℃-40℃}{1.49W}-1.4℃/W=56℃/W$$

（6）最后从图 6-7-4 查出，当 $R_{\theta SA}=56℃/W$ 时，PCB 散热器的表面积 $S=620mm^2$（大约折合 $1in^2$，$1in^2=645mm^2$）。

第九节　大功率 LED 散热器的设计

还有一点值得注意：由于 LED 在工作过程中会放出大量的热，使管芯结温迅速上升，LED 功率越高，发热效应越大。LED 芯片温度的升高将导致发光器件性能改变且电光转换效率衰减，严重时甚至失效，根据实验测试表明：LED 自身温度每上升 5℃，光通量就下降 3%，因此 LED 灯具一定要注意 LED 光源本身的散热工作，在可能的情况下加大 LED 自身的散热面积，尽量降低 LED 自身的工作温度。

大功率 LED 照明灯的发光效率仅为 20%~30%，有 70%~80% 的电能转化成热能损失掉了。由于热量的不断积累很容易损坏 LED 芯片，因此，必须设计合适的散热器，才能确保 LED 灯具长期稳定地工作。目前大功率 LED 照明灯的散热器主要有两种：一种是铝（合金）散热器，另一种是内部为负压的散热管。铝散热器的成本低，但散热效果不如散热管。下面分别介绍大功率 LED 散热器的安全工作区、大功率 LED 照明灯散热器设计方法及实例。

一、大功率 LED 的安全工作区与降额曲线

大功率 LED 的寿命直接受温度的限制，这是因为 LED 发热量越多，灯具的温度越高，而在高温环境下工作很容易损坏 LED。散热器的作用就是将 LED 在工作时产生的热量及时散发掉，使 LED 始终处于安全工作区之内。

由日本日亚公司（Nichia Corportion）生产的 NJSL036LT 型大功率白光 LED，其主要技术参数如下：正向压降 $U_F=3.6V$（典型值），最大正向压降 $U_F=4.0V$，正向电流 $I_F=350mA$（典型值），最大正向电流 $I_{F(max)}=450mA$，峰值正向电流 $I_{F(PK)}=900mA$，额定功耗 $P_D=1.26W$，最大功耗 $P_{DM}=1.8W$，法向光通量 $\Phi_V=48.0lm$，工作温度范围是 -40～+100℃，芯片最高结温 $T_{JM}=150℃$。从结到 LED 外壳的总热阻 $R_{\theta JA}=70℃/W$。NJSL036LT 的正向压降与环境温度的关系曲线如图 6-9-1 所示。

NJSL036LT 的极限工作区与安全工作区如图 6-9-2 所示，图中的实线区域内代表 NJSL036LT 的极限工作区，虚线区域内代表安全工作区。极限工作区的边界条件是 $I_{FM}=450mA$，$T_{AM}=100℃$，斜线区域的热阻 $R_{\theta JA}=70℃/W$。一般情况下安全工作区的边界条件可近似取其数值的 80%～90%。例如，正向电流上限可选 $I_F=400mA$，环境温度的上限 $T_{AM}=90℃$，二者均留出大约 10% 的余量。为提高 LED 照明灯的可靠性，还可留出 20% 的余量。

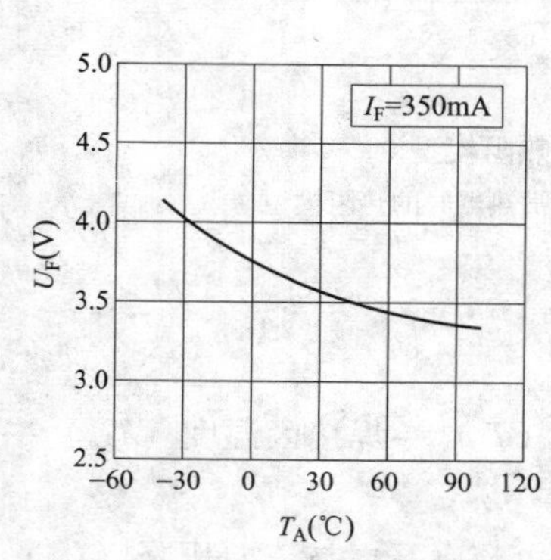

图 6-9-1　NJSL036LT 的正向压降与环境温度的关系曲线

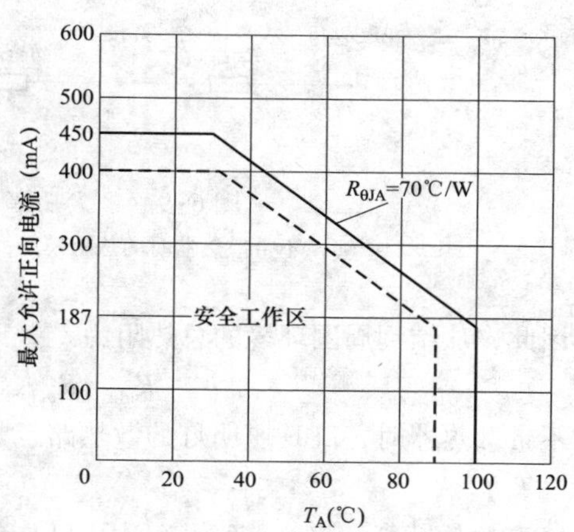

图 6-9-2　NJSL036LT 的极限工作区与安全工作区

二、大功率LED照明灯散热器设计方法及设计实例

美国Cree公司生产的采用Xlamp 7090 XR-E表贴式封装的大功率白光LED，其外形如图6-9-3所示。主要包括塑料透镜、反射杯、硅衬底（基板）、阳极和阴极，LED芯片就封装在里面。硅衬底（基板）可经过绝缘垫片接散热器。

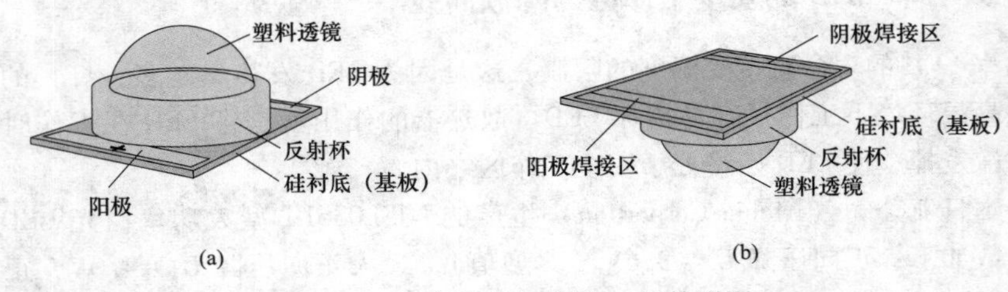

图6-9-3　大功率白光LED的外形图

（a）正面；（b）背面

不带散热器时大功率LED的热阻模型如图6-9-4（a）所示，图中的黑圆点代表温度节点。T_J为LED芯片的结温，T_{SP}为焊接区（亦称焊点Solder Point）温度，T_A为环境温度。$R_{\theta(J-SP)}$表示从LED芯片（结）到焊接区之间的热阻，$R_{\theta(SP-A)}$表示从焊接区到周围环境（Ambient）之间的热阻。

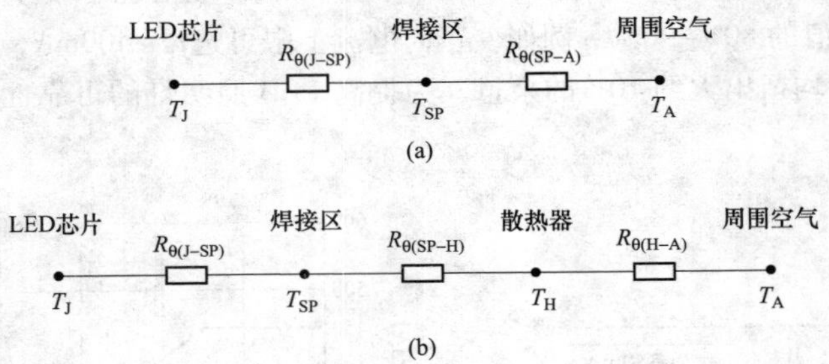

图6-9-4　大功率LED的热阻模型

（a）不带散热器时的热阻模型；（b）带散热器时的热阻模型

因此，从结到周围环境的总热阻为

$$R_{\theta JA}=R_{\theta(J-SP)}+R_{\theta(SP-A)} \tag{6-9-1}$$

不带散热器时，LED照明灯的散热路径是结温（T_J）→焊接区温度（T_{SP}）→环境温度（T_A）。

LED的总功耗（P_D）就等于所用LED的正向电流（I_F）与正向压降（U_F）的乘积，即$P_D=I_FU_F$。LED的结温（T_J）等于环境温度（T_A）与（$R_{\theta JA}P_D$）之和，有公式

$$T_J=T_A+R_{\theta JA}P_D \tag{6-9-2}$$

带散热器时大功率LED的热阻模型如图6-9-4（b）所示。通常是将LED安装在

金属基印制板（Metal Core PCB，MCPCB）上，即把原有的 LED 印制板粘贴到另一种热传导效果更好的金属板上，以改善印制板层面的散热条件。金属基板接铝散热器。LED 的热量通过金属基板传导给散热器，再以热对流方式散发到周围空气。一般情况下，LED 与金属基板之间的接触热阻很小，可忽略不计。设 LED 焊接区（或焊点 Solder Point）到散热器（Heatsink）的热阻为 $R_{\theta(SP-H)}$，散热器到周围环境的热阻为 $R_{\theta(H-A)}$，安装散热器后的总热阻为

$$R'_{\theta JA}=R_{\theta(J-SP)}+R_{\theta(SP-H)}+R_{\theta(H-A)} \tag{6-9-3}$$

设计散热器时需要计算散热器热阻 $R_{\theta(H-A)}$ 的最大值，以及在最坏情况下 LED 芯片的结温 T_{JM}。

设计实例：采用美国 Cree 公司生产的 XREWHT-L1-0000-006E4 型（Xlamp 7090 XR-E 封装）1W 白光 LED，其外形参见图 6-9-3。Xlamp 7090 XR-E 封装的每只 LED 的 $I_F=350\text{mA}$，$U_F=3.25\text{V}$。将 6 只大功率白光 LED 并联成 LED 灯串的结构图如图 6-9-5 所示。LED 灯的总功耗为 $P'_D=6I_FU_F=6\times0.35\text{A}\times3.25\text{V}=6.825\text{W}$。设最高环境温度 $T_{AM}=55℃$。下面计算 LED 灯的散热器热阻。

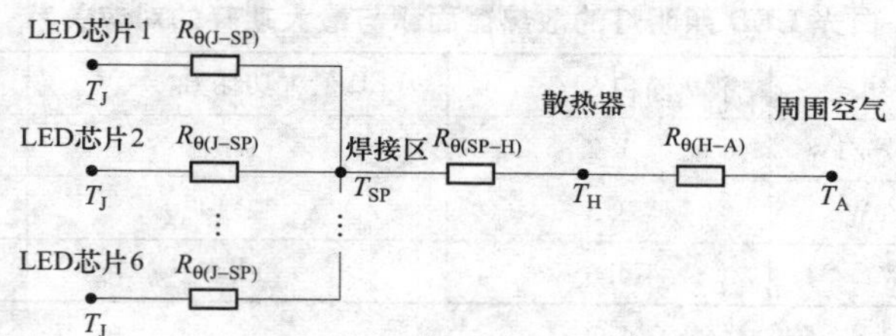

图 6-9-5　将 6 只大功率白光 LED 并联成 LED 灯串的结构图

由于 6 只同一种型号的白光 LED 是并联在同一个印制板上的，因此可认为它们的结温相同（均为 T_J），从结到焊接区的热阻也相同（均为 $R_{\theta(J-SP)}$）。但并联后总的 $R_{\theta(J-SP)}$ 值会减小到原来的 1/6。

计算最高结温 T_{JM} 的公式为

$$T_{JM}=T_A+P'_D(R_{\theta(J-SP)}/6+R_{\theta(SP-H)}+R_{\theta(H-A)}) \tag{6-9-4}$$

从 Xlamp 7090 XR-E 的数据手册中可查到，$T_{JM}=150℃$，$R_{\theta(J-SP)}=8℃/\text{W}$。为安全起见，将最高工作结温 $T_{JM(OP)}$ 限定为 120℃，即 $T_{JM(OP)}=0.8T_{JM}$，留出 20% 的余量。$R_{\theta(SP-H)}$ 值则取决于散热器表面的光洁度和平整度、接触面积、散热器材料、厚度及紧固力。经过合理设计，可使 $R_{\theta(SP-H)}\leqslant1℃/\text{W}$，因此 $R_{\theta(SP-H)}$ 的典型值可取 1℃/W。计算从散热器到周围环境的热阻值（$R_{\theta(H-A)}$）的公式如下

$$R_{\theta(H-A)}=[T_{JM(OP)}-T_{AM}-P'_D(R_{\theta(J-SP)}/6+R_{\theta(SP-H)})]/P'_D \tag{6-9-5}$$

将 $T_{JM(OP)}=120℃$、$T_{AM}=55℃$、$P'_D=6.825\text{W}$、$R_{\theta(J-SP)}=8℃/\text{W}$、$R_{\theta(SP-H)}=1℃/\text{W}$ 一并代入式（6-9-5）中得到，$R_{\theta(H-A)}=6.27℃/\text{W}$。

需要说明几点：

（1）最高工作结温 $T_{JM(OP)}$ 必须低于 T_{JM}（150℃）并留出足够的余量，确保不超出安全工作区。本设计是按 $T_{JM(OP)}=120$℃的情况下计算出 $R_{\theta(H-A)}$ 值的。有些大功率LED的 $T_{JM}=125$℃，具体数值应以产品手册为准。

（2）实际的 $R_{\theta(H-A)}$ 值应等于或小于计算值。

（3）将多只LED并联使用具有以下优点：第一，可大幅度提高亮度；第二，将印制板上的多片LED并联后合用一个散热器，构成一个分布式热源，从原先的单点散热变成多点散热，可大大减小LED的有效热阻 $R_{\theta JA}$，改善散热器的布局，提高散热效率；第三，一旦其中某一只LED出现开路故障，并不影响其他LED正常发光。设计LED照明灯时可根据需要采用串、并联的方法，以便使用更多只LED组成大功率LED灯串。

（4）根据散热器到周围环境的热阻值 $R_{\theta(H-A)}$，即可订制或购买成品散热器。

（5）白光LED照明灯的散热器面积与最大功耗的对应关系见表6-9-1，可供速查用。表中的MCPCB代表金属基印制板（Metal Core PCB），即把原印制板（PCB）粘贴到另外一种热传导效果更好的铝基板上（中间可加绝缘层）进行二次散热，可改善印制板层面的散热效果。

表6-9-1　白光LED照明灯的散热器面积与最大功耗的对应关系

散热条件/最大允许功耗	散热面积 S（cm^2）	LED最大功耗 P_{DM}（W）	LED结温 T_j（℃）
单只LED，不加散热器/1W	1.2	1.3	84.7
加MCPCB散热器/2W	3.5	2.1	85.5
加铝散热器/10W	4.6	10.0	122.7

第十节　开关电源的EMC及安规设计

电磁兼容性的英文缩写为EMC（Electromagnetic Compatibility）。国际电工委员会（IEC）为电磁兼容性所下的定义为："电磁兼容性是电子设备的一种功能，电子设备在电磁环境中能完成其功能，而不产生不能容忍的干扰"。这表明，电磁兼容性有三层含义：第一，电子设备应具有抑制外部电磁干扰的能力；第二，该电子设备所产生的电磁干扰应低于规定的限度，不得影响同一电磁环境中其他电子设备的正常工作；第三，任何电子设备的电磁兼容性都是可以测量的。欧洲共同体早在1996年1月1日就规定电子设备（包括电器、电子仪器设备、带有电器或电子零件的装置）必须进行电磁兼容性试验，即对电子设备的电磁波干扰（CMI）和抗干扰（EMS）性能进行检验。欧共体又于1997年1月1日规定，低压电子设备必须进行安全性能检验。目前，我国已将电磁兼容性和安全规范（简称安规）作为检验电子产品质量的一项重要指标。

一、开关电源的电磁干扰波形分析

电磁干扰简称EMI（Electromagnetic Interference）。开关电源工作在高频、高压、大电流的开关状态，所产生的电磁干扰分共模干扰（亦称线对地的干扰）、串摸干扰（亦称线间干扰）两种，并以传导或辐射方式向外部传播。开关电源的电磁兼容性设计，就是要把电磁干扰衰减到允许限度之内，使之不影响电源本身和其他电子设备的正常工作。

反激式开关电源的简化电路及电磁干扰波形分别如图 6-10-1（a）、（b）所示。图 6-10-1（a）中，U_I 为直流输入电压，I_1 为高频变压器的一次侧电流，U_{DS} 为功率开关管 MOSFET（以下简称 MOSFET）的漏-源极电压，U_{D2} 为输出整流管上的电压。I_2 为二次侧电流，R_L 为负载。图 6-10-1（b）分别给出 I_1、U_{DS}、I_2 和 U_{D2} 的电磁干扰波形。下面对这 4 种波形加以分析。

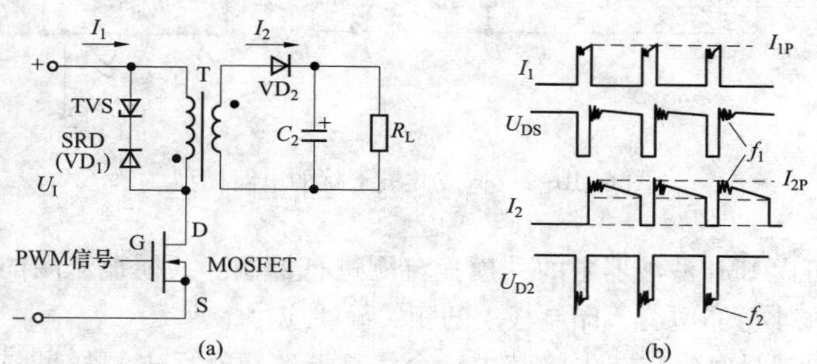

图 6-10-1　反激式开关电源简化电路及电磁干扰波形

（a）简化电路；（b）4 种电磁干扰波形

一次侧电流 I_1 是在 MOSFET 导通时开始形成并沿着斜坡上升，达到峰值 I_{1P} 的。I_{1P} 值由直流输入电压 U_I、一次绕组电感 L_P、开关频率 f 和占空比 D 来决定。该梯形电流波形的基频为开关频率，谐波即干扰波形。一次侧串模干扰电流经过一次绕组、MOSFET 和 U_I 形成回路。当电流环路面积较大时，I_1 还能向外辐射共模干扰。U_{DS} 电压波形的特点是其电压变化率（dU/dt）很高，受高频变压器漏感、高频变压器分布电容和 MOSFET 输出电容等分布参数的影响，U_{DS} 在 $f_1=3\sim12$MHz 的频率范围内形成衰减振荡——振铃。当 MOSFET 关断时，二次侧就有电流 I_2 通过，并从峰值 I_{2P} 开始线性地下降，下降速率由二次绕组电感 L_S 和输出电压 U_O 来决定。下降过程中所形成的振铃在时间上与 U_{DS} 相对应，振铃频率均为 f_1。U_{D2} 也具有电压变化率高、上升沿和下降沿陡峭的特点。其峰值电压由高频变压器和输出整流管的分布电容所决定，振铃频率 f_2 的变化范围是 20～30MHz。

1. 共模干扰的电路模型

造成共模干扰的电路模型如图 6-10-2 所示。共模干扰主要由漏-源极电压 U_{DS} 和输出整流管电压 VD_2 产生。图中，C_u 是与交流电源输入端相并联的耦合电容，$C_{BD1}\sim C_{BD4}$ 是整流桥 BR 中 4 只整流管的等效电容。C_{IN} 为输入滤波电容，其等效串联电感和等效串联电阻分别用 L_{ESL}、R_{ESR} 表示。$C_{W1}\sim C_{W6}$ 均为高频变压器的分布电容，其中 C_{W1} 和 C_{W6} 分别为一次、二次绕组的分布电容，C_{W2} ~ C_{W5}为一次、二次绕组之间的分布电容。C_{OSS}为功率 MOSFET 的输出电容，C_{S1}和C_{S2}依次为漏极、二次侧对地的分布电容。上述电容会造成 5 个干扰电流：I_{CW1}、I_{COSS}、I_{CS1}、I_{CW3}和I_{CW4}。这 5 个电流相叠加后，有一部分被抵消掉，剩下的高频电流即形成共模干扰。

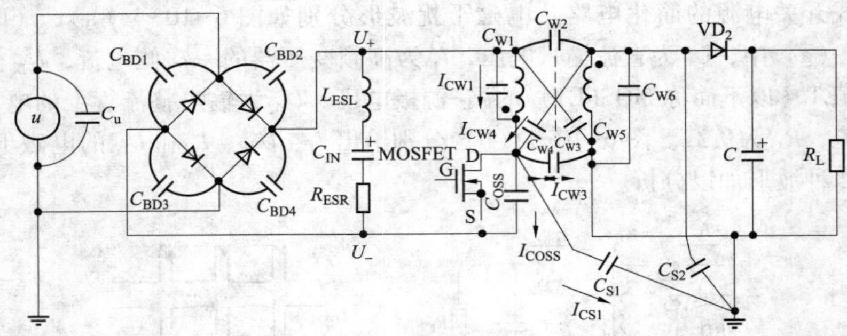

图 6-10-2　造成共模干扰的电路模型

共模干扰可由 EMI 滤波器中的共模扼流圈进行抑制。共模扼流圈的电感量通常取 10~33mH。为减小分布电容，印制板上的相关导线应尽量短捷。

测量共模电感量时，应首先将其中一个绕组开路，然后去测量另一个绕组的电感量，即为该共模扼流圈的共模电感量。

2. 串模干扰的电路模型

串模干扰的电路模型如图 6-10-3（a）所示，C_D 为串模电容，L_D 和 L'_D为两个串模扼流圈。R_{ESR}为输入滤波电容 C_{IN}的等效串联电阻。图 6-10-3（b）为等效电路，两条电源线上对地的电压用 U_S 表示，正半周时电压极性如图所示。不难看出，串模干扰电流的方向是从一条电源线流入 MOSFET，再从另一条电源线流出。由 C_D、L_D 和 L'_D构成的串模干扰滤波器能对串模干扰起到抑制作用。举例说明，在 15W 开关电源中，实取 $C_D=0.1\mu F$，$C_{IN}=33\mu F$，$R_{ESR}=0.375\Omega$，$L_D=L'_D=74\mu H$。L_D 和 L'_D可以是分立电感，也可是从共模干扰扼流圈上分离出来的等效串联电感。加串模干扰滤波器后，串模干扰的基波电压为 59.3mV，二次谐波降为 43.0mV。

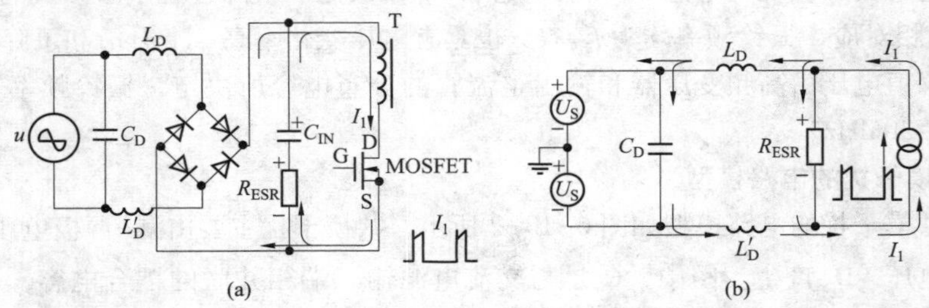

图 6-10-3　串模干扰的电路模型

（a）电路模型；（b）等效电路

测量共模扼流圈其中一个绕组的等效串模电感时，应将另一绕组短路，并且要将测量值除以 2 才是 L_D（或 L'_D）电感量。

二、降低电磁干扰的方法

由于开关电源既是噪声干扰的对象，它本身又是一个噪声源，因此不仅要抑制从电源线引入的噪声，还必须防止自身产生的噪声影响其他电子设备的正常工作。

电源噪声是电磁干扰（EMI）的一种，它属于射频干扰（RFI），其传导噪声的频谱大致为 10kHz~30MHz，最高可达 150MHz。根据传播方向的不同，电源噪声可分为两大类：一类是从电源进线引入的外界干扰，另一类是由电子设备产生并经电源线传导出去的噪声。这表明噪声属于双向干扰信号，电子设备既是噪声干扰的对象，又是一个噪声源。若从形成特点看，噪声干扰分串模干扰与共模干扰两种。串模干扰是两条电源线之间（简称线对线）的噪声，共模干扰则是两条电源线对大地（简称线对地）的噪声。因此，为符合电磁兼容性（EMC）的要求，EMI 滤波器也必须为双向射频滤波器，一方面要滤除从交流电源线上引入的外部电磁干扰，另一方面还能避免本身设备向外部发出噪声干扰。因此，电磁干扰滤波器应对串模、共模干扰都起到抑制作用。

根据 IEC950 电磁兼容国际标准规定，能滤除电网线之间串模干扰的电容，称作“X 电容”；能滤除由一次、二次绕组耦合电容产生的共模干扰的电容，称之为“Y 电容”。Y 电容和 X 电容统称为安全电容。

1. 选取 X 电容的原则

按照耐压值和用途的不同，X 电容可划分为 3 种类型：X1 电容、X2 电容和 X3 电容。X 电容的分类见表 6-10-1。X 电容仅用于当电容失效时不会使任何人遭受电击危险的场合。X 电容通常并联在交流电输入端，在 EMI 滤波器中用于抑制串模干扰。EMI 滤波器中最常用的是 X2 电容或 X3 电容。X1 电容的成本较高，通常不使用。当 $C=0.033$、0.047、0.1、0.22μF 和 0.47μF 时，X2 电容的阻抗特性曲线分别如图 6-10-4 所示。由图可见，电容的阻抗 Z 在几兆赫至 10MHz 附近有一个最小值。EMI 滤波器中使用的 X2 电容范围是 1nF ~ 1μF，最佳电容量一般取 0.1 ~ 0.33μF。

表 6-10-1　X 电容的分类

分类	可承受的峰值脉冲电压（kV）	IEC-664 绝缘等级分类	应用领域	耐久测试前可承受的峰值脉冲电压 U_P（kV）
X1	>2.5，≤4.0	Ⅲ	抑制高脉冲	4（C≤1.0μF）
X2	≤2.5	Ⅱ	一般用途	2.5（C≤1.0μF）
X3	≤1.2	—	一般用途	不做要求

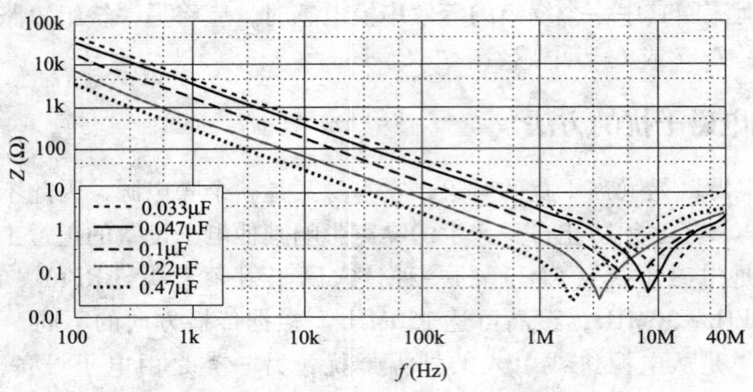

图 6-10-4　X2 电容的阻抗特性曲线

2. 选取 Y 电容的原则

Y 电容有 4 种类型：Y1 电容、Y2 电容、Y3 电容和 Y4 电容。Y 电容的分类见表 6-10-2，表中的 QA（Quality Assurance）代表质量保证。Y 电容用于当电容失效时可能对人造成电击危险的场合。

表 6-10-2　　Y 电 容 的 分 类

分类	绝 缘 类 型	额定交流电压（V）	用于 QA、周期性及批次测试的交流试验电压（V）	耐久测试前可承受的峰值脉冲电压 U_P（kV）
Y1	双层绝缘或加强绝缘	≤250	4000	8.0
Y2	基本绝缘或附加绝缘	≥150，≤250	1500	5.0
Y3	基本绝缘或附加绝缘	≥150，≤250	1500	不做要求
Y4	基本绝缘或附加绝缘	<150	900	2.5

Y 电容可为从一次侧耦合到二次侧的干扰电流提供回流路径，防止该电流通过二次侧耦合到大地。为避免将 Y 电容的噪声耦合到 MOSFET 的源极，应将 Y 电容的一端接一次侧直流高压；另一端接二次侧的返回端 RTN（亦称安全特低电压端，英文缩写为 SELV，Safety Extra－lowVoltage），也可根据实际情况接至电源底盘、屏蔽构件或大地。Y 电容的典型接线位置如图 6-10-5 所示，图中的 C_1 即 Y 电容。为使 Y 电容能有效工作，它与高频变压器引脚之间的印制板（PCB）布线应尽量短捷并走直线。

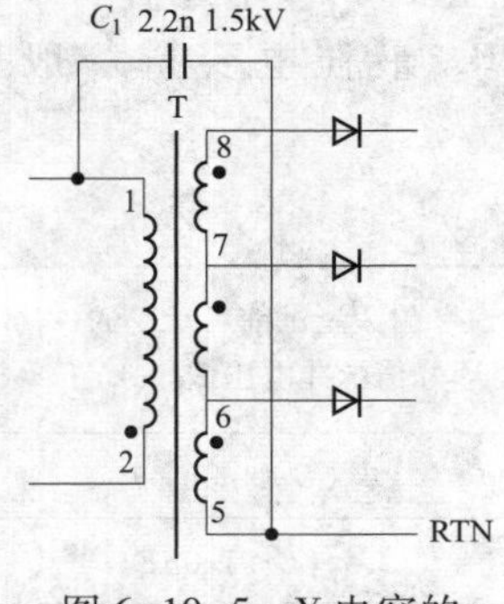

图 6-10-5　Y 电容的典型接线位置

根据交流电网电压值的不同，对最大允许漏电流的要求也不同（通常为 0.2～3.5mA），需要对 Y 电容的最大容量加以限制。对于Ⅱ类设备或两线制（相线、中线，没有地线）输入条件，当某个元件失效时其漏电流不得大于

250μA，因而 Y 电容的最大值被限制在小于 2.8nF（即 2800pF）。对于 I 类设备或三线制（相线、中线及地线）输入条件，当地线开路或因某个元件失效而短路时，其漏电流不得超过 3.5mA。因此，Y 电容的最大容量被限制在 39nF 以下。Y1 电容的常用容量范围是1~2.2nF，典型值为 1000pF。亦可用两只 2200pF 的 Y2 电容串联后来代替一只 1000pF 的 Y1 电容。适当增大 Y1 电容的容量可降低共模 EMI 噪声，但也会增加对地的漏电流。在两线制 220V 交流输入或宽电压范围交流输入的情况下，接在一次侧直流高压与二次侧返回端 RTN 之间的 Y1 电容，交流试验电压通常为 3000V，持续时间为 1min。但在三线输入时一般不使用 Y1 电容，此时可将 Y2 电容直接连在桥式整流输出端与大地之间，一旦 Y2 电容短路，可将故障电流安全地泄放到大地。

Y 电容可滤除 10~30MHz 频段的大部分高频干扰，其谐振频率应不低于 40MHz，但使用较长的引线会使谐振频率降低，引起干扰电流，使辐射干扰超标。因此，Y 电容的引线应尽量短捷，这对抑制对传导干扰或辐射干扰都至关重要。当 C = 4700、2200、1000、680pF 和 330pF 时，Y2 电容的阻抗特性曲线分别如图 6-10-6 所示。由图可见，电容的阻抗 Z 也随频率升高而降低，且在 10MHz 范围内阻抗与频率的变化规律呈线性关系。

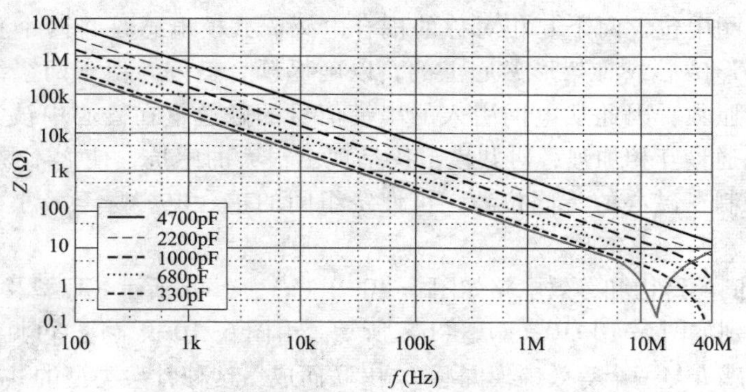

图 6-10-6　Y2 电容的阻抗特性曲线

为了抑制电磁干扰，开关电源必须对 EMI 进行滤波，以满足 EMI 标准所规定的技术指标。降低 EMI 的方案有两种：第一种方案是采用简单的 π 型滤波器和一只 Y 电容，适用于输出功率为 1~5W 的小功率开关电源；第二种方案是由共模扼流圈、X 电容和 Y 电容组合而成的滤波器，适用于 5W 以上的中、小功率开关电源。

3. 串模扼流圈

串模扼流圈通常绕制在铁氧体磁环或螺线管上，它对串模干扰呈现很高的阻抗。串模扼流圈的结构和阻抗特性曲线分别如图 6-10-7、图 6-10-8 所示。由图可见，电感量为 1mH 的串模扼流圈，当工作频率为 1MHz（即 10^6Hz）时串模阻抗 Z 达到峰值。采用单层绕组的串模扼流圈的匝间电容最低，其谐振频率也最高。串模电感量可在 100μH~5mH 的范围内选取。

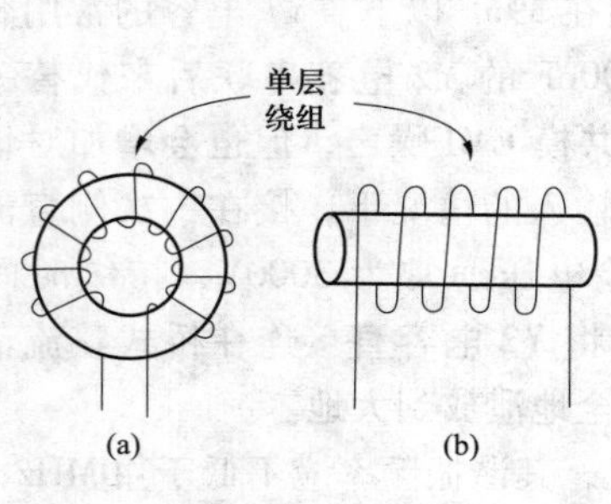

图 6-10-7　串模扼流圈的结构

（a）采用铁氧体磁环结构；（b）采用螺线管结构

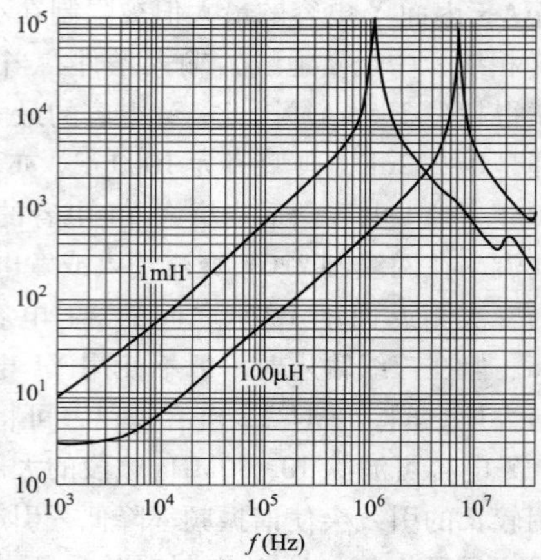

图 6-10-8　串模扼流圈的阻抗特性曲线

4. 共模扼流圈

共模扼流圈中包含两个互相对称的耦合电感。共模电感是将两个独立的绕组绕制在同一个环形磁心或骨架形磁心上的，以确保耦合良好。由于两个绕组沿相同方向绕制相同的匝数，因此从电网引入的串模信号的磁通量在磁心中被完全抵消，而共模信号的磁通量互相加强，对共模干扰呈现出很大的感抗，使之不易通过。此外，将两个绕组绕制在磁心的不同位置，可使绕组间的耦合电容降至最小。共模电感通常取8～33mH。

共模扼流圈的结构和等效电路如图 6-10-9（a）、（b）所示。U 型及线轴型共模扼流圈的外形分别如图 6-10-10（a）、（b）所示。由图 6-10-9（b）可见，共模扼流圈由一个共模电感 L 与一个等效串模漏感 L_0 串联而成。这种骨架类型的共模扼流圈还带来一个额外的好处，就是由于 L_0 的存在，使得共模扼流圈还具有一个固有的串模扼流圈，而不需要增加额外的分立式串模扼流圈。这与很多其他磁性元件不同，共模扼流圈中的漏感是人们期望得到的分布参数，它能兼顾串模滤波，却不会增加成本。

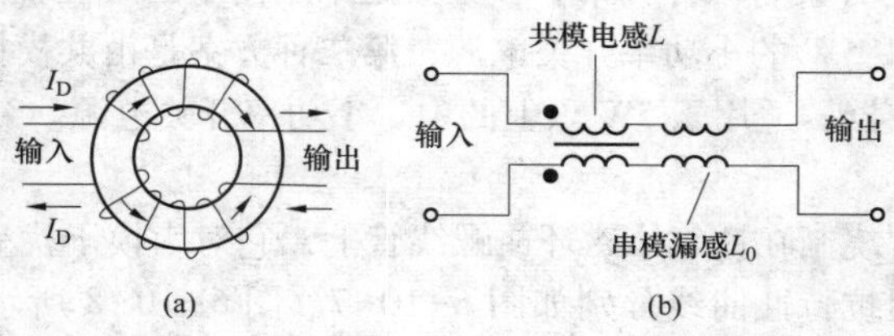

图 6-10-9　共模扼流圈的结构

（a）结构；（b）等效电路

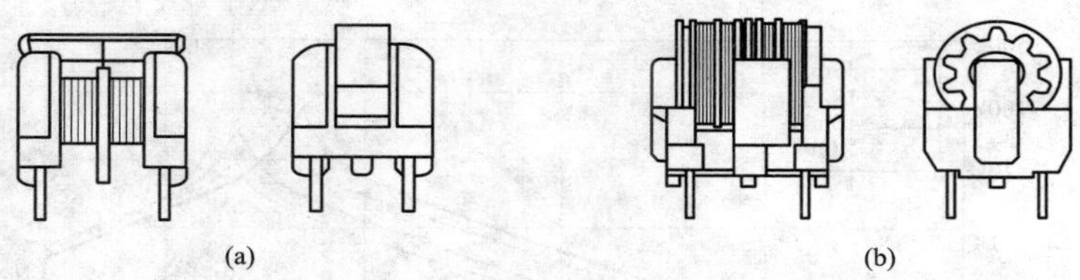

图 6-10-10　U 型及线轴型共模扼流圈的外形
（a）U 型共模扼流圈；（b）线轴型共模扼流圈

U 型及线轴型共模扼流圈的共模阻抗特性曲线分别如图 6-10-11（a）、（b）所示。U 型及线轴式共模扼流圈的串模阻抗特性曲线分别如图 6-10-12（a）、（b）所示。图 6-10-11 和图 6-10-12 中，还分别示出了 1mH 环形磁心共模扼流圈的共模阻抗及串模阻抗特性。需要注意的是环形共模扼流圈的共模阻抗及串模阻抗，大大低于 U 型及线轴式共模扼流圈，因此使用环形共模扼流圈时通常需要另加串模扼流圈。基于上述原因，不推荐采用环形共模扼流圈，除非为抑制高频干扰而需要另外增加一只环形共模扼流圈。

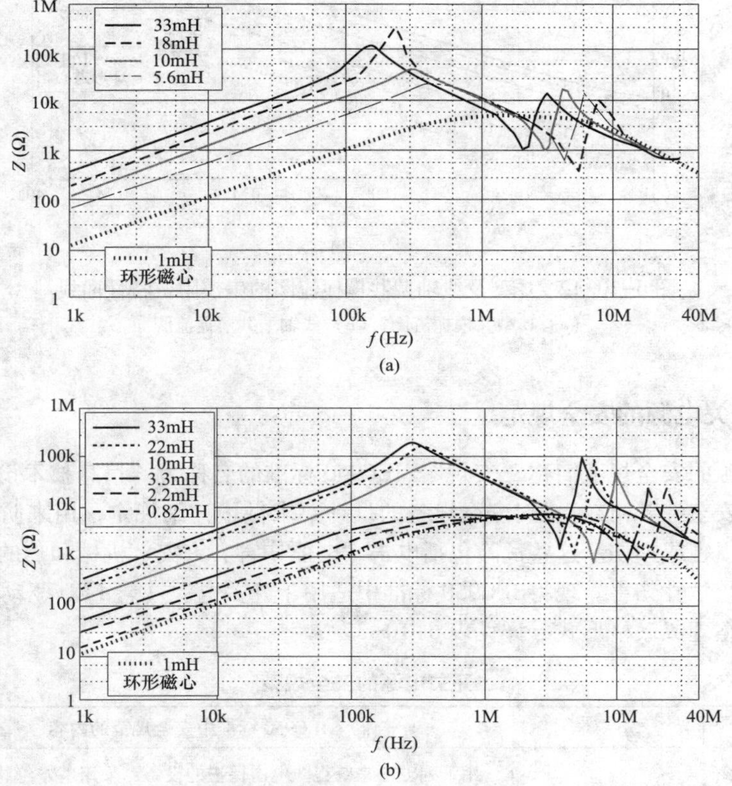

图 6-10-11　U 型及线轴型共模扼流圈的共模阻抗特性曲线
（a）U 型共模扼流圈；（b）线轴型共模扼流圈

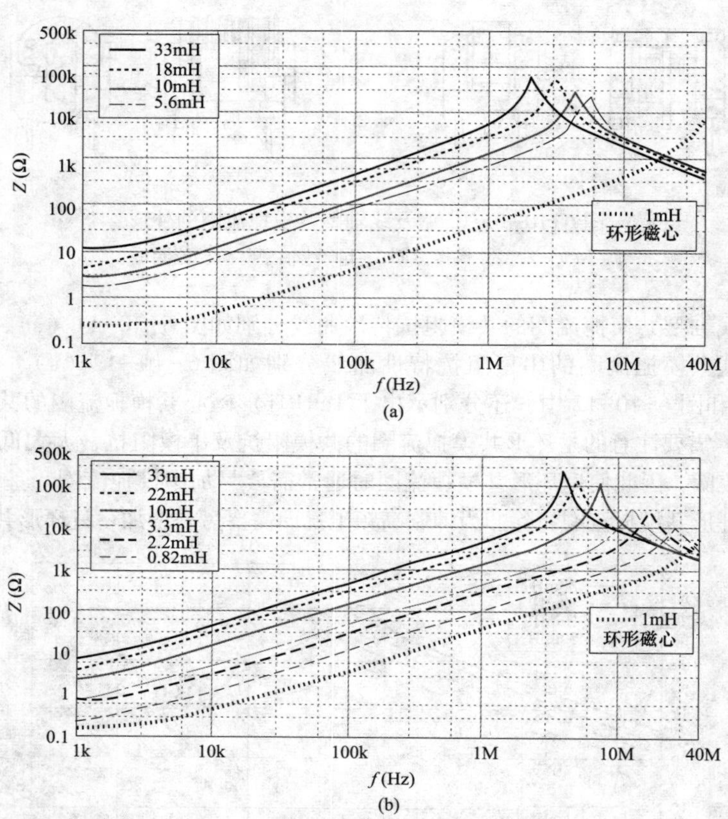

图 6-10-12　U 型及线轴型共模扼流圈的串模阻抗特性曲线

（a）U 型共模扼流圈；（b）线轴型共模扼流圈

三、开关电源的安全规范

开关电源的安全规范简称“安规”。IEC950 标准的名称为“信息技术设备包括商用电气设备的安全性”。该标准对安全设备的设计要求做了详细规定，用来防止某些危险可能带来的损害或损伤。这些危险包括电击、电能伤害、火灾、机械和热的伤害、辐射性伤害以及化学性伤害。现将 IEC950 标准中适用于开关电源（含 LED 驱动电源）安全规范的内容整理成表格形式，详见表 6-10-3。

表 6-10-3　开关电源的安全规范

总　类	分　类	IEC950 标准中安全规范的内容
设备类型	I 类设备	用下列方法来获得防电击保护的设备：采用基本绝缘的电子设备，必须还要有一种连接装置，使那些在基本绝缘一旦失效就会带危险电压的导电零部件能与建筑物配线中的保护接地导体相连

续表

总 类	分 类	IEC950 标准中安全规范的内容
设备类型	Ⅱ类设备	防电击保护不仅依靠基本绝缘，而且还需要采取附加安全保护措施的电子设备。例如采用双层绝缘或加强绝缘的设备，这类设备既不依靠保护接地，也不依靠安装条件的保护措施
电路类型	一次侧电路（初级电路）	直接与外部供电电网或其他等效供电源连接的内部电路。在开关电源中，这部分电路包括 EMI 滤波器、整流桥、高频变压器的一次绕组，以及任何直接连到一次侧的元器件，例如采用一次侧反馈的偏置绕组、光耦合器中的光敏三极管等
	二次侧电路（次级电路）	未直接连到一次侧功率端的电路（Y 电容除外），其传送的功率来自高频变压器
电压类型	工作电压	当设备以额定电压在正常使用条件下工作时，绝缘材料所能承受的最高电压
	安全特低电压（SELV）	所设计的电路具有保护功能。在正常工作条件下和单一故障条件下，二次侧电路中任意两个靠近的部件之间或某个部件与Ⅰ类设备的保护地接地端之间的电压均不得超过的一个安全电压值
绝缘类型	基本绝缘	对防电击提供基本保护的绝缘
	双重绝缘	由基本绝缘加上附加绝缘构成的绝缘
	加强绝缘	一种单一的绝缘结构，其所提供的防电击保护等级相当于双重绝缘
	爬电距离	在两个导电零部件之间或导电零部件与设备的边界面之间，沿绝缘体表面测得的最短距离。在开关电源中所有一次侧电路到所有二次侧电路之间的爬电距离，一般为 5~6mm
最大漏电流	Ⅱ类所有设备	0. 25mA
	Ⅰ类手持式设备	0. 75mA
	Ⅰ类移动式设备（手持式设备除外）	3. 50mA
一次侧到二次侧的交流绝缘抗电强度	基本绝缘	1000V（$u \leqslant 130V$）；1500V（$130V \leqslant u \leqslant 250V$）
	附加绝缘和加强绝缘	2000V（$u \leqslant 130V$）；3000V（$130V \leqslant u \leqslant 250V$）
安全隔离变压器	能将供电给 SELV 电路的绕组与其他绕组（如一次绕组及一次侧的偏置绕组）隔离开的功率变压器。这样即使绝缘被击穿，在 SELV 绕组上也不会引起危险情况的发生	
供电电源电压	在确定用于测试的供电电源的最不利电源电压时，应考虑下列因素：多种额定电压，额定电压范围的极限，制造商规定的额定电压容差。若未做容差规定，则使用+6%~−10% 的容差范围	

续表

总 类	分 类	IEC950 标准中安全规范的内容
安全放电		设备在设计上应保证在电网供电断开时，不会因连接到供电电路电容内的电荷泄放而造成电击危险。如果设备中有额定容量大于 0.1μF 的电容器连接至外部电网，则必须设法对电容器进行放电，放电的时间常数须小于 1s。此要求特别适用于任何直接连接到交流电网的 EMI 滤波器电容。当电源线从插座拔出时，由于其插头是外露的，因此该电容器可能会引起电击
接地漏电流		在最高输入电压情况下，最大接地漏电流不得超过规定的限定值。对于Ⅱ类设备，当输出没有与大地连接时，应在可触及的导电零部件上进行测试；而对于可触及的非导电零部件，应对贴在该零部件上面积小于 10cm×20cm 的金属箔进行测量
两线交流输入		开关电源两线制交流输入的连接可由一条相线与一条中线组成，其中交流电网的中线最终在该处通过供电的接线板接至大地。电源的安全特低电压（SELV）输出端可直接连大地，亦可不直接连
三线交流输入		（1）三线制连接方式中，第三条线为接大地的地线，用于连接 EMI 滤波器元件、屏蔽、底盘及外壳。中线被视为一个不接地的交流电源线或单独的相线。因此与任何交流电源线一样，对其也有相同的安全考量 （2）当安全接地连接开路或某个元件（如 Y1 电容）失效时，IEC950、UL1950、UL544 等安全规范都对总的故障电流大小进行了严格限定。例如 UL1950 规定，Ⅰ类信息技术设备或三线（相线、中线及地线）交流 240V、60Hz 的输入，当地线开路或某个元件失效造成短路时，其漏电流不得超过 3.5mA。因此 Y 电容的最大容量被限制在 39nF。对于Ⅱ类设备或两线（相线、中线，没有地线）输入，当某个元件失效时其漏电流不得大于 250μA，对应于交流 240V、60Hz 的输入，Y 电容的最大值被限制在低于 2800pF。此外还需考虑电容及输入电压的容差

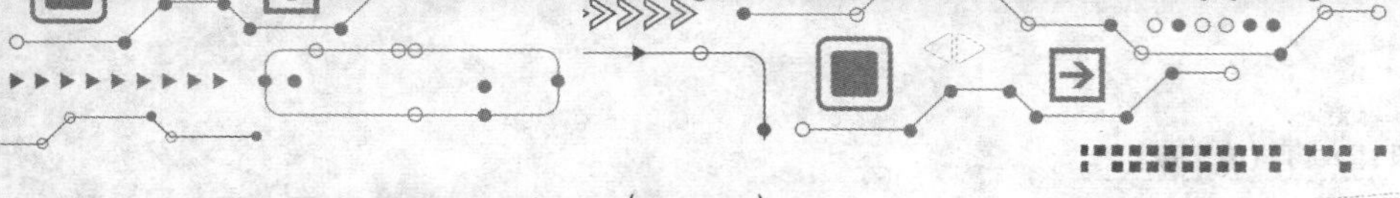

第七章

新型大功率 LED 驱动 IC 的原理与应用

本章专门介绍 50~900W 新型大功率 LED 驱动 IC 的原理与应用，主要包括 AC/DC 通用输入的降压式可调光 LED 驱动器 PT4207、HiperPFS-3 系列 PFC 控制器、HiperLCS 系列半桥式 LLC 控制器和 HiperTFS-2 系列双开关正激式加反激式变换器，详细阐述其工作原理、典型产品的应用及电路设计要点。

第一节　由 PT4207 构成的 50W 可调光 LED 恒流驱动电源

PT4207 是华润矽威科技（上海）有限公司推出的 AC/DC 通用输入的降压式可调光、高亮度 LED（HB-LED）驱动器芯片，可广泛用于 AC/DC 式 LED 日光灯驱动器、RGB-LED 背光驱动器和 LED 环境灯饰驱动器。

一、PT4207 的工作原理

1. PT4207 的性能特点

（1）PT4207 能满足 85~265V 的交流通用输入电压，或+18~450V 的直流输入电压的需要，可驱动由上百只 LED 串/并联后构成的灯串，适合驱动 LED 日光灯、RGB-LED 背光灯、LED 装饰灯等。

（2）芯片内部集成的 MOSFET，最大输出电流为 350mA；超过 350mA 时需配外部 N 沟道 MOSFET，以扩展输出电流。内置输入电压补偿电路，在不同输入电压下能改善 LED 电流的稳定性，LED 电流可通过外部电阻进行设定。

（3）PT4207 采用连续电感电流导通模式（CCM）的固定关断时间控制器，在每个周期内电感电流都有一个初始值（$I_{L(min)}$），与不连续电感电流导通模式（DCM）相比，可以降低纹波，提高电源效率。关断时间 T_{OFF} 通过外部电阻设定（典型值 10ns），可构成外围电路简单的降压式恒流驱动器，占空比调节范围是 0~100%，电源效率可达 80%~90%。

（4）利用 DIM 引脚可实现模拟调光，模拟调光电压范围是 0.5~2.5V，调光比为 5∶1。亦可采用数字脉冲信号进行 PWM 调光。

（5）具有 LED 负载短路/开路保护、输入欠电压保护、过热保护、软启动等多种功能。芯片工作电压的典型值为+5.5V，最高不超过+6V。工作温度范围是-40~+85℃。

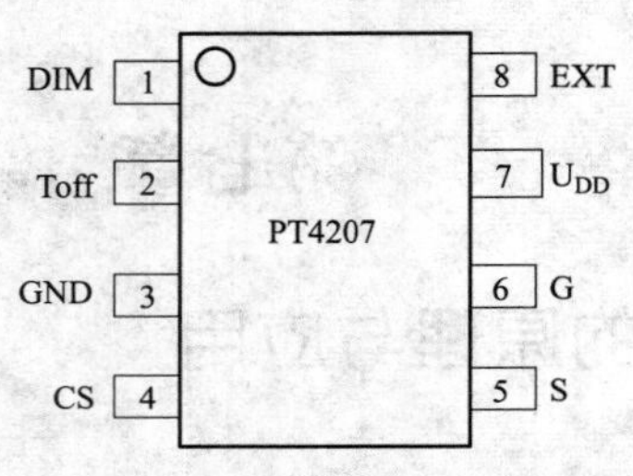

图 7-1-1　PT4207 的引脚排列图

2. PT4207 的工作原理

PT4207 采用 SOP－8 封装，引脚排列如图 7-1-1 所示。各引脚的功能如下：U_{DD}、GND 分别为电源端和接地端，在 U_{DD} 与 GND 端之间应并联一只 10μF 退耦电容器。DIM 为多功能调光输入端，可选择模拟调光或 PWM 调光。Toff 为关断时间设定端，需外接电阻来设定关断时间 T_{OFF}。CS 为内部（或外部）功率 MOSFET 的电流取样输入端，该端与功率 MOSFET 的源极短接后，再经过电流取样电阻 R_S 接地。S 端接外部 MOSFET（V_1）的源极，当需要利用外部 MOSFET（V_2）进行扩流时，S 端应接 V_2 的漏极。G 为外部 MOSFET（V_1）的栅极偏置端。EXT 为外接 MOSFET（V_2）的栅极驱动端，不使用 V_2 时，EXT 端应接地。

PT4207 的内部框图如图 7-1-2 所示。主要包括 5.25V 稳压器、时间定时器、RS 触发器、驱动级、内部 N 沟道 MOSFET、过热保护电路、调光控制器、LED 开路/短路保护电路、门电路、比较器、基准电压源及前沿消隐电路，此外还有 6.0V、13.5V 稳压管各一只，起过电压保护作用。

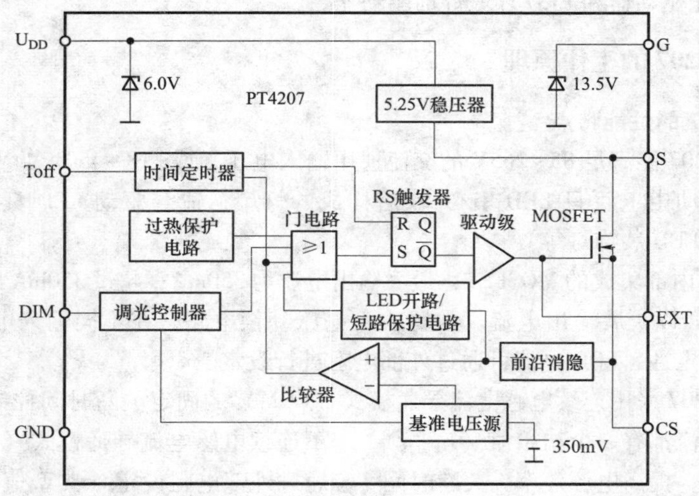

图 7-1-2　PT4207 的内部框图

PT4207 采用电感电流连续导通模式，其基本工作原理如图 7-1-3 所示。图中的开关 S 表示内部 MOSFET。正半周时 MOSFET 导通，相当于 S 闭合，电路如图 7-1-3（a）所示。电流途径为 U_I→LED 灯串→L→S（MOSFET）→R_S→地，对电感进行储能。负半周时 MOSFET 截止，相当于 S 断开，此时续流二极管 VD 导通，电感通过VD→LED 灯串泄放能量，维持电感电流 I_L 的方向不变。MOSFET 的关断时间 T_{OFF} 可通过外部电阻设定，它是固定不变的，经过 T_{OFF} 之后 MOSFET 将被重新开启。

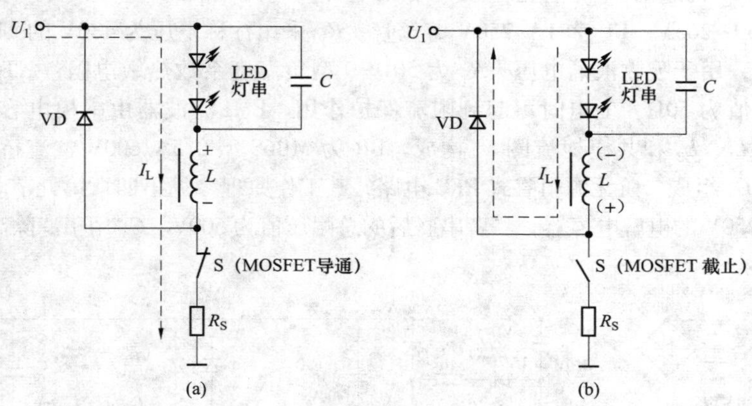

图 7-1-3　PT4207 的基本工作原理

（a）正半周时 S 闭合（MOSFET 导通）；（b）负半周时 S 断开（MOSFET 截止）

图 7-1-3 中的电容器 C 具有平滑滤波的作用，但对于采用连续电感电流导通模式的 LED 驱动器而言，亦可省去 C。在不考虑输出滤波电容器 C 的情况下，电感电流的波形如图 7-1-4 所示。图中 T_{ON}、T_{OFF} 分别表示 MOSFET 导通时间和截止时间，$I_{L(PK)}$、$I_{L(AVG)}$、$I_{L(min)}$ 分别代表电感电流的峰值电流（最大值）、平均值和最小值。因电感的储能过程总是从非零值（$I_{L(min)}$）开始的，故称作电感电流连续导通模式。

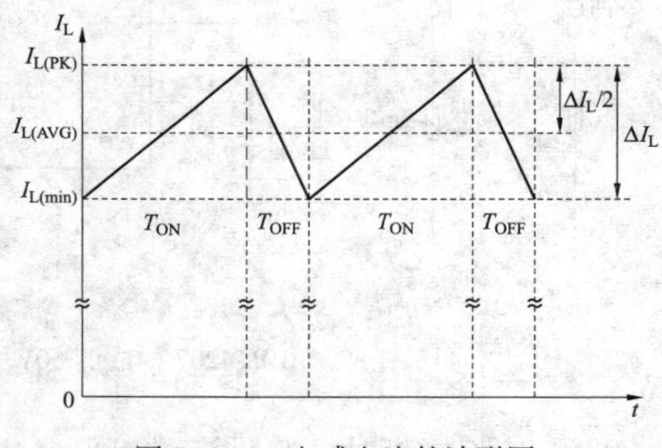

图 7-1-4　电感电流的波形图

（不考虑输出滤波电容器 C）

ΔI_L、$\Delta I_L/2$ 分别表示纹波电流峰-峰值、峰值，$I_{L(AVG)}$ 也就是通过 LED 灯串的平均电流 $I_{LED(AVG)}$。设直流输入电压为 U，续流二极管 VD 的正向导通压降为 U_D，LED 灯串上的总压降为 U_{LED}。当 MOSFET 关断时，有公式

$$U_L \approx U_{LED} - U_D \tag{7-1-1}$$

$$I_{LED(AVG)} = I_{L(AVG)} = I_{L(PK)} - \Delta I_L/2 = I_{L(PK)} - \frac{T_{OFF}(U_{LED} - U_D)}{2L} \tag{7-1-2}$$

上式中，$I_{L(PK)}$ 由外部电阻设定，T_{OFF}、U_{LED}、U_D 和 L 均为定值，因此 $I_{LED(AVG)}$ 能保持在恒流状态，这就是 PT4207 的基本工作原理。

二、由 PT4207 构成的 50W 高亮度 LED 驱动电源

由 PT4207 构成的 50W 高亮度 LED 驱动电源的电路如图 7-1-5 所示。交流输入电压范围是 160~265V。FU 为 1A/250V 熔丝管。R_V 采用标称电压为 430V 的 TVR05431 型压敏电阻器，用于吸收浪涌电压。R_T 为 50D-9 型负温度系数热敏电阻（NTCR），它在室温下的阻值为 50Ω，上电时可起到限流保护作用。EMI 滤波器由串模电容器 C_1、C_2，串模扼流圈 L_1、L_2 和共模扼流圈 L_3 构成。BR 为 MB6S 型 0.5A/600V 整流桥。由 VD_1 ~ VD_3、C_3 和 C_4 组成二阶无源填谷式 PFC 电路，其工作原理参见第四章第九节。C_3、C_4 均采用 47μF/250V 的电解电容器，二者串联后的总耐压值为 500V。C_5 用于滤除高频干扰。

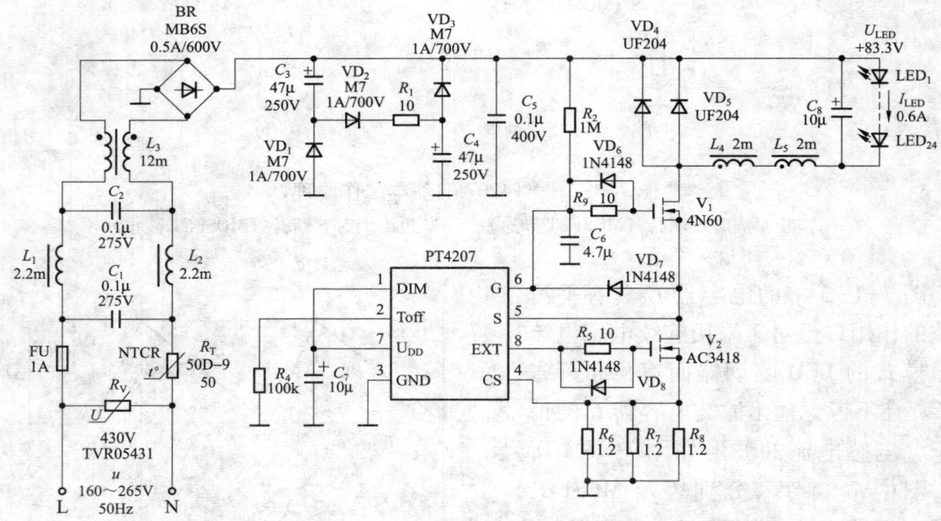

图 7-1-5　由 PT4207 构成的 50W 高亮度 LED 驱动电源的电路

R_4 用于设定关断时间 T_{OFF}，其典型值为 100kΩ（或 150kΩ）；当 R_4 = 100kΩ 时，所设定的 T_{OFF} = 10μs（固定值）。不进行调光时应将 DIM 端接 U_{DD} 端，C_7 为电源退耦电容。PT4207 内部 MOSFET 的最大漏极电流为 350mA，对于 350mA 以下的 LED 驱动电源不需要使用外部 MOSFET。设计 350mA 以上的 LED 驱动电源时，必须通过 PT4207 的驱动端口 G、S 和 EXT，来驱动外部功率 MOSFET V_1 和 V_2，以扩展输出电流，V_2 为低端扩流管。VD_6 ~ VD_8 均为保护二极管，R_9 为栅极限流电阻。

续流二极管由两只 2A/400V 的超快恢复二极管 UF204 并联而成，其反向恢复时间 t_{rr} = 50ns。L_4 和 L_5 为储能电感，适当增大 L_4 和 L_5 的电感量，可减小 LED 的纹波电流，提高电源效率。C_8 为输出滤波电容器（可省去）。R_6 ~ R_8 为电流检测电阻，并联后的总阻值 R_S = 0.4Ω±1%，LED 灯串的峰值电流 $I_{LED(PK)}$ 由下式确定

$$I_{LED(PK)} = I_{L(PK)} = \frac{0.35V}{R_S} \tag{7-1-3}$$

其中，R_S 为电流取样电阻。LED 灯串的平均值电流 $I_{LED(AVG)}$ 为

$$I_{LED(AVG)}=(1-k)I_{LED(PK)} \tag{7-1-4}$$

式（7-1-4）中的 k 为电感电流的纹波系数。所设定的峰值电流 $I_{LED(PK)}=0.35V/0.4\Omega=0.875A$。当 $k=0.3$ 时，$I_{LED(AVG)}=(1-0.3)\times0.875A=0.613A\approx0.6A$。LED 灯串包含 24 只 HB-LED，每只 LED 的正向导通压降 $U_F\approx3.5V$。LED 驱动电源的输出电压 $U_O\approx+84V$。

三、电路设计要点

下面以图 7-1-5 所示电路为例，介绍 PT4207 的电路设计要点。

1. 模拟调光电路的设计

利用可调电阻可实现 PT4207 的模拟调光，电路如图 7-1-6 所示。DIM 端内部有一只上拉电阻，只需改变外部电阻 R_{DIM} 的阻值，即可将 DIM 端的电压 U_{DIM} 在 0.5～2.5V 范围内进行调节，进而达到连续改变输出电流之目的。输出电流与调光电阻之间存在下述关系式

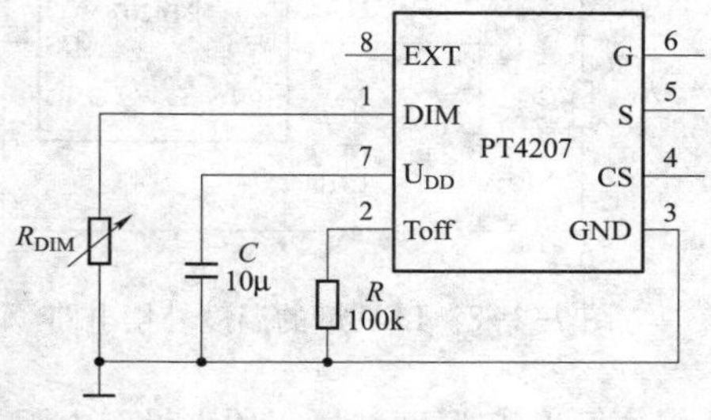

图 7-1-6　利用可调电阻实现模拟调光的电路

$$I_{LED(AVG)}=\frac{k_1R_{DIM}-0.5}{2}\cdot I_{L(PK)} \tag{7-1-5}$$

式中：$k_1=0.000\,02/\Omega$；$R_{DIM}=25\sim125k\Omega$。

2. PWM 调光电路的设计

（1）直接用 PWM 信号调光。直接用 PWM 信号调光的电路如图 7-1-7（a）所示。要求 PWM 信号的低电平 $U_L=0\sim0.3V$，高电平 $U_H=2.5\sim5V$。设占空比为 D，有关系式

$$I_{LED(AVG)}=DI_{L(PK)} \tag{7-1-6}$$

式中：$D=0\sim100\%$。

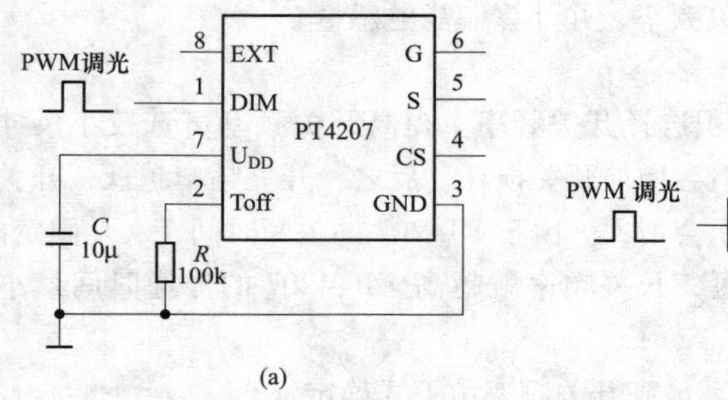

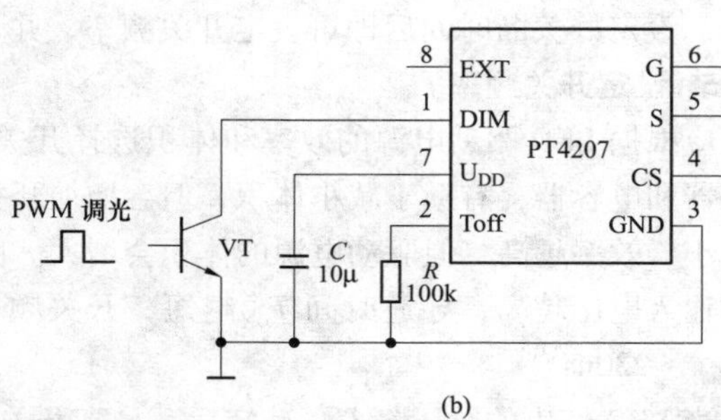

图 7-1-7　两种 PWM 调光电路

（a）直接用 PWM 信号调光；（b）通过晶体管进行 PWM 信号调光

（2）通过晶体管进行 PWM 信号调光。通过 NPN 型晶体管（VT）进行 PWM 信号调光的电路如图 7-1-7（b）所示。有关系式

$$I_{LED(AVG)} = (1-D)I_{L(PK)} \tag{7-1-7}$$

3. LED 灯的温度补偿电路

当 LED 所处环境温度超过安全工作点温度（135℃）时，LED 的正向电流会超出安全区，使 LED 的寿命大为降低。利用温度补偿电路不断减小 LED 的正向电流值，能延长 LED 的使用寿命。LED 灯的温度补偿电路如图 7-1-8 所示。具体方法是在多功能调光输入端 DIM 接一只负温度系数热敏电阻器（NTCR）R_T，用于检测 LED 所处的环境温度，NTCR 置于靠近 LED 的位置。通过不断测量电阻值 R_T，可获取 LED 的温度信息。R_T 值随 T_A 升高而逐渐减小，当 R_T 与温度补偿起始点设定电阻的阻值相等时，就开始逐渐减小输出电流，起到温度补偿作用。一旦 T_A 降到安全值，输出电流就自动恢复成预先已设定好的恒流值 I_{LED}。R_T 的电阻值可选 100kΩ（T_A = 25℃）。显然，该温度补偿电路与调光电路有相似之处，可视为借助于负温度系数热敏电阻器来进行调光。

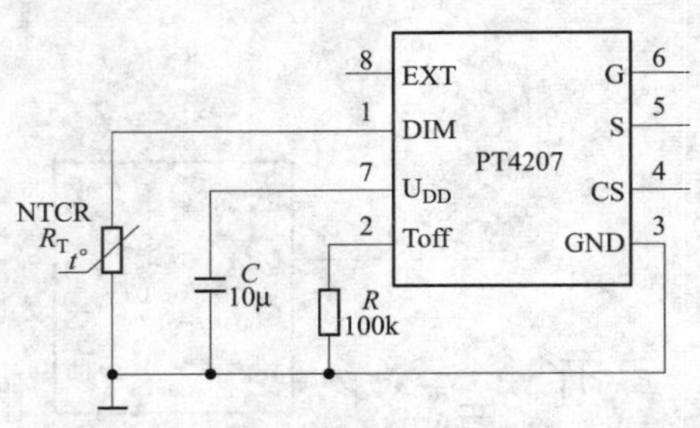

图 7-1-8　LED 灯的温度补偿电路

需要指出，由于 DIM 端内部已经有一只上拉电阻，因此只在 DIM 端与 GND 之间接 R_T，不需要使用电阻分压器。

4. 设定关断时间 T_{OFF}

PT4207 的关断时间 T_{OFF} 由 Toff 端与 GND 之间的电阻 R_4 设定。计算关断时间的公式为

$$T_{OFF} = k_2 R_4 \tag{7-1-8}$$

式中：T_{OFF} 的单位是 μs；R_4 的单位是 kΩ；k_2 = 0.1μs/kΩ。例如当 R_4 = 100kΩ 时，T_{OFF} = 10μs。设定好关断时间后即可设定开关频率，并计算储能电感量。

5. 设定开关频率 f

应根据 LED 驱动电源的效率和体积选择开关频率。提高开关频率可选较小尺寸的电感器和电容器，有助于减小体积，但会增加开关损耗。反之，开关频率越低，开关损耗越小，效率越高，但驱动电源的体积会增大。由于 PT4207 的关断时间 T_{OFF} 是固定的，因此输入电压越高，导通时间 T_{ON} 越短，开关频率就越高。PT4207 的导通时间最小值 $T_{ON(min)} \approx 230$ns。

当 LED 灯串的总压降 U_{LED} 确定后，最高开关频率由下式确定

$$f_{max} = \frac{U_{LED}}{\sqrt{2}u_{max}\eta T_{ON(min)}} \tag{7-1-9}$$

式中：u_{max}为交流输入电压的最大值；η为电源效率。举例说明，当$U_{LED}=+84V$、$u_{max}=265V$、$\eta=90\%$、$T_{ON(min)}=230ns$时，代入式（7-1-9）中得到$f_{max}=1.09MHz$。

令整流后的直流高压为U_I，利用下式可计算实际工作频率f

$$f=\frac{1-\dfrac{U_{LED}}{\eta U_I}}{T_{OFF}} \tag{7-1-10}$$

将$U_{LED}=+84V$、$\eta=90\%$、$U_I=+300V$、$T_{OFF}=10\mu s$代入式（7-1-10）中得到，$f=68.8kHz$。

6. 计算储能电感的电感量L

根据电感纹波电流的大小，可计算出所需的储能电感量

$$L=\frac{U_{LED}T_{OFF}}{\Delta I_L}=\frac{U_{LED}T_{OFF}}{2I_{LED(AVG)}} \tag{7-1-11}$$

式（7-1-11）忽略了续流二极管的压降U_D。将$U_{LED}=+84V$、$T_{OFF}=10\mu s$、$I_{LED(AVG)}=0.6A$一并代入式（7-1-11）中得到，$L=0.7mH$。增加电感量有助于减小纹波电流，以便将C_8替换成小容量的陶瓷电容器。图7-1-5中实际用L_4和L_5作为储能电感，总电感量为4mH。

第二节　HiperPFS-3系列内含升压二极管的PFC控制器工作原理

HiperPFS-3系列产品是美国PI公司于2015年6月推出的带升压二极管的单级大功率PFC控制器集成电路，可构成100~900W的高功率因数、高效率开关电源。HiperPFS-3适用于分布式大功率LED照明的前级PFC电源、PC电源、大功率电源适配器、大屏幕液晶电视机、工业控制及家用电器。

一、HiperPFS-3系列产品的性能特点

（1）普通的升压式PFC控制器都需要外接升压二极管，HiperPFS-3系列芯片内部包含6A超快速升压二极管（Qspeed）和大功率MOSFET，可大大简化外围电路设计。Qspeed升压二极管具有极低的反向恢复电荷和极软的反向恢复波形，能提高二极管的转换效率。由于它不产生高频谐波，能简化EMI滤波器的设计并省去缓冲电路，因此特别适用于升压式PFC电路。Qspeed二极管的反向恢复时间仅为几十纳秒，性能与SiC肖特基二极管相当，但成本更低，可取代SiC肖特基二极管。

（2）该系列产品包括PFS7523~PFS7529、PFS7533~PFS7539共14种型号。其中，PFS7523~PFS7529为通用交流电压输入器件，在交流90V下的最大连续输出功率范围是110~405W，峰值输出功率可达120~450W。PFS7533~PFS7539为高压交流输入器件，在交流180V下的最大连续输出功率范围是255~900W，峰值输出功率可达

280～1000W。

（3）它们采用开关频率可变的连续导通模式并配以数字增强电路，实现了高效率和高功率因数的技术指标。其优点是从 10% 负载点到满负载的宽范围内，电源效率可大于95%；在20%负载点下的功率因数可达0.92以上；交流230V 输入时的空载功耗低于60mW；能有效地抑制电磁干扰，符合 EN61000-3-2 Class C、D 标准。

（4）启动时能产生“电源正常”信号（Power Gond，PG，低电平有效），供电源系统使用。输出电压的阈值可通过电阻进行设定，仅当输出电压超过此阈值时 PG 为低电平。

（5）与早期的 HiperPFS 系列产品相比，具有更加完善的保护功能。主要包括输入欠电压保护、输入电压跌落保护、输入过电流保护、输出过电压保护、功率开关管的限流保护和安全工作区（SOA）保护、输出过载保护、引脚之间的短路保护、反馈引脚的开路保护及芯片过热保护。

二、HiperPFS-3 系列产品的工作原理

HiperPFS-3 采用 eSIP-16D 或 eSIP-16G 封装，二者的引脚排列分别如图 7-2-1（a）、（b）所示。需要说明的是，图 7-2-1（a）背面的裸露金属边及焊盘在芯片内部均与 G 引脚连通。各引脚的功能如下：U_{CC}为偏置电源端，接+12V 直流偏置电源（典型值，最高不得超过 15V），用于驱动 HiperPFS-3 芯片。U_{REF}为基准电压端，接外部旁路电容。G 为反馈电路、环路补偿电路的信号地，该端不得与源极引脚接通。V 为线电压监测端，内部接峰值检测器；该端经过高阻值电阻分压器接桥式整流器的输出端，用于检测经桥式整流后脉动电压（亦称线电压）的波形；为滤除线电压上的开关噪声，在整流器的输出端与信号地之间还应接一只小容量的陶瓷电容器，将开关噪声旁路掉；该端兼有输入欠电压、输出欠电压保护功能。C 为补偿端，可通过外部阻容网络对跨导误差放大器进行补偿。FB 为反馈端，接反馈电阻分压网络，利用 FB 端还能快速检测输

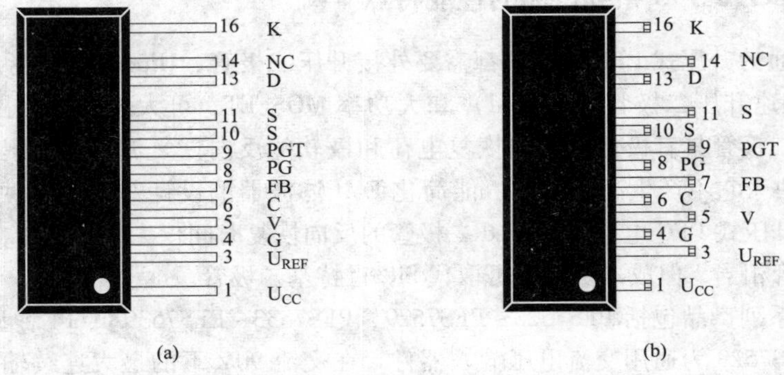

图 7-2-1　HiperPFS-3 的引脚排列图

（a）eSIP-16D 封装；（b）eSIP-16G 封装

出过电压、欠电压故障；该端与地之间需接 470pF 的旁路电容器。PG 为电源正常的信号输出端（漏极开路输出），输出为低电平时有效；未使用时应将该端开路。PGT 端接外部设定电阻，用于设定输出电压的阈值，一旦输出电压低于该阈值，PG 端就呈高阻态，表示 PFC 控制器的输出电压不在调整范围之内。S、D 分别接内部功率 MOSFET 的源极、漏极。K 为 Qspeed 升压二极管的阴极引出端。NC 为空脚。

HiperPFS-3 内部主要包括 Qspeed 超快速升压二极管、12V 门极驱动器、串联/并联式稳压器的基准电压、输入线电压接口电路（内含模/数转换器 ADC、电压峰值检测器、PF 增强器、欠电压输入/输出检测器及线电压检测器）、多路输出的带隙基准电压源、跨导误差放大器、过电压比较器、欠电压比较器、低通滤波器、频率平滑电路、定时器、锁存器、主控门、驱动级、检测漏极电流的场效应管（FET）、高压功率 MOSFET、内部偏置电源、过热保护电路（OTP）、过电流比较器、前沿消隐电路和软启动电路。

HiperPFS-3 采用的控制算法具有以下特点：其关断时间 T_{OFF} 取决于常数 K_1（单位是“伏・秒”，即 V・s）；而导通时间 T_{ON} 取决于常数 K_2（单位是“安培・秒”，即 A・s）。该算法是在 T_{ON} 时间内允许平均输入电流跟随输入电压的变化，通过调节输出电压及其波形，来减小输入电流的谐波成分，达到高功率因数的指标。

设升压式 PFC 的输入电压、输出电压分别为 U_I、U_O，输入电流为 I_I。关断时间 T_{OFF} 和导通时间 T_{ON} 由下式确定

$$T_{OFF}=\frac{K_1}{U_O-U_I} \tag{7-2-1}$$

$$T_{ON}=\frac{K_1}{U_I} \tag{7-2-2}$$

$$I_I=\frac{K_2}{T_{ON}} \tag{7-2-3}$$

将式（7-2-2）代入式（7-2-3）中整理后得到

$$I_I=U_I\frac{K_2}{K_1} \tag{7-2-4}$$

分析式（7-2-4）不难看出，只需控制常数 K_1、K_2，即可使输入电流 I_I 与输入电压 U_I 在半周期内成正比例关系，I_I 与 U_I 波形的变化规律相同，最终实现功率因数校正的要求。

第三节　由 PFS7527H 构成的 275W 通用 PFC 电源

一、由 PFS7527H 构成的 275W 通用 PFC 电源

由 PFS7527H 构成 275W 高效大功率升压式 PFC 电源的电路如图 7-3-1 所示，其交流输入电压范围是 90~264V，直流输出电压为+385V，额定输出电流为 0.714A，连续

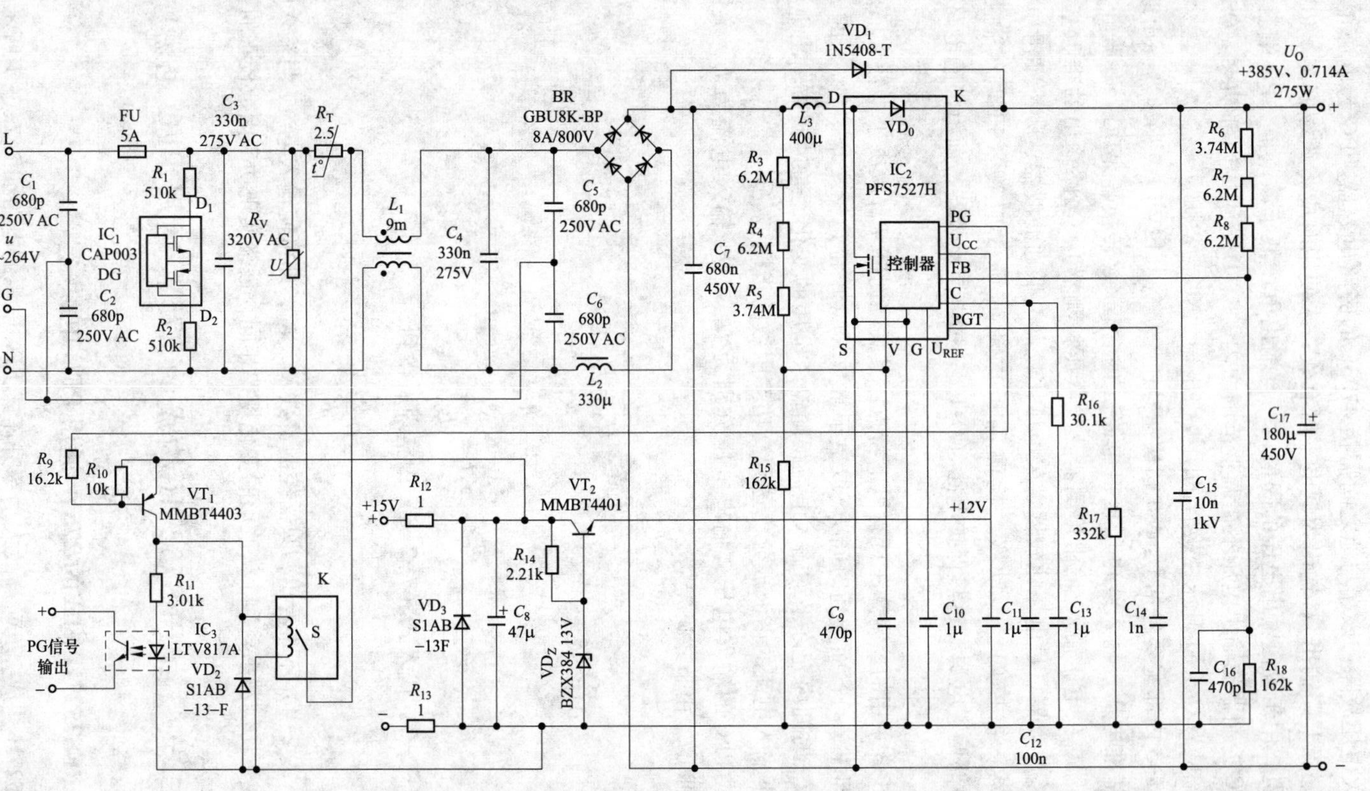

图 7-3-1　由 PFS7527H 构成的 347W 高效大功率升压式 PFC 电源电路图

输出功率可达 275W，电源效率和功率因数均可高于 95%。PFC 电源的输出端接降压式 LED 驱动器（DC/DC 变换器），可选 PI 公司新推出的 HiperTFS-2 系列 TFS7701H～TFS7708H 型单片双开关正激式变换器和反激式待机变换器（参见本章第六节）。该电源使用 3 片集成电路：IC_1（CAP003DG）；IC_2（PFS7527H）；IC_3（LTV817A）。下面介绍各单元电路的工作原理。

1. 输入保护电路及 EMI 滤波器

输入保护电路由熔丝管（FU）、压敏电阻器（R_V）和 X 电容零损耗放电器（CAP003DG）、负温度系数热敏电阻器（R_T）构成。EMI 滤波器包括用于抑制共模干扰的 Y 电容（C_1和 C_2、C_5和 C_6）、用于抑制串模干扰的 X 电容（C_3和 C_4）、共模扼流圈 L_1和串模扼流圈 L_2。利用 CAP003DG 能消除由泄放电阻引起的功率损耗。电源正常工作时 CAP003DG 保持开路，切断泄放电阻 R_1、R_2上的电流，使电阻功率损耗接近于零。当交流断电后，CAP003DG 立即将泄放电阻接通，迅速将 X 电容上储存的电荷泄放掉，可防止操作者受到电击。

BR 为 GBU8K-BP 型 8A/800V 整流桥。整流桥的输出电压经过 R_3～R_5和 R_{15}进行 100∶1 的分压后，送至 PFS7527H 的线电压监测端 V。R_3～R_5和 R_{15}均采用误差为±1%的精密电阻。C_7为消噪电容。

2. PG 信号输出电路

当电源进入正常工作状态后，PFS7527H 就发出电源正常信号 PG（低电平），经过 R_9、R_{10}和 PNP 晶体管 VT_1，驱动电磁继电器 K，使其触点 S 闭合，从而将 R_T短路，使之功率损耗降为零。与此同时，VT_1的集电极电流还通过光耦合器 IC_3（LTV817A），输出经过隔离后的 PG 信号。VD_2为保护二极管，断电时可为电磁继电器线圈上产生的反向电动势提供泄放回路，保护 VT_1不受损坏。

3. 升压式 PFC 变换器

升压式 PFC 变换器主要由 PFC 电感 L_3和 PFS7527H 组成，其中也包含 PFS7527H 芯片内部的整流管 VD_0，它们相当于一个升压变换器，一方面对电源的输入电流进行功率因数校正，另一方面还调整直流输出电压。VD_1的作用是在启动电源时将电感 L_3短路，以防止在建立输出电压的过程中电路产生振荡，同时还给输出滤波电容器 C_{17}进行充电。VD_1采用 1N5408-T 型 3A/1000V 硅整流管。负温度系数热敏电阻器 R_T可限制启动时输入的浪涌电流，防止 L_3发生磁饱和。C_{10}、C_{11}分别为 U_{REF}端、U_{CC}端的退耦电容，需采用低等效串联电阻（ESR）的陶瓷电容。C_{15}的作用是降低电磁干扰，且在每次的开、关瞬间防止 PFS7527H 内部的功率 MOSFET 在漏极和源极上产生电压过冲。R_{17}为 PGT 端的外部设定电阻，所设定电源正常的判定阈值为 3.65V，低于该阈值时 PG 信号呈高阻态。C_{14}为 PGT 端的退耦电容。

4. 串联调整式线性稳压器

串联调整式线性稳压器由电阻 R_{12}～R_{14}、电容器 C_8和 C_{11}、晶体管 VT_2、二极管 VD_3和稳压管 VD_Z构成，其直流输入电压为+15V，可为 PFS7527H 提供+12V 稳定电压，以维持其正常工作。VD_3的作用是防止将+15V 输入电压的极性接反，对 PFS7527HG 起到保护作用。

5. 反馈电路

输出电压 U_0经过电阻分压网络 $R_6 \sim R_8$、R_{18}分压后，给 PFS7527H 提供典型值为 3.85V 的反馈电压。

二、电路设计要点

下面以图 7-3-1 所示电路为例，介绍 HiperPFS-3 的设计要点。

1. HiperPFS-3 系列芯片的选择

（1）应根据所需最大输出功率、PFC 效率以及电源总效率（包括后级 DC/DC 式 LED 驱动器），散热条件、成本目标等因素，从 HiperPFS-3 系列产品中选择最合适的芯片。

（2）对于交流 90~264V 宽范围输入电压，可选择 PFS7523L/H~PFS7529H。在最低工作电压时的总效率不低于 93%，额定输出电压为+385V，允许输出电压范围是+380~395V。

（3）额定输出电压不要超过+395V，以免当线路和负载发生瞬态变化时导致片内功率 MOSFET 上的源-漏极电压过高。

2. 输入保护电路和 EMI 滤波器

（1）刚启动时由于输出滤波电容器充电到供电电压的峰值，交流输入端会形成一个大电流，但该电流会受到负温度系数热敏电阻器 R_T、EMI 滤波器中共模电感的阻抗和输入整流桥正向导通压降的限制。熔丝管的额定电流应大于 PFC 发生欠电压保护时的输入电流值。

（2）为抑制电网的浪涌电压，通常要使用一只标称电压为交流 320V 的压敏电阻器 R_V。

（3）输入整流桥的输出电容器 C_7应选择低等效串联电阻（ESR）的高频滤波电容器，C_7可减小输入电流的纹波并简化 EMI 滤波器的设计。通常可按“0.33μF/100W”的比例系数来选取容量，对于交流 230V 输入，比例系数可选“0.15μF/100W”。图 7-3-1 中，输出功率为 275W，C_7 =（0.33μF/100W）×275W = 0.9μF = 900nF，实际取 680nF/400V 的标称电容器。

3. PFC 电感

PFC 电感选择 PC44PQ32 型磁心，用 40 股 ϕ0.1mm 绞合线绕 56 匝，电感量为 400μH（允许误差为±5%）。磁心的最大磁通密度应小于 0.3T，峰值磁通密度小于 0.42T。

4. 输出滤波电容器的选择

在构成 DC/DC 式 LED 驱动器的前级 PFC 电源时，输出电容器 C_{17}的耐压值不得低于 450V。电容器的容量则由所要求输出纹波的大小和电源供电的保持时间而定。令额

定输出功率为 P_O，C_{17}的供电保持时间为 t_{HOLD}，输出电压的额定值和最小值分别为 U_O、$U_{O(min)}$，输出电流的最大值为 $I_{O(max)}$，开关频率为f，输出纹波电压的峰值为 ΔU_O，电源效率为 η。满足供电保持时间的电容量计算公式为

$$C_{17}=\frac{2P_O t_{HOLD}}{U_O^2-U_{O(min)}^2} \tag{7-3-1}$$

满足输出纹波要求的计算公式为

$$C_{17}=\frac{I_{O(max)}}{2\pi f\Delta U_O\eta} \tag{7-3-2}$$

只需从式（7-3-1）、式（7-3-2）中选择一个较大的计算值作为 C_{17}的电容量，即可同时满足对供电保持时间和输出纹波的要求。考虑到电解电容器容量会随工作时间的增加而减小，并且还存在较大的容许误差，因此应在计算的基础上再适当增加容量值，作为实际容量。

第四节　HiperLCS 系列半桥 LLC 谐振变换器的工作原理

一、HiperLCS 系列产品的性能特点

HiperLCS 系列产品具有以下特点：

（1）HiperLCS 系列产品包含 LCS700～LCS703、LCS705 和 LCS708 共 6 种型号，最大输出功率范围是 110～440W。芯片内部集成了 LLC 控制器、栅极驱动器及两只组成半桥的高压功率 MOSFET，适配 HiperPFS-3 系列 PFC 控制器作为前级（参见本章第二、三节），构成大功率 LED 驱动电源、大屏幕 LCD 电视机电源及高效率隔离式开关电源，可大大简化外围电路设计。有关半桥 LLC 谐振变换器的基本原理参见第二章第十二节。

（2）它属于一种变频转换器，当工作频率升高时输出电压降低，工作频率降低时输出电压升高。因此，通过改变工作频率即可调节输出电压，实现稳压目的。

（3）尽管其最高工作频率为 1MHz，额定稳态工作频率高达 500kHz，但为了降低电路成本、减小高频变压器的尺寸、兼顾电源效率且便于采用低成本的陶瓷电容器来取代电解电容器作为输出电容器，推荐的最佳额定工作频率为 250kHz。额定工作频率一经选好，实际工作频率将随输入电压和负载而变化。需要注意，额定工作频率一般不要超过 300kHz，否则高频变压器中铜线的涡流损耗会迅速增大。

（4）电源效率高。满载时半桥 LLC 谐振变换器的效率可达 95%。配上 HiperPFS-3 系列 PFC 控制器后，在交流 230V 输入电压时的总效率仍可达到 93%。

（5）具有远程关断功能，通过控制线将过电压/欠电压端（OV/UV）拉低至地电位，即可进行远程关断。若给 IS 引脚施加的单次脉冲电压超过 0.9V 的阈值，则会激活芯片，使之自动重启动。

（6）具有全面的故障处理及可编程功能，主要包括欠电压（UV）保护、过电压（OV）保护，短路保护（SCP），过热保护（OTP）；并且可对过电流阈值、死区时间、脉冲串阈值频率、软启动时间、最低频率和最高频率等关键参数进行编程，从而实现优化设计。

（7）该变频转换器采用零电压开关（ZVS）技术，使MOSFET在零电压时通、断，从而消除了开关损耗，使电源效率得到显著提高。

二、HiperLCS系列产品的工作原理

HiperLCS系列产品采用eSIP-16C或eSIP-16K封装。其中，eSIP-16C封装的引脚排列如图7-4-1所示，它所对应的型号均增加尾缀HG，例如LCS702HG。各引脚的功能如下：U_{CC}为芯片的电源端。U_{REF}为LLC反馈电路的基准电压端，基准电压的典型值为3.40V。G为公共地。OV/UV为过电压/欠电压端，输入直流高压经过电阻分压器接至此端，即可对输入电压进行检测；若将该端接地，则执行远程关断功能。FB为反馈端，流入此端的电流大小决定了LLC开关频率的高低；反馈电流越大，开关频率就越高，反之亦然。DT/BF为死区时间/脉冲串频率引出端，在U_{REF}-G端之间接电阻分压器即可对死区时间、开关频率及脉冲串阈值频率进行编程。IS为电流检测端，用于检测高频变压器的一次侧电流。NC为空脚。S_1、S_2是内部下管MOSFET的源极引脚。HB为半桥引脚，它与内部两只MOSFET组成的半桥中点相连，外接LLC功率转换电路（含高频变压器的一次绕组和串联谐振电容）。U_{CCH}为内部驱动器的自举供电端，外接自举二极管及旁路/存储电容器。D为漏极端。

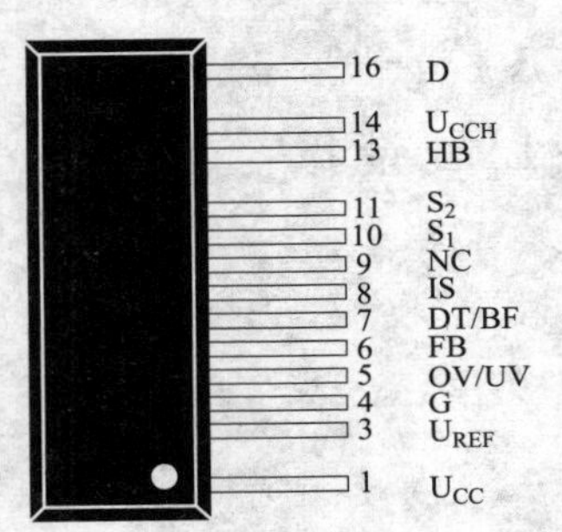

图7-4-1　HiperLCS系列产品的引脚排列图（eSIP-16C封装）

HiperLCS系列产品的内部主要包括去抖动及时钟电路，交替信号发生器，死区时间发生器，PWM调制器，相位排序电路，基准电压源，3.4V线性稳压器，可变增益放大器，跨导放大器，软启动电路，半桥驱动器及两只高压MOSFET，输出控制逻辑，过热保护电路，DT/BF端检测电路，故障检测电路。

第五节　由LCS702HG构成的150W大功率LED路灯驱动电源

150W大功率LED路灯驱动电源由以下两部分组成：① 前级为PFC电源，可直接采用如图7-3-1所示由PFS7527H构成的+385V、275W高效大功率升压式PFC电源电路；② 后级则选用HiperLCS系列LCS702HG型半桥LLC谐振变换器，设计成150W（+43V、3.5A）恒流输出式可调光LED驱动电源，电路如图7-5-1所示（PFC电路从略）。满载时半桥LLC谐振变换器的效率可超过95%，整个电源系统的总效率可达91%~93%。

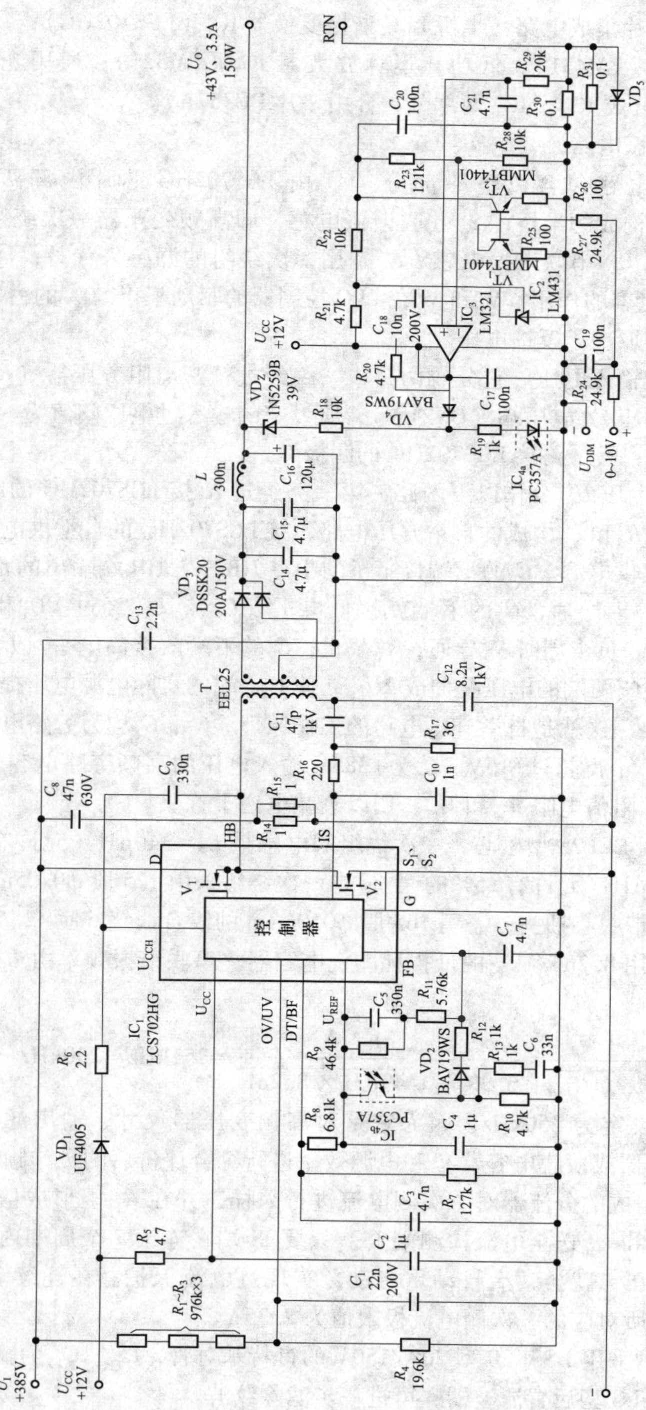

图 7-5-1 150W 恒流输出式可调光LED驱动电源电路图（PFC 电路从略）

该电路共使用4片集成电路：半桥LLC谐振变换器IC_1（LCS702HG）；2.5V可调式带隙基准电压源IC_2（LM431）；低功耗运算放大器IC_3（LM321）；通用光耦合器IC_4（为画图方便，将其分成IC_{4a}、IC_{4b}两部分，合用一片PC357A）。

1. 半桥LLC谐振电路

半桥LLC谐振电路包含以下4部分：① 由LCS702HG芯片内部两只N沟道MOSFET（V_1、V_2）构成的半桥；② 并联谐振电感，即高频变压器一次绕组的电感L_P（图7-5-1中未画）；③ 串联谐振电感L_S，是用一次绕组的漏感来代替；④ 谐振电容C_{12}，它还具有隔直电容的作用。V_1和V_2在LLC控制器的驱动下以50%的占空比交替地通、断，开关频率则取决于反馈电压。

U_I为+385V直流输入电压。它分成两路，一路经过精密电阻分压器（R_1~R_3、R_4）接LCS702HG的过电压/欠电压端（OV/UV），所设定的输入过电压阈值为+473V，输入欠电压阈值为+280V；另一路接LCS702HG的漏极D。

+12V直流输入电压U_{CC}分作以下两路：第一路经过R_5接LCS702HG的电源端U_{CC}；第二路经过由VD_1、R_6和C_9构成的自举升压电路，接LCS702HG的自举供电端U_{CCH}，给内部的半桥驱动器提供电源。C_9的下端接半桥的中点HB，从HB端输出的是方波信号。设正半周时V_1截止，V_2导通，C_9的下端就接低电平（U_-），U_{CC}经过VD_1和R_6给C_9充电，一直充到U_{CC}值。负半周时V_1导通，V_2截止，C_9的下端改接高电平（U_+），此时外部电源电压U_{CC}就与C_9两端的电压叠加成$2U_{CC}$，使U_{CCH}端的实际电源电压提升一倍，以满足高压驱动的需要，这就是自举升压电路的工作原理。C_1、C_2均为旁路电容。为避免损坏LCS702HG，U_{CC}不得超过+15V。C_8为+385V输入电压的高频旁路电容。在C_8的下端接互相并联着的低阻值电阻R_{14}和R_{15}，用以衰减电磁干扰。

高频变压器采用EEL25型磁心，一次绕组的电感量$L_P = 340\mu H$（允许有±10%的误差），漏感量$L_S = 49\mu H$（允许有±5%的误差）。一次绕组采用125股ϕ0.05mm的绞合线绕29匝。二次绕组带中心抽头，需用165股ϕ0.06mm的绞合线绕6匝×2。

谐振电容C_{12}选用8.2nF/1kV的低损耗陶瓷电容器。串联谐振频率由L_S和C_{12}设定，不难算出

$$f_S = \frac{1}{2\pi\sqrt{L_S C_{12}}} = \frac{1}{6.28 \times \sqrt{49\mu H \times 8.2nF}} = 251kHz \approx 250kHz$$

之所以将工作频率设定为250kHz，因为它是对高频变压器尺寸、输出滤波电容选型（允许使用陶瓷电容器或薄膜电容器）和电源效率进行综合评价后的最佳频率点。

利用C_{11}和C_{12}组成的分流器对一次侧电流进行采样，并在R_{17}上形成信号压降，再经过高频滤波器R_{16}和C_{10}送至电流检测端IS。只要IS端在连续7个周期内检测到一个0.5V的正向峰值电压，就会激活自动重启动，实现过电流保护。在连续7个周期内，0.5V正向峰值电压所对应的一次侧电流极限值为2.35A。

输出整流管VD_3采用DSSK20型20A/150V的肖特基对管，C_{14}、C_{15}为输出端的滤波电容。C_{16}和L构成LC型后置滤波器，可进一步滤除纹波。

2. 精密光耦反馈电路

精密光耦反馈电路由光耦合器 PC357A、可调式精密并联稳压器 LM431 和运算放大器 LM321 构成。LM321 起到电流检测放大器的作用，它与 LM431 及其他外围元件构成了电流控制环。R_{19}、R_{20}、R_{29}、C_{18} 和 C_{21} 均为电流控制环的相位补偿元件。39V 稳压管 VD_Z 与电阻 R_{18} 配合，用来监测输出电压。常态下 VD_Z 呈截止状态，一旦因负载开路而使输出电压迅速升高，VD_Z 就立即被反向击穿进入稳压区，对 PC357A 起到钳位保护作用。

R_{30} 和 R_{31} 为输出电流的取样电阻，二者并联后的总阻值为 0.05Ω。VD_5 为钳位保护二极管，防止在输出短路时损坏电流控制环。输出电流在 R_{30} 和 R_{31} 上获得取样电压，经过 R_{29}、C_{21} 滤除高频干扰后，送至 LM321 的同相输入端。

LM431 属于三端器件，现将其调整端与阴极短接后作为两端器件使用，专门提供 2.50V 的固定基准电压。U_{CC} 通过限流电阻 R_{21} 给 LM431 供电，LM431 输出的 2.50V 基准电压又经过 R_{22}、R_{23} 和 R_{28} 分压后，给 LM321 的反相输入端提供参考电压，C_{20} 为高频旁路电容。LM321 的输出电压经过隔离二极管 VD_4 和电阻 R_{19}，驱动光耦合器 PC357A 中的红外 LED（IC_{4a}）。

IC_{4b} 在接收到 IC_{4a} 传输过来的反馈信号后，其红外接收管的发射极就通过 VD_2、R_{12} 向 LCS702HG 的反馈端（FB）输出反馈电流 I_{FB}，反馈端的开关频率灵敏度为 2.6kHz/μA，即每 μA 的反馈电流所对应的开关频率为 2.6kHz。显然，I_{FB} 越大，开关频率越高。VD_2 可确保 I_{FB} 只能流入反馈端，R_{12} 为限流电阻。C_7 为 FB 端的旁路电容。LCS702HG 的最低工作频率由串联电阻 R_9、R_{11} 来设定，大约为 160kHz。DT/BF 端的外部电阻 R_7、R_8，用于设定死区时间和 LCS702HG 的最高工作频率，这里将死区时间设定为 330ns，最高工作频率为 847kHz。基准电压端（U_{REF}）的外接电容 C_5，可起到软启动电容的作用。

3. 模拟调光电路

模拟调光电路由晶体管 VT_1 和 VT_2、电阻 R_{24} ~ R_{27} 和电容 C_{19} 构成，可对 LED 照明灯进行远程调光。其特点是利用 0~10V 的直流调光电压（U_{DIM}）使 LED 驱动器的输出电流连续变化，按照线性规律来调节 LED 的亮度。该调光电路的成本低，易操作，且无闪烁现象。U_{DIM} 经过 R_{24}、R_{27} 转换成参考电流 I_{DIM}，再通过镜像电流源 VT_1 和 VT_2，产生与 I_{DIM} 大小相同的电流，该电流通过 R_{22}、R_{23}、R_{28} 也作用到电流检测放大器 LM321 的反相输入端，迫使该端的参考电压降低，进而使 LED 驱动器的输出电流减小，最终实现了模拟调光。调光电压 U_{DIM} 的调节范围是 0~10V，当 $U_{DIM}=0V$ 时，LED 的亮度达到 100%；当 $U_{DIM}=10V$ 时，LED 的亮度下降到 20%。

第六节　HiperTFS-2 系列双开关正激式加反激式变换器的工作原理

HiperTFS-2 系列产品是美国 PI 公司继 HiperTFS 之后，于 2015 年 4 月新推出的单片集成电源，可构成 363W 以下的大功率开关电源。HiperTFS-2 特别适合与 HiperPFS-3

系列产品配套使用，用于分布式大功率 LED 照明的后级直流稳压电源、PC 电源、大功率电源适配器、大屏幕液晶电视机等。

一、HiperTFS-2 系列产品的性能特点

（1）HiperTFS-2 系列产品（以下简称 HiperTFS-2）是一种高集成度、大功率高效 DC/DC 变换器，芯片内部包含双开关正激式变换器（2 Switch Forward Converter），用作主电源控制器，亦称主电源变换器，最大输出功率可达 343W；中功率反激式变换器，用作辅助电源控制器，简称辅助控制器，最大输出功率为 20W；3 只高压大功率 N 沟道 MOSFET。最大总输出功率可达 363W，峰值输出功率可达 586W。

（2）HiperTFS-2 包括 8 种型号（TFS7701H～TFS7708H），产品分类及输出功率见表 7-6-1。

（3）与早期产品 HiperTFS 相比，HiperTFS-2 主要做了以下改进：封装形式从三列封装改为双列封装，便于插入芯片；将峰值功率提高了 40%；上管驱动器采用自偏置，能节省偏置绕组；主转换器的开关频率可选 66kHz 或 132kHz。

表 7-6-1　　HiperTFS-2 的产品分类及输出功率

产品型号	输出功率（W）		
	主电源：双开关正激式变换器（输入电压为+385V）		辅助电源：反激式变换器（输入电压为+100～400V）
	连续输出（50℃）	峰值输出（50℃）	连续输出（50℃）
TFS7701H	148	187	20
TFS7702H	190	297	20
TFS7703H	229	375	20
TFS7704H	251	419	20
TFS7705H	269	466	20
TFS7706H	298	513	20
TFS7707H	322	553	20
TFS7708H	343	586	20

（4）具有输入欠电压（UV）保护、输入过电压（OV）保护、输出过电压保护（OVP）、过电流保护（OCP）、短路保护（SCP）、软启动、远程通/断（ON/OFF）控制等功能。

（5）采用先进的功率封装技术，可简化双开关正激式拓扑结构的布局、安装及热管理，能在宽输入电压范围内工作。

（6）采用高频变压器磁复位控制技术，可防止高频变压器发生磁饱和。

（7）高效率，低功耗。满载时的效率可大于 90%。能进行空载调整，使空载及轻载功耗显著降低。

二、HiperTFS-2 系列产品的工作原理

HiperTFS-2 采用 eSIP-16F 封装，引脚排列如图 7-6-1（a）、（b）所示。各引脚的功能如下：D 为双开关正激变换器的下端功率 MOSFET 漏极引出端。DSB 为辅助电源功率 MOSFET 的漏极引出端。G 为公共地。S 为主变换器和辅助变换器的 MOSFET 源极引出端。R 为复位端，用以限制最大占空比。EN 为辅助电源控制器的使能端。L 为线电压监测端，内部接线路检测器；外部经过 4MΩ 的高阻值电阻接输入直流高压，用于检测线电压，具有输入欠电压、输入过电压保护功能。FB 为辅助电源的反馈端。BP 为旁路端，该端可通过手动开关或计算机发出的信号进行远程通/断（ON/OFF）控制，开启或禁用主电源和辅助电源。U_{DDH}为上端工作电压端。HS、HD 分别为上端功率 MOSFET 的源极、漏极引出端。为提高耐压性能，相邻高压引脚或高压引脚与低压引脚之间分别空出了一个引脚的间距。

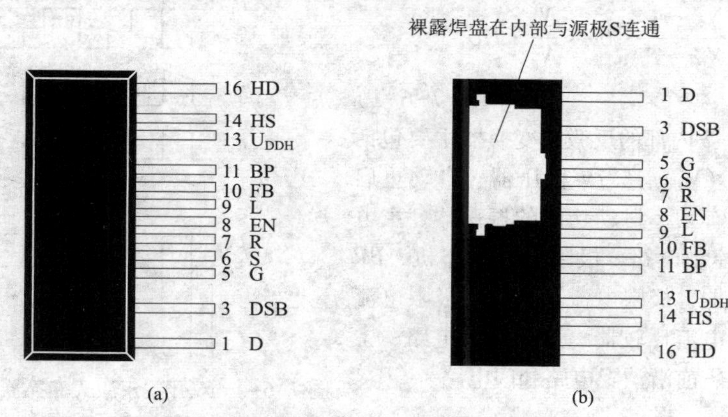

图 7-6-1 HiperTFS-2 的引脚排列图

（a）正面；（b）背面

HiperTFS-2 的内部简化示意图如图 7-6-2 所示。主要包括主控制器和辅助控制器、3 只功率 MOSFET（V_1 ~ V_3）。其中，V_1的耐压值为 530V，V_2和 V_3的耐压值均为 725V。

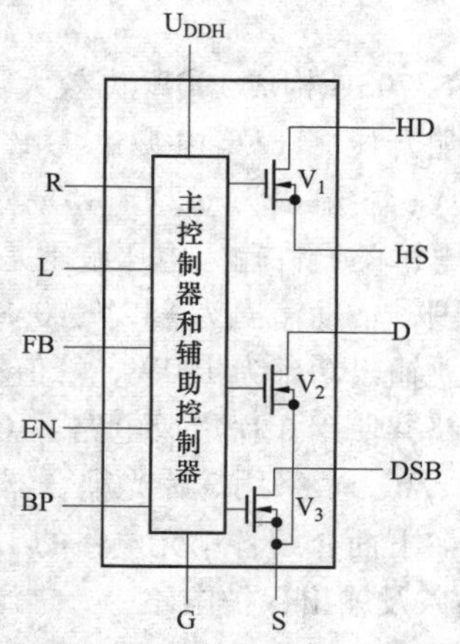

图 7-6-2 HiperTFS-2 的内部简化示意图

双开关正激式变换器的基本原理如图 7-6-3 所示。V_1、V_2 作为开关器件，在 PWM 信号控制下同时处于通态或断态。VD_3、VD_4分别为 V_1、V_2 的保护二极管。高频变压器 T 起到隔离和变压作用，N_P、N_S分别为一次、二次绕组。VD_1为输出整流管，VD_2为续流二极管，二者均采用超

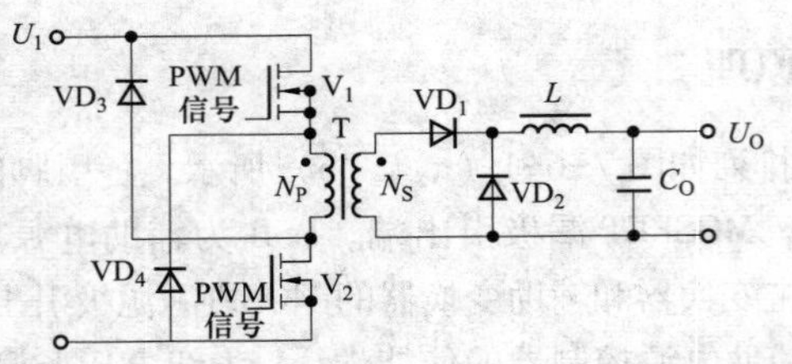

图 7-6-3　双开关正激式变换器的基本原理

快恢复二极管或肖特基二极管。L 为储能电感。输出滤波电容 C_O 应选择低等效串联电阻（ESR）的大容量电解电容器，以降低输出纹波电压。双开关正激式变换器的工作波形如图 7-6-4 所示。PWM 表示脉宽调制波形，U_I 为输入电压，U_{DS} 为 V_1 的漏-源极电压，I_{D1} 为 V_1 的漏极电流。I_{F1} 为 VD_1 的工作电流，I_L 为负载电流。U_S 为二次绕组输出电压，U_O 为输出电压（取平均值）。t 为 U_S 呈高电平的时间，T 为周期，占空比 $D=t/T$。

输出电压由下式确定

$$U_O=\frac{N_S}{N_P}\cdot\frac{t}{T}\cdot U_I=\frac{N_S}{N_P}\cdot DU_I \tag{7-6-1}$$

HiperTFS-2 内部的反激式变换器主要包括功率 MOSFET（V_3）、5.7V 稳压器、自动重启动计数器、具有频率抖动功能的振荡器、主电源远程通/断控制电路、极限电流状态机、BP 端欠电压比较器、极限电流状态机、极限电流校准电路、过电流比较器、过热保护电路、主控门、触发器、前沿消隐电路和门电路。

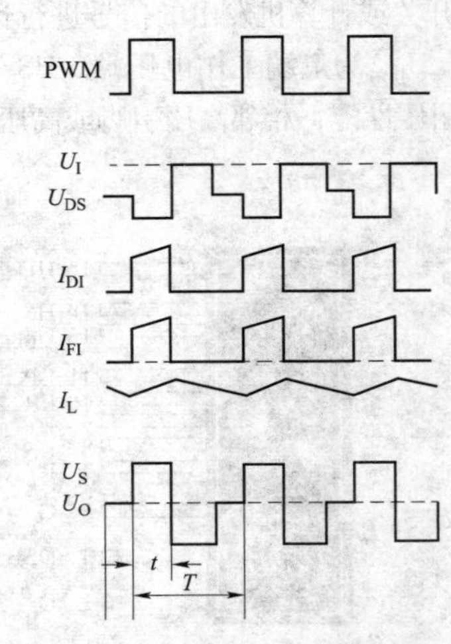

图 7-6-4　双开关正激式变换器的工作波形

第七节　由 TFS7703H 构成的 190W 大功率 LED 驱动电源

由 TFS7703H 构成 190W 高效大功率 LED 驱动电源的电路如图 7-7-1 所示，该电源的前级适配升压式 PFC 电源。主电源的额定输入电压 $U_I=+385V$，允许变化范围是 +300~420V，主输出为+12V、15A（180W），它通过正激式高频变压器 T_1 实现电网隔离；辅助电源的允许输入电压范围是+100~385V，这对应于 90~265V 的宽范围交流输入电压范围，辅助输出为+12V、0.83A（10W），通过反激式高频变压器 T_2 与电网隔离。连续总输出功率为 190W，峰值输出功率可达 280W。满载时的电源效率可达 90%。

该电路共使用 6 片集成电路：IC_1 采用 TFS7703H 作为主芯片；IC_2（IC_{2A}、IC_{2B}）~ IC4（IC_{4A}、IC_{4B}）采用 3 片光耦合器件 PC357A；IC_5、IC_6 采用 2 片可调式精密并联稳压器 LM431。下面介绍各单元电路的工作原理。

1. 输入及输出保护电路

输入电路主要包括输入滤波电容器 C_1、输入保护电路、启动电路和漏极钳位保护电

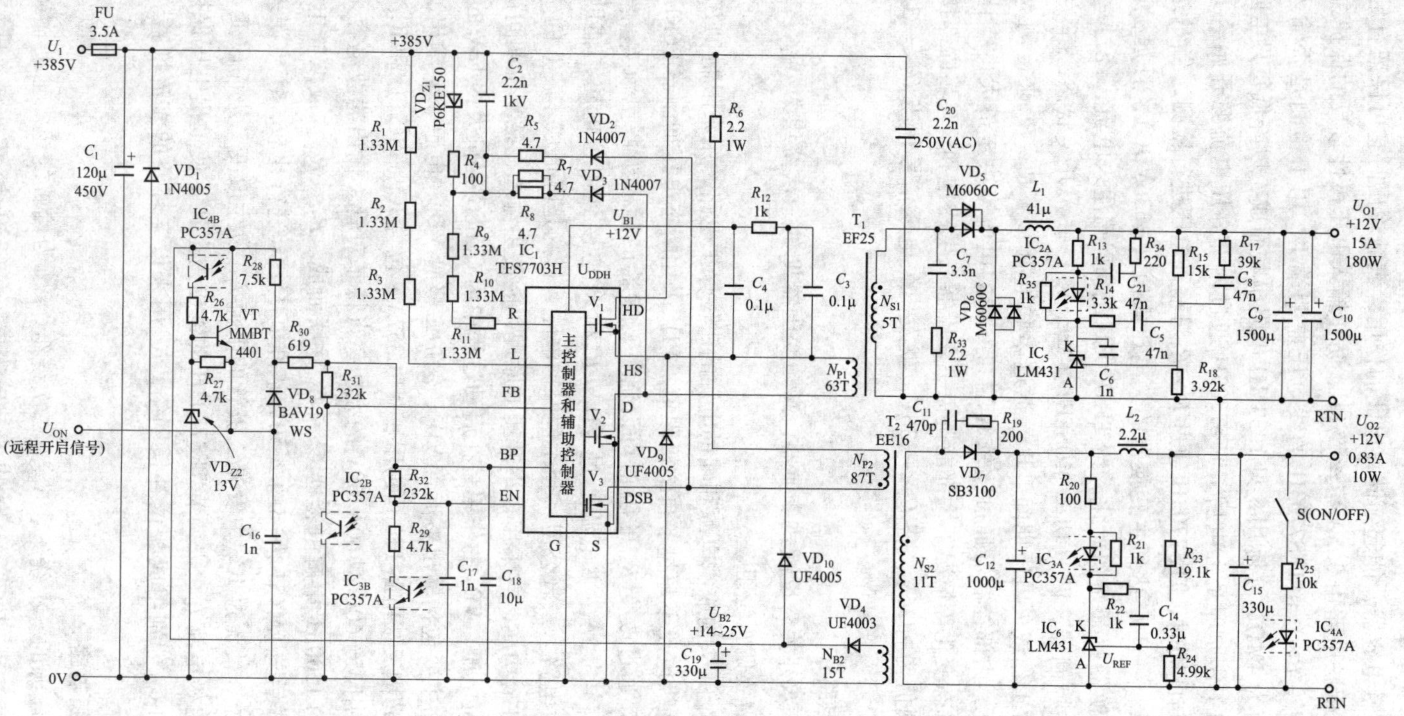

图 7-7-1 由 TFS7703H 构成的 312.5W 高效大功率 LED 驱动电源电路图

路。C_1采用大容量电容器，能起到储存电能的作用，满载输出时它可保证有足够的供电保持时间。输入保护电路由3.5A熔丝管FU、防止输入电压极性接反的保护二极管VD_1构成。U_I经过$R_1 \sim R_3$送至TFS7703H的线电压监测端L，用于检测是否输入欠电压。$R_1 \sim R_3$的总阻值为4MΩ，实际用3只1.33MΩ电阻串联而成，以降低每只电阻的功耗。

启动电路的工作原理是上电后，TFS7703H通过内部高压电流源开始给BP端的电容器C_{18}充电。与此同时，TFS7703H通过$R_1 \sim R_3$对输入电压进行检测，当U_I达到+100V时开启辅助电源。一旦U_I达到主变换器的欠电压阈值（+336VDC），且远程通/断开关S闭合时，主变换器就开始初始化，给TFS7703H的BP端注入电流，经过一段延迟时间后首先启动主控制器，两只功率MOSFET（V_1、V_2）进入开关状态，开关频率均为132kHz，在正常工作或欠电压期间，R端通过串联电阻R_4、$R_9 \sim R_{11}$来检测MOSFET关断时的钳位电压，内部控制器通过比较R端和L端的电流来决定最大占空比，在发生欠电压、负载瞬态变化等情况下，都能避免主变压器发生磁饱和。L端内部接欠电检测电路，欠电压阈值为+336V。若$U_I<+336V$，就发出欠电压信号；当$U_I<+212V$时关断主变换器。

2. 主电源电路

主电源属于双开关管反激式变换器，高频变压器T_1的一次绕组为N_{P1}，二次绕组为N_{S1}。主电源不需要偏置绕组。

由VD_{Z1}、R_4和C_2构成主电源和辅助电源的钳位保护电路，用来限制TFS7703H中3只MOSFET的漏极电压不超过各自的极限值。VD_{Z1}采用瞬态电压抑制器P6KE150，其钳位电压为150V。通过改变R_{31}的阻值可设定主变换器的漏极极限电流I_{LIMIT1}，当$R_{31}=232k\Omega$时，$I_{LIMIT1}=3.5A$。主电源通过VD_3、R_7和R_8连接到钳位电路，辅助电源通过VD_2和R_5接钳位电路。二者公用一套钳位保护电路，目的是降低成本。T_1的磁复位电路也由VD_3、R_7和R_8构成，它采用自举升压的原理，能使主输入在磁复位期间被连接到一个高于U_I的复位电压。VD_{10}的作用是在启动过程中为C_3和C_4提供大约12V的初始电压。

主输出电路主要包括输出整流管VD_5、保护二极管VD_6、电感L_1、输出滤波电容器C_9和C_{10}、精密光耦反馈电路IC_2（使用一片PC357A，包含IC_{2A}、IC_{2B}）和IC_5（LM431）。VD_5和VD_6均采用M6060C型60A/60V的大功率肖特基对管。输出滤波电容采用两只低等效串联电阻的1500μF电解电容器C_9和C_{10}并联而成。R_{15}、R_{18}构成取样电阻分压器，输出电压经取样后与LM431内部的2.50V基准电压U_{REF}进行比较，产生误差电压，改变阴极K的电位，使流过IC_{2A}中发光二极管的电流I_{LED}发生改变，进而改变IC_{2B}内部光敏三极管的集电极电流I_C，去调节TFS7703H的输出占空比，使输出电压保持稳定。由R_{14}和C_5、R_{34}和C_{21}分别组成相位补偿网络，R_{13}用来设定环路的直流增益。C_6为消噪电容。

3. 辅助电源电路

N_{P2}为辅助电源的一次绕组，N_{S2}为二次绕组，N_{B2}为偏置绕组。辅助输出电路主要包括输出整流管VD_7、磁珠L_2、输出滤波电容器C_{15}（330μF）、精密光耦反馈电路IC_3

（PC357A，包含 IC_{3A}、IC_{3B}）和 IC_6（LM431）。VD_7采用 SB3100 型 3A/100V 的肖特基二极管，由 C_{11}和 R_{19}构成的吸收网络可降低电磁干扰。R_{23}、R_{24}为取样电阻，R_{22}和 C_{14}组成补偿电路，R_{20}用来设定环路的直流增益。R_{20}和 R_{21}还给 LM431 提供偏置电流。

C_{18}为 BP 端的旁路电容器，当 $C_{18}=10\mu F$、$1\mu F$ 时，所选主开关频率依次为 132kHz、66kHz。偏置绕组的输出电压经过 VD_4、C_{19}整流滤波后获得+14～25V 偏置电压 U_{B2}。

稳压管 VD_{Z2}给 VT 提供参考电压，U_{B2}经过 VT、R_{28}、R_{30}给 BP 端提供稳定的 6mA 偏置电流。当闭合远程开关 S、激活 IC_4以强迫 VT 进入导通状态时，主偏置电源通过晶体管 VT 和二极管 VD_8给 BP 端提供额外的电流。在与 HiperPFS-3 系列产品配套使用时，该电源还可给 PFC 控制器提供+12V 的偏置电压。C_{17}为使能端 EN 的消噪电容。一旦 EN 端的电流超过该引脚的阈值电流，下一个开关周期将被禁止；若因输出电压跌落而低于反馈阈值，则该导通周期被允许。显然，通过调节开启周期的数量，即可使辅助电源的输出电压 U_{O2}达到稳定。当负载减轻时，开启周期的数量也随之减小，从而降低了轻载时的开关损耗。

S 为远程通/断控制开关，它位于+12V 辅助电源的二次侧。用户可通过手动方式开启电源。当闭合 S 时，IC_{4A}上有电流通过，经过 IC_{4B}使 VT 导通，再通过 VD_8、R_{30}给 BP 端提供开启电流，使电源开始工作。在实际应用中，可由计算机发出远程开启信号 U_{ON}，信号幅度为+12V。

4. 高频变压器

（1）正激式高频变压器 T_1采用 EF25 型铁氧体磁心，一次绕组 N_{P1}采用 $\phi 0.40$mm 漆包线绕 63 匝。二次绕组 N_{S1}用 0.127mm（折合 5mil）厚的铜箔绕 5 匝。一次绕组的电感量 $L_{P1}=3.4$mH（允许有±10%的误差），最大漏感量 $L_{P10}=16\mu H$，谐振频率超过 450kHz。

（2）反激式高频变压器 T_2采用 EE16 型铁氧体磁心，一次绕组 N_{P2}采用 $\phi 0.23$mm 漆包线绕 87 匝，偏置绕组 N_{B2}用 $\phi 0.23$mm 漆包线双股并绕 15 匝。二次绕组 N_{S2}用 $\phi 0.56$mm 漆包线绕 11 匝。一次绕组的电感量 $L_{P2}=491\mu H$（允许有±10%的误差），最大漏感量 $L_{P20}=13\mu H$，谐振频率超过 1MHz。

第八章

中、小功率 LED 驱动 IC 的原理与应用

本章专门介绍输出功率为 1~40W 的中、小功率 LED 驱动器。主要包括隔离式小功率 LED 驱动器、带 PFC 的交流高压输入式 LED 驱动器、高 PWM 调光比的 LED 恒流驱动器、多拓扑结构的 LED 驱动器、AC/DC 式 TRIAC 调光数控 LED 驱动控制器、具有 OVP 功能的大电流 LED 驱动器、无电解电容器的 LED 恒流驱动器、AC/DC 式高功率因数 LED 恒流驱动器和采用有源纹波滤波器的 LED 恒流驱动器，详细阐述了其原理、应用及电路设计。

第一节　隔离式小功率 LED 驱动器

LYTSwitch-2 系列产品（以下简称 LYTSwitch-2）是美国 PI 公司生产的交流输入式 LED 驱动器，特别适合驱动 LED 灯泡、LED 筒灯及 LED 镇流器。

一、LYTSwitch-2 系列隔离式小功率 LED 驱动器的工作原理

1. LYTSwitch-2 的主要特点

（1）LYTSwitch-2 包括 8 种型号：LYT2001D~LYT2004D，LYT2004E 和 LYT2005E，LYT2004K 和 LYT2005K；可构成 12W 以下的高效率低成本 LED 驱动器或镇流器。

（2）芯片内部集成了耐压 725V 的功率开关管（MOSFET）和精密一次侧调节的恒压/恒流（CC/CV）开关，能省去光耦合器、二次侧控制及环路补偿电路，大大简化了隔离式小功率恒流 LED 驱动器的设计。恒流控制精度最高可达±3%。

（3）内部振荡器具有频率抖动功能，可降低电磁干扰（EMI）。

（4）低功耗。交流输入电压为 230V 时的空载功耗可低于 30mW。

（5）外围电路简单，成本低廉。

2. LYTSwitch-2 的工作原理

LYTSwitch-2 有三种封装形式：eSIP-7C、SO-8C、eSOP-12B，所对应型号中的尾缀依次为 E、D 和 K。其中，eSIP-7C、SO-8C 封装的引脚排列分别如图 8-1-1（a）、（b）所示。D、S 分别为内部功率 MOSFET 的漏极端、源极端。BP 为旁路端，外接旁路电容。FB 为反馈端，用于检测偏置绕组上的交流电压。NC 为空脚。

LYTSwitch-2 内部主要包括振荡器，6V 稳压器，过热保护电路，频率抖动电路，限流保护电路、前沿消隐电路、电感校正电路、开/关状态控制器、开关频率控制器、

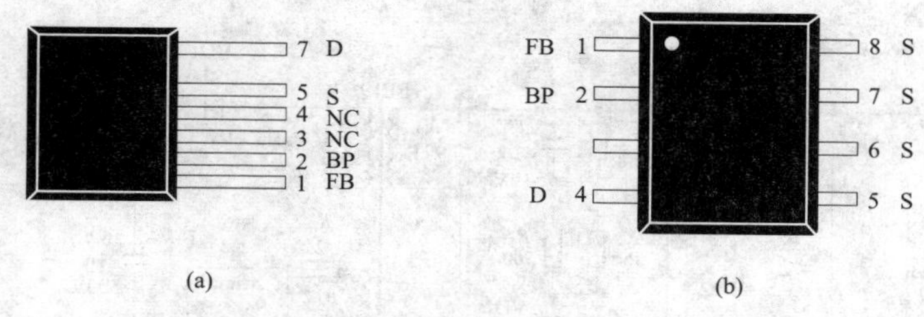

图 8-1-1 LYTSwitch-2 的引脚排列图
（a）eSIP-7C 封装；（b）SO-8C 封装

自动重启动及开环保护电路。它通过开/关状态控制器来调节输出电压；通过开关频率控制器调节输出电流以实现恒流特性。当功率 MOSFET 关断时，6V 稳压器给外部旁路电容器进行充电；当功率 MOSFET 导通时，利用旁路电容器储存的电能给芯片供电。电感校正电路的作用是当一次侧电感过大或过小时，可通过调节振荡器频率进行补偿。

当输出电压超过电压上限时，电源就进入恒流区。恒流调节过程可简化为：随着输出电压的升高→偏置绕组的电压也随之升高→反馈电压升高→电源进入恒流模式→对开关频率进行调节→实现恒流（CC）输出。在恒流模式下当反馈电压降至 1.94V 时，电源就转换到恒压区。此时开关频率达到最大值 85kHz，对应于 CV/CC 特性曲线的峰值功率点。LYTSwitch-2 通过开/关状态控制器来调节反馈电压，使输出电压保持稳定，从而实现了恒压（CV）调节。一旦出现短路故障或开环故障，LYTSwitch-2 就进入自动重启动模式，直至故障被排除。

二、隔离式小功率 LED 驱动器 LYT2004E 的典型应用

由 LYT2004E 构成隔离式小功率 LED 驱动器的电路如图 8-1-2 所示，其交流输入电压范围是 90~265V，直流输出电压范围是+22~48V，输出恒定电流为 180mA±5%，最大输出功率可达 8.6W；交流 230V 输入时的电源效率大于 86%，空载功耗小于 30mW。

交流输入电压首先经过 B10S-G 型 0.5A/1000V 整流桥（BR）进行整流，然后通过由 L_1 和 L_2、C_1 和 C_2 组成的滤波器滤除交流纹波和串模干扰，获得直流高压 U_1。R_1、R_2 为阻尼电阻，可抑制输入电路发生谐振。C_7 为安全电容（亦称 Y 电容），能够滤除由一次绕组、二次绕组耦合电容产生的共模干扰。

高频变压器一次绕组的一端接直流高压，另一端接 LYT2004E 内部功率 MOSFET 的漏极。由阻容吸收元件 R_3 ~ R_5 和 C_3、阻塞二极管 VD_1 构成漏极钳位保护电路。其中，VD_1 采用 S1ML 型 1A/1kV 快恢复二极管，将 R_4、R_5 并联使用以利于散热。二次绕组的输出电压依次经过 VD_3 整流、C_6 滤波，获得 180mA 的恒定电流输出，输出电压的允许变化范围是+22~48V。VD_3 采用 US1G 型 1A/400V 超快恢复二极管。R_{10} 为假负载，它有两个作用，一是防止空载时输出电压过高而损坏电路，二是在关闭电源时 C_6 可通过 R_{10} 放电，使 LED 灯立即熄灭。

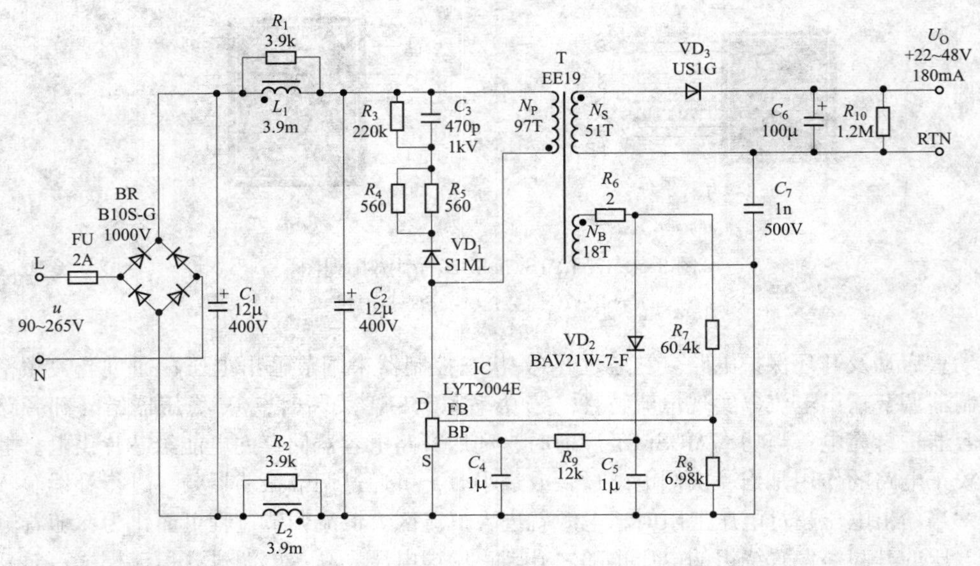

图 8-1-2　由 LYT2004E 构成隔离式小功率 LED 驱动器的电路图

为降低成本，LYT2004E 可省去偏置电路，只需在 BP 端接 1μF 的旁路电容即可；但其缺点是电源的空载功耗较高，约为 200mW。为降低空载功耗，现由 VD_2、C_5和R_9构成的外部偏置电路，可将空载功耗降至 30mW 以下。VD_2为整流管，选用 BAV21W-7-F 型 0. 2A/250V 的高压开关二极管。C_5和 R_9组成 RC 型滤波器。C_4为旁路端的退耦电容。由于偏置绕组与一次绕组之间存在的耦合电容会形成尖峰电压，因此需利用 R_6对尖峰电压的形成起到抑制作用。

R_7、R_8为反馈电阻，均采用误差为 1% 的精密电阻。该 LED 驱动器的恒压/恒流（CV/CC）特性曲线如图 8-1-3 所示。其工作特点是在恒压区用通/断状态控制器来调节输出电压；在恒流区则通过调节开关频率来实现恒流输出。

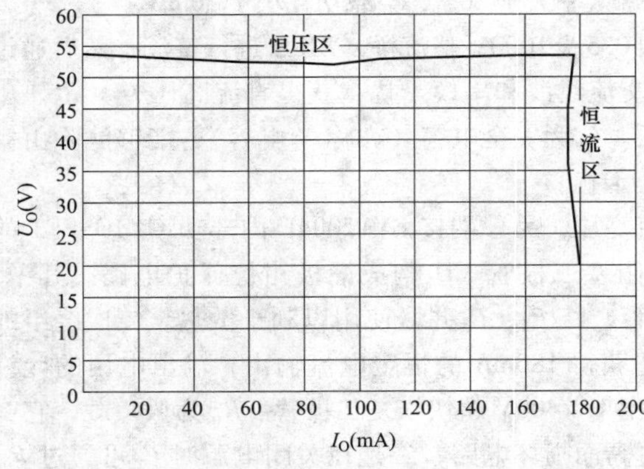

图 8-1-3　恒压/恒流（CV/CC）特性曲线

高频变压器采用 EE19 型铁氧体磁心，一次绕组 N_P采用 ϕ0. 23mm 漆包线绕 97 匝。二次绕组 N_S 用 ϕ0. 50mm 的三层绝缘线绕 51 匝。反馈绕组 N_B采用 ϕ0. 20mm 漆包线双股并绕 18 匝。一次绕组的电感量 L_{P1} = 1. 1mH（允许有 ±3% 的误差），最大漏感量 L_{P10} = 50μH，谐振频率超过 900kHz。

第二节　带 PFC 的交流高压输入式 LED 驱动器

一、LYTSwitch-5 系列带 PFC 的 LED 驱动器的工作原理

1. LYTSwitch-5 的主要特点

（1）LYTSwitch-5 系列产品属于隔离/非隔离式、带 PFC 的宽输入电压范围的 LED 恒流驱动器，能支持降压式、降压/升压式、隔离/非隔离反激式拓扑结构。该系列产品包括 LYT5216D、LYT5218D、LYT5225D、LYT5226D、LYT5228D 共 5 种型号。其中，LYT5225D、LYT5226D 和 LYT5228D 内部的 MOSFET 漏极击穿电压均为 650V，LYT5216D 和 LYT5218D 则提高到 725V。

（2）芯片内部包含单级功率因数校正（PFC）和精密恒流控制电路，功率因数大于 0.90，恒流精度优于±3%。

（3）交流输入电压范围是 90~308V，远高于 90~265V 交流通用电压的上限值。最大输出功率可达 25W，电源总谐波失真（THD）低至 5%，电源效率可达 90%以上。

（4）它工作在非连续导通模式（DCM），并可将开关频率提高到 124kHz，允许高频变压器采用较小尺寸的磁心。其外围电路不需要使用大容量的铝电解电容器，由此可延长 LED 驱动电源的工作寿命。

（5）电路设计灵活，使用方便。

（6）具有输入过电压保护、输出过电压保护、开环保护、过热保护、故障检测及控制功能。

2. LYTSwitch-5 的工作原理

LYTSwitch-5 采用 SO-16B 封装（型号尾缀为 D），引脚排列如图 8-2-1 所示。FB 为反馈端，正常工作时，预设的平均反馈电压 U_{FB} = 300mV；当 U_{FB}>600mV 时触发周期跳频模式，以降低输出电压；当 U_{FB}>2V 时进入自动重启动模式。L（LINE SENSE）为线电压检测端，整流后的脉动直流电压 U_I 经过电阻转换成电流信号 I_L，LYTSwitch-5 通过检测 I_L 来判定 U_I 是否通过零点，同时还设置输入过电压时所对应的 I_L 阈值；一旦超过该阈值，LYTSwitch-5 立即关断，进行过电压保护；只要输入电压降回正常值，LYTSwitch-5 就重新开始工作。DO（DATA OUTPUT）为内部故障处理电路的数据输出端，用于监测自动重启动电路的状态。DS（DRIVER CURRENT SENSE）为驱动器电流的检测端，这里讲的驱动器电流特指一次侧开关电流，亦即功率 MOSFET 的漏极电流 I_D。LYTSwitch-5 通过检测 I_D。即可推算输出电流 I_O 的大小，有关系式

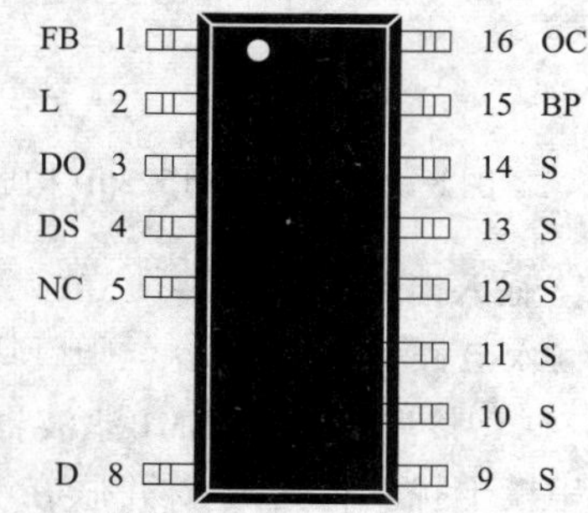

图 8-2-1　LYTSwitch-5 的引脚排列图

$$I_O = I_D \cdot \frac{U_I}{U_O} \tag{8-2-1}$$

NC 为空脚。D、S 分别为内部功率 MOSFET 的漏极端、源极端。BP 为旁路端。OC（OUTPUT COMPENSATION）为输出电压补偿端，外接补偿电阻。

LYTSwitch-5 内部主要包括乘法器，频率及占空比控制电路，故障控制器，自动重启动电路，5.25V 稳压器，限流保护电路，比较器，触发器，门电路，功率 MOSFET。

二、带 PFC 的 LED 驱动器 LYT5226D 的典型应用

由 LYT5226D 构成 12W 非隔离降压/升压式 LED 驱动器的电路如图 8-2-2 所示，其交流输入电压范围是 90～308V，直流输出电压范围是+70～80V，输出恒定电流为 160mA±3%，输出功率约为 12W。功率因数大于 0.95，总谐波失真小于 10%，电源效率超过 89%。它采用降压/升压式（Buck/Boost）拓扑结构，其特征为对整流后的直流输入电压适应性很强，当 $U_I>U_O$ 时工作在降压模式，当 $U_I<U_O$ 时自动转入升压模式。下面介绍各单元电路的工作原理。

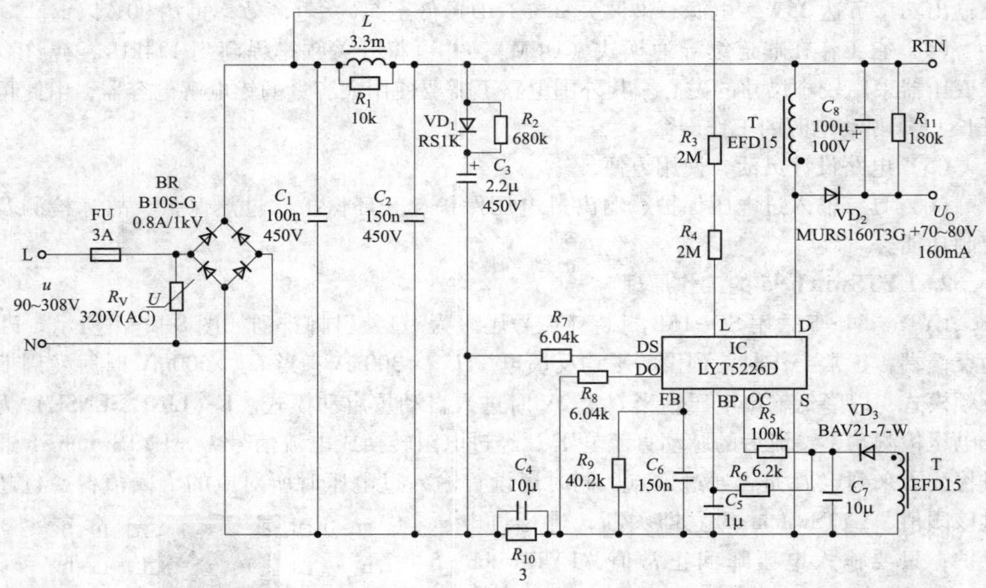

图 8-2-2　由 LYT5226D 构成 12W 非隔离降压/升压式 LED 驱动器的电路图

1. 输入电路

输入电路包括 3A 熔丝管 FU、标称电压为交流 320V 的压敏电阻器（R_V）、0.8A/1kV 整流桥 BR。EMI 滤波器由电感 L、电容 C_1 和 C_2 组成低功耗 π 型滤波器，滤除串模干扰。将电阻 R_1 并联在 L 两端可降低电感的 Q 值，防止 L 与 C_1、C_2 发生谐振。

经 BR 整流后的脉动直流电压通过 R_3、R_4接到线电压检测端 L 上，R_3、R_4需使用误差为 1% 的精密电阻，总阻值为 4MΩ。漏极保护电路（VD_1、R_2、C_3）为可选件，可根据实际情况决定用否。

2. 输出电路

在功率 MOSFET 关断期间，高频变压器主绕组的输出电压经过 VD_2整流、C_8滤波后，输出 160mA 的恒定电流。为提高电源效率，VD_2采用 MURS160T3G 型 1A/600V 超快恢复二极管，其反向恢复时间（t_{rr}）仅为 35ns。R_{11}为 180kΩ 的假负载，其功率损耗不超过 0.5%P_O。

该降压/升压式驱动器的工作原理是当功率 MOSFET 导通时 VD_2截止，输入电压通过主绕组直接返回，并在主绕组的电感 L 上储存电能，此时输出电容 C_8向负载放电，给 LED 灯串提供电流。当功率 MOSFET 关断时，在 L 上产生的反向电动势使 VD_2导通，电感电流就给 LED 灯串供电并对 C_8充电，维持输出电压不变。

3. 偏置电路

由于偏置绕组与主绕组的匝数比是确定的，因此偏置绕组的电压与输出电压成比例关系，这使得二次侧不用反馈电路即可对输出电压进行监测。偏置绕组的电压经过 VD_3、C_7获得+12V 的偏置电压。VD_3选用 BAV21-7-W 型 0.2A/250V 快速开关二极管。C_5为旁路电容，刚上电时 C_5被内部高压电流源充电到+5.25V，使 LYT5226D 能正常启动。启动后改由+12V 偏置电压经过 R_6给 LYT5226D 提供偏置电流。反馈端（FB）的外部低通滤波器由 R_9和 C_6构成，LYT5226D 将实际的反馈电压 U_{FB}与预设的 300mV 平均反馈电压进行比较，当检测到的信号高于或低于 300mV 时，控制电路就调节开关频率或导通时间，以维持输出电流保持恒定。R_5为 OC 端的补偿电阻，该端还用于检测 LED 灯串是否过电压，过电压阈值为 1.3U_O。一次侧的开关电流先通过检测电阻 R_{10}，再经过分流电阻 R_7流入驱动器电流检测端（DS）。R_8为数据输出端（DO）的外部电阻，用于监测是否进入自动重启动状态。R_5、R_7 ~ R_9均采用误差为 1% 的精密电阻。

4. 高频变压器

高频变压器采用 EED15 型铁氧体磁心。主绕组用 ϕ0.25mm 漆包线绕 121 匝，偏置绕组用 ϕ0.25mm 漆包线绕 22 匝。主绕组的电感量 L_{P2} = 325μH（允许有±5%的误差）。

第三节 PT4115 型具有高 PWM 调光比的 LED 恒流驱动器

PT4115 是华润矽威科技（上海）有限公司生产的高 PWM 调光比 LED 恒流驱动器，适合构成低压 LED 射灯、车载 LED 灯、LED 备用灯及信号灯。

一、高 PWM 调光比 LED 驱动器 PT4115 的工作原理

1. PT4115 的主要特点

（1）PT4115 属于降压式电感电流连续导通模式的 LED 恒流驱动器，可驱动几十瓦以下的 LED 灯串。其输入电压范围是+8～30V；输出电流可以设定，最大为 1.2A，输出电流精度为±5%。

（2）具有模拟调光和 PWM 调光功能。模拟调光的电压范围是 0.5～2.5V，模拟调光比为 5：1。PWM 调光的占空比范围是 0.02%～100%，低频调光频率为 100Hz，PWM 调光比高达 5000：1，该项指标远超过 LT3756、MAX16834 型 LED 恒流驱动器（后者均为 3000：1）；高频调光频率为 20kHz，调光比为 25：1。

（3）具有内部功率开关管 MOSFET 通/断控制（简称开关使能）、输入欠电压保护、LED 开路保护、过热保护及软启动功能。当 DIM 引脚的电压低于 0.3V 时，将功率开关管关断，使输出电流降至零。当输入电压低于 6.8V 时关断功率开关管，进入静态电流小于 60μA 的待机模式；仅当输入电压升至 7.3V 时才能恢复工作状态。一旦 LED 开路，芯片就进入低功耗的安全模式，重新上电后才能进入正常工作模式。芯片的过热保护温度为 160℃，滞后温度为 20℃。在 DIM 引脚与地之间接一只软启动电容，刚启动电源时可使 U_{DIM} 缓慢地上升，LED 灯串上的电流逐渐增大，从而实现了软启动。软启动时间与外接电容器容量的比例系数为 0.8ms/nF。

（4）最高工作频率为 1MHz，电源效率大于 90%，工作温度范围是-40～+85℃。

（5）外围电路简单，仅需使用少量元器件。

2. PT4115 的工作原理

PT4115 采用 SOT89-5 封装，引脚排列如图 8-3-1 所示。各引脚的功能如下：U_I 为输入电压端，GND 为公共地。SW 为内部功率开关管的漏极引出端，DIM 为多功能端，该端内部经过 1.2MΩ 上拉电阻接+5V，利用该端输入的电压信号可分别实现开关使能、模拟调光和 PWM 调光功能。I_{SENSE} 为电流取样端，取样电阻接在该端与 U_I 端之间。裸露焊盘在芯片内部接地，可直接焊到印制板的地线区以减小热阻。

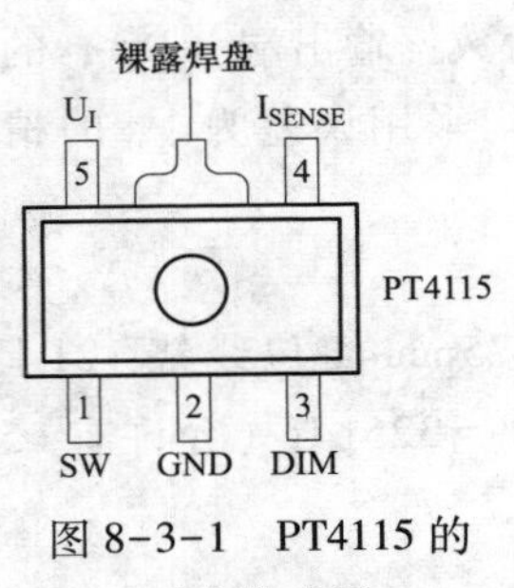

图 8-3-1　PT4115 的引脚排列图

PT4115 的内部简化框图如图 8-3-2 所示。主要包括电压调节器、1.23V 带隙基准电压源、电流检测比较器、欠电压比较器、驱动级、功率开关管（MOSFET）和 DIM 端的缓冲器。

DIM 管脚的电压 U_{DIM}，由内部 1.2MΩ 电阻和外部电阻分压后确定。当 $U_{DIM} \geq 2.5V$ 时，I_{LED} 保持恒定；$U_{DIM}<0.3V$ 时，MOSFET 关断，I_{LED} 降为零。在关断期间内部电路处于待机模式，静态电流仅为 60μA。DIM 管脚还可通过负温度系数热敏电阻（NTCR）

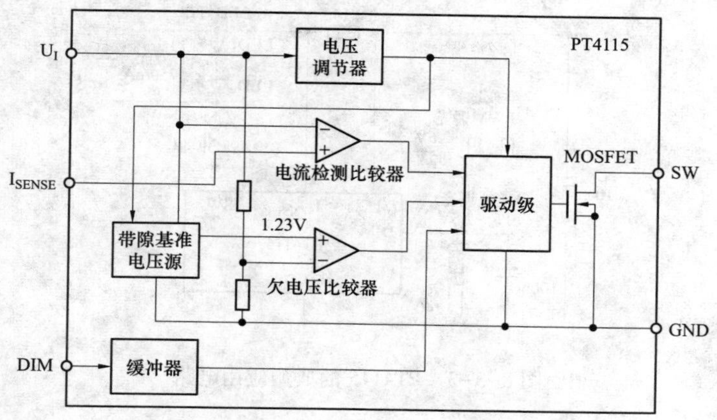

图 8-3-2　PT4115 的内部简化框图

接至 LED 的附近，通过检测灯串的环境温度来调节 I_{LED}，对 LED 进行温度补偿。这就是 PT4115 的基本工作原理。

二、PT4115 的典型应用及电路设计要点

1. PT4115 的典型应用电路

PT4115 的典型应用电路如图 8-3-3 所示。PT4115 通过外部电感 L 和电流取样电阻 R_S 构成自激式电感电流连续导通模式的 LED 恒流驱动器。刚上电时，L 和 R_S 的初始电流为零，I_{LED} 也为零。此时，电流检测比较器的输出为高电平，使 MOSFET 导通，SW 端输出低电平，电流经过 R_S、LED 灯串、L 和 MOSFET 流到地，电流上升斜率 k_1 由 U_I、L 和 U_{LED} 来决定，R_S 上的压差为 U_{RS}，当 $U_I-U_{RS}>115$mV 时，电流检测比较器翻转，输出为低电平，将 MOSFET 关断，电流按照 k_2 的斜率下降，流过 R_S、LED 灯串、L 和续流二极管 VD，当 $U_I-U_{RS}<85$mV 时，MOSFET 重新导通。VD 采用肖特基二极管。R_S 采用误差为 1% 的精密电阻，即可将 I_{LED} 的精度控制在±5%。I_{LED} 的最大值由 R_S 设定。

图 8-3-3 的工作原理是当内部功率开关管 MOSFET 导通时 VD 截止，电流通过 R_S、LED 灯串、L、MOSFET 到地，对 L 进行储能。当 MOSFET 截止时，VD 导通，电感上产生的反向电动势，经过 VD、R_S 和 LED 灯串释放能量。显然，在 MOSFET 导通或截止时，L 上的电流方向不变。LED 灯串由 9 只白光 LED 构成，每只 LED 的正向压降为 $U_F=3.3$V，工作电流 $I_{LED}=750$mA。VD 采用 1A/40V 的肖特基二极管 SS14。为减少输出电流纹波，在 LED 灯串的两端并联 1μF 的陶瓷电容器 C_2，可将输出纹波大约减少 1/3；适当增大 C_2 的容量，抑制纹波的效果更好。但需注意，C_2 不会影响电源的工作频率和效率，但会影响电源的启动延迟时间及调光频率。C_1 为输入旁路电容器，直流输入时 C_1 应大于 4.7μF。C_3 为软启动电容，$C_3=100$nF 时所设定的软启动时间为 80ms。

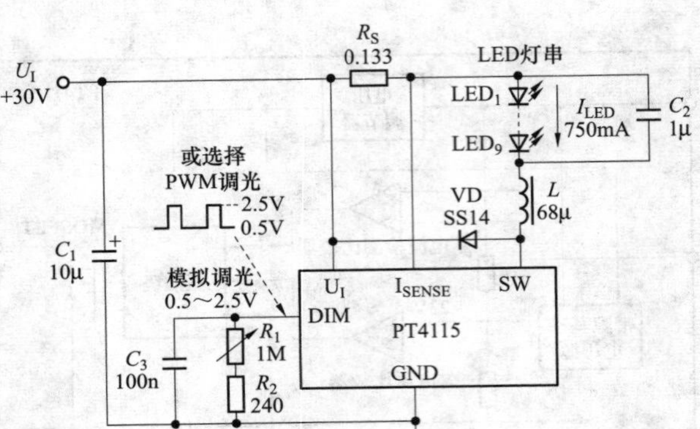

图 8-3-3　PT4115 的典型应用电路

2. LED 射灯驱动器

由 PT4115 构成 3W LED 射灯驱动器的电路如图 8-3-4 所示。该电路与图 8-3-3 的主要区别有以下几点：第一，输入电压为交流 7.5～24V，为提高电源效率，整流桥由 4 只肖特基整流管 MBRS140 组成，每只整流管的导通压降约为 300mV；第二，输入旁路电容 C_1 采用一只低等效串联电阻（ESR）的 100μF 钽电容器；第三，LED 灯串包含 3 只白光 LED，取 $R_S=0.286\Omega$ 时，所设定的 $I_{LED(max)}=350mA$；第四，该电源的效率 92%，功率因数为 0.72。

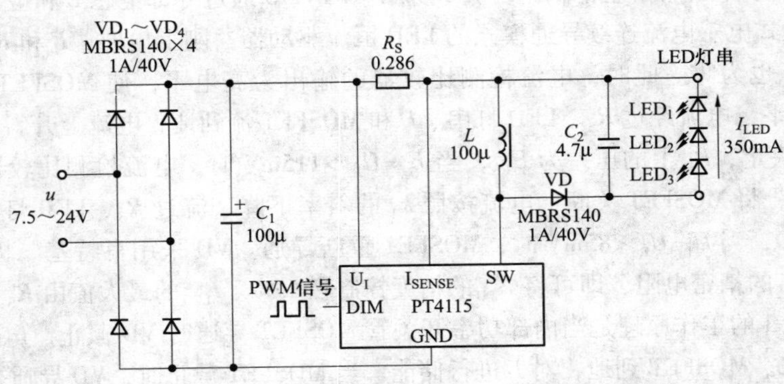

图 8-3-4　3W LED 射灯驱动器的电路

3. 电路设计要点

（1）R_S 用来设定的 LED 灯串的最大电流 $I_{LED(max)}$，有公式

$$I_{LED(max)}=\frac{0.1V}{R_S} \tag{8-3-1}$$

式中，要求 $R_S\geqslant0.082\Omega$。举例说明，当 $R_S=0.0833\Omega$ 时，$I_{LED(max)}=1.2A$；$R_S=0.133\Omega$

时，$I_{LED(max)}$ = 750mA；R_S = 0.286Ω 时，$I_{LED(max)}$ = 350mA。

（2）L 的电感量范围为 27~100μH，电感的磁饱和电流必须比 LED 灯串的平均电流值 $I_{LED(AVG)}$ 高出 30% 到 50%。可按照表 8-3-1 来选择合适的电感量。

表 8-3-1　　电感量的选择

LED 灯串的平均电流范围	电感量（μH）	电感的磁饱和电流
$I_{LED(AVG)}$ >1A	27~33	电感的磁饱和电流应为输出平均电流的 1.3~1.5 倍，以免因发生磁饱和而烧毁芯片或 LED
800mA< $I_{LED(AVG)}$ ≤1A	33~47	
400mA< $I_{LED(AVG)}$ ≤800mA	47~68	
$I_{LED(AVG)}$ ≤400mA	68~100	

（3）模拟调光电路由可调电阻 R_1、固定电阻 R_2 和 DIM 管脚内部 1.2MΩ 上拉电阻构成，通过 R_1 可调节 DIM 端的电位 U_{DIM}，进而改变 $I_{LED(AVG)}$，达到调光之目的。$I_{LED(AVG)}$ 的计算公式如下

$$I_{LED(AVG)}=\frac{0.1\times U_{DIM}}{2.5R_S} \tag{8-3-2}$$

其中，0.5V ≤ U_{DIM} ≤ 2.5V；当 2.5V ≤ U_{DIM} ≤ 5V 时，$I_{LED(AVG)} = I_{LED(max)}$。不难算出，当 R_1 = 0 时，U_{DIM} = 0.5V；R_1 = 960kΩ 时，U_{DIM} = 2.5V，完全能满足模拟调光的要求。

（4）进行 PWM 调光时，应从 DIM 端输入占空比可调的 PWM 信号，计算公式如下

$$I_{LED(AVG)}=\frac{0.1\times D}{R_S} \tag{8-3-3}$$

其中，占空比 D = 0~100%，PWM 信号的幅度 U_{PWM} = 2.5~5V。例如，当 D = 40% 时，$I_{LED(AVG)}$ = 40% $I_{LED(max)}$，以此类推。$I_{LED(AVG)}$ 可从 0% 变化到 100%。若 U_{PWM} <2.5V，则式（8-3-3）变为

$$I_{LED(AVG)}=\frac{0.1\times DU_{PWM}}{2.5R_S} \tag{8-3-4}$$

为避免人眼观察到 LED 闪烁现象，PWM 调光频率应大于 100Hz。PT4115 调光频率最高可超过 20kHz。

（5）设计印制板时为减小电流回路产生的噪声，输入旁路电容器应就近单独接地。PCB 散热铜箔、PT4115 的裸露焊盘及地线区域的接触面积要尽量大，以利于散热。布线时，L、R_S 和 SW 端的引线均应最短。

第四节　LT3756 型多拓扑结构的 LED 驱动器

随着 LED 照明技术的迅速发展，对 LED 驱动器也提出了更高要求。单一固定拓扑结构的应用因受到限制、使用不够灵活，难以满足不同用户的需要。多拓扑结构 LED

驱动器的问世可圆满解决上述问题。目前生产的多拓扑结构 LED 驱动器集成电路大多属于 LED 驱动控制器，需配外部 MOSFET 来驱动大功率 LED 照明灯。典型产品有凌力尔特公司生产的 LT3518、LT3755、LT3756、LTC3783 等。下面以 LT3756 为例，介绍多拓扑结构 LED 驱动器的主要特点及典型应用。

一、多拓扑结构 LED 驱动器的工作原理

1. 多拓扑结构 LED 驱动器 LT3756 的主要特点

（1）LT3756 为固定频率、工作在电流模式的多拓扑结构 LED 驱动器。

（2）可采用降压式（Buck）、升压式（Boost）、降压/升压式（Buck－Boost）、SEPIC 和反激式（Flyback）5 种拓扑结构来驱动大功率 LED 照明灯，使用非常灵活。

（3）输入电压范围很宽（+6～100V），输出电压最高可达 100V。内部有电流控制环和电压控制环，具有恒流调节、恒压调节两种工作模式。

（4）开关频率范围是 100kHz～1MHz，用户可在此范围内对频率进行编程，获得所需要的开关频率。选择 1MHz 的开关频率，能最大限度地减小外部元器件的尺寸和成本。

（5）适配 N 沟道 MOSFET。当输入电压 $U_I=+12V$、白光 LED 的正向压降 $U_F=3.6V$、正向电流 $I_{LED}=1A$ 时，能驱动 14 只白光 LED，所提供的输出功率为 $P_O=U_OI_{LED}=3.6V\times14\times1A=50.4W$。当 $U_I=+20V$ 时，能驱动 20 只白光 LED，提供 75W 的输出功率，电源效率高达 94%。LT3756 的功耗极低，不需要加散热器。

（6）采用真彩色（True Color）PWM 调光技术，能在 3000：1 的极宽调光范围内提供逼真的 LED 色彩。对要求不高的场合，还可由 CTRL 引脚提供 10：1 的模拟调光范围。

（7）具有 LED 开路保护、过电压保护、过热保护等功能。工作温度范围是－40～+125℃。

2. 多拓扑结构 LED 驱动器 LT3756 的引脚功能

LT3756 采用小型化 QFN－16 封装（外型尺寸仅为 3mm×3mm）或 MSOP－16 封装，引脚排列如图 8－4－1 所示。各引脚的功能如下：PWMOUT 为带缓冲的 PWM 信号输出端，通过驱动 N 沟道 MOSFET（V），可控制 LED 的亮灭；一旦出现过电压故障，PWMOUT 信号立即使 V 截止，将 LED 的电路关断。FB 为电压控制环的反馈端，用于恒压调节或 LED 过电流保护、LED 开路检测，不用时应接 GND。ISP、ISN 分别接电流控制环的外部检测电阻的两端。U_C 为内部误差放大器的补偿端，接外部阻容元件以稳定电压控制环的工作。CTRL 为电流检测阈值调节端，接外部电阻分压器，该端禁止开路。U_{REF} 为 2V 基准电压输出端。PWM 为脉宽调制的调光信号输入端，不用时应接 $INTU_{CC}$ 端。$\overline{OPENLED}$ 为 LED 开路故障告警端，该端为低电平时表示 LED 开路。SS 为软启动端，软启动时间由外部阻容元件设定。R_T 为开关频率设定端，该端与地之间应接开关频率设定电阻（此端不得开路）。开关频率 f 与设定电阻 R_T 的关系曲线如图 8－4－2

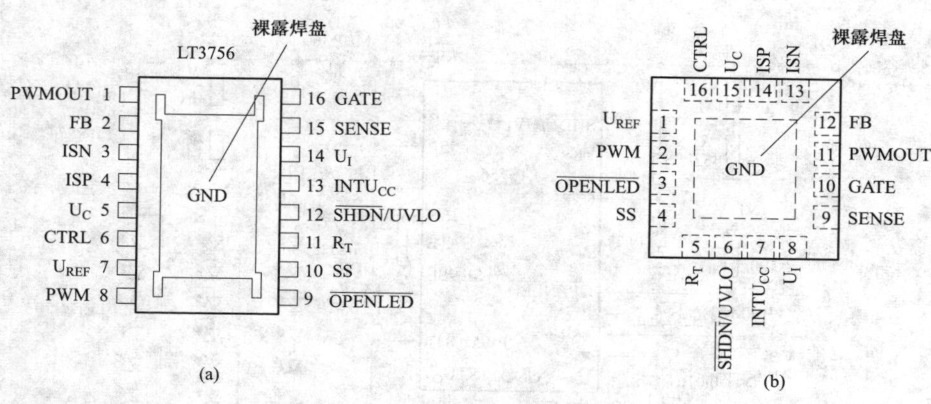

图 8-4-1　LT3756 的引脚排列图

（a）QFN-16 封装；（b）MSOP-16 封装

所示。$\overline{SHDN}$/UVLO 为掉电/欠压检测引脚，接外部电阻分压器，当检测电压低于 6V 但高于 1.24V 时，立即欠压保护，转入软启动阶段。检测电压一旦低于 0.4V，就禁用 LT3756。$INTU_{CC}$ 为专给内部负载、门极驱动器和 PWMOUT 驱动器供电的稳压源引脚，该端需接 4.7μF 的旁路电容。U_I 为直流输入电压端。SENSE 为控制电路的电流检测端，接外部电流检测电阻。GATE 为外部 N 沟道 MOSFET 的门极驱动端。GND 为公共地，该端通过芯片的裸露焊盘引出，可接外部散热器。

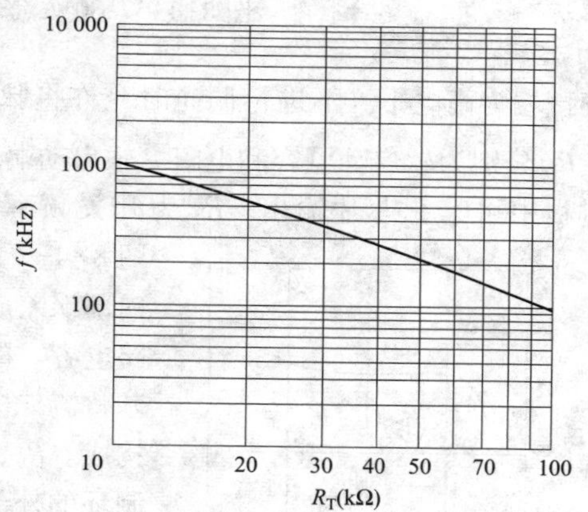

图 8-4-2　开关频率 f 与设定电阻 R_T 的关系曲线

二、多拓扑结构 LED 驱动器的典型应用

1. LT3756 做升压式 LED 驱动器的应用电路

LT3756 可做升压式变换器使用，由它构成的 30W 汽车前灯驱动器电路如图 8-4-3 所示。图中的 L、功率开关管 V_1、输出整流管 VD_2 和滤波电容器 C_5 构成了升压式变换器。其输入电压 $U_I=+8\sim60V$，可承受高达 100V 的瞬态电压。30W 的 LED 灯串由 18 只 LED 串联而成，$I_{LED}=370mA$。C_1、C_5 分别为输入、输出电容器。由 R_1、R_2 构成掉电/欠电压检测引脚（$\overline{SHDN}$/UVLO）的电阻分压器。R_3、R_4 组成电流检测阈值调节端（CTRL）的电阻分压器。R_5 为 LED 开路故障告警端（$\overline{OPENLED}$）的上拉电阻，常态下

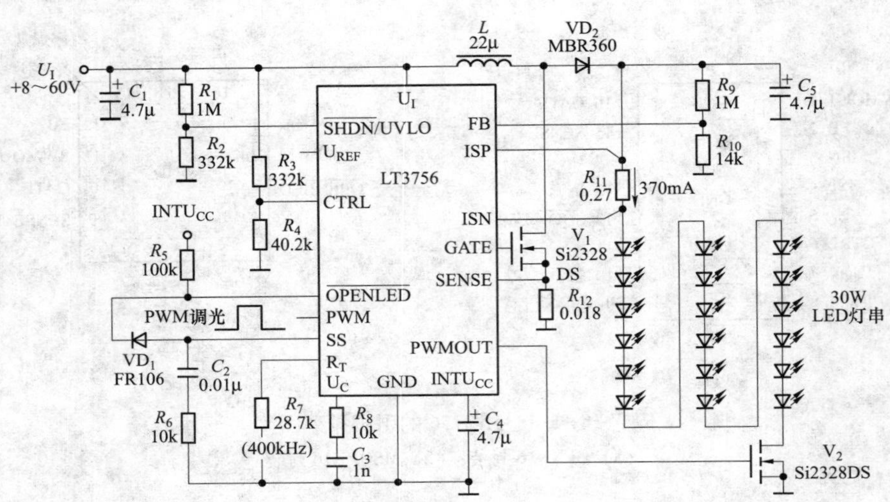

图 8-4-3　30W 汽车前灯驱动器电路

可使该端为高电平。不进行调光时允许将脉宽调制的调光信号输入端（PWM）悬空。C_2、R_6 分别为软启动电容和电阻。软启动端（SS）还经过 VD$_1$ 接$\overline{\text{OPENLED}}$端，在软启动过程中可禁止芯片输出。$R_7$ 为开关频率设定电阻（R_T），这里取 R_7 = 28.7kΩ，从图 8-4-2 所示曲线上可以查出 f≈400kHz。R_8、C_3 为内部误差放大器的补偿元件。C_4 为 INTU$_{CC}$电源的旁路电容。L 为储能电感。输出滤波器由3A/60V的肖特基整流二极管 VD$_2$（MBR360）和输出滤波电容器 C_5 构成。R_9、R_{10}为输出电压的取样电阻。R_{11}为电流控制环的外部检测电阻。V$_1$ 为 PWM 控制器的外部功率开关管，V$_2$ 为控制 LED 灯串亮、灭的功率开关管，二者均采用 1.5A/100V 的 Si2328DS 型 N 沟道 MOSFET。R_{12}为控制电路的电流检测电阻。

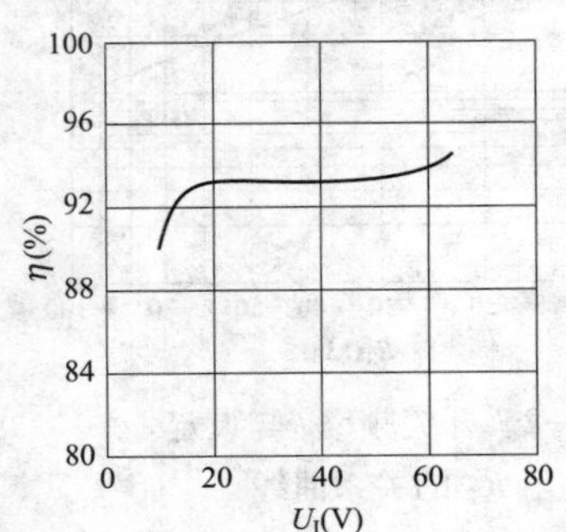

图 8-4-4　电源效率与输入电压的关系曲线

该 LED 驱动器的电源效率与输入电压的关系曲线如图 8-4-4 所示。由图可见，其效率可达 94%。

2. 做 SEPIC LED 驱动器的应用电路

LT3756 还可做 SEPIC 变换器使用，由它构成 20W 的 SEPIC LED 驱动器电路如图 8-4-5 所示。它与图 8-4-3 的电路结构主要有以下区别：第一，将耦合电感分成 L_{1A}、L_{1B}两部分，分别串联在一次侧、并联在二次侧；第二，将 C_5 放到 L_{1A}与 VD$_2$ 之间。这正是 SEPIC 变换器的结构特点。20W 的 LED 灯串由 6 只高亮度白光 LED 组成，I_{LED} = 1A。该 LED 驱动器的电源效率可达 90%。

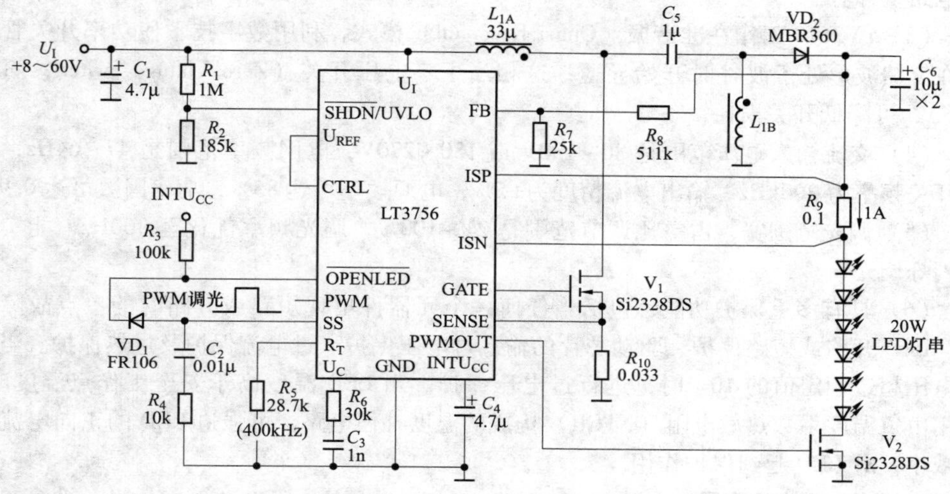

图 8-4-5　20W 的 SEPIC LED 驱动器

第五节　iW3610 型 AC/DC 式 TRIAC 调光数控 LED 驱动控制器

iWatt 公司是数字电源集成电路的专业生产厂家。该公司新推出的 iW3610 型 AC/DC 式 TRIAC 调光数控 LED 驱动控制器，采用先进的数控技术，适合构成 25W 以下的可调光 LED 灯具。

一、AC/DC 式数控 LED 驱动控制器的工作原理

1. iW3610 的主要特点

（1）iW3610 是采用数字控制技术、智能化、高性能 AC/DC 隔离式 TRIAC 调光的 LED 驱动控制器。它具有调光模式自动识别功能，能自动识别前沿切相 TRIAC 调光器、后沿切相 TRIAC 调光器及无调光器这 3 种模式，并允许在工作过程中进行前、后沿切相 TRIAC 调光器的转换。iW3610 用数字技术来检测调光器的输出波形，一旦检测到 LED 灯不支持的某种调光器，就强迫 LED 灯具进入保护模式，确保用户的使用安全。利用数控技术还可判断故障的存在，防止因频繁启动 TRIAC 调光器而造成驱动电路过热。

（2）传统的隔离式驱动方案是利用光耦合器将二次侧的电流反馈到一次侧控制器，来维持输出电流的稳定，致使驱动电路复杂，成本和电路损耗增加。iW3610 采用一次

侧反馈恒流控制的反激式变换器，不需要使用光耦合器及反馈环路补偿元件，大大简化了电路设计。

（3）iW3610 工作在准谐振（Quasi Resonant）模式，利用数字技术使功率开关管恰好在反馈波形处于波谷时开始导通，这相当于零电压开关（Zero Voltage Switch，简称 ZVS），可降低开关损耗。

（4）交流输入电压范围是 80～130V 或 180～270V，电网频率范围是 47～64Hz，最高开关频率为 200kHz。输出电流精度为±5%，电源效率可达 85%，功率因数可达 0.9。

（5）调光范围宽，占空比调节范围是 2%～100%，调光频率优化至 900Hz，能实现无闪烁调光。

（6）具有多重保护功能，包括当任何一个元器件出现短路或开路时的单点故障保护、LED 开路或短路保护、驱动芯片的输入过电压保护、过电流保护及过热保护。当输入电压超过额定值的 10% 时，进行过电压保护。当 LED 温度高于安全工作点温度时，利用由负温度系数热敏电阻（NTCR）构成的温度补偿电路，可强迫 LED 的正向电流迅速减小，对 LED 起到保护作用。

2. iW3610 的工作原理

iW3610 采用 SOIC-8 封装，引脚排列如图 8-5-1 所示。各引脚的功能如下：OUT_TR 为 PWM 信号输出端，接升压式动态阻抗变换器中 MOSFET（V_1）的栅极。U_{SENSE} 为反馈绕组的电压波形检测端。U_I 为整流后的线电压检测端，线电压需经过电阻分压器接至此端。V_t 端接外部 NTCR，用于对 LED 进行温度补偿，当温度过高时使 LED 灯的工作电流减小，当温度超过极限时强行将控制器关闭。GND 为接地端。I_{SENSE} 为一次侧电流检测端。用于逐周期的控制和限制 V_2 的峰值电流。OUT 端用于驱动功率开关管（V_2）的栅极。U_{CC} 为电源电压输入端，允许电压范围是+12～15V，最高电压为+16V。

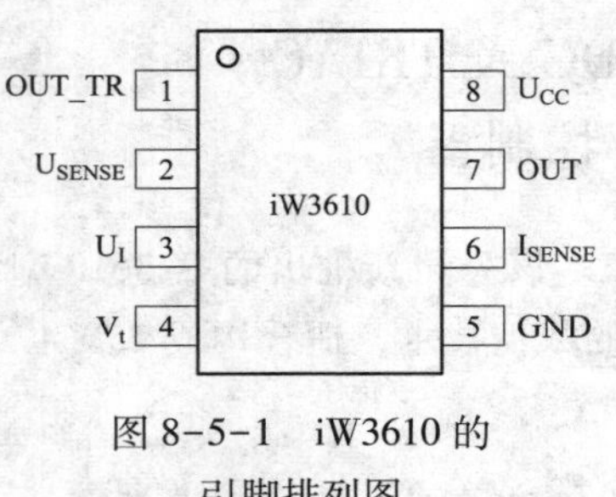

图 8-5-1　iW3610 的引脚排列图

iW3610 的内部框图如图 8-5-2 所示。主要包括启动电路、用于控制 U_I 端通/断的 MOSFET、多路模拟开关（MUX）、模/数转换器（ADC）、数字逻辑电路（含调光器类型识别及相位测量电路、恒流控制器）、驱动器 1 和驱动器 2、信号调理器（用于对反馈绕组的电压进行分析）、数/模转换器（DAC）、过电流比较器、漏极峰值电流比较器。对于设定好的 LED 驱动电流 I_{LED}，数字控制器可通过控制一次侧的峰值电流来获得所需输出电流。一旦 V_t 引脚上的电压低于 0.3V 时，控制器就将输出电流锁定为 10% I_{LED}，能有效避免 LED 过热。当 LED 的温度下降到安全工作温度范围内时，LED 灯的输出功率就缓慢地恢复正常。

由 iW3610 构成 TRIAC 调光的 LED 驱动电源系统框图如图 8-5-3 所示。主要包括 TRIAC 调光器、输入整流桥、升压式动态阻抗变换器、AC/DC 式 TRIAC 调光数控 LED

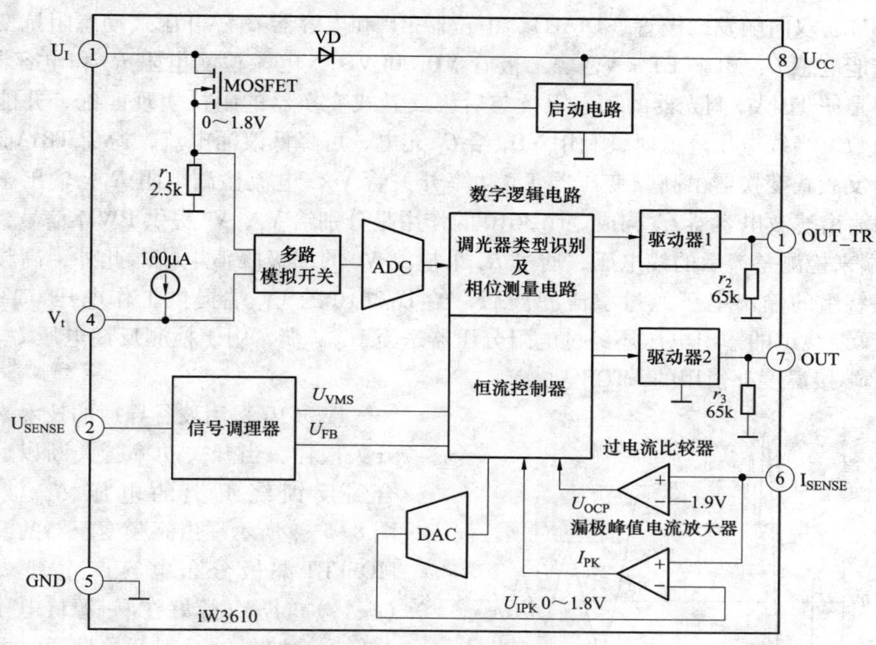

图 8-5-2 iW3610 的内部框图

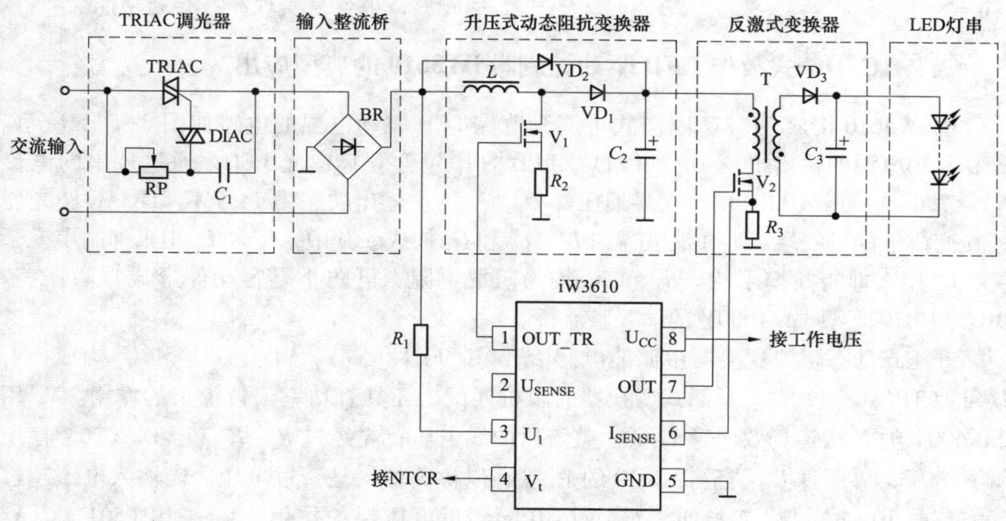

图 8-5-3 TRIAC 调光的 LED 驱动电源系统框图

驱动控制器（iW3610）、反激式变换器和 LED 灯串。TRIAC 调光器包含双向晶闸管（TRIAC）、双向触发二极管（DIAC）、电位器 RP 和电容器 C_1。升压式动态阻抗变换器包含储能电感 L、MOSFET（V_1）、二极管 VD_1 和 VD_2、电流检测电阻 R_2 和电容器 C_2，其作用是使 TRIAC 调光器的动态阻抗与后级反激式变换器的阻抗实现匹配，并能提高功率因数。当线电压降低时，利用 VD_1 给 C_2 充电，可降低浪涌电流，避免 TRIAC 被误触发。反激式变换器由高频变压器 T、功率开关管 V_2、电流检测电阻 R_3、输出整流管 VD_3 和输出滤波电容器 C_3 构成。iW3610 的作用是分别给 V_1、V_2 提供 PWM 信号，并通过 U_I 端来检测整流后的线电压，通过 R_3 来检测 V_2 的漏极峰值电流。此外，高频变压器反馈绕组的输出电压经过整流滤波后，给 iW3610 的 U_{CC} 端提供工作电压（图中未画），反馈绕组的输出电压还经过电阻分压器送至 U_{SENSE} 端，用于检测反馈电压 U_{FB} 的波形。V_t 端接温度补偿用的 NTCR。

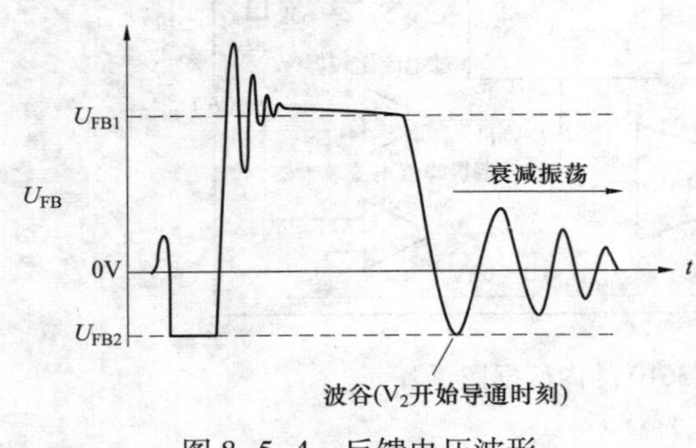

图 8-5-4　反馈电压波形

iW3610 采用波谷导通的技术来降低开关损耗。当开关功率管关断以后，耦合到反馈绕组上的电压 U_{FB} 波形如图 8-5-4 所示。由高频变压器的漏感和 MOSFET 漏极分布电容产生衰减振荡（振铃）。若 V_2 恰好在漏-源极电压振荡波形到达波谷的时刻开始导通，即可降低开关损耗，减小电磁干扰。iW3610 利用数字技术对反馈绕组上的电压做分析波形，很容易实现波谷导通功能。

二、AC/DC 式数控 LED 驱动控制器 iW3610 的典型应用

由 iW3610 构成 14.7W 隔离式可调光数控 LED 驱动电源的电路如图 8-5-5 所示。LED 驱动电源的输出电压 $U_O \approx +21V$。LED 灯串包含 6 只白光 LED，通过灯串的电流 $I_{LED}=700mA$，每只 LED 的正向导通压降 $U_F=3.5V$。输出功率为 14.7W。TRIAC 调光器接在交流电的进线端。EMI 滤波器由 L_1、L_2 和 C_1 构成。其中，L_1 和 L_2 用来抑制串模干扰，C_1 用来抑制共模干扰。R_1 和 R_2 均为阻尼电阻，可防止阻容元件形成自激振荡。BR 为 DB107S 型 1A/1000V 的输入整流桥。

升压式动态阻抗变换器由储能电感 L_3、MOSFET（V_1）、VD_1、VD_2 和 C_2 构成，不仅可使 TRIAC 调光器与反激式变换器的阻抗匹配，还具有功率因数校正的作用。V_1 用 2A/600V 的 N 沟道场效应管 2N60。整流后的线电压首先经过 $R_3 \sim R_5$ 和 VD_Z（20V 稳压管）分压，再通过 R_{19} 送至 iW3610 的 U_I 端，以检测输入是否过电压。当输入电压超过额定值的 10% 时，V_3 就导通，对 iW3610 起到过电压保护作用。V_3 采用 F501 型 1A/500V 的 N 沟道场效应管。

高频变压器采用 PC40 型软磁铁氧体磁心，一次侧匝数 $N_P=62T$，其电感量 $L_P=$

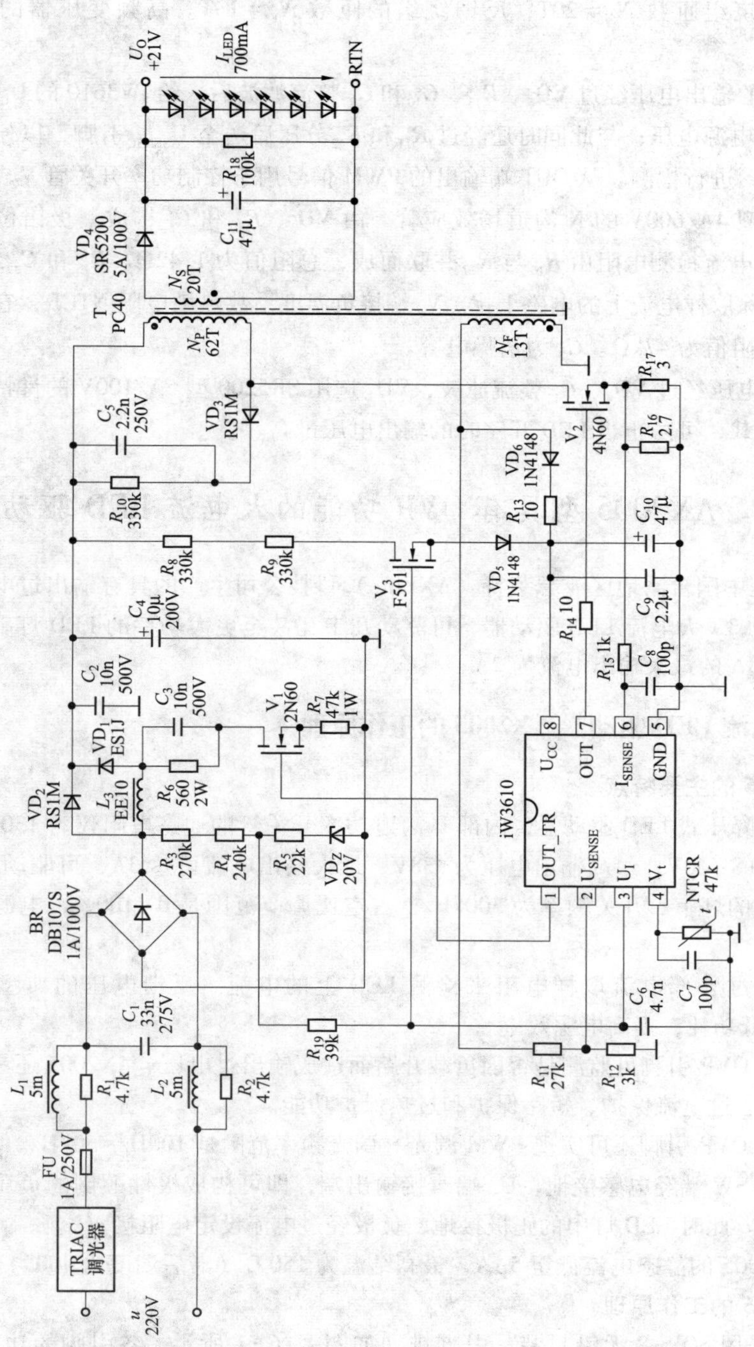

图 8－5－5　14.7W隔离式可调光数控LED驱动电源的电路

1.2mH。二次绕组匝数 $N_S=20T$，反馈绕组的匝数 $N_F=13T$。高频变压器的漏感量 $L_{P0}\leqslant20\mu H$。

反馈绕组的输出电压经过 VD_6、R_{13}、C_{10}和 C_9 整流滤波后，给 iW3610 的 U_{CC}引脚提供+12～15V 的电源电压；与此同时还经过 R_{11}和 R_{12}分压后送至 U_{SENSE}引脚，以便对反馈绕组的电压波形进行检测。从 OUT 端输出的 PWM 信号用于控制功率开关管 V_2 的通断，V_2 采用 4N60 型 4A/600V 的 N 沟道场效应管。由 VD_3、R_{10}和 C_5 构成漏极钳位保护电路。V_2 的漏极电流检测电阻由 R_{16}与 R_{17}并联而成，总阻值为 1.42Ω。R_{15}和 C_8 组成 RC 型滤波器，滤除取样电流上的电磁干扰。V_t 端接负温度系数热敏电阻 NTCR，它在室温为 25℃时的电阻值为 47kΩ。C_7 为消噪电容。

二次绕组电压经过 VD_4、C_{11}整流滤波，VD_4 选用 SR5200 型 5A/100V 的肖特基二极管。R_{18}为假负载，可防止当 LED 开路时的输出电压过高。

第六节　AX2005 型具有 OVP 功能的大电流 LED 驱动器

AX2005 是中国台湾地区亚瑟莱特（AXElite）科技公司生产的具有输出过电压保护（OVP）功能的 3A 大电流 LED 驱动器，可驱动几十瓦甚至更大功率的 LED 灯串。其同类产品 AX2005A 的最大输出电流为 2A。

一、大电流 LED 驱动器 AX2005 的工作原理

1. AX2005 的主要特点

（1）属于降压式 LED 驱动器，内部 P 沟道功率开关管的通态电阻仅为 130mΩ。输入电压范围是+8～40V；最高输出电压为+38V，最大输出电流可达 3A，可驱动由 10 只白光 LED 构成的灯串。开关频率为 300kHz，占空比调节范围是 0～100%，电源效率可达 90%。

（2）它通过外部电流取样电阻来检测 LED 上的电流。反馈电压的典型值仅为 200mV，能降低功耗，提高电源效率。

（3）通过 OVP 引脚可监测是否因负载开路而造成输出过电压。AX2005 还具有软启动、关断控制、过电流保护、短路保护和过热保护功能。

（4）利用 OVP 引脚还可实现 PWM 调光。调光频率范围是 100Hz～50kHz。

（5）若将 SW 端经电感接地，U_{SS}端改接输出端，即可构成极性颠倒的负压输出式 LED 驱动电源。此时 LED 灯串的正极接地，负极经过电流设定电阻接 $-U_O$。

（6）AX2005 的静态电流低至 5μA，最高结温为 150℃（滞后温度为 40℃）。

2. AX2005 的工作原理

AX2005 采用 SOP-8 无铅封装，引脚排列如图 8-6-1 所示。各引脚的功能如下：U_{CC}、U_{SS}分别为电源端和接地端。EN/SS 为启用/禁用和软启动端，接芯片内部的启动

电路，该端悬空时启用 AX2005，接低电平时禁用 AX2005。VGATE 为功率开关管的栅极驱动钳位端，在 VGATE 与 U_{CC} 端之间需接 1μF 的电容器。SW 为内部功率开关管的源极引出端，接外部电感和输出整流管。OVP 为过电压检测的输入端，过电压保护的阈值电压为 0.85V，输出电压经过电阻分压器接该端。FB 为反馈端，反馈电压为 200mV。COMP 为内部比较器的引脚，接外部 R、C 元件构成反馈环路的相位补偿网络。芯片的裸露焊盘在内部与 SW 连通。

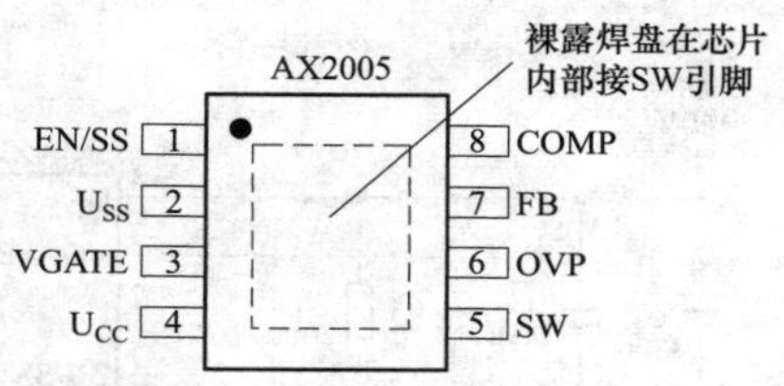

图 8-6-1　AX2005 的引脚排列图

AX2005 的内部框图如图 8-6-2 所示。主要包括启动电路，偏置电路，1.23V 和 2.50V 基准电压源，基准电压的分压器，锯齿波发生器，误差放大器、比较器，PWM 比较器，PWM 控制电路，驱动级，P 沟道 MOSFET（功率开关管），过电流保护电路，过电压保护电路，过热保护电路。

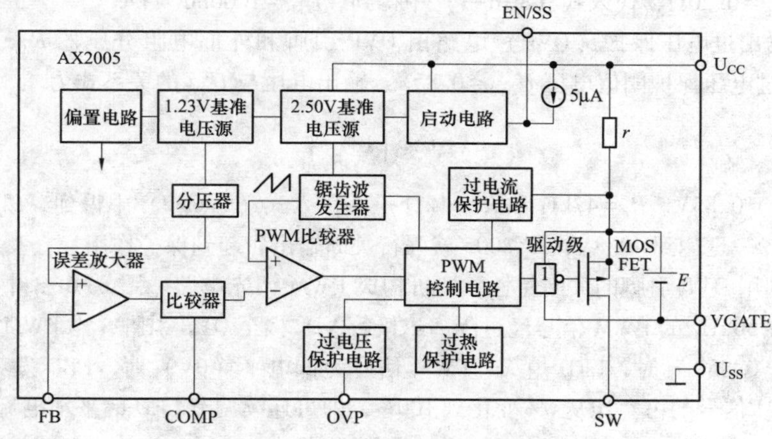

图 8-6-2　AX2005 的内部框图

二、大电流 LED 驱动器 AX2005 的典型应用

由 AX2005 构成 35W 降压式 LED 驱动器的电路如图 8-6-3 所示。该电路具有以下特点：

（1）输入电压为+40V，输出恒定电流为 1000mA，可驱动由 10 只白光 LED 构成的灯串。每只 LED 的正向压降为 3.5V，灯串的总电压约为+35V。

（2）降压式输出电路由 L、VD_1、$LED_1 \sim LED_{10}$ 和 R_S 构成。R_S 为 LED 电流的设定电阻，有公式

$$I_{LED}=\frac{U_{FB}}{R_S}=\frac{200\text{mV}}{R_S} \tag{8-6-1}$$

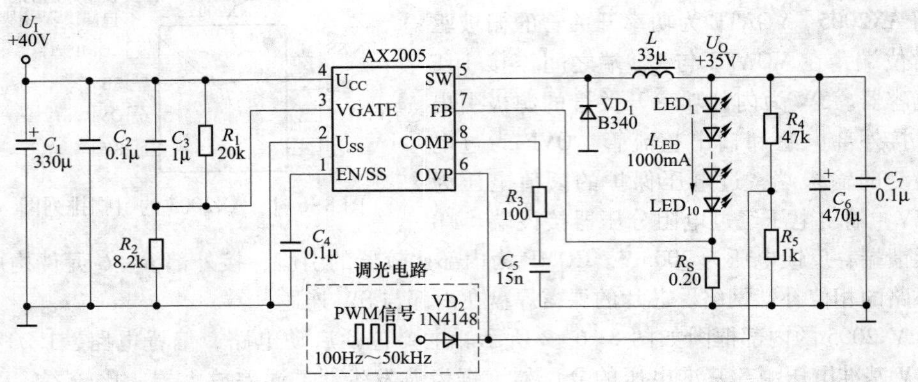

图 8-6-3　35W 降压式 LED 驱动器的电路

现取 $R_S=0.20\Omega$，代入式（8-6-1）中得到，$I_{LED}=1000mA=1A$。

（3）输出过电压保护（OVP）电路由 OVP 引脚和外部电阻分压器 R_4、R_5 组成。AX2005 的过电压保护阈值电压 $U_{OVP}=0.85V$，输出电压与 U_{OVP} 的关系式为

$$U_O=U_{OVP}\left(1+\frac{R_4}{R_5}\right) \tag{8-6-2}$$

将 $U_{OVP}=0.85V$、$R_4=47k\Omega$ 和 $R_5=1k\Omega$ 一并代入式（8-6-2）中得到，$U_O=40.8V$。这表明，U_O 一旦达到 40.8V，AX2005 就强行关断输出，起到保护作用。

（4）利用 OVP 引脚的关断特性，还可构成 PWM 调光电路。图 8-6-3 中的虚线框内，100Hz～50kHz 的 PWM 信号经过隔离二极管 VD_2 接至 OVP 引脚，当 PWM 信号为高电平（大于 0.85V）时，LED 熄灭；PWM 信号为低电平（0V）时，LED 发光。因此，只需使 PWM 信号的占空比从 0% 变化到 100%，即可连续调节 LED 的平均电流，使 LED 从最亮变化到最暗。

（5）AX2005 的关键外围元件值可按表 8-6-1 来选择。

表 8-6-1　　AX2005 关键外围元件值的选择

I_{LED}（mA）	R_S（Ω）	C_1（μF）	L（μH）
350	0.57	100	33
750	0.27	220	
1000	0.20	330	

COMP 端相位补偿元件 R_3 和 C_5 的取值，与输出滤波电容器 C_6 的等效串联电阻 R_{ESR} 有关。当 $R_{ESR}=30\sim80m\Omega$ 时，$R_3=470\Omega$，$C_5=10nF$；当 $R_{ESR}=80\sim300m\Omega$ 时，$R_3=100\Omega$，$C_5=15nF$。

第七节　AMC7150 型降压式高效率 LED 恒流驱动器

AMC7150 是中国台湾地区广鹏科技有限公司（ADDtek Corp）生产的一种降压式高效率、低成本 LED 恒流驱动器，可作为 DC/DC 式 LED 驱动器用于汽车照明和家庭照明。

一、降压式高效率 LED 恒流驱动器 AMC7150 的工作原理

1. AMC7150 的主要特点

（1）AMC7150 属于 PWM 式功率 LED 驱动器 IC，输入电压范围是+4～40V，输出电流从几毫安至 1.5A，可驱动 24W 以下的大功率 LED。

（2）外围电路简单，只需 5 个外部元器件，可大大降低 LED 驱动器的成本。

（3）在直流输入端串联一只电流设定电阻 R_S，即可设定 LED 灯串的峰值电流，进而改变 LED 的平均电流值。

（4）开关频率由外部定时电容器设定，最高可达 200kHz。占空比的典型值为 85%。

（5）在人体静电放电（ESD）模型下，具有 2kV 的 ESD 保护功能。工作温度范围是-40～+85℃。

2. AMC7150 的工作原理

AMC7150 采用 TO-252 封装，引脚排列如图 8-7-1 所示。各引脚的功能如下：OSC 端接振荡器的定时电容。OUT 为驱动器输出端，GND 为公共地。CS 为峰值电流检测端。U_{CC}端接+4～40V 的输入电压，芯片的电源电流最大值为 4mA。

AMC7150 的内部简化框图如图 8-7-2 所示。主要包括峰值电流比较器、PWM 控制器、驱动器、功率开关管（VT）、振荡器、过热保护电路。

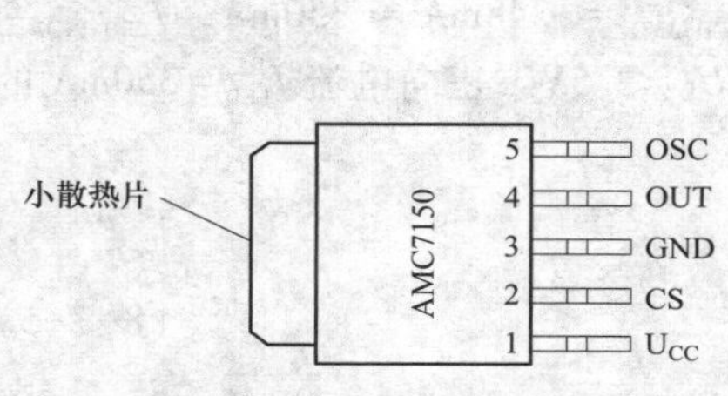

图 8-7-1　AMC7150 的引脚排列图

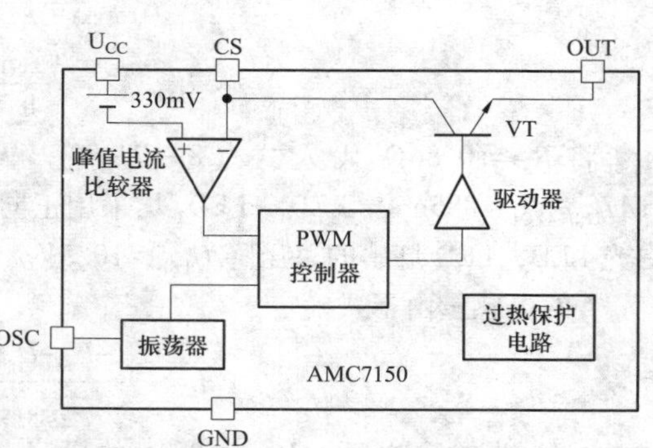

图 8-7-2　AMC7150 的内部简化框图

二、降压式高效率LED恒流驱动器AMC7150的典型应用

1. +24V输入、驱动3只串联LED的电路

由AMC7150构成+24V输入、驱动3只串联LED的电路如图8-7-3所示。C_1为输入电容器，采用47μF电解电容器。C_2为设定内部振荡器频率的定时电容器，可采用680~820pF的陶瓷电容器。降压式输出电路由电感L、续流二极管VD、LED_1~LED_3构成。L为220μH的电感，VD采用1N5819型1A/40V肖特基二极管。R_S为LED的峰值电流设定电阻，R_S两端的压降为U_S，其最小值为270mV，典型值为300mV，最大值为330mV，一般可按330mV计算。峰值电流的计算公式为

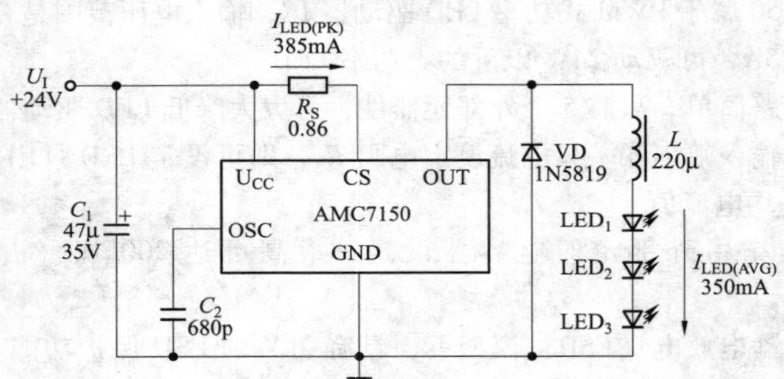

图8-7-3　+24V输入、驱动3只串联LED的电路

$$I_{LED(PK)}=\frac{330mV}{R_S} \tag{8-7-1}$$

$$I_{LED(PK)}=I_{LED(AVG)}+\Delta I_L/2 \tag{8-7-2}$$

式中：$I_{LED(AVG)}$为LED的平均电流；ΔI_L为电感L上纹波电流的峰-峰值。对图8-7-3而言，可近似认为$\Delta I_L=0.2I_{LED(AVG)}$，即$\Delta I_L/2=0.1\ I_{LED(AVG)}$。不难算出

$$I_{LED(PK)}=1.1I_{LED(AVG)} \tag{8-7-3}$$

$$I_{LED(AVG)}=\frac{I_{LED(PK)}}{1.1}=\frac{330mV}{1.1R_S} \tag{8-7-4}$$

将$R_S=0.86\Omega$代入式（8-7-4）得到$I_{LED(AVG)}=348mA\approx350mA$，$I_{LED(PK)}=1.1I_{LED(AVG)}=385mA$。$LED_1$~$LED_3$均采用正向压降$U_F=3.5V$、正向电流$I_{LED}=350mA$的白光LED，LED灯串的总压降$U_{LED}=10.5V$。

L的电感量由下式确定

$$L=\frac{U_{CC}-U_S-U_{SAT}-U_{LED}}{I_{LED(PK)}}\cdot\frac{D}{f} \tag{8-7-5}$$

式中：U_{CC}为输入电压；U_S为R_S上的压降；U_{SAT}为AMC7150的饱和压降（典型值为1V）；D为占空比；f为开关频率，当$C_2=680pF$时，$f\approx200kHz$；$C_2=820pF$时，$f\approx160kHz$。将$U_{CC}=24V$、$U_S=1V$、$U_{LED}=10.5V$、$I_{LED(PK)}=385mA$、$D=85\%$和$f=200kHz$一

并代入式（8-7-5）中得到，$L=134\mu H$。考虑到选择较大的电感量有助于降低纹波电压，实取 220μH 的标称电感，该电感量对于 $I_{LED(AVG)}=350mA\sim1.5A$ 均适用。

2. +12V 输入、驱动 3 只并联 LED 的电路

由 AMC7150 构成+12V 输入、驱动 3 只并联 LED 的电路如图 8-7-4 所示。LED 灯串由 $LED_1\sim LED_3$ 并联而成，这 3 只 LED 应选择同一种型号，以保证每只 LED 的参数匹配，亮度均匀。取 $R_S=0.286\Omega$ 时 $I_{LED(AVG)}=1.05A$，通过每只 LED 的电流均为 350mA，$I_{LED(PK)}=1.155A$。

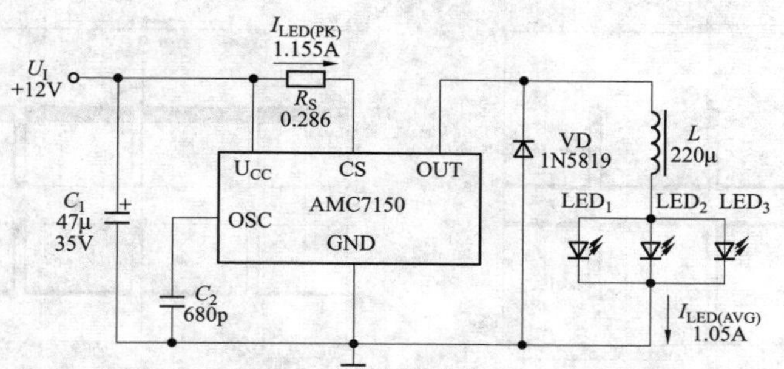

图 8-7-4　+12V 输入、驱动 3 只并联 LED 的电路

3. 交流 12V 输入、驱动一只大功率 LED 灯的电路

由 AMC7150 构成交流 12V 输入、驱动 6W 大功率 LED 射灯的电路如图 8-7-5 所示。该电路具有以下特点：

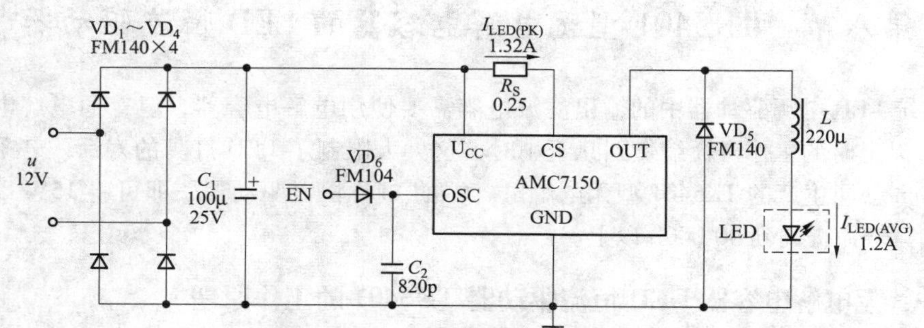

图 8-7-5　交流 12V 输入、驱动 6W 大功率 LED 射灯的电路

（1）采用 MR16 灯头，LED 的发光颜色为暖白光，色温为 2800~3300K，光通量为 360lm。

（2）由 $VD_1\sim VD_4$ 构成整流桥，并将输入电容器 C_1 的容量增加到 100μF。为提高电源效率，$VD_1\sim VD_5$ 均采用 FM140 型 1A/40V 肖特基二极管，其最大正向压降仅为 0.5V。取 $R_S=0.25\Omega$ 时，$I_{LED(AVG)}=1.2A$，$I_{LED(PK)}=1.32A$。

（3）巧妙地利用 OSC 引脚实现 PWM 调光。$\overline{EN}$为 PWM 调光的使能端。VD_6 为隔离二极管，采用 1N4148 型小功率高速开关二极管。PWM 调光的原理是当$\overline{EN}$接 2～5.5V 的高电平时 VD_6 导通，强迫 AMC7150 关断输出；当$\overline{EN}$接 0.4V 的低电平时 VD_6 截止，允许 AMC7150 输出，通过调节 PWM 信号的占空比，即可实现 LED 的亮度调节。举例说明，当 D=9.3%时，$I_{LED(AVG)}$ = 30.2mA；D=91.7%时，$I_{LED(AVG)}$ = 342mA，改变占空比调光时的波形图分别如图 8-7-6（a）、（b）所示。

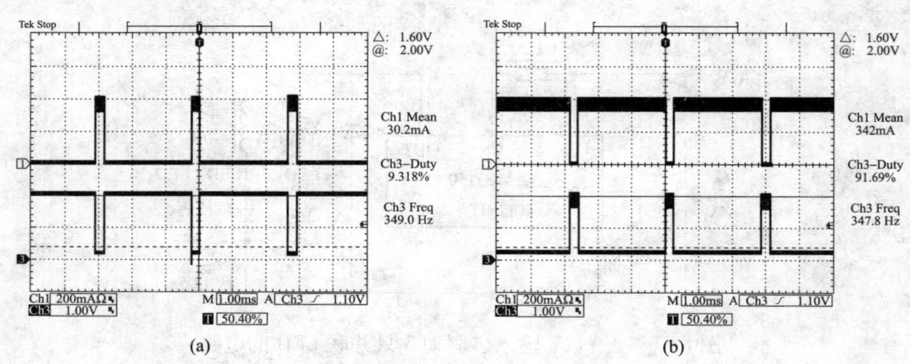

图 8-7-6　改变占空比调光时的波形图

（a）D=9.3%时，$I_{LED(AVG)}$ = 30.2mA；（b）D=91.7%时，$I_{LED(AVG)}$ = 342mA

第八节　TK5401 型无电解电容器的 LED 恒流驱动器

传统 LED 电源驱动器中的输出滤波电容需要使用电解电容器，但普通电解电容器在 85℃以上时的工作寿命缩短到几千小时，这大大限制了 LED 灯具的寿命。若采用日本 Takion 公司生产的 TK5401 型无电解电容器的 LED 恒流驱动器，即可将 15W 以下的 LED 灯具寿命提高到 40 000h 以上。

一、无电解电容器 LED 恒流驱动器 TK5401 的工作原理

1. TK5401 的主要特点

（1）TK5401 内部集成了高压功率 MOSFET 及控制电路，可设计成无电解电容器的小型化、低成本、长寿命和高效率的 LED 驱动电源。高压功率 MOSFET 的漏-源极击穿电压为 650V（最小值），通态电阻为 1.9Ω（最大值）。

（2）交流输入电压范围是 85～265V，TK5401 的工作电压范围是 U_{CC} = +13.8～16.8V，典型值为 15.3V，芯片本身的最大工作电流为 6mA。

（3）内置启动电路。最大占空比为 83%。采用频率抖动技术，使开关频率以 67kHz

为中心，按照 5kHz 的调制频率进行抖动，可降低电磁干扰（EMI）。适合制作 3~15W 的 LED 驱动电源。电源效率可达 80%。

（4）具有输入欠电压保护、输出过电压保护、可调式过电流保护、过热保护等功能。U_{CC}端的欠电压阈值为 8.1V，当 U_{CC}<8.1V 时芯片停止工作。过电压保护阈值为 29V，一旦因输出开路而导致 U_{CC}>29V，就立即关断 MOSFET 的输出。TK5401 能根据漏极峰值电流的大小来调节过电流保护的阈值电压，漏极峰值电流的阈值电压为 0.78V，调节范围是 0.78~0.90V。

（5）当 TK5401 的结温达到 135℃时，就进入锁定状态，电流迅速降至 0.65mA（典型值），此时芯片停止工作，可对 IC 起到保护作用。

（6）芯片内部有反馈控制电路，构成 AC/DC 非隔离式 LED 驱动电源时可省去外部反馈电路。TK5401 的工作温度范围是-20~+125℃。

（7）TK5401 能监测输入电源电压和 LED 的输出电压，监视等级被重复地设置为 0V 左右，在进行功率因数校正和调光时可消除 LED 的闪烁现象。

2. TK5401 的工作原理

TK5401 采用 DIP-8 封装（第 6 脚空缺），引脚排列如图 8-8-1 所示。各引脚的功能如下：S/OCP 端与内部功率 MOSFET 的源极连通，接外部设定电阻来限制 MOSFET 的极限电流。U_{CC} 端接直流输入电压，允许范围是+13.8~16.8V，典型值为 15.3V。GND 为公共地。LS 为 LED 的电流检测端，通过外部检测电阻可设定 LED 的最大电流值。COMP 为误差放大器输出端，接外部相位补偿电容。D/ST 为内部功率 MOSFET 的漏极引出端（共有两个 D/ST 引脚），上电后从该端输入启动电流。

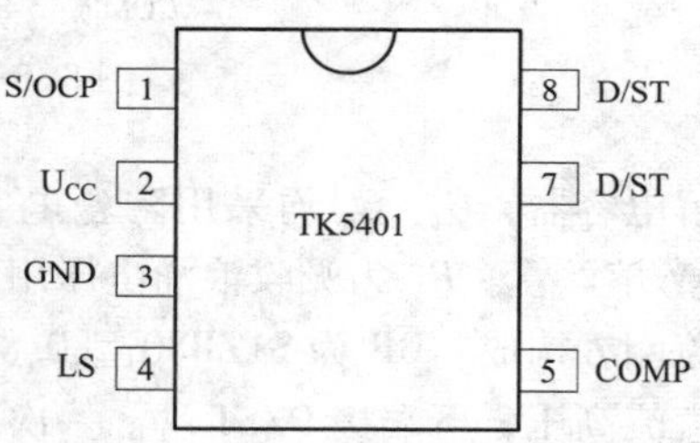

图 8-8-1　TK5401 的引脚排列图

TK5401 的内部框图如图 8-8-2 所示。主要包括启动电路、PWM 振荡器、RS 触发器、门电路、驱动级、功率 MOSFET、误差放大器、反馈控制电路（内含电压比较器）、斜率补偿电路、前沿消隐电路（LEB）、漏极峰值电流阈值调节电路、过电流保护电路、输入欠电压保护电路、电压调节器、过电压保护电路、过热保护电路。鉴于在功率 MOSFET 导通或关断时刻，容易使内部电压比较器的输出突然发生跳变而形成误触发。利用前沿消隐功能，可将电流取样电阻上的电压延迟 280ns，再送至反馈控制电路，可避免出现上述故障。

二、无电解电容器 LED 恒流驱动器 TK5401 的典型应用

1. 3~8W 非隔离式 LED 驱动电源

由 TK5401 构成 3~8W 非隔离式交流输入 LED 驱动电源的电路如图 8-8-3 所示。交流输入电压范围是 85~265V，额定输出电压为 19.2V，可驱动由 6 只 LED 构成的灯串。每只 LED 的正向压降为 3.2V，LED 的平均电流为 260mA。该电源的电路中未使用

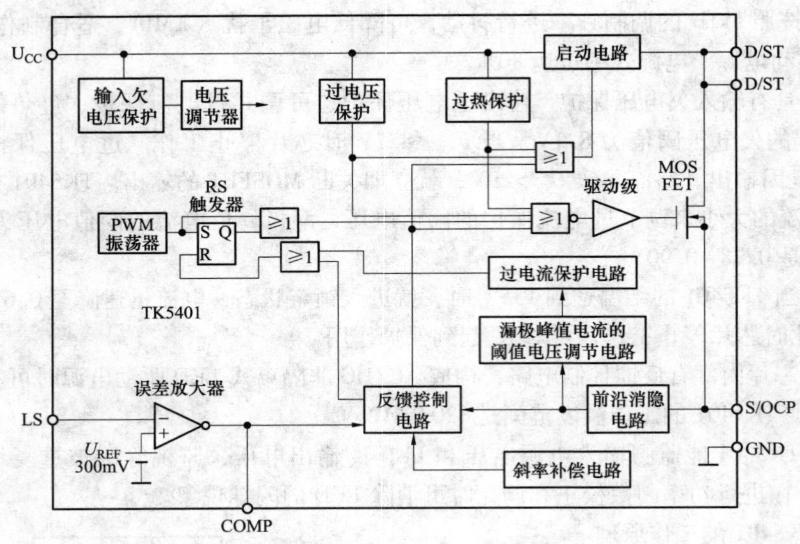

图 8-8-2　TK5401 的内部框图

电解电容器，$C_1 \sim C_6$ 均采用陶瓷电容器，能满足长寿命 LED 照明的需要。FU 为 2A/250V 熔丝管。R_V 为吸收浪涌电压用的压敏电阻器。EMI 滤波器由串模电容器 C_1、共模扼流圈 L 构成。BR 为 S1ZB80 型 0.8A/800V 整流桥。一次绕组 N_P 的上端接整流桥输出的直流高压，下端接 D/ST 端。一次侧的公共端经过 C_6 接通地线（G）。

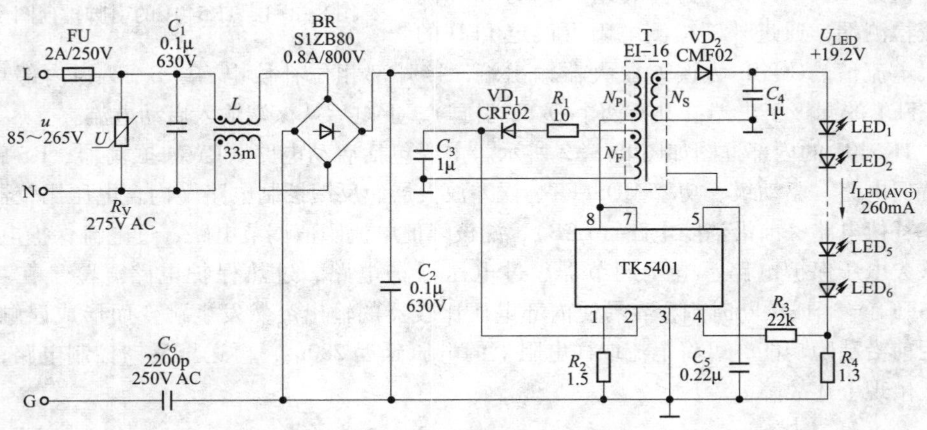

图 8-8-3　3～8W 非隔离式交流输入 LED 驱动电源的电路

二次绕组 N_S 的输出电压，经过整流滤波后驱动 LED 灯串。输出整流管 VD_2 采用 CMF02 型 1A/600V 快恢复二极管，其反向恢复时间为 270ns。为提高电源效率，推荐用肖特基二极管代替 CMF02。输出滤波电容器 C_4 可选 1μF 的陶瓷电容器。C_5 为误差放大器的相位补偿电容。R_3 为限流电阻。R_4 用于设定 LED 灯串的平均电流，计算公式为

$$I_{LED(AVG)}=\frac{330mV}{R_4} \tag{8-8-1}$$

取 $R_4=1.3\Omega$ 时，$I_{LED(AVG)}=254mA\approx260mA$。

R_2 为设定 MOSFET 漏极极限电流 I_{LIMIT}的电阻，计算公式为

$$I_{LIMIT}=\frac{0.78V}{R_2} \tag{8-8-2}$$

当 $R_2=1.5\Omega$ 时，$I_{LIMIT}=0.52A$。当交流输入电压降至最小值 85V 时，式（8-8-2）中的过电流保护阈值电压就变成 0.90V，所对应的 $I'_{LIMIT}=0.90V/1.5\Omega=0.60A>I_{LIMIT}$，可保证在最低电压下也能达到额定输出功率。

高频变压器采用 EI-16 型铁氧体磁心。反馈绕组 N_F 的输出电压经过 VD_1、C_3 整流滤波后，给 TK5401 的 U_{CC}端（第 2 脚）提供大约 15V 的电源电压。R_1 用来限制刚上电时的冲击电流。VD_1 采用 CRF02 型 0.5A/800V 的快恢复二极管，反向恢复时间为 100ns（最大值）。

2. 3~8W 隔离式 LED 驱动电源

由 TK5401 构成 3~8W 隔离式交流输入 LED 驱动电源的电路如图 8-8-4 所示。该电路与图 8-8-3 相比主要有以下区别：

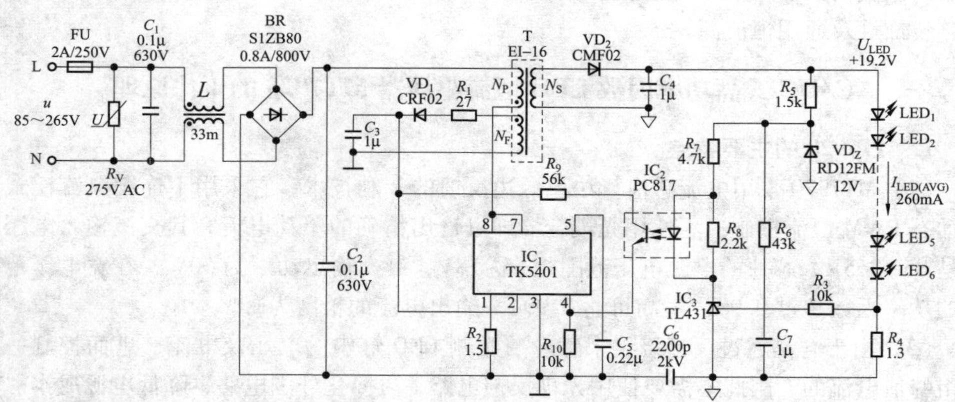

图 8-8-4　3~8W 隔离式交流输入 LED 驱动电源的电路

（1）增加了光耦合器 PC817（IC_2）和可调式精密并联式稳压器 TL431（IC_3），所构成的精密反馈电路还能实现二次侧与一次侧的电气隔离。其工作原理如下：假如由于某种原因致使 I_{LED}发生变化，经电流取样电阻 R_4 后，与 TL431 的内部基准电压进行比较，就会产生误差电压；再通过 PC817 去改变 TK5401 的输出占空比，最终使 I_{LED} 保持恒定。由于 U_{LED}通过 R_5 和 12V 稳压管 VD_Z（RD12FM）分压后，再经过 R_7 接至 PC817 中的红外发光二极管，因此该电路还具有一定的稳压作用。反馈环路的相位补偿网络由 R_6 和 C_7 组成。

（2）反馈绕组 N_F 的输出电压除给 TK5401 供电外，还给 PC817 中的光敏晶体管提

供偏置电压。

（3）将 C_6 改为一次侧与二次侧之间的安全电容，对部分元件的参数值也做了相应改动。

在设计电路时需注意以下事项：

1）由于电路中存在高频电流，要求取样电阻 R_S 的自感应系数很小，并能承受较大的浪涌电流。

2）考虑到高频变压器绕组的发热情况，其电流密度应选择 3~4A/mm^2。

3）U_{CC}端、S/OCP 端和 D/ST 端的印制导线及电源地线均应尽量短而粗，以降低功率损耗和辐射噪声。电源地线应与控制端地线分开布置，最后单点汇合。

4）功率 MOSFET 的通态电阻具有正的温度系数，需安装合适的散热器以降低传输损耗。

第九节　MT7920 型 AC/DC 式高功率因数 LED 恒流驱动器

北京美芯晟科技有限公司于 2010 年 11 月新推出的 MT7920 型高功率因数、高效率、采用一次侧反馈的 AC/DC 隔离式 LED 照明驱动芯片，适用于 LED 日光灯、LED 信号灯、装饰灯及通用恒流源。

一、AC/DC 式高功率因数 LED 恒流驱动器 MT7920 的工作原理

1. MT7920 的主要特点

（1）MT7920 采用电流感应算法及源边反馈的专利技术，它采用不连续电流模式下的动态 PWM 恒流控制，不使用光耦合器即可输出精确的驱动电流。其交流输入电压范围是 85~265V，芯片的电源电压范围是+6~18V，最大输出功率为 30W，在宽电压范围内的功率因数超过 0.90（最高可达 0.99）。输出电流的精度为±3%。

（2）由于它是通过反馈绕组来感应二次侧 LED 灯串的电压及电流，进而控制一次绕组峰值电流的，因此不需要使用光耦反馈电路，可简化外围电路，降低电源成本。

（3）MT7920 支持无电解电容器的 LED 驱动电源设计方案，可用较小容量的陶瓷电容器来代替大容量的电解电容器。

（4）输出的恒定电流及功率均可调节，内置脉冲前沿消隐电路及通/断控制电路。可选择无须调光器的 4 级调光方式，以达到特殊的调光效果。

（5）内部有完善的保护功能，包括过电压保护、欠电压保护、过电流保护、软启动及过热保护。当任何一只电阻、电容及二极管开路或短路时，都不会造成 MT7920 或其他元器件的损坏。大大提高了 LED 驱动电源的可靠性。

（6）MT7920 采用频率抖动技术，使 PWM 频率在±3%范围内抖动，即 $f'=f\pm\Delta f=f\pm 3\%f$。由于低频调制后的 PWM 频率 f' 与原开关频率 f 没有任何关联性，因此能有效地抑制基频 f 及其高次谐波所产生的电磁干扰。

（7）低功耗，启动电流仅为 30μA（典型值），关断后的电流低至 1μA，电源效率超过 80%。工作温度范围是-40～+105℃。

2. MT7920 的工作原理

MT7920 采用 SOP-8 封装，引脚排列如图 8-9-1 所示。各引脚的功能如下：U_{DD} 为电源端。AGND 为模拟地，PGND 为功率地，PGND 与 AGND 在 PCB 板上相连。DSEN 端经过电阻分压器接反馈绕组的输出电压。FTUN 为 PWM 控制器的频率调节端。STP 为软启动端，利用该端可动态调整一次侧峰值电流。DIM 为调光功能的使能端，该端接地时按循环方式进行 4 级调光，该端悬空时禁止调光。DRV 为驱动外部功率 MOSFET 管栅极的引脚。

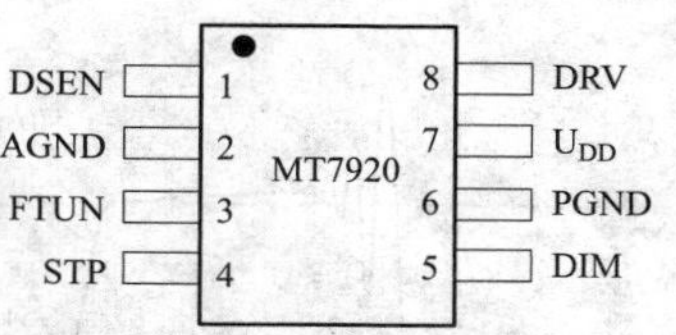

图 8-9-1　MT7920 的引脚排列图

下面介绍 MT7920 的主要功能。

（1）可供选择的 4 级调光方式。将 DIM 端接地时，MT7920 就在规定时间间隔 Δt 内重复关断/开启电源，按照 4 个等级（100%、64%、36% 和 16%）的亮度比进行调光。调光比的变化顺序为：100%→64%→36%→16%→100%→64%…，自动循环进行，可达到特殊的视觉效果。Δt 由 U_{DD} 端的外部电容 C 来设定，通常取 C=4.7～10μF，可使电源掉电后，U_{DD} 电压维持 3～6s。每次关断/开启电源的时间间隔 Δt=0.2～0.8s。若从关断电源到开启电源的时间间隔已超过 Δt，则无论当前的亮度比处于哪一等级，下次开启电源时都要把亮度比重新设置为 100%。该端悬空时不支持关断/开启电源的调光功能。

（2）U_{DSEN} 波形的检测原理。不连续电流模式下检测 DSEN 波形（U_{DSEN}）的简化电路如图 8-9-2 所示，检测 U_{DSEN} 波形的原理如图 8-9-3 所示。反馈绕组 N_F 的输出电压首先经过 VD 和 C 进行整流滤波，获得反馈电压 U_F，再经 R_3、R_4 和芯片内部电阻构成

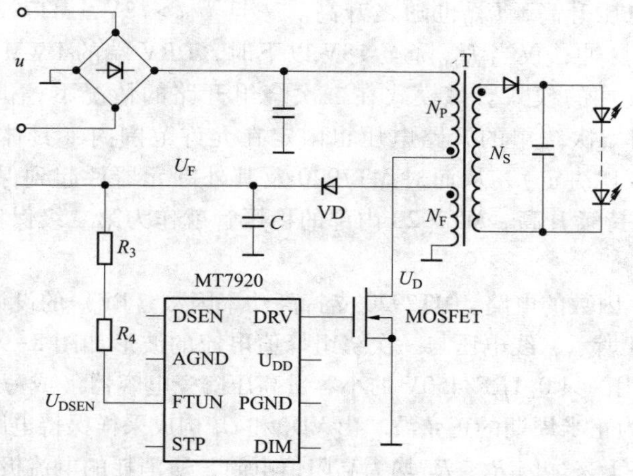

图 8-9-2　不连续电流模式下检测 DSEN 波形的简化电路

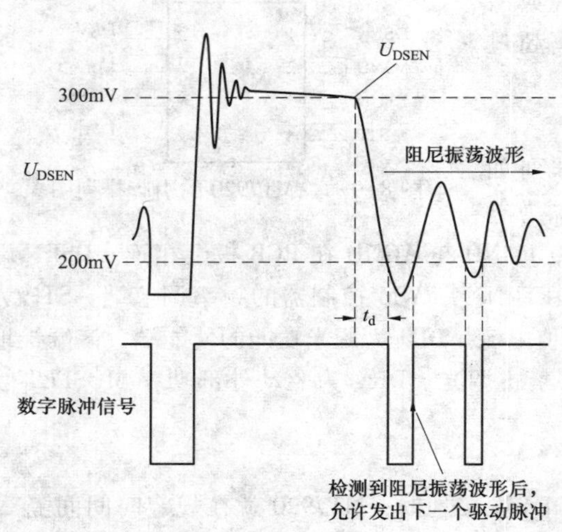

图 8-9-3　检测 U_{DSEN} 波形的原理

的分压器进行比例校正，即可得到 U_{DSEN}。MT7920 通过 DSEN 引脚来检测功率 MOSFET 的漏极电压波形（U_D），该引脚的低电平阈值电压 U_{DSEN_L} = 200mV，高电平阈值电压 U_{DSEN_H} = 300mV。在不连续电流模式下，当储存在一次绕组的能量通过二次绕组耗尽时，由于高频变压器漏感 L_{P0} 和 MOSFET 漏极分布电容 C_0 的存在，U_{DSEN} 波形会形成一个阻尼振荡（即衰减振荡，亦称振铃）。MT7920 将阻尼振荡波形转换成数字脉冲信号，用于控制是否发送下一个驱动脉冲。仅当检测到阻尼振荡波形后，才允许发出下一个驱动脉冲，由此可确保电源始终工作在不连续电流模式。

（3）输出短路及过电流保护。只要储存在高频变压器中的能量在每个周期都耗尽，MT7920 就会在 DSEN 端检测到如图 8-9-3 所示的波形。正常情况下在能量耗尽之前，U_{DSEN} 为比较高的电压。一旦 LED 灯串短路导致输出电压 U_{LED} 降至 0V，或因过电流而造成 U_{LED} 降低，U_{DSEN} 就按相同的比例降低。若 U_{DSEN} 连续在两个开关周期内低于 300mV，MT7920 就关闭控制环路，停止开关动作，直到 U_{DD} 降至 6V 时才重新启动。如输出短路故障依然存在，就不断重复上述过程，直至短路故障被排除，当 $U_{DSEN} > U_{DSEN\_H}$ = 300mV 时，电源进入正常工作状态。

（4）开路保护。由于反馈绕组与二次绕组之间存在耦合关系，当 LED 灯开路时二次绕组的输出电压升高，U_{DD} 也随之升高。一旦 U_{DD}>18V，MT7920 就停止往 DRV 端发送 PWM 驱动脉冲；仅当 U_{DD} 降至 18V 以下时，DRV 端的 PWM 驱动信号才能恢复，这就是跳过脉冲的模式。该模式在二次绕组开路的情况下，仍可使 U_{DD} 保持在 18V 左右，进而将二次绕组的开路电压也限定在允许范围内（具体数值由二次绕组与反馈绕组的匝数比决定），从而对 MT7920 及其外围元器件起到保护作用。如因发生意外，致使 U_{DD} 持续升高，MT7920 内部的稳压管就作为第二级保护器件，将 U_{DD} 钳位在 24V。

（5）提高功率因数的电路。MT7920 支持高功率因数（PF）的设计方案，PFC 的简化电路如图 8-9-4 所示，线电压与一次绕组峰值电流的波形如图 8-9-5 所示。由于整流桥后面的 C_3 采用一只 0.1μF/450V 的小容量高压陶瓷电容器（或薄膜电容器），因此得到的线电压 U_I 为正半周期的正弦波。由 VD_1 和 C_4 构成采样保持电路，在半周期内将正弦波的峰值保持下来。因 R_1、R_2 均为高阻值电阻，所消耗的电流极小，故 C_4 上的电压基本保持不变，最终使一次绕组峰值电流 I_{PK} 的波形与线电压 U_I 的波形基本保持同相位，从而将功率因数提高到 0.90 以上。C_3 未使用电解电容器，这也有利于提高 LED 驱动电源的寿命。

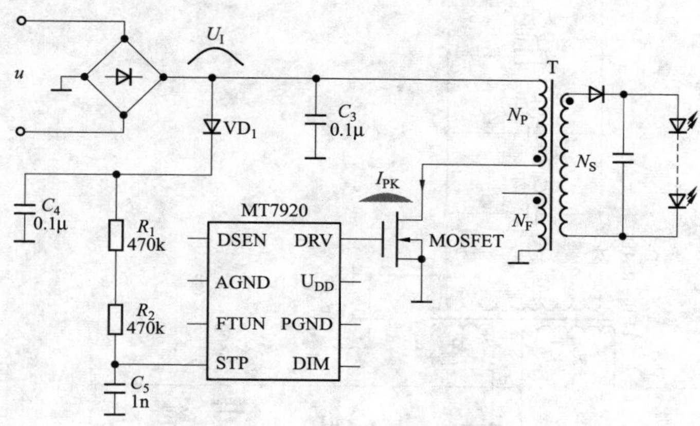

图 8-9-4　PFC 的简化电路

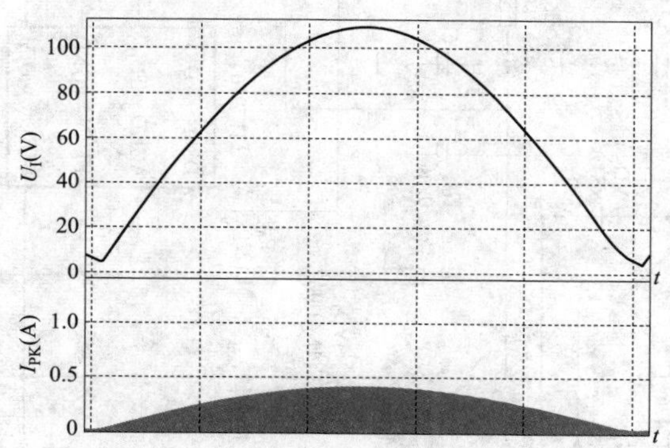

图 8-9-5　线电压与一次绕组峰值电流的波形

二、AC/DC 式高功率因数 LED 恒流驱动器 MT7920 的典型应用

由 MT7920 构成 6W 反激式高功率因数 LED 恒流驱动电源的电路如图 8-9-6 所示。交流输入电压范围是 $u = 85 \sim 265$V，允许输出电压范围是 $+15 \sim 22$V，额定输出电压 $U_{LED} = +19$V，额定输出功率 $P_O = 6$W。可驱动由 6 只白光 LED 构成的灯串，每只 LED 的正向压降为 3.2V，正向电流为 320mA，额定功率为 1W。该电源未使用电解电容器，电源效率可达 83%，功率因数 $\lambda > 0.90$。实测当 $u = 85$V 时，$\lambda = 0.996$；$u = 215$V 时，$\lambda = 0.916$；$u = 265$V 时，$\lambda = 0.957$。

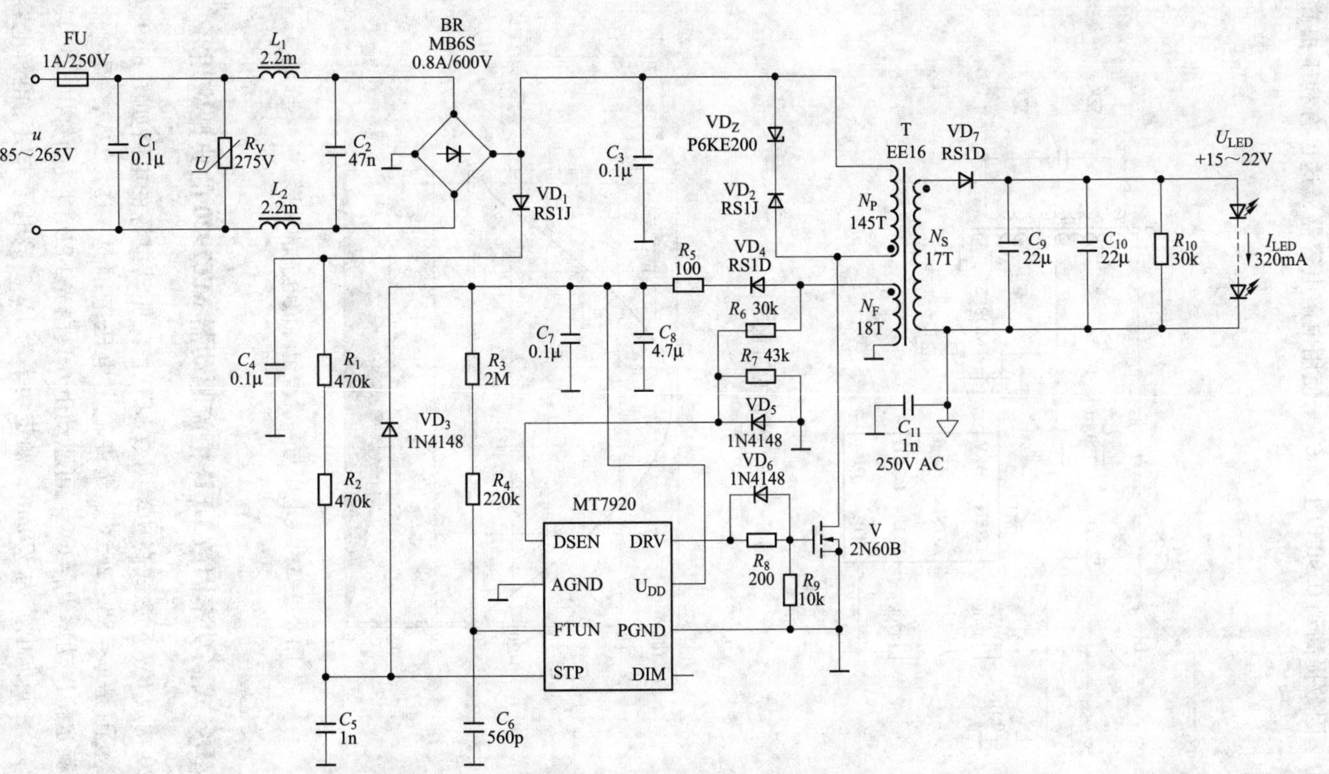

图 8-9-6　6W反激式高功率因数LED恒流驱动电源的电路

FU 为 1A/250V 熔丝管。R_V 为压敏电阻器。EMI 滤波器由串模电容器 C_1 和 C_2、串模扼流圈 L_1 和 L_2 构成。BR 为 MB6S 型 0.8A/600V 整流桥。PFC 电路由 C_3、VD_1、C_4、R_1、R_2 和 C_5 构成。将 R_1 和 R_2 串联使用，目的是降低每只电阻的耐压值。VD_1 采用 1A/600V 的快恢复二极管 RS1J。反馈绕组 N_F 的输出电压经过 VD_4 和 C_8 整流滤波后获得反馈电压，再经过 R_3、R_4 接至 FTUN 端，C_6 还用于设定关断/开启电源的时间间隔 Δt。C_7 用于滤除高频干扰。MT7920 通过 DRV 端驱动 2N60B 型（2A/600V）功率 MOSFET，R_8 为栅极限流电阻。利用 R_9、VD_6 可使功率 MOSFET 能可靠地截止。漏极钳位保护电路由瞬态电压抑制器 VD_Z（P6KE200）和阻塞二极管 VD_2（RS1D）构成。将 DIM 端悬空时不选择 4 级调光模式。

二次绕组电压经过 VD_7、C_9 和 C_{10} 整流滤波后，输出 320mA 的恒定电流。R_{10} 为假负载。VD_7 选用 RS1D 型 1A/200V 的快恢复二极管。C_9 和 C_{10} 均采用 22μF/25V 的陶瓷电容器，若使用铝电解电容器，C_9 和 C_{10} 的容量均应增加到 470μF。

第十节　LNK417EG 型采用有源纹波滤波器的 LED 恒流驱动器

LNK417EG 属于 LinkSwitch-PH 系列产品，由它构成 15W 隔离式带 PFC 的可调光 LED 驱动电源电路如图 8-10-1 所示。该电路主要有以下特点：① LNK417EG 具有功率

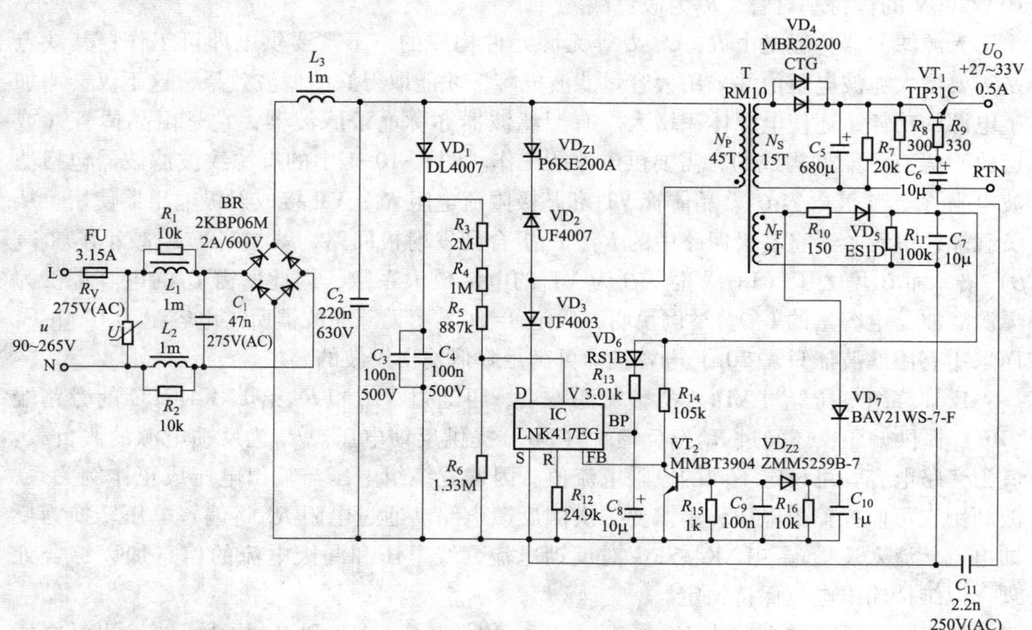

图 8-10-1　15W 隔离式带 PFC 的可调光 LED 驱动电源电路图

因数校正（PFC）、双向晶闸管调光和恒流输出等功能，这里设计为非调光模式；② 为减小输出纹波，在输出端增加了有源纹波滤波器，以代替大容量的输出滤波电容器。

该电源的交流输入电压范围是 90～265V，输出电压的允许变化范围是+27～33V，典型值为+30V。输出恒定电流 $I_O=0.5A$，输出电流纹波的峰-峰值低于 30%I_O。输出功率为 15W，功率因数大于 0.9，满载时的电源效率超过 85%。当出现输入过电压、欠电压、LED 开路、短路等故障时，都能起到自动保护作用。

交流电压经过熔丝管 FU、压敏电阻器 R_V和 EMI 滤波器，接整流桥 BR。EMI 滤波器由 L_1～L_3、C_1、C_2构成。R_1、R_2为阻尼电阻，C_{11}为安全电容。整流桥的输出电压 U_I通过峰值检波器（VD_1、C_3与 C_4）和 R_3～R_5，接 LNK417EG 的电压监控端（V）。流过 R_3～R_5的电流就是峰值取样电流。采用非调光模式时，R_3～R_5的总阻值约为 3.9MΩ。LNK417EG 通过峰值取样电流和反馈端电流，即可控制 LED 的平均电流。R_6的作用是进一步改善 U_I的调整率，确保在整个输入电压范围内可提供恒流输出。R_{12}用于设定输入过电压、欠电压的阈值。漏极钳位保护电路由瞬态电压抑制器（VD_{Z1}）、阻塞二极管（VD_2）和隔离二极管（VD_3）组成，可将漏感尖峰电压限制在 725V 以下。

二次绕组的输出电压经过 VD_4整流，再经过 C_5滤波后送至有源纹波滤波器，进一步滤除经桥式整流后的 100Hz 交流纹波，获得直流输出。VD_4采用 MBR20200CTG 型 10A/200V 的肖特基对管。R_7为假负载。

无源滤波器一般是由 R、C、L 等无源元件构成的，不需要供电即可工作；其缺点是需要增大滤波电阻值并采用大容量滤波电容，才能取得好的滤波效果，这不仅会增加了电源的功耗，还使电源体积增大。有源滤波器亦称电子滤波器，它是由晶体管（或运放）等有源器件构成的，需要供电才能工作。图 8-10-1 中的有源纹波滤波器包括滤波电阻 R_8、滤波电容 C_6、晶体管 VT_1和基极限流电阻 R_9，VT_1接成射极输出器使用。从负载端往里看，若将基极回路中的 R_8、C_6折合到发射极回路，就相当于 R_8减小了（$1+\beta$）倍，而 C_6增大了（$1+\beta$）倍，β 为 VT_1的电流放大系数，因此所需 C_6的电容量仅为无源滤波器电容量的 $1/\beta$。举例说明，假定 $\beta=50$，用无源滤波器所需电容量为 1000μF，而采用有源滤波器只需 20μF 电容量即可满足降低输出纹波的要求。

反馈绕组电压经过 VD_5、C_7整流滤波后，再通过 VD_6和 R_{13}给 LNK417EG 的旁路端（BP）提供偏压，还经过 R_{14}给反馈端（FB）提供反馈电压。R_{11}为反馈电源的假负载。C_8为旁路电容，可设定不同的极限电流值。因偏置绕组电压与输出电压成正比例关系，故利用它可监控输出电压，不需要二次侧反馈电路。通过电阻 R_{14}将偏置电压转换为反馈电流，流入反馈端。LNK417EG 对反馈电流、线电压和漏极电流的信息加以综合处理，以维持输出电流保持恒定。

输出过电压保护电路由 VD_7、C_{10}、R_{16}、VD_{Z2}、C_9、VT_2和 R_{15}构成。当输出过电压时偏置电压随之升高，直到 39V 稳压管 VD_{Z2}被反向击穿，使晶体管 VT_2（MMBT3904）

导通，对反馈电流起到旁路作用，迫使反馈电流减小到 20μA 以下，令 LNK417EG 进入自动重启动模式，强行降低输出电压及偏置电压，起到保护作用。

高频变压器采用 RM10 型铁氧体磁心。一次绕组采用 ϕ0. 35mm 漆包线绕 45 匝，二次绕组采用 ϕ0. 40mm 三层绝缘线绕 15 匝，偏置绕组用 ϕ0. 20mm 漆包线绕 9 匝。一次侧电感量 $L_P = 1.6$mH（允许有±10% 的误差），最大漏感量 $L_{P0} = 40\mu$H。

参 考 文 献

[1] *Zhanyou Sha, Xiaojun Wang, Yanpeng Wang, Hongtao Ma, Optimal Design of Switching Power Supply* [M], *John Wiley & Sons, Inc. USA, June* 2015

[2] 沙占友．單晶片交換式電源設計與應用技術［M］．中国台北：全華科技圖書股份有限公司，2006. 12

[3] 沙占友，沙江．单片开关电源设计 200 例（第 2 版）［M］．北京：机械工业出版社，2013. 5

[4] 沙占友，沙江等．开关电源实用技术 600 问［M］．北京：中国电力出版社，2016. 10

[5] 沙占友，沙江．数字万用表检测方法与应用［M］．北京：人民邮电出版社，2004. 11

[6] 沙占友，王彦朋，王晓君等．开关电源优化设计（第 2 版）［M］．北京：中国电力出版社，2013. 1

[7] 沙占友等．LED 照明驱动电源优化设计（第 2 版）［M］．北京：中国电力出版社，2014. 4

[8] 沙占友，王彦朋等．LED 照明驱动电源设计入门［M］．北京：中国电力出版社，2014. 4

[9] 沙占友，王晓君等．集成稳压电源使用设计软件大全［M］．北京：中国电力出版社，2008. 8

[10] 沙占友等．开关电源外围元器件选择与检测（第 2 版）［M］．北京：中国电力出版社，2014. 1

[11] 沙占友等．特种集成电源设计与应用［M］．北京：中国电力出版社，2007. 1

[12]［美］麦克莱曼（McLyman，C. W. T.），龚绍文译．变压器与电感器设计手册（第 3 版）［M］．中国电力出版社，2009. 1

[13] 沙占友．LED 照明需要解决的关键技术［J］．电源技术应用，2011（1）

[14] 沙占友，王彦朋．大功率 LED 驱动电源设计要点［J］．电源技术应用，2011（2）

[15] 沙占友．LED 照明灯调光电路的特点及实现方案［J］．电源技术应用，2011（3）

[16] 沙占友．大功率 LED 的温度补偿技术及其应用［J］．电源技术应用，2011（4）

[17] 沙占友．智能化 LED 驱动器的典型应用［J］．电源技术应用，2011（5）

[18] 沙占友．LED 驱动电源 PFC 电路的设计［J］．电源技术应用，2011（6）

[19] 沙占友．大功率 LED 灯串散热器的设计［J］．电源技术应用，2011（7）

[20] 沙占友．单片开关电源瞬态干扰及音频干扰抑制技术［J］．电子技术应用，2000（12）

[21] 沙占友．EMI 滤波器的设计原理［J］．电子技术应用，2001（5）

[22] 沙占友．精密恒压/恒流输出式单片开关电源的设计原理［J］．电工技术，2000（11）

[23] 沙占友．基于 AP 法选择高频变压器磁心的公式推导及验证［J］，电源技术应用，2011（11）

[24] 沙占友，王彦朋．开关电源的设计要点［J］，电源技术应用，2012（1、2 合刊）

[25] 沙占友．提高开关电源效率的方法［J］，电源技术应用，2012（3）

[26] 沙占友．功率开关管及 LED 驱动芯片的散热器设计［J］，电源技术应用，2012（6）

[27] 沙占友．开关电源光耦反馈控制环路的稳定性设计［J］，电源技术应用，2013（6）